普通高等院校电子信息与电气工程类专业教材

电力系统分析题解

（第三版）

何仰赞　温增银

中国·武汉

内 容 提 要

本书根据何仰赞和温增银编写的《电力系统分析》(第四版)的内容,逐章给出了复习思考题,并对各章习题给出了详解,同时还增添了一些补充题并提供了解答。

本书可作为电力系统分析课程的辅助教材,供高等学校电气工程有关专业的师生和欲报考电气工程有关专业研究生的考生参考,也可以供电力系统相关专业的技术人员参考。

图书在版编目(CIP)数据

电力系统分析题解/何仰赞,温增银. —3 版. —武汉:华中科技大学出版社,2016.5(2024.3 重印)
ISBN 978-7-5680-1692-6

Ⅰ.①电… Ⅱ.①何… ②温… Ⅲ.①电力系统-系统分析-高等学校-题解 Ⅳ.①TM711-44

中国版本图书馆 CIP 数据核字(2016)第 073759 号

电力系统分析题解(第三版)
Dianli Xitong Fenxi Tijie

何仰赞 温增银

策划编辑:谢燕群
责任编辑:谢燕群
封面设计:原色设计
责任校对:祝 菲
责任监印:周治超
出版发行:华中科技大学出版社(中国·武汉)
武昌喻家山 邮编:430074 电话:(027)81321913
录 排:禾木图文工作室
印 刷:武汉市籍缘印刷厂
开 本:787mm×1092mm 1/16
印 张:16.5
字 数:394 千字
版 次:2008 年 7 月第 2 版 2024 年 3 月第 3 版第 6 次印刷
定 价:39.80 元

第三版前言

电力系统分析是电气工程相关专业的一门重要课程。习题演练是加深理解课程内容的基本概念、基本计算方法的必要手段，也是建立电力系统相对数值概念的必要手段。例如，一条输电线路，在正常运行方式下，它反映输电线路有功功率损耗的百分比值、电压损耗的百分比值，就是电力系统的相对值概念的一部分。

本版更正了《电力系统分析》(第三版)所附习题答案中的一些错误。

本版的习题详解与《电力系统分析》(第四版)配套。

作　者

2015 年 11 月

前　　言

"电力系统分析"是电气工程相关专业的一门重要课程。习题演练是掌握该课程基本概念、基本原理和基本计算方法的必要手段。本书作为该课程的教学参考书，针对作者编写的《电力系统分析》(第三版)(华中科技大学出版社 2002 年出版)的内容，逐章给出了复习思考题，并为每章的习题提供了详细解答。此外，为了丰富题目的类型，还增选了一些补充题，并给出了详细解答。

《电力系统分析》(第三版)所附的习题答案中有一部分与本书提供的计算结果并不完全吻合，主要是缘于计算过程中的舍入误差，另有极少部分偏差较大，则可能出于笔误或其他原因，正确的答案应以本书为准。

本书的习题详解部分主要由温增银完成，补充题及解答主要由何仰赞完成，复习思考题由两位作者共同拟订。

作　者

2008 年 2 月

目 录

第1章　电力系统的基本概念

1.1　复习思考题

1. 什么是电力系统？什么是电力网？它们都由哪些设备组成？

2. 电力网的额定电压是怎样规定的？电力系统各类元件的额定电压与电力网的额定电压有什么关系？

3. 升压变压器和降压变压器的分接头是怎样规定的？变压器的额定变比与实际变比有什么区别？

4. 电能生产的主要特点是什么？对电力系统运行有哪些基本要求？

5. 根据供电可靠性的要求，电力系统负荷可以分为哪几个等级？各级负荷有何特点？

6. 电能质量的基本指标是什么？

7. 电力网的接线方式中，有备用接线和无备用接线，各有什么特点？

8. 什么是开式网络？什么是闭式网络？它们各有何特点？

9. 你知道各种电压等级单回架空线路的输送功率和输送距离的适宜范围吗？

1.2　习题详解

1-2　电力系统的部分接线如题1-2图所示，各电压级的额定电压及功率输送方向已标明在图中。试求：

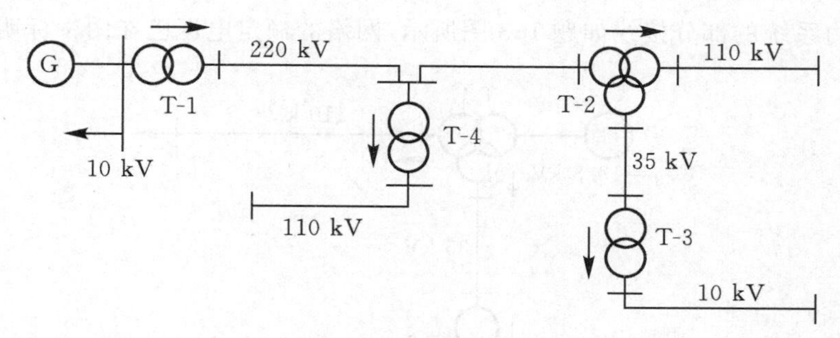

题1-2图　系统接线图

(1)发电机及各变压器高、低压绕组的额定电压；

(2)各变压器的额定变比；

(3)当变压器T-1工作于+5%抽头，T-2、T-4工作于主抽头，T-3工作于−2.5%抽头时，各变压器的实际变比是多少？

解　(1)求发电机及各变压器高、低压绕组的额定电压。

发电机：$U_{GN}=10.5$ kV，比同电压级网络的额定电压高5%。

对于变压器的各侧绕组，将依其电压级别从高到低赋以标号1、2和3。

变压器T-1为升压变压器：$U_{N2}=10.5$ kV，等于发电机额定电压；$U_{N1}=242$ kV，比同电压级网络的额定电压高10%。

变压器T-2为降压变压器：$U_{N1}=220$ kV，等于同电压级网络的额定电压；$U_{N2}=121$ kV和$U_{N3}=38.5$ kV，分别比同电压级网络的额定电压高10%。

同理，变压器T-3：$U_{N1}=35$ kV和$U_{N2}=11$ kV。

变压器T-4：$U_{N1}=220$ kV和$U_{N2}=121$ kV。

(2)求各变压器的额定变比。

以较高的电压级作为分子。

T-1：$k_{T1N}=242/10.5=23.048$

T-2：$k_{T2N(1\text{-}2)}=220/121=1.818$

$k_{T2N(1\text{-}3)}=220/38.5=5.714$

$k_{T1N(2\text{-}3)}=121/38.5=3.143$

T-3：$k_{T3N}=35/11=3.182$

T-4：$k_{T4N}=220/121=1.818$

(3)求各变压器的实际变比。

各变压器的实际变比为两侧运行时实际整定的抽头额定电压之比。

T-1：$k_{T1}=(1+0.05)\times242/10.5=24.2$

T-2：$k_{T2(1\text{-}2)}=220/121=1.818$

$k_{T2(1\text{-}3)}=220/38.5=5.714$

$k_{T2(2\text{-}3)}=121/38.5=3.143$

T-3：$k_{T3}=(1-0.025)\times35/11=3.102$

T-4：$k_{T4}=220/110=2$

1-3 电力系统的部分接线如题1-3图所示，网络的额定电压已在图中标明。试求：

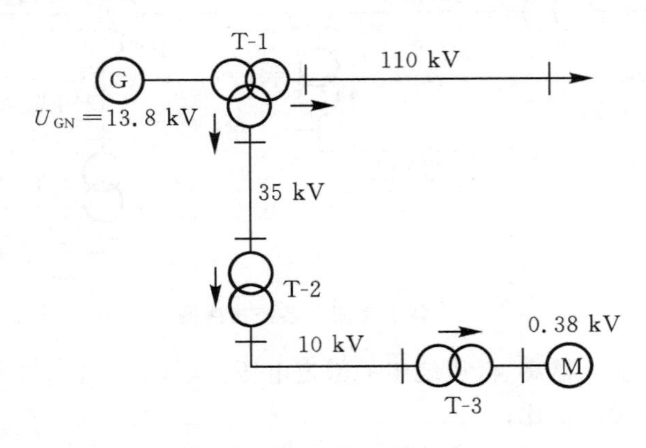

题1-3图　系统接线图

(1)发电机、电动机及变压器高、中、低压绕组的额定电压；

(2)当变压器 T-1 高压侧工作于+2.5%抽头，中压侧工作于+5%抽头；T-2 工作于额定抽头；T-3 工作于-2.5%抽头时，各变压器的实际变比。

解　(1)求发电机、电动机及变压器高、中、低压绕组额定电压。

(a)发电机：网络无此电压等级，此电压为发电机专用额定电压，故 $U_{GN}=13.8$ kV。

(b)变压器 T-1：一次侧与发电机直接连接，故其额定电压等于发电机的额定电压；二次侧额定电压高于网络额定电压 10%，故 T-1 的额定电压为 121/38.5/13.8 kV。

(c)变压器 T-2：一次侧额定电压等于网络额定电压，二次侧额定电压高于网络额定电压 10%，故 T-2 的额定电压为35/11 kV。

(d)变压器 T-3：一次侧额定电压等于网络额定电压，二次侧与负荷直接连接，其额定电压应高于网络额定电压 5%，因此 T-3 的额定电压为 10/[(1+0.05)×0.38] kV =10/0.4 kV。

(e)电动机：其额定电压等于网络额定电压 $U_{MN}=0.38$ kV。

(2)各变压器的实际变比为

T-1：$k_{T1(1\text{-}2)}=(1+0.025)\times121/[(1+0.05)\times38.5]=3.068$

$k_{T1(1\text{-}3)}=(1+0.025)\times121/13.8=8.987$

$k_{T1(2\text{-}3)}=(1+0.05)\times38.5/13.8=2.929$

T-2：$k_{T2}=35/11=3.182$

T-3：$k_{T3}=(1-0.025)\times10/0.4=24.375$

第2章　电力网各元件的等值电路和参数计算

2.1　复习思考题

1.在电力网计算中，单位长度输电线路常采用哪种等值电路？等值电路有哪些主要参数？这些参数各反映什么物理现象？

2.何谓一相等值参数？

3.什么是导线的自几何均距？它与导线的计算半径有什么关系？分裂导线的自几何均距又是怎样计算的？

4.架空线路的导线换位有什么作用？

5.什么是三相线路的互几何均距？它是怎样计算的？

6.分裂导线对线路的电感和电容各有什么影响？你知道各种不同结构的架空线（单导线，2分裂、3分裂和4分裂导线）每千米的电抗和电纳的大致数值吗？

7.在电力网计算中两绕组和三绕组变压器常采用哪种等值电路？

8.怎样利用变压器的铭牌数据计算变压器等值电路的参数？

9.在计算绕组容量不等的三绕组变压器的电阻和电抗时要注意什么问题？

10.变压器的变压比是如何定义的？它与原、副方绕组的匝数比有何不同？

11.为什么变压器的Π型等值电路能够实现原、副方电压和电流的变换？

12.什么是标幺制？采用标幺制有什么好处？

13.三相电力系统中基准值是怎样选择的？

14.不同基准值的标幺值之间是怎样进行换算的？

15.在多级电压网络中，各电压级的基准电压是怎样选择的？能避免出现非基准变比变压器吗？

2.2　习题详解

2-1　110 kV架空线路长70 km，导线采用LGJ-120型钢芯铝线，计算半径$r=7.6$ mm，相间距离为3.3 m，导线分别按等边三角形和水平排列，试计算输电线路的等值电路参数，并比较分析排列方式对参数的影响。

解　取$D_s=0.8r$。

(1)导线按等边三角形排列时，有

$D_{eq}=D=3.3$ m

$R=r_0l=\frac{\rho}{S}l=\frac{31.5}{120}\times 70\ \Omega=18.375\ \Omega$

$X=x_0l=l\times 0.1445\lg\frac{D_{eq}}{D_S}=70\times 0.1445\lg\frac{3.3\times 1000}{0.8\times 7.6}\ \Omega=27.66\ \Omega$

$B=b_0l=\frac{7.58\times l}{\lg\frac{D_{eq}}{r}}\times 10^{-6}\ S=\frac{7.58\times 70}{\lg\frac{3.3\times 1000}{7.6}}\times 10^{-6}\ S=2.012\times 10^{-4}\ S$

(2)导线按水平排列时,有

$D_{eq}=1.26D=1.26\times 3.3\ m=4.158\ m$

$R=18.375\ \Omega$

$X=x_0l=l\times 0.1445\lg\frac{D_{eq}}{D_S}=70\times 0.1445\lg\frac{4.158\times 1000}{0.8\times 7.6}\ \Omega=28.676\ \Omega$

$B=b_0l=\frac{7.58\times l}{\lg\frac{D_{eq}}{r}}\times 10^{-6}=\frac{7.58\times 70}{\lg\frac{4.158\times 1000}{7.6}}\times 10^{-6}\ S=1.938\times 10^{-4}\ S$

电阻与导线的排列方式无关,水平排列比等边三角形排列增大了相间几何均距 D_{eq},但因其是指数函数关系,因而等值电抗略有增大,等值电纳略有减小。

2-2 110 kV 架空线路长90 km,双回路共杆塔,导线及地线在杆塔上的排列如题2-2图所示,导线采用 LGJ-120 型钢芯铝线,计算半径 $r=7.6$ mm。试计算输电线路的等值电路参数。

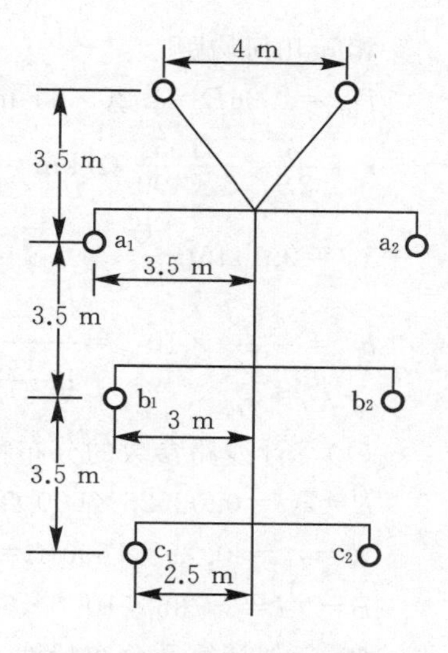

题 2-2 图　导线在杆塔上的排列

解　取 $D_S=0.8r=0.8\times 7.6\ mm=6.08\ mm$。从题 2-2图所示的导线排列看,它相当于水平排列,相间距离为

$D=\sqrt{3.5^2+0.5^2}\ m=3.536\ m$

相间几何均距为

$D_{eq}=1.26\times D=1.26\times 3.536\ m=4.455\ m$

$R=\frac{1}{2}r_0l=\frac{1}{2}\frac{\rho}{S}l=\frac{1}{2}\times\frac{31.5}{120}\times 90\ \Omega=11.813\ \Omega$

$X=\frac{1}{2}x_0l=\frac{1}{2}\times 90\times 0.1445\lg\frac{D_{eq}}{D_S}=\frac{1}{2}\times 90$

$\times 0.1445\lg\frac{4.455\times 1000}{0.8\times 7.6}\ \Omega=18.629\ \Omega$

$B=2b_0l=2\times l\times\frac{7.58}{\lg\frac{D_{eq}}{r}}\times 10^{-6}$

$=2\times 90\times\frac{7.58}{\lg\frac{4.455\times 1000}{7.6}}\times 10^{-6}\ S=4.929\times 10^{-4}\ S$

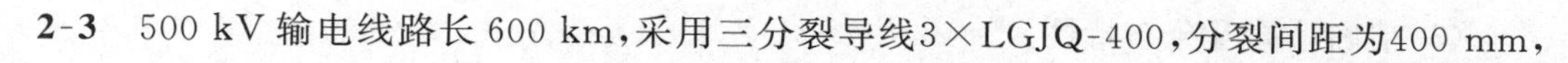
2-3　500 kV 输电线路长 600 km,采用三分裂导线3×LGJQ-400,分裂间距为400 mm,

三相水平排列，相间距离为11 m，LGJQ-400 导线的计算半径 $r=13.6$ mm。试计算输电线路 Π 型等值电路的参数：

(1)不计线路参数的分布特性；

(2)近似计算及分布特性；

(3)精确计算及分布特性，

并对三种条件计算所得结果进行比较分析。

解 先计算输电线路单位长度的参数，查得 LGJQ-400 型导线的计算半径$r=13.6$ mm。

单根导线的自几何均距

$$D_S=0.8r=0.8\times13.6\ \text{mm}=10.88\ \text{mm}$$

分裂导线的自几何均距

$$D_{Sb}=\sqrt[3]{D_S d^2}=\sqrt[3]{10.88\times400^2}\ \text{mm}=120.296\ \text{mm}$$

分裂导线的等值计算半径

$$r_{eq}=\sqrt[3]{rd^2}=\sqrt[3]{13.6\times400^2}\ \text{mm}=129.584\ \text{mm}$$

相间几何均距

$D_{eq}=1.26D=1.26\times11\ \text{m}=13.86\ \text{m}$

$r_0=\dfrac{\rho}{3S}=\dfrac{31.5}{3\times400}\ \Omega/\text{km}=0.02625\ \Omega/\text{km}$

$x_0=0.1445\lg\dfrac{D_{eq}}{D_{Sb}}=0.1445\lg\dfrac{13.86\times1000}{120.296}\ \Omega/\text{km}=0.298\ \Omega/\text{km}$

$b_0=\dfrac{7.58}{\lg\dfrac{D_{eq}}{r_{eq}}}\times10^{-6}=\dfrac{7.58}{\lg\dfrac{13.86\times1000}{129.584}}\times10^{-6}\ \text{S/km}=3.735\times10^{-6}\ \text{S/km}$

(1)不计线路参数的分布特性。

$R=r_0l=0.02625\times600\ \Omega=15.75\ \Omega$

$X=x_0l=0.298\times600\ \Omega=178.8\ \Omega$

$B=b_0l=3.735\times10^{-6}\times600\ \Omega=22.41\times10^{-4}\ \text{S}$

(2)近似计算及分布特性，即采用修正系数计算。

$k_r=1-\dfrac{1}{3}x_0b_0l^2=1-\dfrac{1}{3}\times0.298\times3.735\times10^{-6}\times600^2=0.8664$

$k_x=1-\dfrac{1}{6}\left(x_0b_0-r_0^2\dfrac{b_0}{x_0}\right)\times l^2$

$\quad=1-\dfrac{1}{6}\left(0.298\times3.735\times10^{-6}-0.02625^2\times\dfrac{3.735\times10^{-6}}{0.296}\right)\times600^2=0.9337$

$k_b=1+\dfrac{1}{12}x_0b_0l^2=1+\dfrac{1}{12}\times0.298\times3.735\times10^{-6}\times600^2=1.0334$

$R=k_rr_0l=0.8664\times0.02625\times600\ \Omega=13.646\ \Omega$

$X=k_xx_0l=0.9337\times0.298\times600\ \Omega=166.946\ \Omega$

$B=k_bb_0l=1.0334\times3.735\times10^{-6}\times600\ \text{S}=23.158\times10^{-4}\ \text{S}$

(3)精确计算及分布特性。

传播常数：

$$\begin{aligned}\gamma &= \beta + \mathrm{j}\alpha = \sqrt{(g_0+\mathrm{j}b_0)(r_0+\mathrm{j}x_0)}\\&= \sqrt{\mathrm{j}3.735\times10^{-6}\times(0.02625+\mathrm{j}0.298)}\ 1/\mathrm{km}\\&= 1.057\times10^{-3}\angle 87.483^\circ\ 1/\mathrm{km} = (4.6419\times10^{-5}+\mathrm{j}1.056\times10^{3})\ 1/\mathrm{km}\end{aligned}$$

波阻抗：

$$Z_c = \sqrt{\frac{(r_0+\mathrm{j}x_0)}{(g_0+\mathrm{j}b_0)}} = \sqrt{\frac{0.02625+\mathrm{j}0.298}{\mathrm{j}3.735\times10^{-6}}}\ \Omega = 283.01\angle -2.517^\circ\ \Omega$$

$$\begin{aligned}\gamma l &= 1.057\times10^{-3}\angle 87.483^\circ\times600 = 0.6342\angle 87.483^\circ\\&= 0.02785+\mathrm{j}0.6336 = x+\mathrm{j}y\end{aligned}$$

利用公式

$$\mathrm{sh}(x+\mathrm{j}y) = \mathrm{sh}x\cos y + \mathrm{j}\,\mathrm{ch}x\sin y$$

$$\mathrm{ch}(x+\mathrm{j}y) = \mathrm{ch}x\cos y + \mathrm{j}\,\mathrm{sh}x\sin y$$

以及 $\mathrm{sh}x=\frac{1}{2}(\mathrm{e}^{x}-\mathrm{e}^{-x})$，$\mathrm{ch}x=\frac{1}{2}(\mathrm{e}^{x}+\mathrm{e}^{-x})$，将 $\gamma l = x+\mathrm{j}y$ 的值代入

$$\begin{aligned}\mathrm{sh}\gamma l &= \mathrm{sh}(0.02785+\mathrm{j}0.6336) = \mathrm{sh}0.02785\cos0.6336+\mathrm{j}\,\mathrm{ch}(0.02785)\sin0.6336\\&= 0.02245+\mathrm{j}0.59233 = 0.59266\angle 87.829^\circ\end{aligned}$$

$$\begin{aligned}\mathrm{ch}\gamma l &= \mathrm{ch}(0.02785+\mathrm{j}0.6336)\\&= \mathrm{ch}(0.02785)\cos(0.6336)+\mathrm{j}\,\mathrm{sh}(0.02785)\sin(0.6336)\\&= 0.80621+\mathrm{j}0.01649 = 0.80638\angle 1.1717^\circ\end{aligned}$$

$$\begin{aligned}Z &= Z_c\mathrm{sh}(\gamma l) = 283.01\angle -2.517^\circ\times0.59266\angle 87.829^\circ\ \Omega\\&= 167.729\angle 85.312^\circ\ \Omega = (13.708+\mathrm{j}167.169)\ \Omega\end{aligned}$$

$$\begin{aligned}Y &= \frac{2\times[\mathrm{ch}(\gamma l)-1]}{Z} = \frac{2\times[0.80621+\mathrm{j}0.01649-1]}{167.729\angle 85.312^\circ}\ \mathrm{S}\\&= (7.124\times10^{-6}+\mathrm{j}23.19\times10^{-4})\ \mathrm{S}\end{aligned}$$

(4)三种算法中，后两种算法的差别不大(除 Y 增加了一个微小的 G 之外)，说明修正系数法计算量小，并能保证在本题所给的输电距离内有足够的精度。

2-4 有一台 $\mathrm{SFL_1}$-31500/35 型双绕组三相变压器，额定变比为 35/11，查得 $\Delta P_0=30$ kW，$I_0\%=1.2$①，$\Delta P_S=177.2$ kW，$U_S\%=8$，求变压器参数归算到高、低压侧的有名值。

解 (1)归算到高压侧的参数。

$$G_T=\frac{\Delta P_0}{U_N^2}\times10^{-3}=\frac{30}{35^2}\times10^{-3}\ \mathrm{S}=2.449\times10^{-5}\ \mathrm{S}$$

$$B_T=\frac{I_0\%}{100}\times\frac{S_N}{U_N^2}\times10^{-3}=\frac{1.2}{100}\times\frac{31500}{35^2}\times10^{-3}\ \mathrm{S}=30.86\times10^{-5}\ \mathrm{S}$$

$$R_T=\frac{\Delta P_S\,U_N^2}{{S_N}^2}\times10^{3}=\frac{177.2\times35^2}{31500^2}\times10^{3}\ \Omega=0.2188\ \Omega$$

① 百分号的表示习惯上用两种方式，例如 $U_S=8\%$ 或 $U_S\%=8$ 都是表示相同的短路电压比，在计算式中通常用 $U_S\%$，这是习惯用法。

$$X_T=\frac{U_S\%}{100}\times\frac{U_N^2}{S_N}\times10^3=\frac{8}{100}\times\frac{35^2}{31500}\times10^3\ \Omega=3.11\ \Omega$$

(2)归算到低压侧的参数，按变压器额定变比归算。

$$G_T=2.449\times10^{-5}\times\left(\frac{35}{11}\right)^2\ \text{S}=2.479\times10^{-4}\ \text{S}$$

$$B_T=30.86\times10^{-5}\times\left(\frac{35}{11}\right)^2\ \text{S}=31.243\times10^{-4}\ \text{S}$$

$$R_T=0.2188\times\left(\frac{11}{35}\right)^2\ \Omega=0.0216\ \Omega$$

$$X_T=3.11\times\left(\frac{11}{35}\right)^2\ \Omega=0.3072\ \Omega$$

2-5 有一台型号为 SFS-40000/220 的三相三绕组变压器，容量比为 100/100/100，额定变比为 220/38.5/11，查得 $\Delta P_0=46.8$ kW，$I_0\%=0.9$，$\Delta P_{S(1-2)}=217$ kW，$\Delta P_{S(1-3)}=200.7$ kW，$\Delta P_{S(2-3)}=158.6$ kW，$U_{S(1-2)}\%=17$，$U_{S(1-3)}\%=10.5$，$U_{S(2-3)}\%=6$。试求归算到高压侧的变压器参数有名值。

解 (1)各绕组的等值电阻

$$\Delta P_{S1}=\frac{1}{2}(\Delta P_{S(1-2)}+\Delta P_{S(1-3)}-\Delta P_{S(2-3)})$$

$$=\frac{1}{2}(217+200.7-158.6)\ \text{kW}=129.55\ \text{kW}$$

$$\Delta P_{S2}=\frac{1}{2}(\Delta P_{S(1-2)}+\Delta P_{S(2-3)}-\Delta P_{S(1-3)})$$

$$=\frac{1}{2}(217+158.6-200.7)\ \text{kW}=87.45\ \text{kW}$$

$$\Delta P_{S3}=\frac{1}{2}(\Delta P_{S(1-3)}+\Delta P_{S(2-3)}-\Delta P_{S(1-2)})$$

$$=\frac{1}{2}(200.7+158.6-217)\ \text{kW}=71.15\ \text{kW}$$

$$R_1=\frac{\Delta P_{S1}U_N^2}{S_N^2}\times10^3=\frac{129.55\times220^2}{40000^2}\times10^3\ \Omega=3.919\ \Omega$$

$$R_2=\frac{\Delta P_{S2}U_N^2}{S_N^2}\times10^3=\frac{87.45\times220^2}{40000^2}\times10^3\ \Omega=2.645\ \Omega$$

或

$$R_2=R_1\frac{\Delta P_{S2}}{\Delta P_{S1}}=3.919\times\frac{87.45}{129.55}\ \Omega=2.645\ \Omega$$

$$R_3=R_1\frac{\Delta P_{S3}}{\Delta P_{S1}}=3.919\times\frac{71.15}{129.55}\ \Omega=2.152\ \Omega$$

(2)各绕组的等值电抗

$$U_{S1}\%=\frac{1}{2}(U_{S(1-2)}\%+U_{S(1-3)}\%-U_{S(2-3)}\%)=\frac{1}{2}(17+10.5-6)=10.75$$

$$U_{S2}\%=\frac{1}{2}(U_{S(1-2)}\%+U_{S(2-3)}\%-U_{S(1-3)}\%)=\frac{1}{2}(17+6-10.5)=6.25$$

$$U_{S3}\%=\frac{1}{2}(U_{S(1-3)}\%+U_{S(2-3)}\%-U_{S(1-2)}\%)=\frac{1}{2}(10.5+6-17)=-0.25$$

$$X_1=\frac{U_{S1}\%}{100}\times\frac{U_N^2}{S_N}\times10^3=\frac{10.75}{100}\times\frac{220^2}{40000}\times10^3\ \Omega=130.075\ \Omega$$

$$X_2=X_1\times\frac{U_{S2}\%}{U_{S1}\%}=130.075\times\frac{6.25}{10.75}\ \Omega=75.625\ \Omega$$

$$X_3=X_1\times\frac{U_{S3}\%}{U_{S1}\%}=130.075\times\frac{-0.25}{10.75}\ \Omega=-3.025\ \Omega$$

(3)变压器的导纳

$$G_T=\frac{\Delta P_0}{U_N^2}\times10^{-3}=\frac{46.8}{220^2}\times10^{-3}\ S=9.669\times10^{-7}\ S$$

$$B_T=\frac{I_0\%}{100}\times\frac{S_N}{U_N^2}\times10^{-3}=\frac{0.9}{100}\times\frac{40000}{220^2}\times10^{-3}\ S=74.38\times10^{-7}\ S$$

2-6　有一台 SFSL-31500/110 型三绕组变压器，额定变比为 110/38.5/11，容量比为 100/100/66.7，空载损耗 80 kW，激磁功率 850 kvar，短路损耗 $\Delta P'_{S(1-2)}=450$ kW，$\Delta P'_{S(2-3)}=270$ kW，$\Delta P'_{S(1-3)}=240$ kW，短路电压 $U_{S(1-2)}\%=11.55$，$U_{S(2-3)}\%=8.5$，$U_{S(1-3)}\%=21$。试计算变压器归算到各电压级的参数。

解　(1)归算到 110 kV 侧参数。

$$G_T=\frac{\Delta P_0}{U_N^2}\times10^{-3}=\frac{80}{110^2}\times10^{-3}\ S=6.612\times10^{-6}\ S$$

$$B_T=\frac{\Delta Q_0}{U_N^2}\times10^{-3}=\frac{850}{110^2}\times10^{-3}\ S=70.248\times10^{-6}\ S$$

$$\Delta P_{S(1-2)}=\Delta P'_{S(1-2)}\times\left(\frac{S_{N*}}{S_{N2*}}\right)^2=450\times\left(\frac{100}{100}\right)^2\ kW=450\ kW$$

$$\Delta P_{S(1-3)}=\Delta P'_{S(1-3)}\times\left(\frac{S_{N*}}{S_{N3*}}\right)^2=240\times\left(\frac{100}{66.7}\right)^2\ kW=539.46\ kW$$

$$\Delta P_{S(2-3)}=\Delta P'_{S(2-3)}\times\left(\frac{S_{N2*}}{S_{N3*}}\right)^2=270\times\left(\frac{100}{66.7}\right)^2\ kW=606.89\ kW$$

$$\begin{aligned}\Delta P_{S1}&=\frac{1}{2}(\Delta P_{S(1-2)}+\Delta P_{S(1-3)}-\Delta P_{S(2-3)})\\&=\frac{1}{2}(450+539.46-606.89)\ kW=191.285\ kW\end{aligned}$$

$$\begin{aligned}\Delta P_{S2}&=\frac{1}{2}(\Delta P_{S(1-2)}+\Delta P_{S(2-3)}-\Delta P_{S(1-3)})\\&=\frac{1}{2}(450+606.89-539.46)\ kW=258.715\ kW\end{aligned}$$

$$\begin{aligned}\Delta P_{S3}&=\frac{1}{2}(\Delta P_{S(1-3)}+\Delta P_{S(2-3)}-\Delta P_{S(1-2)})\\&=\frac{1}{2}(539.46+606.89-450)\ kW=348.175\ kW\end{aligned}$$

$$R_1=\frac{\Delta P_{S1}U_N^2}{S_N^2}\times10^3=\frac{191.285\times110^2}{31500^2}\times10^3\ \Omega=2.333\ \Omega$$

$$R_2=R_1\times\frac{\Delta P_{S2}}{\Delta P_{S1}}=2.333\times\frac{258.715}{191.285}\ \Omega=3.155\ \Omega$$

$$R_3 = R_2 \times \frac{\Delta P_{S3}}{\Delta P_{S2}} = 3.155 \times \frac{348.175}{258.715}\ \Omega = 4.246\ \Omega$$

$$U_{S1}\% = \frac{1}{2}(U_{S(1-2)}\% + U_{S(1-3)}\% - U_{S(2-3)}\%) = \frac{1}{2}(11.55 + 21 - 8.5) = 12.025$$

$$U_{S2}\% = \frac{1}{2}(U_{S(1-2)}\% + U_{S(2-3)}\% - U_{S(1-3)}\%) = \frac{1}{2}(11.55 + 8.5 - 21) = -0.475$$

$$U_{S3}\% = \frac{1}{2}(U_{S(1-3)}\% + U_{S(2-3)}\% - U_{S(1-2)}\%) = \frac{1}{2}(21 + 8.5 - 11.55) = 8.975$$

$$X_1 = \frac{U_{S1}\%}{100} \times \frac{U_N^2}{S_N} \times 10^3 = \frac{12.025}{100} \times \frac{110^2}{31500} \times 10^3\ \Omega = 46.191\ \Omega$$

$$X_2 = X_1 \times \frac{U_{S2}\%}{U_{S1}\%} = 46.191 \times \frac{-0.475}{12.025}\ \Omega = -1.825\ \Omega$$

$$X_3 = X_1 \times \frac{U_{S3}\%}{U_{S1}\%} = 46.191 \times \frac{8.975}{12.025}\ \Omega = 34.475\ \Omega$$

(2)归算到 35 kV 侧的参数。

$$G_T = G_{T(110)} \times \left(\frac{U_{N1}}{U_{N2}}\right)^2 = 6.612 \times 10^{-6} \times \left(\frac{110}{38.5}\right)^2\ S = 53.971 \times 10^{-6}\ S$$

$$B_T = B_{T(110)} \times \left(\frac{U_{N1}}{U_{N2}}\right)^2 = 70.248 \times 10^{-6} \times \left(\frac{110}{38.5}\right)^2\ S = 573.453 \times 10^{-6}\ S$$

$$R_1 = R_{1(110)} \times \left(\frac{U_{N2}}{U_{N1}}\right)^2 = 2.333 \times \left(\frac{38.5}{110}\right)^2\ \Omega = 0.286\ \Omega$$

$$R_2 = R_{2(110)} \times \left(\frac{U_{N2}}{U_{N1}}\right)^2 = 3.155 \times \left(\frac{38.5}{110}\right)^2\ \Omega = 0.386\ \Omega$$

$$R_3 = R_{3(110)} \times \left(\frac{U_{N2}}{U_{N1}}\right)^2 = 4.246 \times \left(\frac{38.5}{110}\right)^2\ \Omega = 0.520\ \Omega$$

$$X_1 = X_{1(110)} \times \left(\frac{U_{N2}}{U_{N1}}\right)^2 = 46.191 \times \left(\frac{38.5}{110}\right)^2\ \Omega = 5.658\ \Omega$$

$$X_2 = X_{2(110)} \times \left(\frac{U_{N2}}{U_{N1}}\right)^2 = -1.825 \times \left(\frac{38.5}{110}\right)^2\ \Omega = -0.224\ \Omega$$

$$X_3 = X_{3(110)} \times \left(\frac{U_{N2}}{U_{N1}}\right)^2 = 34.475 \times \left(\frac{38.5}{110}\right)^2\ \Omega = 4.223\ \Omega$$

(3)归算到 10 kV 侧的参数。

$$G_T = G_{T(110)} \times \left(\frac{U_{N1}}{U_{N3}}\right)^2 = 6.612 \times 10^{-6} \times \left(\frac{110}{11}\right)^2\ S = 661.2 \times 10^{-6}\ S$$

$$B_T = B_{T(110)} \times \left(\frac{U_{N1}}{U_{N3}}\right)^2 = 70.248 \times 10^{-6} \times \left(\frac{110}{11}\right)^2\ S = 7024.8 \times 10^{-6}\ S$$

$$R_1 = R_{1(110)} \times \left(\frac{U_{N3}}{U_{N1}}\right)^2 = 2.333 \times \left(\frac{11}{110}\right)^2\ \Omega = 0.0233\ \Omega$$

$$R_2 = R_{2(110)} \times \left(\frac{U_{N3}}{U_{N1}}\right)^2 = 3.155 \times \left(\frac{11}{110}\right)^2\ \Omega = 0.0316\ \Omega$$

$$R_3 = R_{3(110)} \times \left(\frac{U_{N3}}{U_{N1}}\right)^2 = 4.246 \times \left(\frac{11}{110}\right)^2\ \Omega = 0.0425\ \Omega$$

$$X_1 = X_{1(110)} \times \left(\frac{U_{N3}}{U_{N1}}\right)^2 = 46.191 \times \left(\frac{11}{110}\right)^2\ \Omega = 0.462\ \Omega$$

$$X_2 = X_{2(110)} \times \left(\frac{U_{N3}}{U_{N1}}\right)^2 = -1.825 \times \left(\frac{11}{110}\right)^2\ \Omega = -0.0183\ \Omega$$

$$X_3 = X_{3(110)} \times \left(\frac{U_{N3}}{U_{N1}}\right)^2 = 34.475 \times \left(\frac{11}{110}\right)^2\ \Omega = 0.345\ \Omega$$

2-7 三台单相三绕组变压器组成一台三相变压器组，每台单相变压器的数据如下：额定容量为 30000 kV·A；容量比为100/100/50；绕组额定电压为 127/69.86/38.5 kV；$\Delta P_0 =$ 19.67 kW；$I_0\% = 0.332$；$\Delta P'_{S(1-2)} = 111$ kW；$\Delta P'_{S(2-3)} = 92.33$ kW；$\Delta P'_{S(1-3)} = 88.33$ kW；$U_{S(1-2)}\% = 9.09$；$U_{S(2-3)}\% = 10.75$；$U_{S(1-3)}\% = 16.45$。试求三相接成 YN，yn，d 时变压器组的等值电路及归算到低压侧的参数有名值。

解 (1)归算短路损耗。

$$\Delta P_{S(1-2)} = \Delta P'_{S(1-2)} \times \left(\frac{S_{N*}}{S_{N2*}}\right)^2 = 111 \times \left(\frac{100}{100}\right)^2\ \text{kW} = 111\ \text{kW}$$

$$\Delta P_{S(1-3)} = \Delta P'_{S(1-3)} \times \left(\frac{S_{N*}}{S_{N3*}}\right)^2 = 88.33 \times \left(\frac{100}{50}\right)^2\ \text{kW} = 353.32\ \text{kW}$$

$$\Delta P_{S(2-3)} = \Delta P'_{S(2-3)} \times \left(\frac{S_{N2*}}{S_{N3*}}\right)^2 = 92.33 \times \left(\frac{100}{50}\right)^2\ \text{kW} = 369.32\ \text{kW}$$

(2)计算各绕组的等值短路损耗及等值短路电压。

$$\Delta P_{S1} = \frac{1}{2}(\Delta P_{S(1-2)} + \Delta P_{S(1-3)} - \Delta P_{S(2-3)})$$
$$= \frac{1}{2}(111 + 353.32 - 369.32)\ \text{kW} = 47.5\ \text{kW}$$

$$\Delta P_{S2} = \frac{1}{2}(\Delta P_{S(1-2)} + \Delta P_{S(2-3)} - \Delta P_{S(1-3)})$$
$$= \frac{1}{2}(111 + 369.32 - 353.32)\ \text{kW} = 63.5\ \text{kW}$$

$$\Delta P_{S3} = \frac{1}{2}(\Delta P_{S(1-3)} + \Delta P_{S(2-3)} - \Delta P_{S(1-2)})$$
$$= \frac{1}{2}(353.32 + 369.32 - 111)\ \text{kW} = 305.82\ \text{kW}$$

$$U_{S1}\% = \frac{1}{2}(U_{S(1-2)}\% + U_{S(1-3)}\% - U_{S(2-3)}\%) = \frac{1}{2}(9.09 + 16.45 - 10.75) = 7.395$$

$$U_{S2}\% = \frac{1}{2}(U_{S(1-2)}\% + U_{S(2-3)}\% - U_{S(1-3)}\%) = \frac{1}{2}(9.09 + 10.75 - 16.45) = 1.695$$

$$U_{S3}\% = \frac{1}{2}(U_{S(1-3)}\% + U_{S(2-3)}\% - U_{S(1-2)}\%) = \frac{1}{2}(16.45 + 10.75 - 9.09) = 9.055$$

(3)计算归算到低压侧的参数。

由于空载和短路试验给出的是单相变压器的值，故应该用额定相电压来计算，当三个单相变压器接成 $Y_0/Y_0/\Delta$ 时，其额定相电压为

$$127/69.86/\frac{38.5}{\sqrt{3}}\ \text{kV} = 127/69.86/22.228\ \text{kV}$$

$$G_T=\frac{\Delta P_0}{U_N^2}\times 10^{-3}=\frac{19.67}{22.228^2}\times 10^3\ \text{S}=39.811\times 10^{-6}\ \text{S}$$

$$B_T=\frac{I_0\%}{100}\times\frac{S_N}{U_N^2}\times 10^{-3}=\frac{0.332}{100}\times\frac{30000}{22.228^2}\times 10^{-3}\ \text{S}=201.585\ \text{S}$$

$$R_1=\frac{\Delta P_{S1}U_N^2}{S_N^2}\times 10^3=\frac{47.5\times 22.228^2}{30000^2}\times 10^3\ \Omega=0.0261\ \Omega$$

$$R_2=R_1\times\frac{\Delta P_{S2}}{\Delta P_{S1}}=0.0261\times\frac{63.5}{47.5}\ \Omega=0.0349\ \Omega$$

$$R_3=R_1\times\frac{\Delta P_{S3}}{\Delta P_{S1}}=0.0261\times\frac{305.82}{47.5}\ \Omega=0.168\ \Omega$$

$$X_1=\frac{U_{S1}\%}{100}\times\frac{U_N^2}{S_N}\times 10^3=\frac{7.395}{100}\times\frac{22.228^2}{30000}\times 10^3\ \Omega=1.218\ \Omega$$

$$X_2=X_1\times\frac{U_{S2}\%}{U_{S1}\%}=1.218\times\frac{1.695}{7.395}\ \Omega=0.279\ \Omega$$

$$X_3=X_1\times\frac{U_{S3}\%}{U_{S1}\%}=1.218\times\frac{9.055}{7.395}\ \Omega=1.491\ \Omega$$

2-8 有一台三相双绕组变压器,已知:$S_N=31500\ \text{kV}\cdot\text{A}$,$k_{TN}=220/11$,$\Delta P_0=59\ \text{kW}$,$I_0\%=3.5$,$\Delta P_S=208\ \text{kW}$,$U_S\%=14$。

(1)计算归算到高压侧的参数有名值;

(2)作出 Π 型等值电路并计算其参数;

(3)当高压侧运行电压为 210 kV,变压器通过额定电流,功率因数为 0.8 时,忽略励磁电流,计算 Π 型等值电路各支路的电流及低压侧的实际电压,并说明不含磁耦合关系的 Π 型等值电路是怎样起到变压器作用的。

解 (1)计算归算到高压侧的参数有名值。

$$G_T=\frac{\Delta P_0}{U_N^2}\times 10^{-3}=\frac{59}{220^2}\times 10^{-3}\ \text{S}=1.219\times 10^{-6}\ \text{S}$$

$$B_T=\frac{I_0\%}{100}\times\frac{S_N}{U_N^2}\times 10^{-3}=\frac{3.5}{100}\times\frac{31500}{220^2}\times 10^{-3}\ \text{S}=22.779\times 10^{-6}\ \text{S}$$

$$R_T=\frac{\Delta P_S U_N^2}{S_N^2}\times 10^3=\frac{208\times 220^2}{31500^2}\times 10^3\ \Omega=10.146\ \Omega$$

$$X_T=\frac{U_S\%}{100}\times\frac{U_N^2}{S_N}\times 10^3=\frac{14}{100}\times\frac{220^2}{31500}\times 10^3\ \Omega=215.111\ \Omega$$

(2)作出 Π 型等值电路及其参数。

Π 型等值电路如题 2-8 图(a)所示。

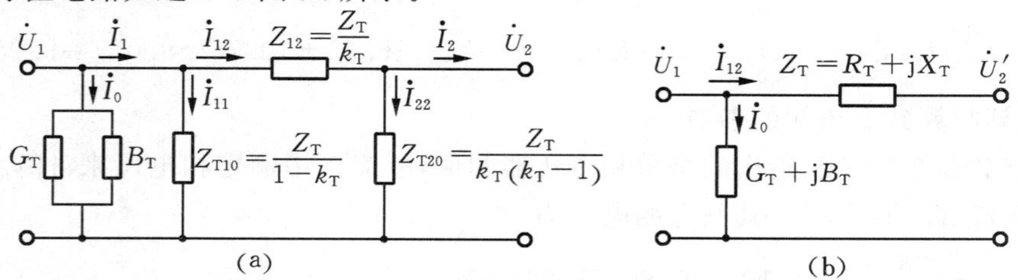

题 2-8 图 变压器的 Π 型等值电路

$$k_T=\frac{U_{N1}}{U_{N2}}=\frac{220}{11}=20, Z_T=R_T+jX_T=(10.146+j215.111)\ \Omega$$

$$Z_{12}=\frac{Z_T}{k_T}=\frac{10.146+j215.111}{20}\ \Omega=(0.507+j10.756)\ \Omega$$

$$Z_{T10}=\frac{Z_T}{1-k_T}=\frac{10.146+j215.111}{1-20}\ \Omega=(-0.534-j11.322)\ \Omega$$

$$Z_{T20}=\frac{Z_T}{k_T(k_T-1)}=\frac{10.146+j215.111}{20(20-1)}\ \Omega=(0.027+j0.566)\ \Omega$$
$$=0.5667\angle 87.3^\circ\ \Omega$$

(3)已知高压侧电压为 210 kV，相电压为 $210/\sqrt{3}$ kV=121.244 kV，取其为参考电压，即 $\dot{U}_1=121.244\angle 0^\circ$ kV。忽略励磁电流，$I_1=I_N=\frac{S_N}{\sqrt{3}U_N}=\frac{31500}{\sqrt{3}\times 220}$ A=82.666 A。已知 $\cos\varphi=0.8$，有 $\varphi=36.87^\circ$，$\sin\varphi=0.6$。

$$\dot{I}_1=82.666\angle -36.87^\circ\ \text{A}=(66.133-j49.6)\ \text{A}$$

$$\dot{I}_{11}=\frac{\dot{U}_1}{Z_{T10}}=\frac{121.244\angle 0^\circ}{-0.534-j11.322}\times 10^3\ \text{A}$$
$$=10.697\times 10^3\angle 92.7^\circ\ \text{A}=(-503.9+j10685.13)\ \text{A}$$

$$\dot{I}_{12}=\dot{I}_1-\dot{I}_{11}=[(66.133-j49.6)-(-503.9+j10685.13)]\ \text{A}$$
$$=(570.033-j10734.73)\ \text{A}=10749.85\angle -86.96^\circ\ \text{A}$$

$$\dot{U}_2=\dot{U}_1-\dot{I}_{12}Z_{12}$$
$$=[121244-(570.033-j10734.73)\times(0.507+j10.756)]\ \text{V}$$
$$=5535.257\angle -7.148^\circ\ \text{V}$$

线电压 $U_{2(L)}=\sqrt{3}U_2=\sqrt{3}\times 5535.257$ V=9587.346 V，或 $U_{2(L)}=9.5874$ kV。

(4)由于 Π 型等值电路的三个阻抗 Z_{12}、Z_{T10}、Z_{T20} 都与变压器的变比有关，且

$$Z_\Sigma=Z_{12}+Z_{T10}+Z_{T20}$$
$$=[0.507+j10.756+(-0.534-j11.322)+0.027+j0.566]\ \Omega=0$$

构成了谐振三角形，这个谐振三角形在原、副方电压差作用下产生很大的顺时针方向的感性环流（实际上 Z_{T10} 为既发有功又发无功的电源），这一感性环流流过 Z_{12} 产生了巨大的电压降纵分量，从而完成了原、副方之间的电压变换。

$$\dot{I}_{22}=\frac{\dot{U}_2}{Z_{T20}}=\frac{5535.257\angle -7.148^\circ}{0.5667\angle 87.3^\circ}\ \text{A}=9767.53\angle -94.448^\circ\ \text{A}$$
$$=(-757.51-j9738.112)\ \text{A}$$

$$\dot{I}_2=\dot{I}_{12}-\dot{I}_{22}=(570.033-j10734.73)-(-757.51-j9738.112)\ \text{A}$$
$$=(1327.543-j996.618)\ \text{A}=1660.005\angle -36.896^\circ\ \text{A}$$

$$k_T=\frac{1660.005}{82.666}=20.08\approx 20$$

(5)与不用 Π 型等值电路比较，同样忽略励磁电流，其等值电路如题 2-8 图(b)所示。由上已知

$Z_T=(10.146+j215.111)\ \Omega$

$\dot{I}_1=\dot{I}_{12}=82.666\angle-36.87°\ A=(66.133-j49.6)\ A$

$\dot{U}_1=121244\angle 0°\ V$

$$\dot{U}_2'=\dot{U}_1-\dot{I}_{12}Z_T=[121244-(66.133-j49.6)\times(10.146+j215.111)]\ V$$
$$=(109903.51-j13722.694)\ V=110756.91\angle-7.117°\ V$$

归算到二次侧

$$\dot{U}_2=\dot{U}_2'\times\frac{U_{2N}}{U_{1N}}=\frac{110756.91}{20}\angle-7.117°\ V=5537.846\angle-7.117°\ V$$

线电压 $$U_{2(L)}=\sqrt{3}\times5537.846\ V=9591.8\ V$$

或 $$U_2=9.5918\ kV$$

$$I_2=I_{12}k_T=82.666\times20\ A=1653.32\ A$$

2-9 系统接线如题 2-9 图(a)所示，已知各元件参数如下。

发电机 G：$S_N=30\ MV\cdot A$，$U_N=10.5\ kV$，$x_G\%=27$；

变压器 T-1：$S_N=31.5\ MV\cdot A$，$k_T=10.5/121$，$U_S\%=10.5$；

变压器 T-2、T-3：$S_N=15\ MV\cdot A$，$k_T=110/6.6$，$U_S\%=10.5$；

线路 L：$l=100\ km$，$x=0.4\ \Omega/km$；

电抗器 R：$U_N=6\ kV$，$I_N=1.5\ kA$，$x_R\%=6$。

试做不含磁耦合关系的等值电路并计算其标幺值参数。

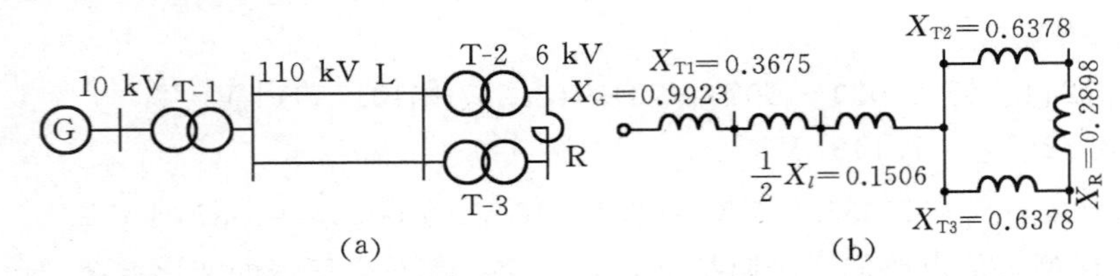

题 2-9 图　系统接线图及等值电路

解　选 $S_B=100\ MV\cdot A$，$U_{B(1)}=10\ kV$，则

$$U_{B(2)}=U_{B(1)}/k_{T1}=10\times\frac{121}{10.5}\ kV=115.238\ kV$$

$$U_{B(3)}=U_{B(2)}/k_{T2}=115.238\times\frac{6.6}{110}\ kV=6.914\ kV$$

$$X_G=\frac{x_G\%}{100}\times\frac{S_B}{S_{GN}}\times\frac{U_{GN}^2}{U_{B(1)}^2}=\frac{27}{100}\times\frac{100}{30}\times\frac{10.5^2}{10^2}=0.9923$$

$$X_{T1}=\frac{U_{ST1}\%}{100}\times\frac{S_B}{S_{T1N}}\times\frac{U_{T1N}^2}{U_{B(1)}^2}=\frac{10.5}{100}\times\frac{100}{31.5}\times\frac{10.5^2}{10^2}=0.3675$$

$$X_l=x\times l\times\frac{S_B}{U_{B(2)}^2}=0.4\times100\times\frac{100}{115.238^2}=0.3012$$

$$\frac{1}{2}X_l=0.1506$$

$$X_{T2}=X_{T3}=\frac{U_{ST2}\%}{100}\times\frac{S_B}{S_{T2N}}\times\frac{U_{T2N}^2}{U_{B(2)}^2}=\frac{10.5}{100}\times\frac{100}{15}\times\frac{110^2}{115.238^2}=0.6378$$

$$X_R=\frac{x_R\%}{100}\times\frac{U_{RN}}{\sqrt{3}I_{RN}}\times\frac{S_B}{U_{B(3)}^2}=\frac{6}{100}\times\frac{6}{\sqrt{3}\times1.5}\times\frac{100}{6.914^2}=0.2898$$

等值电路如题 2-9 图(b)所示。

2-10 对题 2-9 图(a)所示的电力系统，若选各电压级的额定电压作为基准电压，试作含理想变压器的等值电路并计算其参数的标幺值。

解 按题意选 $S_B=100$ MV·A，$U_{B(1)}=10$ kV，$U_{B(2)}=110$ kV，$U_{B(3)}=6$ kV。

$$X_G=\frac{x_G\%}{100}\times\frac{S_B}{S_{GN}}\times\left(\frac{U_{GN}}{U_{B(1)}}\right)^2=\frac{27}{100}\times\frac{100}{30}\times\left(\frac{10.5}{10}\right)=0.9923$$

$$X_{T1}=\frac{U_{ST1}\%}{100}\times\frac{S_B}{S_{T1N}}\times\left(\frac{U_{T1N}}{U_{B(1)}}\right)^2=\frac{10.5}{100}\times\frac{100}{31.5}\times\left(\frac{10.5}{10}\right)^2=0.3675$$

$$k_{T1*}=\frac{k_{T1(2\text{-}1)}}{k_{B(2\text{-}1)}}=\frac{121/10.5}{110/10}=1.0476$$

$$\frac{1}{2}X_l=\frac{1}{2}xl\frac{S_B}{U_{B(2)}^2}=\frac{1}{2}\times0.4\times100\times\frac{100}{110^2}=0.1653$$

$$X_{T2}=X_{T3}=\frac{U_{ST2}\%}{100}\times\frac{S_B}{S_{T2N}}\times\left(\frac{U_{T2N}}{U_{B(2)}}\right)^2=\frac{10.5}{100}\times\frac{100}{15}\times\left(\frac{110}{110}\right)^2=0.7$$

$$k_{T2*}=k_{T3*}=\frac{k_{T2(2\text{-}3)}}{k_{B(2\text{-}3)}}=\frac{110/6.6}{110/6}=0.9091$$

$$X_R=\frac{X_R\%}{100}\times\frac{U_{RN}}{\sqrt{3}I_{RN}}\times\frac{S_B}{U_{B(3)}^2}=\frac{6}{100}\times\frac{6}{\sqrt{3}\times1.5}\times\frac{100}{6^2}=0.3849$$

等值电路如题 2-10 图所示。

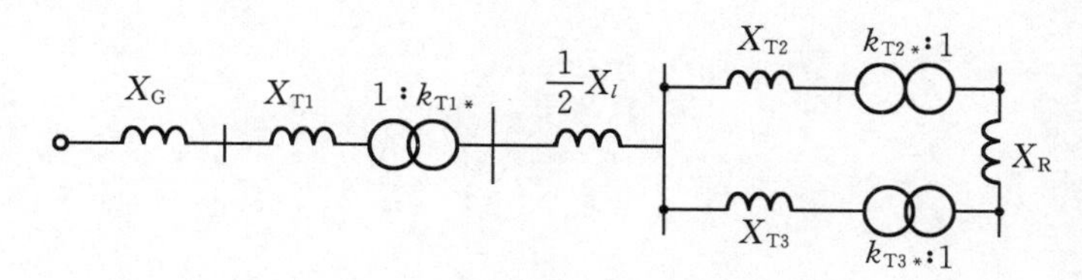

题 2-10 图 系统的等值电路

2-11 各电压级均选平均额定电压作为基准电压，并近似地认为各元件的额定电压等于平均额定电压，重作上题的等值电路并计算其参数标幺值。

解 按题意选 $S_B=100$ MV·A，$U_{B(1)}=10.5$ kV，$U_{B(2)}=115$ kV，$U_{B(3)}=6.3$ kV。

$$X_G=\frac{x_G\%}{100}\times\frac{S_B}{S_{GN}}=\frac{27}{100}\times\frac{100}{30}=0.9$$

$$X_{T1}=\frac{U_{ST1}\%}{100}\times\frac{S_B}{S_{T1N}}=\frac{10.5}{100}\times\frac{100}{31.5}=0.333$$

$$\frac{1}{2}X_l=\frac{1}{2}xl\frac{S_B}{U_{B(2)}^2}=\frac{1}{2}\times0.4\times100\times\frac{100}{115^2}=0.1512$$

$$X_{T2}=X_{T3}=\frac{U_{ST2}\%}{100}\times\frac{S_B}{S_{T2N}}=\frac{10.5}{100}\times\frac{100}{15}=0.7$$

$$X_{R}=\frac{x_{R}\%}{100}\times\frac{U_{RN}}{\sqrt{3}I_{N}}\times\frac{S_{B}}{U_{B(3)}^{2}}=\frac{6}{100}\times\frac{6}{\sqrt{3}\times1.5}\times\frac{100}{6.3^{2}}=0.3491$$

等值电路如题 2-11 图所示。

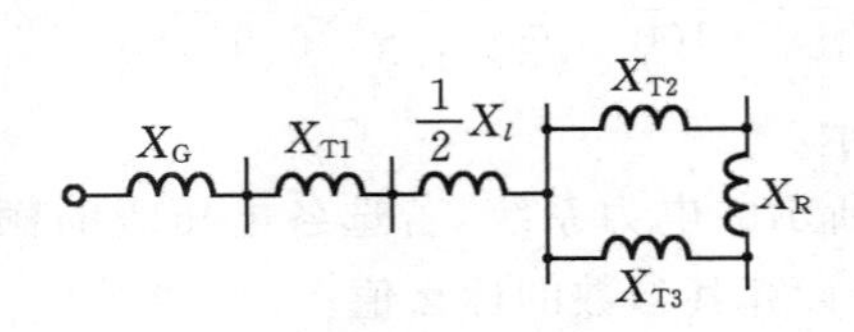

题 2-11 图　系统的等值电路

第3章　同步发电机的基本方程

3.1　复习思考题

1.什么是理想化同步电机？

2.同步电机定子绕组和转子绕组的自感系数和互感系数中哪些系数同转子的位置角有关？它们都有怎样的变化规律？

3.在同步发电机的稳态运行分析中是怎样处理电枢反应的？这样处理有什么好处？

4.为什么采用d、q、0坐标系可以解决定子、转子绕组磁链方程中的变系数问题？

5.d、q、0坐标下的直流分量和基频分量分别与a、b、c坐标系的什么分量相对应？为什么？

6.不对称三相正弦变量进行d、q、0坐标变换会得到什么结果？如果(1)三相量中含零序分量，(2)三相量中含负序分量，则又有什么结果？

7.在d、q、0坐标系的定子电势方程中，定子电势由哪些分量组成？这些电势分量是怎样产生的？

8.在d、q、0坐标系的磁链方程中，是什么原因使定子、转子绕组间的互感系数变得不具有互易性？可以用什么方法来解决这个问题？

9.在同步电机基本方程中采用标幺制时，定、转子有关变量的基准值是怎样选择的？

10.什么叫运算电抗？你能作出运算电抗的等值电路吗？

11.在实际应用同步电机基本方程时，常采用哪些简化假设？这些假设忽略了什么因素？给计算带来哪些方便？其适用范围怎样？

12.什么是实用正向？为什么要对同步电机基本方程中部分变量的假定正向进行调整？

13.试作出凸极发电机稳态运行时的电势相量图。

14.什么叫假想电势E_Q？它是怎样计算的？有什么用处？

3.2　习题详解

3-1　同步电机定子A、B、C三相分别通以正弦电流i_A，i_B，i_C，转子各绕组均开路，已知$i_A+i_B+i_C=0$，试问$\alpha=0°$和$\alpha=90°$时A相绕组的等值电感$L_A(=\psi_A/i_A)$等于多少？

解　(1)当$\alpha=0°$时，$\psi_A=i_AL_{aa}+i_BL_{ab}+i_CL_{ac}$。

由
$$L_{aa}=l_0+l_2\cos2\alpha=l_0+l_2$$
$$L_{ab}=-[m_0+m_2\cos2(\alpha+30°)]$$
$$L_{ac}=-[m_0+m_2\cos2(\alpha+150°)]$$
计及$m_2=l_2$及$i_A+i_B+i_C=0$，因而有$i_B+i_C=-i_A$。将α代入ψ_A中便得

$$\psi_A=(l_0+l_2)i_A-[m_0+m_2\cos60°]i_B-[m_0+m_2\cos(-60°)]i_C$$
$$=(l_0+l_2)i_A+[m_0+\frac{1}{2}m_2]i_A=[l_0+m_0+\frac{3}{2}l_2]i_A$$

故 $$L_A=\frac{\psi_A}{i_A}=[l_0+m_0+\frac{3}{2}l_2]=\omega^2[\lambda_{a\sigma}+\lambda_{m\sigma}+\frac{3}{2}\lambda_{ad}]=L_d$$

(2)当 $\alpha=90°$时，有

$$\psi_A=(l_0-l_2)i_A+(-m_0+\frac{1}{2}l_2)i_B+(-m_0+\frac{1}{2}l_2)i_C=(l_0+m_0-\frac{3}{2}l_2)i_A$$

故 $$L_A=\frac{\psi_A}{i_A}=l_0+m_0-\frac{3}{2}l_2=\omega^2\left(\lambda_{a\sigma}+\lambda_{m\sigma}+\frac{3}{2}\lambda_{aq}\right)=L_q$$

3-2 同步电机定子 A、B、C 三相通以正弦电流 $i_A=i_B=i_C$，转子各绕组均开路，试问 A 相等值电感 $L_A(=\psi_A/i_A)$等于多少？

解 由题给条件

$$\psi_A=L_{aa}i_A+L_{ab}i_B+L_{ac}i_C=(L_{aa}+L_{ab}+L_{ac})i_A$$
$$=[l_0+l_2\cos\alpha-m_0-l_2\cos2(\alpha+30°)-m_0-l_2\cos2(\alpha+150°)]i_A$$
$$=[l_0-2m_0+l_2(\cos2\alpha-\cos2(\alpha+30°)-\cos2(\alpha+150°))]i_A$$

因为 $\cos2\alpha-\cos2(\alpha+30°)-\cos2(\alpha+150°)=0$，故

$$\psi_A=(l_0-2m_0)i_A,\quad L_A=\frac{\psi_A}{i_A}=l_0-2m_0=\omega^2(\lambda_{s\sigma}-2\lambda_{m\sigma})=L$$

3-3 同步电机定子 C 相开路，A、B 相通过的电流为 $i_A=-i_B=\cos\omega_N t$，转子各绕组开路。试问当(1)$\alpha=0°$时；(2)$\alpha=90°$时，A 相绕组的等值电感 $L_A=\psi_A/i_A$ 等于多少？

解 $\psi_A=L_{aa}i_A+L_{ab}i_B+L_{ac}i_C$，题给 $i_A=-i_B$，$i_C=0$，故

$\psi_A=(L_{aa}-L_{ab})i_A$，因此 $L_A=\frac{\psi_A}{i_A}=L_{aa}-L_{ab}$。

(1)当 $\alpha=0°$时，且 $m_2=l_2$，则

$$L_A=(l_0+l_2\cos2\alpha)-[-m_0-l_2\cos2(\alpha+30°)]$$
$$=l_0+l_2+m_0+\frac{1}{2}l_2=l_0+m_0+\frac{3}{2}l_2=L_d$$

(2)当 $\alpha=90°$时，有

$$L_A=(l_0+l_2\cos2\alpha)-[-m_0-l_2\cos2(\alpha+150°)]$$
$$=l_0-l_2+m_0-\frac{1}{2}l_2=l_0+m_0-\frac{3}{2}l_2=L_q$$

3-4 同步电机定子三相通入直流，$i_A=1$，$i_B=i_C=-0.5$，求转换到 d、q、0 坐标系的 i_d、i_q 和 i_0。

解 (1)$i_d=\frac{2}{3}[i_A\cos\alpha+i_B\cos(\alpha-120°)+i_C\cos(\alpha+120°)]$

题给 $i_A=1$，$i_B=i_C=-\frac{1}{2}$，代入得

$$i_d=\frac{2}{3}[\cos\alpha-\frac{1}{2}\cos(\alpha-120°)-\frac{1}{2}\cos(\alpha+120°)]$$

因为 $$\cos\alpha-\frac{1}{2}\cos(\alpha-120°)-\frac{1}{2}\cos(\alpha+120°)=\frac{3}{2}\cos\alpha$$

故 $$i_d=\cos\alpha$$

$$(2)\ i_q=\frac{2}{3}[i_A\sin\alpha+i_B\sin(\alpha-120°)+i_C\sin(\alpha+120°)]$$

$$=\frac{2}{3}[\sin\alpha-\frac{1}{2}\sin(\alpha-120°)-\frac{1}{2}\sin(\alpha+120°)]$$

因为 $$\sin\alpha-\frac{1}{2}\sin(\alpha-120°)-\frac{1}{2}\sin(\alpha+120°)=\frac{3}{2}\sin\alpha$$

故 $$i_q=\sin\alpha$$

$$(3)\ i_0=\frac{1}{3}(i_A+i_B+i_C)=\frac{1}{3}(1-\frac{1}{2}-\frac{1}{2})=0$$

3-5 同步电机定子三相通入直流，$i_A=1,i_B=-1,i_C=3$，转子转速为 ω_N，$\alpha=\alpha_0+\omega_N t$，求转换到d、q、0坐标系的 i_d、i_q 和 i_0。

解 $$(1)\ i_d=\frac{2}{3}[i_A\cos\alpha+i_B\cos(\alpha-120°)+i_C\cos(\alpha+120°)]$$

$$=\frac{2}{3}[\cos\alpha-\cos(\alpha-120°)+3\cos(\alpha+120°)]$$

$$=\frac{2}{3}(\cos\alpha+\frac{1}{2}\cos\alpha-\frac{\sqrt{3}}{2}\sin\alpha-\frac{3}{2}\cos\alpha-\frac{3\sqrt{3}}{2}\sin\alpha)$$

$$=\frac{2}{3}(-2\sqrt{3}\sin\alpha)=-\frac{4\sqrt{3}}{3}\sin\alpha$$

因为 $\alpha=\alpha_0+\omega_N t$，故

$$i_d=-\frac{4\sqrt{3}}{3}\sin(\alpha_0+\omega_N t)=-2.3094\sin(\alpha_0+\omega_N t)\quad（基频电流）$$

$$(2)\ i_q=\frac{2}{3}[i_A\sin\alpha+i_B\sin(\alpha-120°)+i_C\sin(\alpha+120°)]$$

$$=\frac{2}{3}[\sin\alpha-\sin(\alpha-120°)+3\sin(\alpha+120°)]$$

$$=\frac{4\sqrt{3}}{3}\cos\alpha=2.3094\cos(\alpha_0+\omega_N t)\quad（基频电流）$$

$$(3)\ i_0=\frac{1}{3}(i_A+i_B+i_C)=\frac{1}{3}(1-1+3)=1.0\quad（直流电流）$$

3-6 同步电机定子通以负序电流，$i_A=\cos\omega_N t$，$i_B=\cos(\omega_N t+120°)$，$i_C=\cos(\omega_N t-120°)$，求转换到d、q、0坐标系的 i_d、i_q 和 i_0。

解 $$(1)\ i_d=\frac{2}{3}[i_A\cos\alpha+i_B\cos(\alpha-120°)+i_C\cos(\alpha+120°)]$$

$$=\frac{2}{3}[\cos\omega_N t\cos\alpha+\cos(\omega_N t+120°)\cos(\alpha-120°)+\cos(\omega_N t-120°)\cos(\alpha+120°)]$$

设 $\alpha=\alpha_0+\omega_N t$，代入上式，经简化后上式方括号中的值为

$$\frac{3}{2}\cos(\alpha_0+2\omega_N t)$$

因此 $$i_d=\frac{2}{3}\left[\frac{3}{2}\cos(\alpha_0+2\omega_N t)\right]=\cos(\alpha_0+2\omega_N t)\text{(倍频电流)}$$

(2) $i_q=\frac{2}{3}[i_A\sin\alpha+i_B\sin(\alpha-120^\circ)+i_C\sin(\alpha+120^\circ)]$

将题给 i_A、i_B、i_C 代入上式，与求 i_d 相似可得

$$i_q=\sin(\alpha_0+2\omega_N t)\text{(倍频电流)}$$

(3) $i_0=\frac{1}{3}(i_A+i_B+i_C)=\frac{1}{3}[\cos(\omega_N t)+\cos(\omega_N t+120^\circ)+\cos(\omega_N t-120^\circ)]=0$

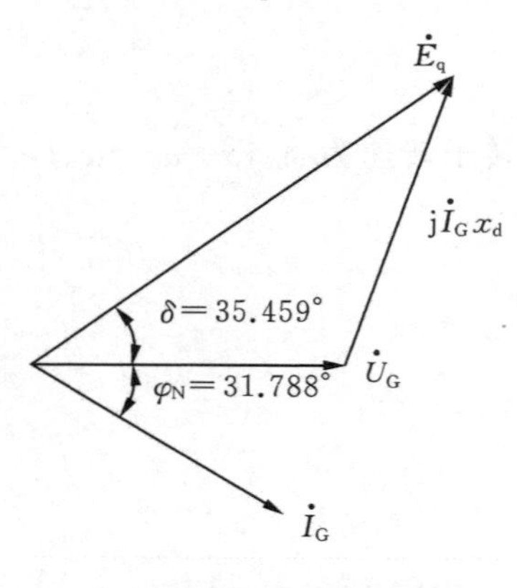

题 3-7 图　隐极机相量图

3-7　隐极同步发电机 $x_d=1.5$，$\cos\varphi_N=0.85$，发电机额定满载运行($U_G=1.0$，$I_G=1.0$)，试求其电势 E_q 和 δ，并画出相量图。

解　已知 $U_G=1.0$，$I_G=1.0$，$\cos\varphi_N=0.85$，$\varphi_N=31.788^\circ$，$\sin\varphi_N=0.5268$，设 $\dot{U}_G=1.0\angle 0^\circ$，则

$$\dot{I}_G=1.0\angle-31.788^\circ=0.85-j0.5268$$

$$\dot{E}_q=\dot{U}_G+j\dot{I}_G x_d=1.0+j1.0\angle-31.788^\circ\times1.5$$
$$=1.7902+j1.275=2.198\angle35.459^\circ$$

或 $$E_q=2.198,\quad \delta=35.459^\circ$$

相量图如题 3-7 图所示。

3-8　凸极同步发电机 $x_d=1.1$，$x_q=0.7$，$\cos\varphi_N=0.8$，发电机额定满载运行($U_G=1.0$，$I_G=1.0$)，试求电势 E_Q、E_q 和 δ，并作出电流、电压和电势的相量图。

解　由题知 $U_G=1.0$，$I_G=1.0$，$\cos\varphi_N=0.8$，$\varphi_N=36.87^\circ$，$\sin\varphi_N=0.6$。设 $\dot{U}_G=1.0\angle0^\circ$，则 $\dot{I}_G=1.0\angle-36.87^\circ=0.8-j0.6$。

$$\dot{E}_Q=\dot{U}_G+j\dot{I}_G x_q=1.0+j(0.8-j0.6)\times0.7=1.42+j0.56$$
$$=1.5264\angle21.523^\circ$$

$E_Q=1.5264$，$\delta=21.523^\circ$

$$I_d=I_G\sin(\varphi_N+\delta)=1.0\times\sin(36.87^\circ+21.523^\circ)$$
$$=0.8517$$

$$E_q=E_Q+I_d(x_d-x_q)$$
$$=1.5264+0.8517\times(1.1-0.7)=1.8671$$

相量图如题 3-8 图所示。

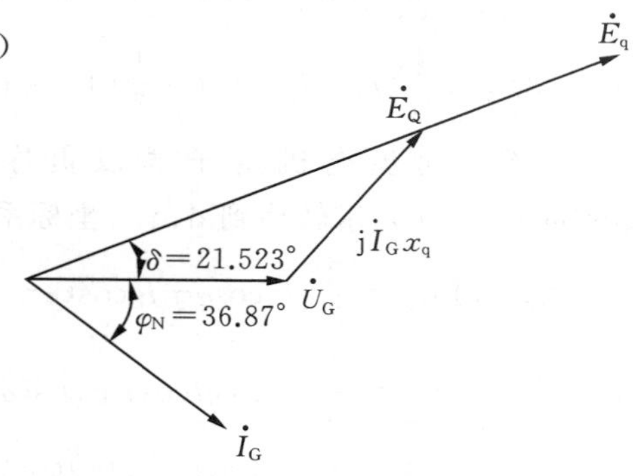

题 3-8 图　凸极机相量图

第 4 章　电力网络的数学模型

4.1　复习思考题

1. 为什么在电力系统分析计算中常采用节点方程？节点分析法有什么优点？

2. 怎样形成节点导纳矩阵？它的元素有什么物理意义？

3. 节点导纳矩阵有哪些特点？

4. 支路间存在互感时，怎样计算节点导纳矩阵的相关元素？

5. 怎样用高斯消去法简化网络？

6. 用高斯消去法求解网络方程与通过网络的星网变换消去节点存在什么关系？

7. 形成节点阻抗矩阵的方法有哪些？

8. 节点阻抗矩阵的元素有什么物理意义？

9. 节点阻抗矩阵有哪些特点？为什么节点阻抗矩阵一般是满阵？

10. 追加树支时怎样修改节点阻抗矩阵？追加连支时怎样修改节点阻抗矩阵？

11. 怎样利用导纳型节点方程计算节点阻抗矩阵的一列元素？这个算法有什么物理意义？

12. 为什么要对节点编号顺序进行优化？优化编号的原则是什么？

4.2　习 题 详 解

4-1　系统接线示于题 4-1 图，已知各元件参数如下。

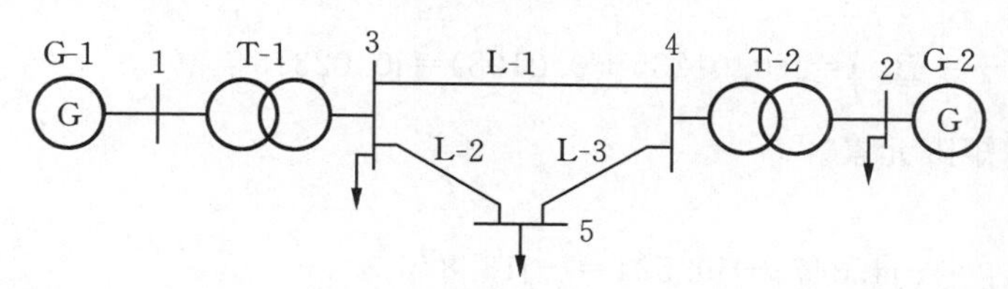

题 4-1 图　系统接线图

发电机G-1：$S_N=120$ MV・A，$x''_d=0.23$；

G-2：$S_N=60$ MV・A，$x''_d=0.14$；

变压器T-1：$S_N=120$ MV・A，$U_S\%=10.5$；

T-2：$S_N=60$ MV・A，$U_S\%=10.5$。

线路参数：$x_1=0.4$ Ω/km，$b_1=2.8\times10^{-6}$ S/km。

线路长度：L-1为 120 km，L-2 为 80 km，L-3 为 70 km。取 $S_B=120$ MV・A，$U_B=U_{av}$，试求标幺制下的节点导纳矩阵。

解 选 $S_B=120\ \text{MV}\cdot\text{A}$，$U_B=U_{av}$，采用标幺参数的近似算法，即忽略各元件的额定电压和相应电压级的 U_{av} 的差别，并认为所有变压器的标幺变比都等于 1。

(1)计算各元件参数的标幺值。

$$X''_{d1}=x''_{dG1}\frac{S_B}{S_{G1N}}=0.23\times\frac{120}{120}=0.23,\quad X''_{d2}=x''_{dG2}\frac{S_B}{S_{G2N}}=0.14\times\frac{120}{60}=0.28$$

$$X_{T1}=\frac{U_{S1}\%}{100}\times\frac{S_B}{S_{T1N}}=\frac{10.5}{100}\times\frac{120}{120}=0.105,\quad X_{T2}=\frac{U_{S2}\%}{100}\times\frac{S_B}{S_{T2N}}=\frac{10.5}{100}\times\frac{120}{60}=0.21$$

$$X_{l1}=x_1l_1\frac{S_B}{U_{av}^2}=0.4\times120\times\frac{120}{115^2}=0.43554$$

$$\frac{1}{2}B_{l1}=\frac{1}{2}bl_1\frac{U_{av}^2}{S_B}=\frac{1}{2}\times2.8\times10^{-6}\times120\times\frac{115^2}{120}=0.01852$$

$$X_{l2}=X_{l1}\frac{l_2}{l_1}=0.43554\times\frac{80}{120}=0.2904,\quad \frac{1}{2}B_{l2}=\frac{1}{2}B_{l1}\frac{l_2}{l_1}=0.01852\times\frac{80}{120}=0.01235$$

$$X_{l3}=X_{l1}\frac{l_3}{l_1}=0.43554\times\frac{70}{120}=0.2541,\quad \frac{1}{2}B_{l3}=\frac{1}{2}B_{l1}\frac{l_3}{l_1}=0.01852\times\frac{70}{120}=0.0108$$

(2)计算各支路导纳。

$$y_{10}=\frac{1}{jX''_{d1}}=-j\frac{1}{0.23}=-j4.3478,\quad y_{20}=\frac{1}{jX''_{d2}}=-j\frac{1}{0.28}=-j3.7514$$

$$y_{13}=\frac{1}{jX_{T1}}=-j\frac{1}{0.105}=-j9.524,\quad y_{24}=\frac{1}{jX_{T2}}=-j\frac{1}{0.21}=-j4.762$$

$$y_{34}=\frac{1}{jX_{l1}}=-j\frac{1}{0.43554}=-j2.296,\quad y_{35}=\frac{1}{jX_{l2}}=-j\frac{1}{0.2904}=-j3.444$$

$$y_{45}=\frac{1}{jX_{l3}}=-j\frac{1}{0.2541}=-j3.936$$

$$y_{30}=j\frac{1}{2}B_{l1}+j\frac{1}{2}B_{l2}=j(0.01852+0.01235)=j0.03087$$

$$y_{40}=j\left(\frac{1}{2}B_{l1}+\frac{1}{2}B_{l3}\right)=j(0.01852+0.0108)=j0.02932$$

$$y_{50}=j\left(\frac{1}{2}B_{l2}+\frac{1}{2}B_{l3}\right)=j(0.01235+0.0108)=j0.02315$$

(3)计算导纳矩阵元素。

(a)对角元。

$$Y_{11}=y_{10}+y_{13}=-j4.3478-j9.524=-j13.872$$

$$Y_{22}=y_{20}+y_{24}=-j3.5714-j4.762=-j8.333$$

$$Y_{33}=y_{30}+y_{31}+y_{34}+y_{35}=j0.03087-j9.524-j2.296-j3.444=-j15.233$$

$$Y_{44}=y_{40}+y_{42}+y_{43}+y_{45}=j0.02932-j4.762-j2.296-j3.936=-j10.965$$

$$Y_{55}=y_{50}+y_{53}+y_{54}=j0.02315-j3.444-j3.936=-j7.357$$

(b)非对角元。

$$Y_{12}=Y_{21}=0.0,\quad Y_{13}=Y_{31}=-y_{13}=j9.524,\quad Y_{14}=Y_{41}=0.0,\quad Y_{15}=Y_{51}=0.0$$

$$Y_{24}=Y_{42}=-y_{24}=j4.762,\quad Y_{34}=Y_{43}=-y_{34}=j2.296$$

$$Y_{35}=Y_{53}=-y_{35}=j3.444,\quad Y_{45}=Y_{54}=-y_{45}=j3.936$$

导纳矩阵如下：

$$
\boldsymbol{Y}=\begin{bmatrix}
-\mathrm{j}13.872 & 0.0 & \mathrm{j}9.524 & 0.0 & 0.0 \\
0.0 & -\mathrm{j}8.333 & 0.0 & \mathrm{j}4.762 & 0.0 \\
\mathrm{j}9.524 & 0.0 & -\mathrm{j}15.233 & \mathrm{j}2.296 & \mathrm{j}3.444 \\
0.0 & \mathrm{j}4.762 & \mathrm{j}2.296 & -\mathrm{j}10.965 & \mathrm{j}3.936 \\
0.0 & 0.0 & \mathrm{j}3.444 & \mathrm{j}3.936 & -\mathrm{j}7.357
\end{bmatrix}
$$

4-2 对于题 4-1 图所示电力系统，试就下列两种情况分别修改节点导纳矩阵：(1)节点 5 发生三相短路；(2)线路 L-3 中点发生三相短路。

解 (1)因为在节点 5 发生三相短路，相当于节点 5 电位为零，因此将原 **Y** 矩阵划去第 5 行和第 5 列，矩阵降为 4 阶，其余元素不变。

(2)把线路 L-3 分成两半，作成两个 Π 型等值电路，线路电抗减少一半，其支路导纳增大一倍，线路并联电纳则减小一半，并且分别成为节点 4、5 的对地导纳支路，因而节点 4、5 之间已无直接联系。节点导纳矩阵的阶数不变，应修改的元素为

$$Y'_{44}=Y_{44}+y_{45}-\mathrm{j}\,\frac{1}{2}B_{l3}=-\mathrm{j}10.965-\mathrm{j}3.936-\mathrm{j}0.0108=-\mathrm{j}14.906$$

$$Y'_{55}=Y_{55}+y_{45}-\mathrm{j}\,\frac{1}{2}B_{l3}=-\mathrm{j}7.357-\mathrm{j}3.936-\mathrm{j}0.0108=-\mathrm{j}11.298$$

$$Y'_{45}=Y'_{54}=0.0$$

其余元素不变。

4-3 在题 4-3 图的网络图中，已给出支路阻抗的标幺值和节点编号，试用支路追加法求节点阻抗矩阵。

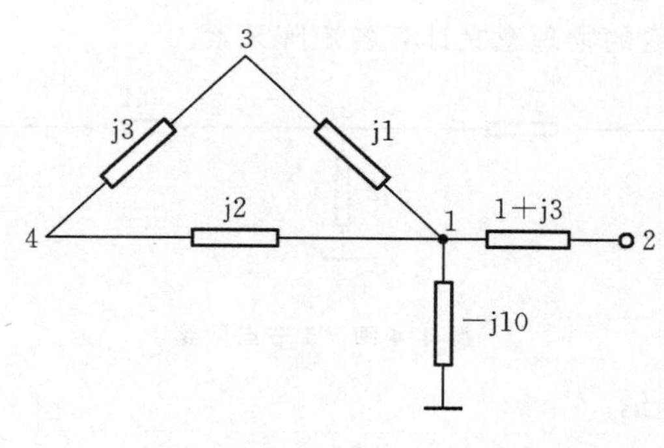

题 4-3 图 4 节点网络

解 先追加树支。

(1)追加 0-1 支路：$Z_{11}=z_{10}=-\mathrm{j}10$。

(2)追加 1-2 支路，矩阵增加一阶，为二阶矩阵，其元素为

$$Z_{11}=-\mathrm{j}10,Z_{12}=Z_{21}=-\mathrm{j}10$$

$$Z_{22}=Z_{11}+z_{12}=-\mathrm{j}10+1+\mathrm{j}3=1-\mathrm{j}7$$

(3)追加 1-3 支路，矩阵增加一阶为三阶矩阵，原二阶矩阵各元素不变，新增元素为

$$Z_{13}=Z_{31}=Z_{11}=-\mathrm{j}10,Z_{23}=Z_{32}=Z_{11}=-\mathrm{j}10$$

$$Z_{33}=Z_{11}+z_{13}=-\mathrm{j}10+\mathrm{j}1=-\mathrm{j}9$$

(4)追加 1-4 支路，矩阵又增加一阶，为四阶矩阵，原三阶矩阵元素不变，新增元素为

$$Z_{14}=Z_{41}=Z_{11}=-\mathrm{j}10$$
$$Z_{24}=Z_{42}=Z_{11}=-\mathrm{j}10$$
$$Z_{34}=Z_{43}=Z_{11}=-\mathrm{j}10$$
$$Z_{44}=Z_{11}+z_{14}=-\mathrm{j}10+\mathrm{j}2=-\mathrm{j}8$$

(5)追加连支 3-4 支路，矩阵阶数不变。根据网络的结构特点，单独在节点 1(或节点 2)上注入电流时，连支 3-4 的接入不会改变网络中原有的电流和电压分布。因此，阻抗矩阵中的第 1、2 行和第 1、2 列的全部元素都不必修改。需要修改的只是第 3、4 行与第 3、4 列交叉处的 4 个元素，其修改如下：

$$Z'_{33}=Z_{33}-\frac{(Z_{33}-Z_{34})(Z_{33}-Z_{43})}{Z_{33}+Z_{44}-2Z_{34}+z_{34}}=-\mathrm{j}9-\frac{(-\mathrm{j}9+\mathrm{j}10)(-\mathrm{j}9+\mathrm{j}10)}{-\mathrm{j}9-\mathrm{j}8+2\times\mathrm{j}10+\mathrm{j}3}=-\mathrm{j}9.167$$

$$Z'_{44}=Z_{44}-\frac{(Z_{43}-Z_{44})(Z_{34}-Z_{44})}{Z_{33}+Z_{44}-2Z_{34}+z_{34}}=-\mathrm{j}8-\frac{(-\mathrm{j}10+\mathrm{j}8)(-\mathrm{j}10+\mathrm{j}8)}{-\mathrm{j}9-\mathrm{j}8+2\times\mathrm{j}10+\mathrm{j}3}=-\mathrm{j}8.667$$

$$Z'_{34}=Z'_{43}=Z_{34}-\frac{(Z_{33}-Z_{34})(Z_{34}-Z_{44})}{Z_{33}+Z_{44}-2Z_{34}+z_{34}}=-\mathrm{j}10-\frac{(-\mathrm{j}9+\mathrm{j}10)(-\mathrm{j}10+\mathrm{j}8)}{-\mathrm{j}9-\mathrm{j}8+2\times\mathrm{j}10+\mathrm{j}3}=-\mathrm{j}9.667$$

用支路追加法求得的节点阻抗矩阵如下：

$$\boldsymbol{Z}=\begin{bmatrix}-\mathrm{j}10 & -\mathrm{j}10 & -\mathrm{j}10 & -\mathrm{j}10\\ -\mathrm{j}10 & 1-\mathrm{j}7 & -\mathrm{j}10 & -\mathrm{j}10\\ -\mathrm{j}10 & -\mathrm{j}10 & -\mathrm{j}9.167 & -\mathrm{j}9.667\\ -\mathrm{j}0 & -\mathrm{j}10 & -\mathrm{j}9.667 & -\mathrm{j}8.667\end{bmatrix}$$

4-4 3 节点网络如题 4-4 图所示，各支路阻抗标幺值已在图中注明。试根据节点导纳矩阵和节点阻抗矩阵元素的物理意义计算各矩阵元素。

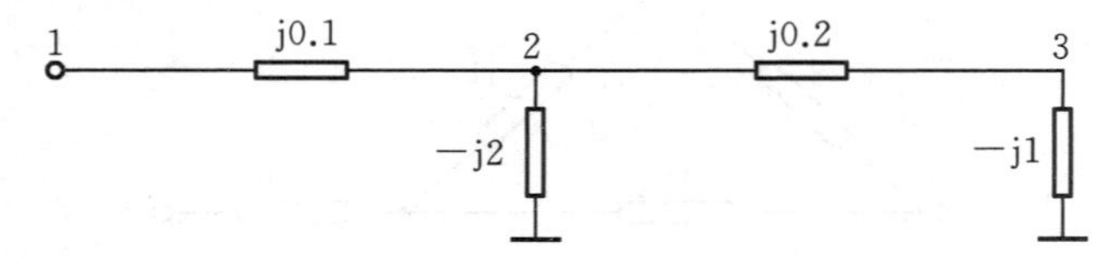

题 4-4 图　3 节点网络

解　(1)求各支路导纳。

$$y_{12}=\frac{1}{z_{12}}=\frac{1}{\mathrm{j}0.1}=-\mathrm{j}10,\quad y_{23}=\frac{1}{z_{23}}=\frac{1}{\mathrm{j}0.2}=-\mathrm{j}5$$

$$y_{20}=\frac{1}{z_{20}}=\frac{1}{-\mathrm{j}2}=\mathrm{j}0.5,\quad y_{30}=\frac{1}{z_{30}}=\frac{1}{-\mathrm{j}1}=\mathrm{j}1$$

(2)根据节点导纳矩阵元素的物理意义求导纳导矩阵元素。

$$Y_{11}=y_{10}+\sum_j y_{1j}=y_{12}=-\mathrm{j}10,Y_{12}=Y_{21}=-y_{12}=\mathrm{j}10$$

$$Y_{22}=y_{20}+\sum_j y_{2j}=y_{20}+y_{21}+y_{23}=\mathrm{j}0.5-\mathrm{j}10-\mathrm{j}5.0=-\mathrm{j}14.5$$

$$Y_{33}=y_{30}+\sum_j y_{3j}=y_{30}+y_{32}=\mathrm{j}1-\mathrm{j}5=-\mathrm{j}4$$

$$Y_{23}=Y_{32}=-y_{23}=\mathrm{j}5.0$$

可得导纳矩阵如下：

$$\boldsymbol{Y}=\begin{bmatrix}-j10 & j10 & 0\\ j10 & -j14.5 & j5\\ 0 & j5 & -j4\end{bmatrix}$$

(3)根据节点阻抗矩阵物理意义求阻抗矩阵。

采取依次单独对每一节点注入单位电流，计算各节点电压的方法求解。首先从节点 3 开始，节点 3 单独注入单位电流时，有

$$\dot{U}_3=\frac{(z_{23}+z_{20})\times z_{30}}{z_{23}+z_{20}+z_{30}}\dot{I}_3=\frac{(j0.2-j2)(-j1)}{j0.2-j2-j1}\times 1=-j0.643$$

$$\dot{U}_2=\frac{z_{20}}{z_{23}+z_{20}}\dot{U}_3=\frac{-j2}{j0.2-j2}\times(-j0.643)=-j0.714$$

$$\dot{U}_1=\dot{U}_2$$

于是可得

$$Z_{33}=-j0.643, Z_{23}=Z_{32}=-j0.714, Z_{13}=Z_{31}=-j0.714$$

节点 2 单独注入单位电流时

$$\dot{U}_2=\frac{(z_{23}+z_{30})\times z_{20}}{z_{23}+z_{30}+z_{20}}\dot{I}_2=\frac{(j0.2-j1)(-j2)}{j0.2-j1-j2}\times 1=-j0.571$$

$$\dot{U}_1=\dot{U}_2$$

于是可得 $Z_{22}=-j0.571,\quad Z_{12}=Z_{21}=-j0.571$

节点 1 单独注入单位电流时

$$\dot{U}_1=\dot{U}_2+z_{12}\dot{I}_1=Z_{21}\dot{I}_1+z_{12}\dot{I}_1=-j0.571+j0.1=-j0.471$$

由此可得 $Z_{11}=-j0.471$

节点阻抗矩阵如下：

$$\boldsymbol{Z}=\begin{bmatrix}-j0.471 & -j0.571 & -j0.714\\ -j0.571 & -j0.571 & -j0.714\\ -j0.714 & -j0.714 & -j0.643\end{bmatrix}$$

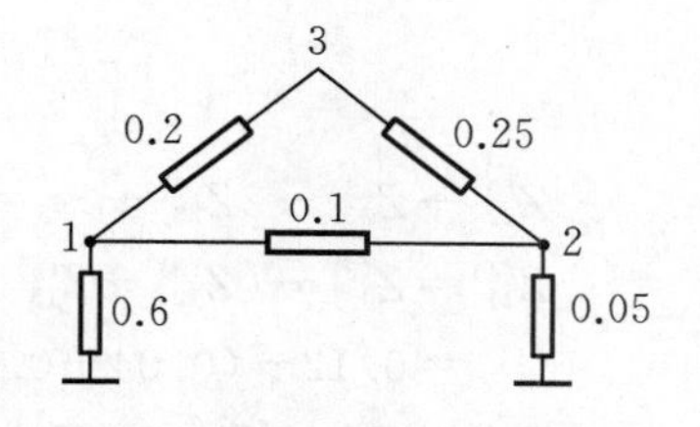

题 4-5 图(1) 3 节点网络

4-5 简单网络如题 4-5 图(1)所示，已知各支路阻抗标幺值，试用支路追加法形成节点阻抗矩阵。试问，若支路追加顺序不同，则对计算量有何影响？如另选一种节点编号，对计算量又将有何影响？

解 (1)取一种支路追加顺序，如题 4-5 图(2)所示，节点阻抗矩阵形成步骤如下。

第一步，接入节点 1 和节点 2 的接地支路，形成二阶节点阻抗矩阵

$$\boldsymbol{Z}^{(1)}=\begin{bmatrix}Z_{11}^{(1)} & 0\\ 0 & Z_{22}^{(1)}\end{bmatrix}=\begin{bmatrix}0.6 & 0\\ 0 & 0.05\end{bmatrix}$$

第二步，追加节点 1、2 之间的连支 z_{12}，将二阶矩阵修改为

$$\boldsymbol{Z}^{(2)}=\begin{bmatrix}Z_{11}^{(2)} & Z_{21}^{(2)}\\ Z_{12}^{(2)} & Z_{22}^{(2)}\end{bmatrix}$$

$$Z_{11}^{(1)}+Z_{22}^{(1)}-2Z_{12}+z_{12}=0.6+0.05-2\times 0+0.1=0.75$$

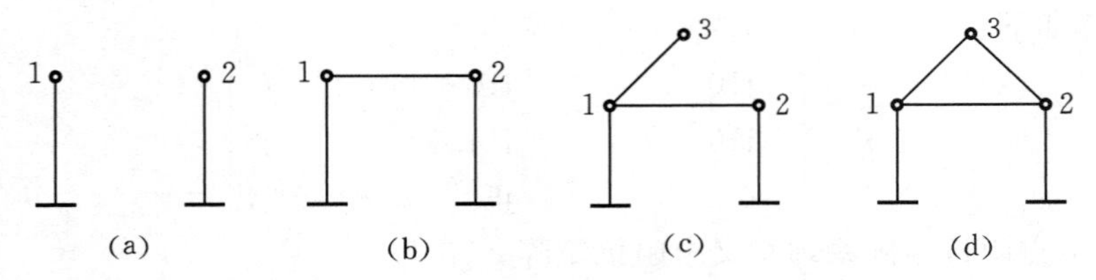

题 4-5 图(2) 支路追加过程

$Z_{11}^{(2)}=Z_{11}^{(1)}-(Z_{11}^{(1)}-Z_{12}^{(1)})(Z_{11}^{(1)}-Z_{21}^{(1)})/0.75=0.6-0.6\times0.6/0.75=0.12$

$Z_{22}^{(2)}=Z_{22}^{(1)}-(Z_{21}^{(1)}-Z_{22}^{(1)})(Z_{12}^{(1)}-Z_{22}^{(1)})/0.75$

$=0.05-(-0.05)(-0.05)/0.75=0.04667$

$Z_{12}^{(2)}=Z_{21}^{(2)}=Z_{12}^{(1)}-(Z_{11}^{(1)}-Z_{12}^{(1)})(Z_{12}^{(1)}-Z_{22}^{(1)})/0.75=0-0.6\times(-0.05)/0.75=0.04$

第三步，追加树支 z_{13}，引出节点 3，将一阶矩阵扩大形成三阶矩阵

$$\boldsymbol{Z}^{(3)}=\begin{bmatrix}Z_{11}^{(3)} & Z_{12}^{(3)} & Z_{13}^{(3)}\\ Z_{21}^{(3)} & Z_{22}^{(3)} & Z_{23}^{(3)}\\ Z_{31}^{(3)} & Z_{32}^{(3)} & Z_{33}^{(3)}\end{bmatrix}$$

其中左上角二阶子矩阵与 $\boldsymbol{Z}^{(2)}$ 相同，即

$$Z_{11}^{(3)}=Z_{11}^{(2)}=0.12,\quad Z_{12}^{(3)}=Z_{12}^{(2)}=0.04$$

$$Z_{21}^{(3)}=Z_{21}^{(2)}=0.04,\quad Z_{22}^{(3)}=Z_{22}^{(2)}=0.04667$$

新增一行一列元素为

$$Z_{13}^{(3)}=Z_{31}^{(3)}=Z_{11}^{(2)}=0.12,\quad Z_{23}^{(3)}=Z_{32}^{(3)}=Z_{21}^{(2)}=0.04$$

$$Z_{33}^{(3)}=Z_{11}^{(2)}+z_{13}=0.12+0.2=0.32$$

第四步，追加连支 z_{23}，修改上一步所得的三阶矩阵，得到新阻抗矩阵

$$\boldsymbol{Z}^{(4)}=\begin{bmatrix}Z_{11}^{(4)} & Z_{12}^{(4)} & Z_{13}^{(4)}\\ Z_{21}^{(4)} & Z_{22}^{(4)} & Z_{23}^{(4)}\\ Z_{31}^{(4)} & Z_{32}^{(4)} & Z_{33}^{(4)}\end{bmatrix}$$

$Z_{22}^{(3)}+Z_{33}^{(3)}-2Z_{23}^{(3)}+z_{23}=0.04667+0.32-2\times0.04+0.25=0.53667$

$Z_{11}^{(4)}=Z_{11}^{(3)}-(Z_{12}^{(3)}-Z_{13}^{(3)})(Z_{21}^{(3)}-Z_{31}^{(3)})/0.53667$

$=0.12-(0.04-0.12)(0.04-0.12)/0.53667=0.10807$

$Z_{12}^{(4)}=Z_{21}^{(4)}=Z_{12}^{(3)}-(Z_{12}^{(3)}-Z_{13}^{(3)})(Z_{22}^{(3)}-Z_{32}^{(3)})/0.53667$

$=0.04-(0.04-0.12)(0.04667-0.04)/0.53667=0.04099$

$Z_{13}^{(4)}=Z_{31}^{(4)}=Z_{13}^{(3)}-(Z_{12}^{(3)}-Z_{13}^{(3)})(Z_{23}^{(3)}-Z_{33}^{(3)})/0.53667$

$=0.12-(0.04-0.12)(0.04-0.32)/0.53667=0.07826$

$Z_{22}^{(4)}=Z_{22}^{(3)}-(Z_{22}^{(3)}-Z_{23}^{(3)})(Z_{22}^{(3)}-Z_{32}^{(3)})/0.53667$

$=0.04667-(0.04667-0.04)(0.04667-0.04)/0.53667=0.04659$

$Z_{23}^{(4)}=Z_{32}^{(4)}=Z_{23}^{(3)}-(Z_{22}^{(3)}-Z_{23}^{(3)})(Z_{23}^{(3)}-Z_{33}^{(3)})/0.53667$

$=0.04-(0.04667-0.04)(0.04-0.32)/0.53667=0.04348$

$Z_{33}^{(4)}=Z_{33}^{(3)}-(Z_{32}^{(3)}-Z_{33}^{(3)})(Z_{23}^{(3)}-Z_{33}^{(3)})/0.53667$

$=0.32-(0.04-0.32)(0.04-0.32)/0.53667=0.17391$

最后形成的节点阻抗矩阵 $\boldsymbol{Z}=\boldsymbol{Z}^{(4)}$

$$\boldsymbol{Z}=\boldsymbol{Z}^{(4)}=\begin{bmatrix}0.10807 & 0.04099 & 0.07826\\0.04099 & 0.04659 & 0.04348\\0.07826 & 0.04348 & 0.17391\end{bmatrix}$$

(2)用支路追加法形成节点阻抗矩阵时，主要的工作量在于追加连支时，要对原有阻抗矩阵元素进行修改。对 n 阶矩阵追加支路时，需要修改的元素有 $k=n(n+1)/2$ 个。这里选的支路追加顺序是，第一次对二阶矩阵追加连支 z_{12}，第二次对三阶矩阵追加连支 z_{23}，两次追加连支总共修改了 9 个元素。

如果采用另一种追加顺序，即第一次接入 z_{10}，以后依次接入 z_{12} 和 z_{13}，在形成三阶矩阵后，再依次接入 z_{23} 和 z_{20}，那么总共要修改 12 个元素，计算量会有所增加。

一般情况下，为了减小计算量，在追加支路过程中，第一次出现 p 阶矩阵后，应该将节点号小于或等于 p 的一切连支都处理完毕，再扩大矩阵的阶数。

就本题的具体情况，由于节点数和支路数都很少，故支路追加顺序和节点编号顺序的改变，对计算量影响都不会很大。进行节点编号时，应选一个有接地支路的节点作为第 1 号节点。

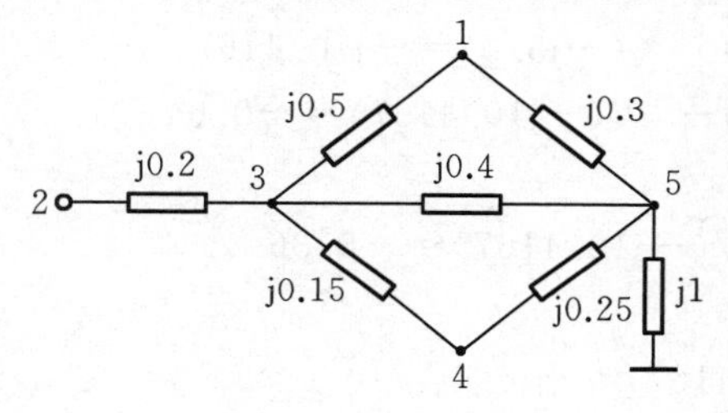

题 4-6 图 5 节点网络

4-6 题 4-6 图所示的为一个 5 节点网络，已知各支路阻抗标幺值及节点编号顺序，要求

(1)形成节点导纳矩阵 $\boldsymbol{Y}$；

(2)对 $\boldsymbol{Y}$ 矩阵进行 $\boldsymbol{LDU}$ 分解；

(3)计算与节点 4 对应的一列阻抗矩阵元素。

解 (1)形成节点导纳矩阵

$$Y_{11}=\frac{1}{\mathrm{j}0.5}+\frac{1}{\mathrm{j}0.3}=-\mathrm{j}5.3333,\ Y_{12}=Y_{21}=Y_{14}=Y_{41}=0.0$$

$$Y_{13}=Y_{31}=-\frac{1}{\mathrm{j}0.5}=\mathrm{j}2,\ Y_{51}=Y_{15}=-\frac{1}{\mathrm{j}0.3}=\mathrm{j}3.3333$$

$$Y_{22}=\frac{1}{\mathrm{j}0.2}=-\mathrm{j}5.0,\ Y_{23}=Y_{32}=-\frac{1}{\mathrm{j}0.2}=\mathrm{j}5.0$$

$$Y_{14}=Y_{41}=Y_{25}=Y_{52}=0.0$$

$$Y_{33}=\frac{1}{\mathrm{j}0.2}+\frac{1}{\mathrm{j}0.5}+\frac{1}{\mathrm{j}0.15}+\frac{1}{\mathrm{j}0.4}=-\mathrm{j}16.1667$$

$$Y_{34}=Y_{43}=-\frac{1}{\mathrm{j}0.15}=\mathrm{j}6.6667,\ Y_{35}=Y_{53}=-\frac{1}{\mathrm{j}0.4}=\mathrm{j}2.5$$

$$Y_{44}=\frac{1}{\mathrm{j}0.15}+\frac{1}{\mathrm{j}0.25}=-\mathrm{j}10.6667,\ Y_{45}=Y_{54}=-\frac{1}{\mathrm{j}0.25}=\mathrm{j}4.0$$

$$Y_{55}=\frac{1}{\mathrm{j}1.0}+\frac{1}{\mathrm{j}0.25}+\frac{1}{\mathrm{j}0.4}+\frac{1}{\mathrm{j}0.3}=-\mathrm{j}10.8333$$

于是可得节点导纳矩阵

$$\boldsymbol{Y}=\begin{bmatrix} -\mathrm{j}5.3333 & 0.0000 & \mathrm{j}2.0000 & 0.0000 & \mathrm{j}3.3333 \\ 0.0000 & -\mathrm{j}5.0000 & \mathrm{j}5.0000 & 0.0000 & 0.0000 \\ \mathrm{j}2.0000 & \mathrm{j}5.0000 & -\mathrm{j}16.1667 & \mathrm{j}6.6667 & \mathrm{j}2.5000 \\ 0.0000 & 0.0000 & \mathrm{j}6.6667 & -\mathrm{j}10.6667 & \mathrm{j}4.0000 \\ \mathrm{j}3.3333 & 0.0000 & \mathrm{j}2.5000 & \mathrm{j}4.0000 & -\mathrm{j}10.8333 \end{bmatrix}$$

(2)对 $\boldsymbol{Y}$ 矩阵进行 $\boldsymbol{LDU}$ 分解

$d_{11}=Y_{11}=-\mathrm{j}5.3333$，$u_{12}=0.0$，$u_{14}=0.0$

$u_{13}=Y_{13}/d_{11}=\mathrm{j}2.0/(-\mathrm{j}5.3333)=-0.3750$

$u_{15}=Y_{15}/d_{11}=\mathrm{j}3.3333/(-\mathrm{j}5.3333)=-0.6250$

$d_{22}=Y_{22}-u_{12}^2/d_{11}=-\mathrm{j}5.0$，$u_{23}=(Y_{23}-u_{12}u_{13})/d_{22}=\mathrm{j}5.0/(-\mathrm{j}5.0)=-1.0$

$u_{24}=0.0$，$u_{25}=0.0$

$d_{33}=Y_{33}-u_{13}^2d_{11}-u_{23}^2d_{22}$

$=-\mathrm{j}16.1667-(-0.375^2)\times(-\mathrm{j}5.3333)-(-1)^2\times(-\mathrm{j}5.0)=-\mathrm{j}10.4167$

$u_{34}=(Y_{34}-u_{13}u_{14}d_{11}-u_{23}u_{24}d_{22})/d_{33}=(\mathrm{j}6.6667-0-0)/(-\mathrm{j}10.4167)=-0.64$

$u_{35}=(Y_{35}-u_{13}u_{15}d_{11}-u_{23}u_{25}d_{22})/d_{33}$

$=[\mathrm{j}2.5-(-0.375)(-0.625)(-\mathrm{j}5.3333)-0]/(-\mathrm{j}10.4167)=-0.36$

$d_{44}=Y_{44}-u_{14}^2d_{11}-u_{24}^2d_{22}-u_{34}^2d_{33}$

$=-\mathrm{j}10.6667-0.0-0.0-(-0.64)^2\times(-\mathrm{j}10.4167)=-\mathrm{j}6.4$

$u_{45}=(Y_{45}-u_{14}u_{15}d_{11}-u_{24}u_{25}d_{22}-u_{34}u_{35}d_{33})/d_{44}$

$=[\mathrm{j}4.0-0.0-0.0-(-0.64)(-0.36)(-\mathrm{j}10.4167)]/(-\mathrm{j}6.4)=-1.0$

$d_{55}=Y_{55}-u_{15}^2d_{11}-u_{25}^2d_{22}-u_{35}^2d_{33}-u_{45}^2d_{44}$

$=-\mathrm{j}10.8333-(-0.625)^2(-\mathrm{j}5.3333)-0.0$

$-(-0.36)^2(-\mathrm{j}10.4167)-(-1)^2(-\mathrm{j}6.4)=-\mathrm{j}1.0$

于是得到因子表如下，其中下三角部分因子存 $\boldsymbol{L}(=\boldsymbol{U}^{\mathrm{T}})$，对角线存 $\boldsymbol{D}$，上三角部分因子存 $\boldsymbol{U}$。

−j5.3333	0.0000	−0.3750	0.0000	−0.6250
0.0000	−j5.0000	−1.0000	0.0000	0.0000
−0.3750	−j1.0000	−j10.4167	−0.6400	−0.3600
0.0000	0.0000	−0.6400	−j6.4000	−1.0000
−0.6250	0.0000	−0.3600	−1.0000	−j1.0000

(3)利用因子表计算阻抗矩阵第 j 列元素，需求解方程

$$\boldsymbol{LDUZ}_j=\boldsymbol{e}_j$$

这个方程可以分解为三个方程组

$$\boldsymbol{LF}=\boldsymbol{e}_j,\quad \boldsymbol{DH}=\boldsymbol{F},\quad \boldsymbol{UZ}_j=\boldsymbol{H}$$

令 $j=4$，利用教材上册式(4-35)～式(4-37)可以算出

$f_1=f_2=f_3=0.0$，$f_4=1.0$，$f_5=-l_{54}f_4=-(-1)\times1.0=1.0$

$h_1=f_1/d_{11}=0.0$，$h_2=f_2/d_{22}=0.0$，$h_3=f_3/d_{33}=0.0$

$h_4=f_4/d_{44}=1/(-\mathrm{j}6.4)=\mathrm{j}0.15625$

$h_5=f_5/d_{55}=1/(-\mathrm{j}1.0)=\mathrm{j}1.0$

$Z_{54}=h_5=\text{j}1$

$Z_{44}=h_4-u_{45}Z_{54}=\text{j}0.15625-(-1.0)\times\text{j}1.0=\text{j}1.15625$

$Z_{34}=h_3-u_{34}Z_{44}-u_{35}Z_{54}=0-(-0.64)\times\text{j}1.15625-(-0.36)\times\text{j}1.0=\text{j}1.1$

$Z_{24}=h_2-u_{23}Z_{34}-u_{24}Z_{44}-u_{25}Z_{54}=0-(-1.0)\times\text{j}1.1-0-0=\text{j}1.1$

$Z_{14}=h_1-u_{12}Z_{24}-u_{13}Z_{34}-u_{14}Z_{44}-u_{15}Z_{54}$

$=0-0-(-0.375)\times\text{j}1.1-0-(-0.625)\times\text{j}1.0=\text{j}1.0375$

同样可以算出其他各列的元素，结果如下

$$\boldsymbol{Z}=\begin{bmatrix}\text{j}1.2100 & \text{j}1.0600 & \text{j}1.0600 & \text{j}1.0375 & \text{j}1.0000\\ \text{j}1.0600 & \text{j}1.3600 & \text{j}1.1600 & \text{j}1.1000 & \text{j}1.0000\\ \text{j}1.0600 & \text{j}1.1600 & \text{j}1.1600 & \text{j}1.1000 & \text{j}1.0000\\ \text{j}1.0375 & \text{j}1.1600 & \text{j}1.1000 & \text{j}1.1563 & \text{j}1.0000\\ \text{j}1.0000 & \text{j}1.0000 & \text{j}1.0000 & \text{j}1.0000 & \text{j}1.0000\end{bmatrix}$$

4-7 对于题4-7图(1)所示网络，试选择一种使非零注入元最少的节点编号顺序，并作出 $\boldsymbol{Y}$ 阵元素和非零注入元的分布图。

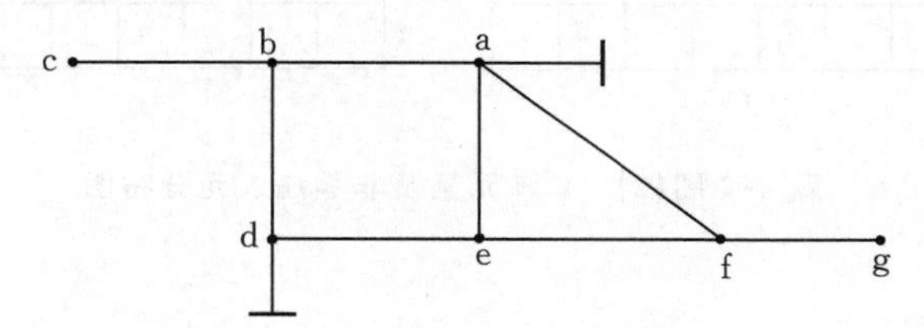

题4-7图(1) 7节点网络

解 采取动态地按新增支路数最少的原则进行节点编号，为了方便分析，将网络变换化简过程（消元过程）中节点连接支路数（接地支路不影响优化编号，无须计入）的变化情况列表如题4-7表所示。

题4-7表 各节点连接支路及编号过程

网络变换过程	各节点连接支路数							编号节点	节点号
	a	b	c	d	e	f	g		
原网络	3	3	1	2	3	3	1	c	1
消去节点c以后	3	2		2	3	2	1	g	2
消去节点g以后	3	2		2	3	2		f	3
消去节点f以后	2	2		2	2			a	4
消去节点a以后		2		2	2			b	5
消去节点b以后				1	1				

在原网络中，节点c和g都只和一条支路连接，消去这些支路时不会出现新支路，因此将这两个节点分别编为1号和2号。往后，节点b、d、f都只和2条支路相连接，只有节点f被消去时不会出现新支路，因此将节点f编号为3号。此后，剩下的a、b、d、e都有2条连接支路，无论消去哪个节点都会新增一条非接地支路（即带来一个非零注入元），消去节点a（或

节点 d)时，新增支路出现在节点 b、e 之间，消去节点 b(或 e)时，新增支路出现在节点 a、d 之间，因此，先编哪个节点都可以，现在将节点 a 编为 4 号。再往后，节点 b、d、c 都有 2 条连接支路，消去任一节点时，都不会出现新支路，可以将这些节点依次编为 5、6、7 号，至此编号结束。

根据这样的编号，**Y** 阵元素及非零注入元的分布如题 4-7 图(2)(a)所示。为了比较，在图(b)中示出一种可能引入最多非零注入元的编号所对应的 **Y** 阵元素及非零注入元的分布图。

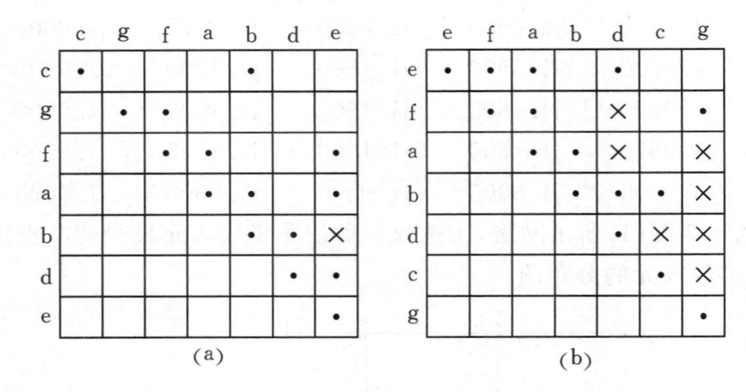

题 4-7 图(2)　*Y* 阵元素及非零注入元分布图

第5章　电力系统三相短路的暂态过程

5.1　复习思考题

1.发生短路的主要原因有哪些？三相系统中可能发生哪些类型的短路？短路有什么后果？

2.短路计算的主要目的是什么？

3.什么叫短路的合闸角？它与自由电流有什么关系？

4.什么叫短路冲击电流？计算冲击电流的目的是什么？怎样计算冲击系数？

5.什么叫短路电流最大有效值？它是怎样计算的？

6.什么叫短路功率(或短路容量)？它是怎样计算的？有什么用处？

7.同步电机突然短路时的电枢反应与稳态进行时的电枢反应有何不同？

8.同步电机突然短路的暂态过程与恒电势源电路突然短路的暂态过程有何不同？

9.什么叫磁链守恒原则？

10.试应用磁链守恒原则分析无阻尼绕组同步电机突然短路的暂态过程，说清楚定、转子绕组电流中出现各种分量的原因。

11.什么是暂态电势 E'_q？它有什么特点？有什么用处？

12.什么是暂态电抗？它与无阻尼绕组同步电机的运算电抗有什么关系？可用什么等值电路来计算它？

13.怎样根据磁链平衡方程确定无阻尼绕组同步电机突然短路时定、转子绕组中各种电流分量的初值？

14.无阻尼绕组同步电机突然短路时，自由电流衰减时间常数 T_a 和 T'_d 是怎样确定的？哪些电流分量按 T_a 衰减？哪些电流分量按 T'_d 衰减？

15.如果短路不是直接发生在机端，而是在有外接电抗 X_e 之后，则在套用机端短路电流的有关计算公式时，应对哪些参数进行修改？怎样修改？

16.有阻尼绕组同步电机突然三相短路时，定、转子各绕组会出现哪些电流分量？哪些电流分量间存在依存关系？

17.什么是次暂态电势？它有什么特点？有什么用处？

18.什么是次暂态电抗？它同有阻尼绕组同步电机的运算电抗有什么关系？可用什么样的等值电路进行计算？

19.试做出采用次暂态电势的同步电机相量图。

20.怎样确定有阻尼绕组同步电机的时间常数 T_a、T'_d、T''_d 和 T''_q？各有哪些电流分量按这些时间常数衰减？这些时间常数同短路点离机端的距离有关吗？

21.强行励磁对短路电流的哪个分量产生影响？对冲击电流的计算有影响吗？

22. 强行励磁的作用与短路点的远近有什么关系？能否对强行励磁作用下机端电压的变化规律做一些定性分析？

5.2 习题详解

5-1 供电系统如题 5-1 图所示，各元件参数如下。

线路 L：长 50 km，$x=0.4\ \Omega/\text{km}$；

变压器 T：$S_N=10\ \text{MV}\cdot\text{A}$，$U_S\%=10.5$，$k_T=110/11$。

假定供电点电压为 106.5 kV，保持恒定，当空载运行时变压器低压母线发生三相短路。试计算：

(1)短路电流周期分量，冲击电流，短路电流最大有效值及短路功率等的有名值；

(2)当 A 相非周期分量电流有最大或零初始值时，相应的 B 相及 C 相非周期电流的初始值。

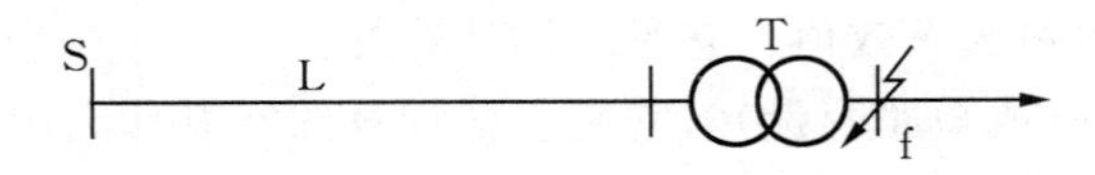

题 5-1 图　简单供电系统

解法一　按有名值计算。

$X_L=xl=0.4\times50\ \Omega=20\ \Omega$

$X_T=\dfrac{U_S\%}{100}\times\dfrac{U_N^2}{S_{TN}}=\dfrac{10.5}{100}\times\dfrac{110^2}{10}\ \Omega=127.05\ \Omega$

$X_\Sigma=X_L+X_T=(20+127.05)\ \Omega=147.05\ \Omega$

(1)短路电流和短路功率计算。

(a)基频分量　$I''=\dfrac{U_{(0)}}{\sqrt{3}x_\Sigma}=\dfrac{106.5}{\sqrt{3}\times147.05}\ \text{kA}=0.4181\ \text{kA}$

短路点的电流　$I_p=I''k_T=0.4181\times\dfrac{110}{11}\ \text{kA}=4.181\ \text{kA}$

(b)冲击电流取　$k_{imp}=1.8$

$$i_{imp}=\sqrt{2}I_pk_{imp}=\sqrt{2}\times4.181\times1.8\ \text{kA}=10.644\ \text{kA}$$

(c)短路电流最大有效值

$$I_{imp}=I_p\sqrt{1+2(k_{imp}-1)^2}=4.181\times\sqrt{1+2(1.8-1)^2}\ \text{kA}=6.314\ \text{kA}$$

(d)短路功率　$S_f=\sqrt{3}U_NI_p=\sqrt{3}\times1.0\times4.181\ \text{MV}\cdot\text{A}=72.424\ \text{MV}\cdot\text{A}$

(2)非周期分量计算。

(a)当 A 相非周期分量为最大值时，对应的 $\alpha=0$。

$i_{ap(a)}=\sqrt{2}I_p=\sqrt{2}\times4.181\ \text{kA}=5.857\ \text{kA}$

$i_{ap(b)}=i_{ap(c)}=-\dfrac{1}{2}i_{ap(a)}=-\dfrac{1}{2}\times5.857\ \text{kA}=-2.929\ \text{kA}$

(b)当 A 相非周期分量为零，即 $\alpha=90°$时，有

$i_{ap(a)}=0$

$i_{ap(b)}=-\sqrt{2}I_p\cos(90°-120°)=-\sqrt{2}\times4.181\times\cos(-30°)\ \text{kA}=-5.121\ \text{kA}$

$i_{ap(c)}=-i_{ap(b)}=5.121\ \text{kA}$

解法二　按标幺值准确计算。

方案 1　各电压级均取 $U_B=U_{av}$，保留非基准变比变压器。选

$S_B=10\ \text{MV·A},U_{B(110)}=115\ \text{kV},U_{B(10)}=10.5\ \text{kV}$

$$I_{B(10)}=\frac{10}{\sqrt{3}\times10.5}\ \text{kA}=0.5499\ \text{kA}$$

$$X_L=xl\frac{S_B}{U_{B(110)}^2}=0.4\times50\times\frac{10}{115^2}=0.0151$$

$$X_T=\frac{U_S\%}{100}\times\frac{S_B}{S_{TN}}\times\frac{U_N^2}{U_B^2}=\frac{10.5}{100}\times\frac{10}{10}\times\frac{110^2}{115^2}=0.09607$$

$$X_\Sigma=X_L+X_T=0.0151+0.09607=0.1112$$

$$k_{T*}=\frac{k_T}{k_B}=\frac{110/11}{115/10.5}=0.913$$

$$U_{(0)*}=\frac{106.5}{115}=0.9261$$

$$I''_*=\frac{U_{(0)}}{X_\Sigma}k_{T*}=\frac{0.9261}{0.1112}\times0.913=7.6037$$

短路点基频电流有名值

$I_p=I''_*I_{B(10)}=7.6037\times0.5499\ \text{kA}=4.1813\ \text{kA}$

与解法一的结果完全相符，后续计算与单位制无关。

方案 2　选 $S_B=10\ \text{MV·A},U_{B(110)}=115\ \text{kV}$。

$$U_{B(10)}=115\times\frac{1}{k_T}=115\times\frac{11}{110}\ \text{kV}=11.5\ \text{kV}$$

$$I_{B(10)}=\frac{10}{\sqrt{3}\times11.5}\ \text{kA}=0.50206\ \text{kA}$$

网络元件参数，除了 $k_{T*}=1$ 外，其余参数标幺值与方案 1 的相同。

$$I_*=\frac{U_{(0)}}{X_\Sigma}=\frac{0.9261}{0.1112}=8.3282$$

短路点短路基频电流的有名值

$$I_p=I\cdot I_{B(10)}=8.3282\times0.50206\ \text{kA}=4.1813\ \text{kA}$$

同样与解法一及方案 1 的相符。

解法三　采用标幺参数近似算法。选 $S_B=10\ \text{MV·A},U_{B(110)}=115\ \text{kV},U_{B(10)}=10.5\ \text{kV}$。忽略各元件额定电压和相应电压级平均额定电压的差别，并认为所有变压器的标幺变比都等于 1。

$$X_L=xl\frac{S_B}{U_{B(110)}^2}=0.4\times50\times\frac{10}{115^2}=0.0151$$

$$X_T=\frac{U_S\%}{100}\times\frac{S_B}{S_{TN}}=\frac{10.5}{100}\times\frac{10}{10}=0.105$$

$X_{\Sigma}=X_{L}+X_{T}=0.0151+0.105=0.1201$

$U_{(0)}=\dfrac{106.5}{115}=0.9261, I_{B(10)}=\dfrac{S_B}{\sqrt{3}U_{B(10)}}=\dfrac{10}{\sqrt{3}\times 10.5}\ \text{kA}=0.5499\ \text{kA}$

（1）短路电流和短路功率计算。

（a）短路电流的基频分量：

$I_{*}=\dfrac{U_{(0)}}{x_{\Sigma}}=\dfrac{0.9261}{0.1201}=7.711$

$I_{p}=I_{*}\cdot I_{B}=7.711\times 0.5499\ \text{kA}=4.2400\ \text{kA}$

（b）冲击电流：

$$i_{1mp}=\sqrt{2}I_{p}k_{1mp}=\sqrt{2}\times 4.2403\times 1.8\ \text{kA}=10.794\ \text{kA}$$

（c）短路电流最大有效值：

$$I_{imp}=I_{p}\sqrt{1+2(k_{imp}-1)^{2}}=4.2403\times\sqrt{1+2(1.8-1)^{2}}\ \text{kA}=6.403\ \text{kA}$$

（d）短路功率：

$$S_{f}=\sqrt{3}U_{av}I_{p}=\sqrt{3}\times 10.5\times 4.2403\ \text{MV}\cdot\text{A}=77.116\ \text{MV}\cdot\text{A}$$

（2）非周期分量计算。

（a）当 A 相非周期分量为最大值时，对应的 $\alpha=0°$，有

$i_{ap(a)}=\sqrt{2}I_{p}=\sqrt{2}\times 4.2403\ \text{kA}=5.997\ \text{kA}$

$i_{ap(b)}=i_{ap(c)}=-\dfrac{1}{2}i_{ap(a)}=-\dfrac{1}{2}\times 5.997\ \text{kA}=-2.998\ \text{kA}$

（b）当 A 相非周期分量为零时，对应的 $\alpha=90°$，有

$i_{ap(a)}=0$

$i_{ap(b)}=-\sqrt{2}I_{p}\cos(90°-120°)=\sqrt{2}\times 4.2403\times\cos(90°-120°)\ \text{kA}=-5.193\ \text{kA}$

$i_{ap(c)}=-i_{ap(b)}=5.193\ \text{kA}$

将近似计算的结果（解法三）与准确结果（解法一、二）比较一下，短路电流的相对误差为

$$\frac{4.240-4.181}{4.181}\times 100\%=1.411\%$$

对实用计算而言，这个误差是比较小的。但是，由于忽略额定电压与元件额定电压的差别，在短路功率计算中相对误差有所扩大，达到了

$$\frac{77.116-72.424}{72.424}\times 100\%=6.478\%$$

5-2 上题系统中，若短路前变压器满载运行，低压侧运行电压为 10 kV，功率因数为 0.9（感性），试计算非周期分量电流的最大初始值，并与上题空载短路比较。

解法一 按有名值计算。

先计算短路前的状态。已知

$\cos\varphi_{LD}=0.9,\ \varphi_{LD}=25.84°,\ \sin\varphi_{LD}=0.4359$

$I_{NT}=\dfrac{S_N}{\sqrt{3}U_{NT}}=\dfrac{10}{\sqrt{3}\times 110}\ \text{kA}=0.0525\ \text{kA}=I_{LD}$

$X_{\Sigma}=xl+X_{T}=\left(0.4\times 50+\dfrac{10.5}{100}\times\dfrac{110}{10}\right)^{2}\ \Omega=(20+127.05)\ \Omega=147.05\ \Omega$

$$Z_{LD}=\frac{U_{LD}}{\sqrt{3}I_{LD}}(\cos\varphi_{LD}+j\sin\varphi_{LD})k_T^2$$

$$=\frac{10}{\sqrt{3}\times 0.0525}\times(0.9+j0.4359)\times\left(\frac{110}{11}\right)^2\ \Omega=(990+j479.3)\ \Omega$$

$$Z_{\Sigma}=Z_{LD}+jX_{\Sigma}=(990+j479.3+j147.05)\ \Omega=(990+j626.25)\ \Omega$$
$$=1171.5\angle 32.32°\ \Omega$$

$$U_{LD(110)}=U_{LD(10)}\ k_T=10\times\left(\frac{110}{11}\right)\ \text{kV}=100\ \text{kV}$$

$$\dot{U}_S=\dot{U}_{LD(100)}+j\dot{I}_{LD}X_{\Sigma}\sqrt{3}$$
$$=[100+j0.0525\times(0.9-j0.4359)\times 147.05\times\sqrt{3}]\ \text{kV}$$
$$=(105.83+j12.035)\ \text{kV}=106.51\angle 6.488°\ \text{kV}$$

或

$$\dot{U}_S=\sqrt{3}\dot{I}_{LD}Z_{\Sigma}=\sqrt{3}\times 0.0525\angle -25.84°\times 1171.5\angle 32.32°\ \text{kV}$$
$$=106.53\angle 6.48°\ \text{kV}$$

短路前的电流幅值

$$I_m=\sqrt{2}I_{LD}=\sqrt{2}\times 0.0525\ \text{kA}=0.0742\ \text{kA},\quad \varphi'=32.32°$$

短路后基频分量的幅值

$$I_{pm}=\sqrt{2}\frac{U_S}{\sqrt{3}X_{\Sigma}}=\sqrt{2}\times\frac{106.53}{\sqrt{3}\times 147.05}\ \text{kA}=0.5915\ \text{kA},\quad \varphi=90°$$

当短路发生瞬间电流相量差 $\dot{I}_m-\dot{I}_{pm}$ 与时间轴平行时，非周期分量有最大的初值，此刻电流相量 $\dot{I}_m$ 和 $\dot{I}_{pm}$ 分别对水平轴的投影相等，设此刻的合闸角为 α_m，则有

$$I_{pm}\cos(\varphi-\alpha_m)=I_m\cos(\varphi'-\alpha_m)$$

由此可得

$$\alpha_m=\arctan\left(\frac{I_{pm}\cos\varphi-I_m\cos\varphi'}{I_m\sin\varphi'-I_{pm}\sin\varphi}\right)$$
$$=\arctan\left(\frac{0-0.0742\cos 32.32°}{0.0742\sin 32.32°-0.5915\sin 90°}\right)=\arctan 0.11363=6.483°$$

$$i_{apmax}=I_m\sin(\alpha_m-\varphi')-I_{pm}\sin(\alpha_m-\varphi)$$
$$=[0.0742\times\sin(6.483°-32.32°)-0.5915\times\sin(6.483°-90°)]\ \text{kA}$$
$$=0.55538\ \text{kA}$$

归算到短路点电流最大值为 5.5538 kA。

解法二 采用标幺值的准确算法。

选 $S_B=10\ \text{MV·A}$，$U_{B(110)}=115\ \text{kV}$，$U_{B(10)}=10.5\ \text{kV}$，则

$$I_{B(110)}=0.050204\ \text{kA},\quad I_{B(10)}=0.5499\ \text{kA}$$

利用题 5-1 的计算结果，有

$$X_L=0.0151,X_T=0.09607,X_{\Sigma}=X_L+X_T=0.11117$$
$$k_{T*}=0.913$$

为计算负荷阻抗 Z_{LD}，先计算变压器低压侧的额定电流。

$$I_N=\frac{S_N}{\sqrt{3}U_N}=\frac{10}{\sqrt{3}\times 11}\ \text{kA}=0.5249\ \text{kA}=I_{LD}$$

$\cos\varphi_{LD}=0.9, \varphi_{LD}=25.84°, \sin\varphi_{LD}=0.4359$

$$Z_{LD}=\frac{U_{LD}}{\sqrt{3}I_{LD}}(\cos\varphi_{LD}+j\sin\varphi_{LD})$$

$$=\frac{10}{\sqrt{3}\times 0.4359}(0.9+j0.4359)\ \Omega=(9.9+j4.795)\ \Omega$$

归算为标幺值，得

$$I_{LD*}=\frac{I_{LD}}{I_{B(10)}}=\frac{0.5249}{0.5499}=0.9545$$

$$Z_{LD*}=Z_{LD}\frac{S_B}{U_{B(10)}^2}=(9.9+j4.795)\times\frac{10}{10.5^2}=0.898+j0.4349$$

$$U_{LD*}=\frac{U_{LD}}{U_{B(10)}}=\frac{10}{10.5}=0.9524$$

在计算电压时，应注意计及非基准变比变压器的存在，令 $\dot{U}_{LD*}=U_{LD*}\angle 0°$，有

$$\dot{I}_{LD*}=I_{LD*}(\cos\varphi_{LD}-j\sin\varphi_{LD})$$

于是

$$\dot{U}_{S*}=U_{LD*}k_{T*}+jX_{\Sigma}I_{LD*}(\cos\varphi_{LD}-j\sin\varphi_{LD})/k_{T*}$$
$$=0.9524\times 0.913+j0.11117\times 0.9545(0.9-j0.4359)/0.913$$
$$=0.92020+j0.10460=0.92613\angle 6.485°$$

短路发生前稳态电流为

$$I_{m*}=\sqrt{3}I_{LD*}/k_{T*}=1.4142\times 0.9545/0.913=1.4784$$

归算到高压侧的有名值为

$$I_m=I_{m*}I_{B(110)}=1.4784\times 0.050204\ \text{kA}=0.0742\ \text{kA}$$

滞后于电源电势的角度为

$$\varphi'=25.84°+6.485°=32.325°$$

短路电流基频分量电流幅值的有名值为

$$I_{pm}=\sqrt{2}\frac{U_S}{X_{\Sigma}}I_{B(110)}=\sqrt{2}\times\frac{0.92613}{0.11117}\times 0.050204\ \text{kA}=0.5915\ \text{kA}$$

以上所得 I_m、I_{pm} 的计算结果与解法一的结果完全相等，只是 φ' 有小数点后三位的误差，后续计算结果应是符合的。

解法三 采用平均额定电压为基准电压，并且假定元件的额定电压也等于平均额定电压和 $k_{T*}=1$。选 $S_B=10$ MV·A，$U_B=U_{av}$，利用解法二的计算结果有

$X_L=0.0151, X_T=0.105, X_{\Sigma}=0.1201, I_{LD*}=0.9545$

$Z_{LD*}=0.898+j0.4349, U_{LD*}=0.9524$

取 $\dot{U}_{LD*}=U_{LD*}\angle 0°$，则

$$\dot{U}_{S*}=U_{LD*}+jX_{\Sigma}I_{LD*}(\cos\varphi_{LD}-j\sin\varphi_{LD})$$
$$=0.9524+j0.1201\times 0.9545\times(0.9-j0.4359)$$

$=1.0024+\mathrm{j}0.1032=1.0076\angle 5.88^\circ$

短路前的电流幅值

$$I_{m*}=\sqrt{2}I_{LD*}=\sqrt{2}\times 0.9545=1.3498$$

滞后于电源电压的相位 $\varphi'=\varphi_{LD}+5.88^\circ=25.84^\circ+5.88^\circ=31.72^\circ$

短路后的电流幅值

$$I_{pm*}=\sqrt{2}\frac{U_S}{X_\Sigma}=\sqrt{2}\times\frac{1.0076}{0.1201}=11.865,\varphi=90^\circ$$

$$\alpha_m=\arctan\left(\frac{I_{pm*}\cos\varphi-I_{m*}\cos\varphi'}{I_{m*}\sin\varphi'-I_{pm*}\sin\varphi}\right)$$

$$=\arctan\left(\frac{0-1.3498\cos 31.72^\circ}{1.3498\sin 31.72^\circ-11.865\sin 90^\circ}\right)=\arctan 0.1029=5.877^\circ$$

$$i_{ap*\max}=I_{m*}\sin(\alpha_m-\varphi')-I_{pm*}\sin(\alpha_m-\varphi)$$

$$=1.3498\sin(5.877^\circ-31.72^\circ)-11.865\sin(5.877^\circ-90^\circ)=11.2143$$

有名值 $i_{apmax}=i_{ap*\max}I_{B(10)}=11.2143\times 0.5499\ \mathrm{kA}=6.1667\ \mathrm{kA}$

本计算结果比题5-1中 $\alpha=0^\circ$ 时的5.997 kA要大，显然不合理。这是采用标幺参数近似计算带来的误差，使 $U_S=1.0076\times 115\ \mathrm{kV}=115.874\ \mathrm{kV}$，比题5-1计算所用的实际值106.53 kV大了许多。若按106.53 kV比例缩小，则

$$i_{apmax}=6.1667\times\frac{106.53}{115.874}\ \mathrm{kA}=5.669\ \mathrm{kA}$$

比题5-1中 $\alpha=0^\circ$ 时的5.997 kA要小，这是合理的。

5-3 一台无阻尼绕组同步发电机，已知：$P_N=150\ \mathrm{MW}$，$\cos\varphi_N=0.85$，$U_N=15.75\ \mathrm{kV}$，$x_d=1.04$，$x_q=0.69$，$x'_d=0.31$。发电机额定满载运行时，试计算电势 E_q、E'_q 和 E'，并画出相量图。

解 已知 $U_G=1.0$，$I_G=1.0$，$\cos\varphi_N=0.85$，$\varphi_N=31.79^\circ$，$\sin\varphi_N=0.52678$，设 $\dot{U}_G=1.0\angle 0^\circ$，则

$$\dot{I}_G=1.0\angle -31.79^\circ=0.85-\mathrm{j}0.5268$$

$$\dot{E}_Q=\dot{U}_G+\mathrm{j}\dot{I}_G x_q=1.0+\mathrm{j}(0.85-\mathrm{j}0.5268)\times 0.69=1.48427\angle 23.275^\circ$$

$$\delta=23.275^\circ$$

$$I_d=I_G\sin(\delta+\varphi_N)=1.0\times\sin(23.275^\circ+31.79^\circ)=0.8197855$$

$$E_q=E_Q+I_d(x_d-x_q)=1.48427+0.8197855\times(1.04-0.69)=1.7712$$

$$E'_q=E_Q-I_d(x_q-x'_d)=1.48427-0.819785\times(0.69-0.31)=1.17275$$

$$\dot{E}'=\dot{U}_G+\mathrm{j}\dot{I}_G x'_d=1.0\angle 0^\circ+\mathrm{j}(0.85-\mathrm{j}0.52678)\times 0.31=1.193\angle 12.763^\circ$$

$$E'=1.193,\delta'=12.763^\circ$$

相量图如题5-3图所示。

5-4 一台有阻尼绕组同步发电机，其参数：$P_N=50\ \mathrm{MW}$，$\cos\varphi_N=0.8$，$U_N=10.5\ \mathrm{kV}$，$f_N=50\ \mathrm{Hz}$，$x_d=1.2$，$x_q=0.8$，$x_{ad}=1.0$，$x_{aq}=0.6$，$r=0.005$，$\sigma_f=0.091$，$r_f=0.0011$，$\sigma_D=0.091$，$\sigma_Q=0.25$，$r_D=0.002$，$r_Q=0.004$，转子参数已归算到定子侧。试计算发电机的暂态电抗和次暂态电抗及各时间常数。

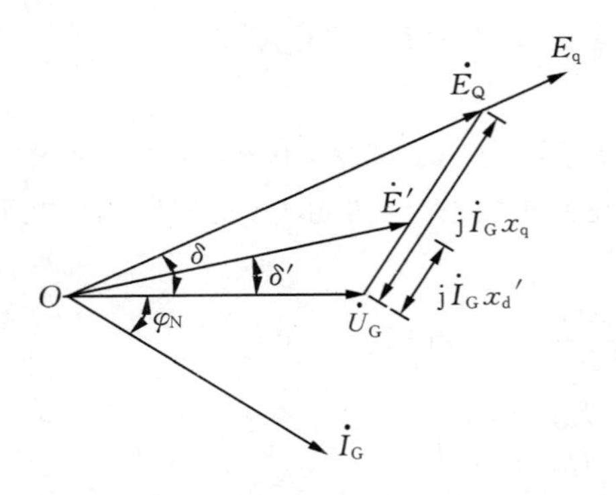

题 5-3 图　电势相量图

解　$X_{\sigma a}=x_d-x_{ad}=1.2-1.0=0.2$ 或 $X_{\sigma a}=x_q-x_{aq}=0.8-0.6=0.2$

由 $\sigma_f=X_{f\sigma}/(X_{f\sigma}+x_{ad})$，解出 $X_{f\sigma}=\dfrac{\sigma_f\ x_{ad}}{1-\sigma_f}=\dfrac{0.091\times1.0}{1-0.091}=0.1$

$X_f=X_{f\sigma}+x_{ad}=0.1+1.0=1.1$，$X_{D\sigma}=\dfrac{\sigma_D}{1-\sigma_D}x_{ad}=\dfrac{0.091}{1-0.091}\times1.0=0.1$

$X_D=X_{D\sigma}+x_{ad}=0.1+1.0=1.1$，$X_{Q\sigma}=\dfrac{\sigma_Q}{1-\sigma_Q}x_{aq}=\dfrac{0.25}{1-0.25}\times0.6=0.2$

$X_Q=X_{Q\sigma}+x_{aq}=0.2+0.6=0.8$

$\sigma_{eq}=\dfrac{\sigma_f\sigma_D}{\sigma_f+\sigma_D-\sigma_f\sigma_D}=\dfrac{0.091\times0.091}{2\times0.091-0.091^2}=0.04767$

$X_d'=\sigma_f x_{ad}+X_{\sigma a}=0.091\times1.0+0.2=0.291$

$X_d''=\sigma_{eq}x_{ad}+X_{\sigma a}=0.04767\times1.0+0.2=0.248$

$X_q''=\sigma_Q x_{aq}+X_{\sigma a}=0.25\times0.6+0.2=0.35$

$T_{d0}'=X_f/(2\pi f_N r_f)=1.1/(2\times50\times\pi\times0.0011)\ \mathrm{s}=3.1831\ \mathrm{s}$

$T_{d0}''=\dfrac{1}{\omega_N R_D}(x_D-\dfrac{x_{ad}^2}{X_f})=\dfrac{1}{314\times0.002}\times\left(1.1-\dfrac{1.0^2}{1.1}\right)\ \mathrm{s}=0.304\ \mathrm{s}$

$T_{q0}''=\dfrac{X_Q}{\omega_N R_Q}=\dfrac{0.8}{314\times0.004}\ \mathrm{s}=0.637\ \mathrm{s}$，$T_d'=T_{d0}'\dfrac{X_d'}{x_d}=3.1831\times\dfrac{0.291}{1.2}\ \mathrm{s}=0.7719\ \mathrm{s}$

$T_d''=T_{d0}''\dfrac{X_d''}{X_d'}=0.304\times\dfrac{0.248}{0.291}\ \mathrm{s}=0.259\ \mathrm{s}$，$T_q''=T_{q0}''\dfrac{X_q''}{x_q}=0.637\times\dfrac{0.35}{0.8}\ \mathrm{s}=0.279\ \mathrm{s}$

$T_a=\dfrac{2X_d''X_q''}{X_d''+X_q''}\times\dfrac{1}{\omega_N r_a}=\dfrac{2\times0.248\times0.35}{0.248+0.35}\times\dfrac{1}{314\times0.005}\ \mathrm{s}=0.185\ \mathrm{s}$

5-5　题 5-3 所述的发电机，已知 $T_{d0}'=7.3$ s，在额定满载运行时机端发生三相短路。试求：起始暂态电流，基频分量电流随时间变化而变化的表达式，0.2 s 基频分量的有效值。

解　由题 5-3 的解，已知 $E_{q(0)}=1.7712$，$E_{q(0)}'=1.17275$，$x_d=1.04$，$x_d'=0.31$，$x_q=0.69$。

$T_d'=T_{d0}'\dfrac{x_d'}{x_d}=7.3\times\dfrac{0.31}{1.04}\ \mathrm{s}=2.176\ \mathrm{s}$，$I_B=I_N=\dfrac{150/0.85}{\sqrt{3}\times15.75}\ \mathrm{kA}=6.4689\ \mathrm{kA}$

(1)起始暂态电流为

$$I'=\frac{E'_{q(0)}}{x'_d}\cdot I_B=\frac{1.17275}{0.31}\times 6.4689\ \text{kA}=24.472\ \text{kA}$$

(2)基频电流随时间变化的表达式

$$i_{a\omega}=-I_B\times\left[\left(\frac{E'_{qm}}{x'_d}-\frac{E_{qm}}{x_d}\right)e^{-\frac{t}{T'_d}}+\frac{E_{qm}}{x_d}\right]\cos(\omega_N t+\alpha_0)$$

$$=-6.4689\times\left[\left(\frac{\sqrt{2}\times 1.17275}{0.31}-\frac{\sqrt{2}\times 1.7712}{1.04}\right)e^{-\frac{t}{2.176}}+\frac{\sqrt{2}\times 1.7712}{1.04}\right]\cos(\omega_N t+\alpha_0)\ \text{kA}$$

$$=-(19.029e^{-\frac{t}{2.176}}+15.5804)\cos(\omega_N t+\alpha_0)\ \text{kA}$$

(3)0.2 s时基频分量的有效值

$$I_{(0.2)}=\frac{1}{\sqrt{2}}\times(19.029e^{-\frac{0.2}{2.176}}+15.5804)\ \text{kA}=23.291\ \text{kA}$$

5-6　若上题发电机经0.5 Ω的外接电抗后发生三相短路，试做上题同样内容的计算，并比较计算结果。

解　由于未改变题5-5发电机端运行状态，因此，外接电抗不影响上题各电势计算的结果。外接电抗的标幺值为

$$X_l=0.5\times\frac{150/0.85}{15.75^2}=0.3557,\quad X'_{d\Sigma}=x'_d+X_l=0.31+0.3557=0.6657$$

$$X_{d\Sigma}=x_d+X_l=1.04+0.3557=1.3957,\quad T'_d=T'_{d0}\frac{X'_{d\Sigma}}{X_{d\Sigma}}=7.3\times\frac{0.6657}{1.3957}\ \text{s}=3.482\ \text{s}$$

由上题已知　$E'_q=1.17275$，　$E_q=1.7712$，　$I_B=6.469\ \text{kA}$

(1)起始暂态电流

$$I'=\frac{E'_q}{X'_{d\Sigma}}I_B=\frac{1.17275}{0.6657}\times 6.469\ \text{kA}=11.396\ \text{kA}$$

(2)基频电流随时间变化的表达式

$$i_{a\omega}=-I_B\times\left[\left(\frac{E'_{qm}}{X'_{d\Sigma}}-\frac{E_{qm}}{X_{d\Sigma}}\right)e^{-\frac{t}{T'_d}}+\frac{E_{qm}}{x_d}\right]\cos(\omega_N t+\alpha_0)$$

$$=-6.469\times\left[\left(\frac{\sqrt{2}\times 1.17275}{0.6657}-\frac{\sqrt{2}\times 1.7712}{1.3957}\right)e^{-\frac{t}{3.482}}+\frac{\sqrt{2}\times 1.7712}{1.3957}\right]\cos(\omega_N t+\alpha_0)\ \text{kA}$$

$$=-(4.507e^{-\frac{t}{3.482}}+11.61)\cos(\omega_N t+\alpha_0)\ \text{kA}$$

(3)0.2 s时基频分量的有效值

$$I_{(0.2)}=(4.507e^{-\frac{0.2}{3.482}}+11.61)\times\frac{1}{\sqrt{2}}\ \text{kA}=11.218\ \text{kA}$$

由于外接电抗占的比重较大(从标幺值看)，因此起始暂态电流减小了一半多；由于外接电抗增大了T'_d，因此0.2 s的电流相对于0 s电流减小得相对较小，由衰减$\frac{24.472-23.291}{24.472}\times 100\%=4.84\%$减少为衰减$\frac{11.396-11.218}{11.396}\times 100\%=1.56\%$。

5-7　一台有阻尼绕组同步发电机，已知：$P_N=200\ \text{MW}$，$\cos\varphi_N=0.85$，$U_N=15.75\ \text{kV}$，$x_d=x_q=1.962$，$x'_d=0.246$，$x''_d=0.146$，$x''_q=0.21$，$x_2=0.178$，$T'_{d0}=7.4\ \text{s}$，$T''_{d0}=0.62\ \text{s}$，$T''_{q0}=1.64\ \text{s}$。发电机在额定电压下负载运行，带有负荷(180+j110) MV·A，机端发生三相短

路。试求：

(1)$E_q, E'_q, E''_q, E''_d, E''$短路前瞬刻和短路后瞬刻的值；

(2)起始状暂态电流，非周期分量电流的最大初始值，倍频分量电流的初始有效值；

(3)0.5 s 基频分量电流的有效值。

解 取 $S_B = S_{GN} = 200/0.85\ \text{MV·A} = 235.2941\ \text{MV·A}$，$U_B = U_{GN} = 15.75\ \text{kV}$，则

$I_B = I_{GN} = \dfrac{235.2941}{\sqrt{3}\times 15.75}\ \text{kA} = 8.6252\ \text{kA}$。

负荷为感性无功

$S_{LD} = (P_{LD} - jQ_{LD})/S_B = \dfrac{180 - j110}{235.2941} = 0.765 - j0.4675 = 0.896538\angle -31.4296°$。

令 $\dot{U}_G = \dot{U}_{GN} = 1.0\angle 0°$，则 $\dot{I}_G = S_{LD} = 0.896538\angle -31.4296°$。

(1)计算 E_q、E'_q、E''_q、E''_d短路前瞬刻和短路后瞬刻的值（注：短路前瞬刻值带下标“(0)”，短路后瞬刻值带下标“0”）。

$\dot{E}_{q(0)} = \dot{U}_G + jI_G x_d = 1.0 + j(0.765 - j0.4675)\times 1.962 = 2.435\angle 38.056°$

有名值 $E_{q(0)} = E_{q(0)*}\cdot U_B = 2.435\times 15.75\ \text{kV} = 38.351\ \text{kV}$，

$$\delta_{(0)} = 38.056°$$

$I_{d(0)} = I_G\sin(\delta_{(0)} + \varphi_{(0)}) = 0.896538\times\sin(38.056° + 31.4296°) = 0.839683$

$I_{q(0)} = I_G\cos(\delta_{(0)} + \varphi_{(0)}) = 0.896538\times\cos(38.056° + 31.4296°) = 0.314185$

$E'_{q(0)} = E_{(0)} - I_{d(0)}(x_d - x'_d) = 2.435 - 0.839683\times(1.962 - 0.246) = 0.994$

有名值 $E'_{q(0)} = 0.994\times 15.75\ \text{kV} = 15.66\ \text{kV}$

$E''_{q(0)} = E_{q(0)} - I_{d(0)}(x_d - x''_d) = 2.435 - 0.839683\times(1.962 - 0.146) = 0.91$

有名值 $E''_{q(0)} = 0.91\times 15.75\ \text{kV} = 14.33\ \text{kV}$

$$U_{d(0)} = U_G\sin\delta_{(0)} = 1.0\times\sin(38.056°) = 0.6164$$

$$E''_{d(0)} = U_{d(0)} - I_{d(0)}x''_q = 0.6164 - 0.839683\times 0.21 = 0.55$$

有名值 $E''_{d(0)} = 0.55\times 15.75\ \text{kV} = 8.663\ \text{kV}$

$$E''_{(0)} = \sqrt{E''^2_{q(0)} + E''^2_{d(0)}} = \sqrt{0.91^2 + 0.55042^2} = 1.064$$

有名值 $E''_{(0)} = 1.064\times 15.75\ \text{kV} = 16.758\ \text{kV}$

短路后瞬间，根据磁链守恒原则，有 $E''_{d0} = E''_{d(0)} = 0.55$，$E''_{q0} = E''_{q(0)} = 0.91$，因此

$$E''_0 = E''_{(0)} = 1.064$$

有名值 $E''_{d0} = 8.663\ \text{kV}$，$E''_{q0} = 14.33\ \text{kV}$，$E''_0 = 16.758\ \text{kV}$

$$E_{q0} = E''_{q0}\frac{x_d}{x''_d} = 0.91\times\frac{1.962}{0.146} = 12.229$$

有名值 $E_{q0} = 12.229\times 15.75\ \text{kV} = 192.61\ \text{kV}$

$$E'_{q0} = E''_{q0}\frac{x'_d}{x''_d} = 0.91\times\frac{0.246}{0.146} = 1.5333$$

有名值 $E'_{q0} = 1.5333\times 15.75\ \text{kV} = 24.15\ \text{kV}$

(2)计算短路电流。

(a)起始次暂态电流

$$I''=\sqrt{\left(\frac{E''_{q0}}{x''_d}\right)^2+\left(\frac{E''_{d0}}{x''_q}\right)^2}=\sqrt{\left(\frac{0.91}{0.146}\right)^2+\left(\frac{0.55}{0.21}\right)^2}=6.761$$

有名值 $I''=6.761\times 8.6252\ \text{kA}=58.32\ \text{kA}$

(b)非周期分量最大初始值。

最大初始值发生在 $\alpha_0=\delta_{(0)}$ 时，即

$$i_{\text{apmax}}=\frac{\sqrt{2}U_{(0)}}{2}\left(\frac{1}{x''_d}+\frac{1}{x''_q}\right)=\frac{\sqrt{2}}{2}\left(\frac{1}{0.146}+\frac{1}{0.21}\right)=8.211$$

有名值 $i_{\text{apmax}}=8.211\times 8.6252\ \text{kA}=70.82\ \text{kA}$

(c)倍频分量电流起始有效值。

$$I_{2\omega}=\frac{U_{(0)}}{2}\left(\frac{1}{x''_d}-\frac{1}{x''_q}\right)=\frac{1}{2}\left(\frac{1}{0.146}-\frac{1}{0.21}\right)=1.044$$

有名值 $I_{2\omega}=1.044\times 8.6252\ \text{kA}=9.005\ \text{kA}$

(3)计算 0.5 s 时基频电流分量的有效值。

$$T'_d=T'_{d0}\frac{x'_d}{x_d}=7.4\times\frac{0.246}{1.962}\ \text{s}=0.9278\ \text{s},\ T''_d=T''_{d0}\frac{x''_d}{x'_d}=0.62\times\frac{0.146}{0.246}\ \text{s}=0.368\ \text{s}$$

$$T''_q=T''_{q0}\frac{x''_q}{x_q}=1.64\times\frac{0.21}{1.962}\ \text{s}=0.1755\ \text{s}$$

$$I_{d\omega(0.5)}=\left(\frac{E''_{q(0)}}{x''_d}-\frac{E'_{q(0)}}{x'_d}\right)e^{-\frac{t}{T''_d}}+\left(\frac{E'_{q(0)}}{x'_d}-\frac{E_{q(0)}}{x_d}\right)e^{-\frac{t}{T'_d}}+\frac{E_{q(0)}}{x_d}$$

$$=\left(\frac{0.91}{0.146}-\frac{0.994}{0.246}\right)e^{-\frac{0.5}{0.368}}+\left(\frac{0.994}{0.246}-\frac{2.435}{1.962}\right)e^{-\frac{0.5}{0.9728}}+\frac{2.435}{1.962}=3.479$$

$$I_{q\omega(0.5)}=\frac{E''_{d(0)}}{x''_q}e^{-\frac{t}{T''_q}}=\frac{0.55}{0.21}e^{-\frac{0.5}{0.1755}}=0.152$$

$$I_{\omega(0.5)}=\sqrt{I^2_{d\omega(0.5)}+I^2_{q\omega(0.5)}}=\sqrt{3.479^2+0.152^2}=3.482$$

有名值 $I_{\omega(0.5)}=3.482\times 8.6252\ \text{kA}=30.033\ \text{kA}$

5-8 题5-6所述的发电机，若外接电抗 x_e 等于临界电抗 x_{cr}，试求强行励磁作用下的稳态短路电流 I_∞，并与起始暂态电流进行比较分析。

解 当 $x_l=x_{cr}$ 时，发电机端电压将恢复到短路前的值，即 $U_G=U_{G(0)}=U_{GN}$，因此

$$I_\infty=\frac{U_{G(0)}}{x_l}=\frac{1.0}{0.3557}=2.8114$$

有名值 $I_\infty=2.8114\times 6.496\ \text{kA}=18.263\ \text{kA}$

而题5-6的起始暂态电流 $I'=11.396\ \text{kA}$，显然在强行励磁作用下如不及时切除短路故障，则其稳态电流将比起始暂态电流还要大 $\frac{18.263-11.396}{11.396}\times 100\%=60.02\%$。

第6章 电力系统三相短路电流的实用计算

6.1 复习思考题

1. 短路计算用的节点导纳矩阵是怎样形成的？发电机支路是怎样处理的？负荷支路又是怎样处理的？

2. 在短路电流的实际计算中，对系统元件模型和标幺参数计算常采用哪些简化假设？

3. 利用节点阻抗矩阵进行短路计算的要点是什么？

4. 节点 f 发生短路时，进行短路电流计算只需要利用与节点 f 相关的一列阻抗矩阵元素，你是怎样理解的？

5. 利用转移阻抗的概念进行短路计算的要点是什么？

6. 能准确区分转移阻抗和互阻抗（节点阻抗矩阵的非对角元素）的概念吗？

7. 怎样利用节点阻抗矩阵计算转移阻抗？

8. 怎样通过网络化简求得转移阻抗？

9. 什么是电流分布系数？它有什么用处？它与转移阻抗有什么关系？

10. 何谓起始次暂态电流？在实际计算起始次暂态电流时，怎样建立发电机和负荷的模型并确定其参数？

11. 什么是计算曲线？它有什么用处？制作计算曲线的条件是什么？

12. 什么是计算电抗？它与转移电抗有什么关系？

13. 在应用计算曲线时，哪些发电机允许合并？哪些发电机不允许合并？无限大电源应该如何处理？

14. 试说明应用计算曲线进行短路电流计算的具体步骤。

15. 在系统的某一局部网络内进行短路计算时，可以采用什么方法近似估计外部系统的影响？

6.2 习题详解

6-1 某系统的等值电路如题 6-1 图(1)所示，已知各元件的标幺参数如下：$E_1=1.05$，$E_2=1.1$，$x_1=x_2=0.2$，$x_3=x_4=x_5=0.6$，$x_6=0.9$，$x_7=0.3$。试用网络变换法求电源对短路点的等值电势和输入电抗。

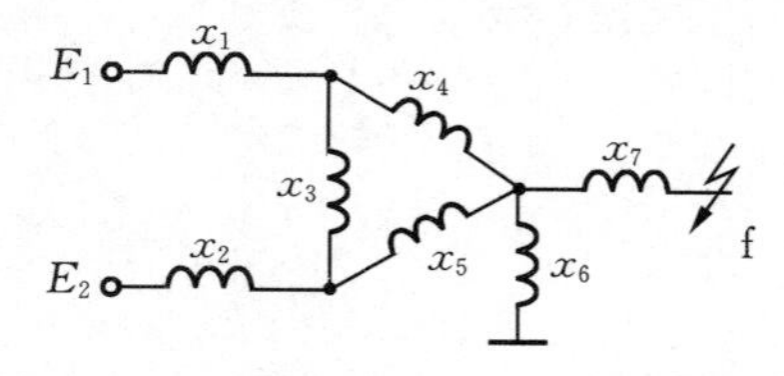

题 6-1 图(1)　系统等值电路

解　(1)先对 x_3、x_4、x_5 进行 $\Delta\rightarrow Y$ 变换，变换后的结果如题 6-1 图(2)(a)所示。

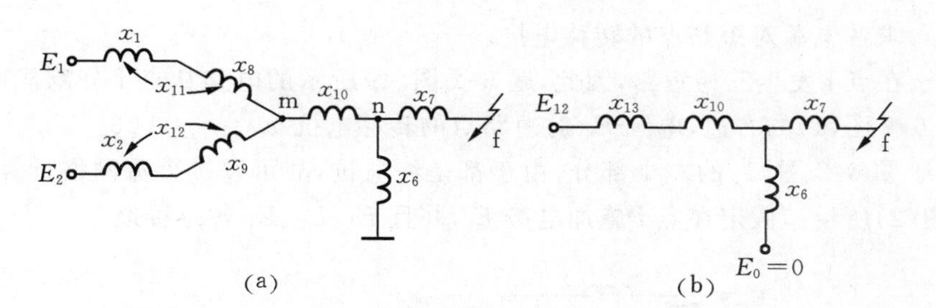

题 6-1 图(2) 网络化简

$$x_8=\frac{x_3x_4}{x_3+x_4+x_5}=\frac{0.6\times0.6}{0.6+0.6+0.6}=\frac{0.6}{3}=0.2$$

$x_9=x_{10}=x_8=0.2$

(2)合并电势 E_1 和 E_2 支路,有

$$x_{11}=x_1+x_8=0.2+0.2=0.4,\quad x_{12}=x_2+x_9=0.2+0.2=0.4$$

$$E_{12}=\frac{\dfrac{E_1}{x_{11}}+\dfrac{E_2}{x_{12}}}{\dfrac{1}{x_{11}}+\dfrac{1}{x_{12}}}=\frac{\dfrac{1.05}{0.4}+\dfrac{1.1}{0.4}}{\dfrac{1}{0.4}+\dfrac{1}{0.4}}=1.075$$

或者由于电路参数对点 m 对称,且只含电抗,因此,合并后的等值电势为两电势的算术平均值,即

$$E_{12}=\frac{E_1+E_2}{2}=\frac{1.05+1.1}{2}=1.075,\quad x_{13}=\frac{x_{11}\ x_{12}}{x_{11}+x_{12}}=\frac{0.4\times0.4}{0.4+0.4}=0.2$$

(3)求电源对短路点的组合电势及输入阻抗(转移阻抗)。

两电源合并后的等值电路如题 6-1 图(2)(b)所示。对地电路可以用电势为零的电源电路代替。

电源对短路点的等值电势

$$E_{eq}=\frac{\dfrac{E_{12}}{x_{13}+x_{10}}+\dfrac{E_0}{x_6}}{\dfrac{1}{x_{13}+x_{10}}+\dfrac{1}{x_6}}=\frac{\dfrac{1.075}{0.2+0.2}+\dfrac{0}{0.9}}{\dfrac{1}{0.2+0.2}+\dfrac{1}{0.9}}=0.7442$$

$$X_{ff}=\frac{(x_{13}+x_{10})x_6}{(x_{13}+x_{10})+x_6}+x_7=\frac{(0.2+0.2)\times0.9}{(0.2+0.2)+0.9}+0.3=0.5769$$

6-2 在题 6-2 图(1)所示的网络中,已知:$x_1=0.3$,$x_2=0.4$,$x_3=0.6$,$x_4=0.3$,$x_5=0.5$,$x_6=0.2$。试求(1)各电源对短路点的转移电抗;(2)各电源及各支路的电流分布系数。

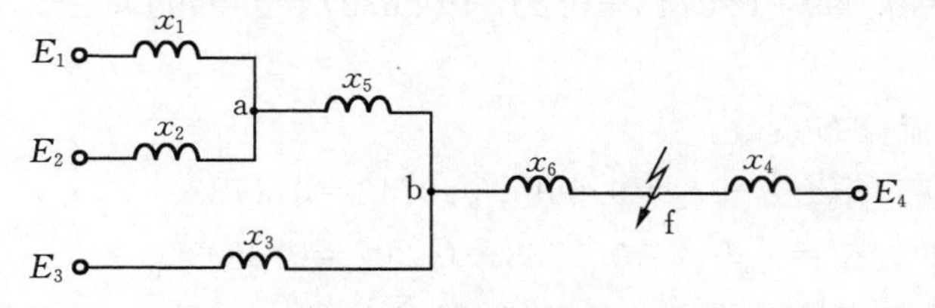

题 6-2 图(1) 系统的等值电路

解 (1)求各电源对短路点的转移电抗。

(a)由于在点 f 发生三相短路，因此，题 6-2 图(1)所示的电路从点 f 分割成两个独立部分，对于题 6-2 图(1)的右边，电源 E_4 对短路点的转移电抗 $x_{f4}=x_4=0.3$。

(b)对于题 6-2 图(1)的左半部分，由于都是纯电抗，故可以按直流网络计算，等值电路如题 6-2 图(2)所示。假定在点 f 施加电势 E_f，并且 E_1、E_2、E_3 各点接地。

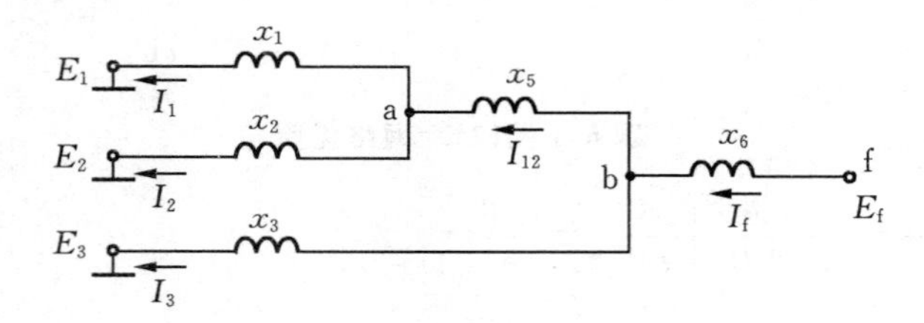

题 6-2 图(2) 转移电抗的确定

设流出 E_1 点的电流 $I_1=1.0$，则

$$U_a=I_1x_1=1\times0.3=0.3,\ I_2=\frac{U_a}{x_2}=\frac{0.3}{0.4}=0.75,\ I_{12}=I_1+I_2=1.0+0.75=1.75$$

$$U_b=I_{12}x_5+U_a=1.75\times0.5+0.3=1.175,\ I_3=\frac{U_b}{x_3}=\frac{1.175}{0.6}=1.9583$$

$$I_f=I_{12}+I_3=1.75+1.9583=3.7083$$

$$E_f=U_b+I_fx_6=1.175+3.7083\times0.2=1.9167$$

$$X_{f1}=\frac{E_f}{I_1}=\frac{1.9167}{1.0}=1.9167,\ X_{f2}=\frac{E_f}{I_2}=\frac{1.9167}{0.75}=2.5556$$

$$X_{f3}=\frac{E_f}{I_3}=\frac{1.9167}{1.9583}=0.9788,\ X_{f4}=x_4=0.3$$

(2)求各电源及各支路的电流分布系数。

$$X_{ff}=\frac{1}{\sum_i\frac{1}{X_{fi}}}=\frac{1}{\frac{1}{X_{f1}}+\frac{1}{X_{f2}}+\frac{1}{X_{f3}}+\frac{1}{X_{f4}}}=\frac{1}{\frac{1}{1.9167}+\frac{1}{2.5556}+\frac{1}{0.9788}+\frac{1}{0.3}}=0.1898$$

(a)各电源的电流分布系数：

$$c_1=\frac{X_{ff}}{X_{f1}}=\frac{0.1898}{1.9167}=0.099,\quad c_2=\frac{X_{ff}}{X_{f2}}=\frac{0.1898}{2.5556}=0.0743$$

$$c_3=\frac{X_{ff}}{X_{f3}}=\frac{0.1898}{0.9167}=0.207,\quad c_4=\frac{X_{ff}}{X_{f4}}=\frac{0.1898}{0.3}=0.6327$$

$c_1+c_2+c_3+c_4=0.099+0.0743+0.207+0.6327=0.9999\approx1.0$，即各电源电流分布系数之和应等于 1。

(b)各支路的电流分布系数：

$$c_{ab}=c_1+c_2=0.099+0.0743=0.1733$$

$$c_{bf}=c_{ab}+c_3=0.1733+0.207=0.3803$$

节点电流分布系数应符合节点电流定律，即 $\sum_i c_i=0$。例如，对于节点 b，$I_{12}+I_3-I_f=0.1733+0.1939-0.3672=0$。

6-3 系统接线如题 6-3 图所示，已知各元件参数如下。

发电机 G：$S_N=60$ MV·A，$x''_d=0.14$；变压器 T：$S_N=30$ MV·A，$U_S\%=8$；

线路 L：$l=20$ km，$x=0.38$ Ω/km。

试求在点 f 三相短路时的起始次暂态电流、冲击电流、短路电流最大有效值和短路功率等的有名值。

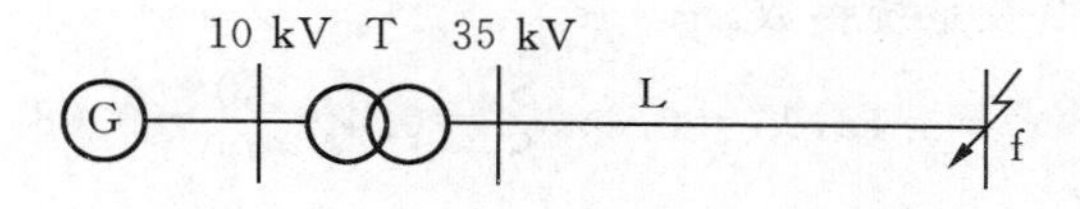

题 6-3 图　系统接线图

解　选 $S_B=60$ MV·A，$U_B=U_{av}$，则

$$I_B=\frac{S_B}{\sqrt{3}U_B}=\frac{60}{\sqrt{3}\times 37}\text{ kA}=0.936\text{ kA}$$

取 $E''=1.05$，$x''_d=0.14$，$X_T=\dfrac{U_S\%}{100}\cdot\dfrac{S_B}{S_{TN}}=\dfrac{8}{100}\times\dfrac{60}{30}=0.16$

$X_l=xl\dfrac{S_B}{U_B^2}=0.38\times 20\times\dfrac{60}{37^2}=0.333$

$X''_\Sigma=X''_d+X_T+X_l=0.14+0.16+0.333=0.633$

(1)起始次暂态电流

$$I''=\frac{E''}{X''_\Sigma}I_B=\frac{1.05}{0.633}\times 0.936\text{ kA}=1.553\text{ kA}$$

(2)求冲击电流，取冲击系数 $k_{imp}=1.8$，有

$$i_{imp}=\sqrt{2}I''k_{imp}=\sqrt{2}\times 1.553\times 1.8\text{ kA}=3.953\text{ kA}$$

(3)短路电流最大有效值

$$I_{imp}=I''\sqrt{1+2(k_{imp}-1)^2}=1.553\times\sqrt{1+2(1.8-1)^2}\text{ kA}=2.345\text{ kA}$$

(4)短路功率

$$S_f=\frac{E''}{X''_\Sigma}S_B=\frac{1.05}{0.633}\times 60\text{ MV}\cdot\text{A}=99.526\text{ MV}\cdot\text{A}$$

或
$$S_f=\sqrt{3}I''U_{av}=\sqrt{3}\times 1.553\times 37\text{ MV}\cdot\text{A}=99.525\text{ MV}\cdot\text{A}$$

6-4 在题 6-4 图(1)所示系统中，已知各元件参数如下。

发电机 G-1、G-2：$S_N=60$ MV·A，$x''_d=0.15$；

变压器 T-1、T-2：$S_N=60$ MV·A，$U_{S(1-2)}\%=17$，$U_{S(2-3)}\%=6$，$U_{S(1-3)}\%=10.5$；

外部系统 S：$S_N=300$ MV·A，$x''_S=0.4$。试分别计算 220 kV 母线在点 f_1 和 110 kV 母线在点 f_2 发生三相短路时短路点的起始次暂态电流的有名值。

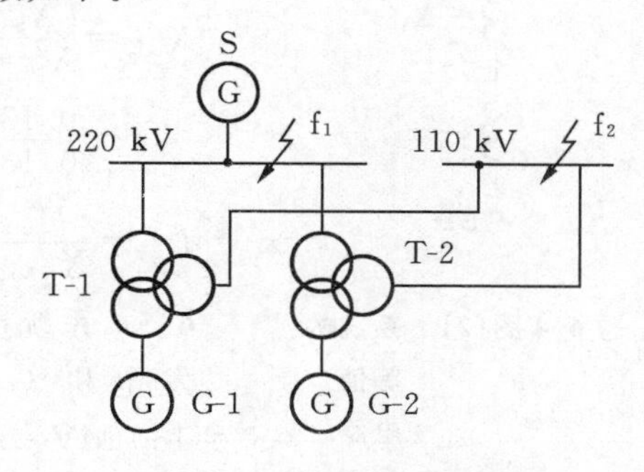

题 6-4 图(1)　系统接线图

解　选 $S_B=60$ MV·A，$U_B=U_{av}$，则

$$I_{B(220)}=\frac{S_B}{\sqrt{3}U_{av}}=\frac{60}{\sqrt{3}\times 230}\ \text{kA}=0.1506\ \text{kA}$$

$$I_{B(110)}=\frac{S_B}{\sqrt{3}U_{av}}=\frac{60}{\sqrt{3}\times 115}\ \text{kA}=0.30123\ \text{kA}$$

(1)参数计算。

(a)发电机 G-1、G-2 及系统参数。

$$x''_d=0.15,X''_S=0.4\times\frac{S_B}{S_S}=0.4\times\frac{60}{300}=0.08$$

(b)变压器 T-1、T-2 参数。

$$X_1=\frac{1}{2}(U_{S(1-2)}+U_{S(1-3)}-U_{S(2-3)})=\frac{1}{2}(0.17+0.105-0.06)=0.1075$$

$$X_2=\frac{1}{2}(U_{S(1-2)}+U_{S(2-3)}-U_{S(1-3)})=\frac{1}{2}(0.17+0.06-0.105)=0.0625$$

$$X_3=\frac{1}{2}(U_{S(1-3)}+U_{S(2-3)}-U_{S(1-2)})=\frac{1}{2}(0.105+0.06-0.17)=-0.0025$$

(2)在点 f_1 短路时，由于 110 kV 母线无电源，不提供短路电流，两台发电机及两台变压器参数相同，电路对称，因此，两台发电机对短路点的等值电抗为

$$X''_{G\Sigma}=\frac{1}{2}(x''_d+X_3+X_1)=\frac{1}{2}(0.15-0.0025+0.1075)=0.1275$$

电源对短路点的转移电抗为

$$X_{f_1f_1}=\frac{X''_{G\Sigma}X''_S}{X''_{G\Sigma}+X''_S}=\frac{0.1275\times 0.08}{0.1275+0.08}=0.049157$$

取 $E''=1.05$，则

$$I''_{(f_1)}=\frac{E''}{X_{f_1f_1}}\cdot I_{B(220)}=\frac{1.05}{0.049157}\times 0.1506\ \text{kA}=3.217\ \text{kA}$$

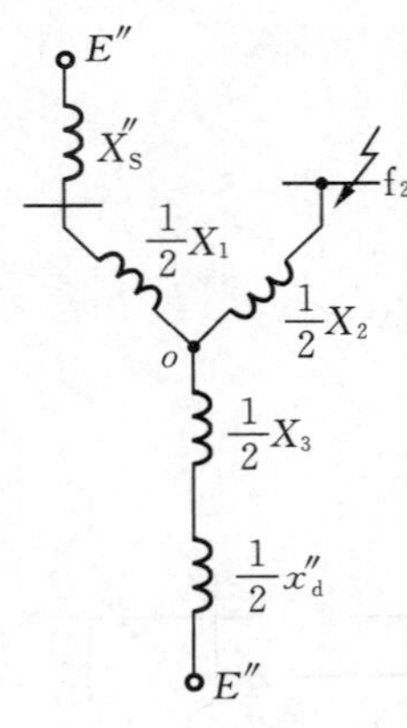

题 6-4 图(2) 系统的等值电路

(3)在点 f_2 短路时，由于两发电机及两变压器电路对称，其等值电路如题6-4 图(2)所示。

$$X''_{S0}=X''_S+\frac{1}{2}X_1=0.08+\frac{1}{2}\times 0.1075=0.13375$$

$$X''_{G0}=\frac{1}{2}(x''_d+X_3)=\frac{1}{2}(0.15-0.0035)=0.07375$$

$$X_{f_2f_2}=\frac{X''_{S0}X''_{G0}}{X''_{S0}+X''_{G0}}+\frac{1}{2}X_2$$

$$=\frac{0.13375\times 0.07375}{0.13375+0.07375}+\frac{1}{2}\times 0.0625=0.07879$$

$$I''_{(f_2)}=\frac{E''}{X_{f_2f_2}}\cdot I_{B(110)}=\frac{1.05}{0.07879}\times 0.30123\ \text{kA}=4.0144\ \text{kA}$$

6-5 系统接线如题 6-5 图(1)所示，已知各元件参数如下。

发电机 G-1：$S_N=60$ MV·A，$x''_d=0.15$；发电机 G-2：$S_N=150$ MV·A，$x''_d=0.2$；

变压器 T-1：$S_N=60$ MV·A，$U_S\%=12$；变压器 T-2：$S_N=$

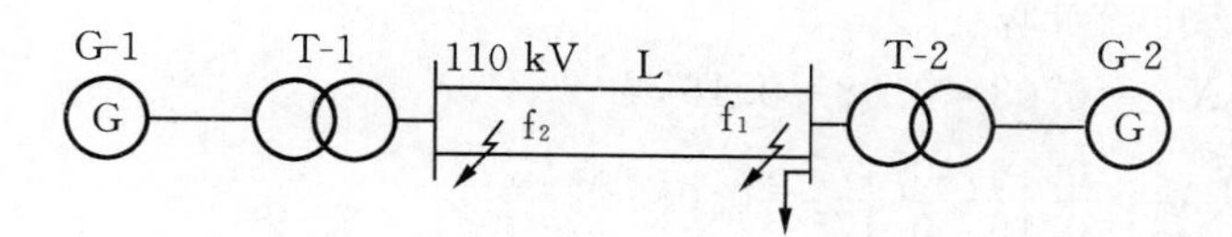

题 6-5 图(1) 系统接线图

90 MV·A, $U_S\%=12$；

线路 L：每回路 $l=80$ km, $x=0.4$ Ω/km；

负荷 LD：$S_{LD}=120$ MV·A, $x''_{LD}=0.35$。试分别计算在点 f_1 和在点 f_2 发生三相短路时起始次暂态电流和冲击电流的有名值。

解 选 $S_B=60$ MV·A, $U_B=U_{av}$, $I_B=\dfrac{S_B}{\sqrt{3}U_{av}}=\dfrac{60}{\sqrt{3}\times 115}$ kA $=0.30123$ kA

参数换算如下。

$$X''_{dG1}=x''_d\frac{S_B}{S_{G1N}}=0.15\times\frac{60}{60}=0.15$$

$$X_{T1}=\frac{U_{ST1}\%}{100}\times\frac{S_B}{S_{T1N}}=\frac{12}{100}\times\frac{60}{60}=0.12$$

$$X_l=\frac{1}{2}xl\frac{S_B}{U_{av}^2}=\frac{1}{2}\times 0.4\times 80\times\frac{60}{115^2}=0.07259$$

$$X_{T2}=\frac{U_{ST2}\%}{100}\times\frac{S_B}{S_{T2N}}=\frac{12}{100}\times\frac{60}{90}=0.08$$

$$X''_{dG2}=x''_d\frac{S_B}{S_{G2N}}=0.2\times\frac{60}{150}=0.08,\quad X''_{LD}=x''_{LD}\frac{S_B}{S_{LD}}=0.35\times\frac{60}{120}=0.175$$

(1)在点 f_1 短路时的电流计算。

取
$$E''_{G1}=E''_{G2}=1.05,\quad E''_{LD}=0.8,\quad k_{imp(G1)}=1.8$$
$$k_{imp(G2)}=1.85, k_{imp(LD)}=1.0$$
$$X''_{G1\Sigma}=X''_{dG1}+X_{T1}+X_l=0.15+0.12+0.07259=0.34259$$
$$X''_{G2\Sigma}=X''_{dG2}+X_{T2}=0.08+0.08=0.16$$

(a)起始次暂态电流。

$$I''_*=I''_{G1}+I''_{G2}+I''_{LD}=\frac{E''_{G1}}{X''_{dG1}}+\frac{E''_{G2}}{X''_{dG2}}+\frac{E''_{LD}}{X''_{LD}}=\frac{1.05}{0.34259}+\frac{1.05}{0.16}+\frac{0.8}{0.175}$$
$$=3.0649+6.5625+4.5714=14.1988$$

有名值
$$I''=I''_* I_B=14.1988\times 0.30123\text{ kA}=4.277\text{ kA}$$

(b)冲击电流。

$$i_{imp}=\sqrt{2}\times(I''_{G1}k_{imp(G1)}+I''_{G2}k_{imp(G2)}+I''_{LD}k_{imp(LD)})\times I_B$$
$$=\sqrt{2}\times[(3.0649\times 1.8+6.5625\times 1.85+4.5714\times 1.0)\times 0.30123]\text{ kA}$$
$$=9.4694\text{ kA}$$

(2)在点 f_2 短路时的电流计算。

取
$$E''_{G1}=E''_{G2}=1.05$$

(a)起始次暂态电流计算。

$$X''_{GT2}=X''_{dG2}+X_{T2}=0.08+0.08=0.16$$

$$X''_{2eq}=\frac{X''_{GT2}X''_{LD}}{X''_{GT2}+X''_{LD}}=\frac{0.16\times 0.175}{0.16+0.175}=0.08358$$

$$E''_{2eq}=\frac{\dfrac{E''_{G2}}{X''_{GT2}}+\dfrac{E''_{LD}}{X''_{LD}}}{\dfrac{1}{X''_{GT2}}+\dfrac{1}{X''_{LD}}}=\frac{\dfrac{1.05}{0.16}+\dfrac{0.8}{0.175}}{\dfrac{1}{0.16}+\dfrac{1}{0.175}}=0.930597$$

$$X_{1f}=X''_{dG1}+X_{T1}=0.15+0.12=0.27$$

$$X_{2f}=X''_{2eq}+X_l=0.08358+0.07295=0.15617$$

$$I''=\left(\frac{E''_{G1}}{X_{1f}}+\frac{E''_{2eq}}{X_{2f}}\right)\times I_B=\left(\frac{1.05}{0.27}+\frac{0.930597}{0.15617}\right)\times 0.30123\ \text{kA}=2.966\ \text{kA}$$

(b)冲击电流计算。

校验负荷点的残压

$$U_{LD}=I''_{2eq}X_l=\frac{E''_{2eq}}{X_{2f}}X_l=\frac{0.930597}{0.15617}\times 0.07259=0.4326<0.8$$

故负荷仍提供冲击电流。

取 $$k_{imp(G1)}=k_{imp(G2)}=1.8,k_{imp(LD)}=1.0$$

对题 6-5 图(2)中的 f_2、E''_{G2}、E''_{LD}的电路进行 Y→Δ 变换，求出 E''_{G2}和 E'_{LD}对短路点 f_2 的转移电抗。

$$X_{G2f}=X_l+X''_{GT2}+\frac{X_lX''_{GT2}}{X''_{LD}}=0.07259+0.16+\frac{0.07259\times 0.16}{0.175}=0.29896$$

$$X_{LDf}=X''_{LD}+X_l+\frac{X''_{LD}X_l}{X''_{GT2}}=0.175+0.07259+\frac{0.175\times 0.07259}{0.16}=0.32699$$

$$i_{imp}=\sqrt{2}\times\left[\left(\frac{E''_{G1}}{X_{1f}}+\frac{E''_{G2}}{X_{G2f}}\right)k_{imp(G_1)}+\frac{E''_{LD}}{X_{LDf}}k_{imp(LD)}\right]\times I_B$$

$$=\sqrt{2}\times\left[\left(\frac{1.05}{0.27}+\frac{1.05}{0.29896}\right)\times 1.8+\frac{0.8}{0.32699}\times 1.0\right]\times 0.30123\ \text{kA}=6.717\ \text{kA}$$

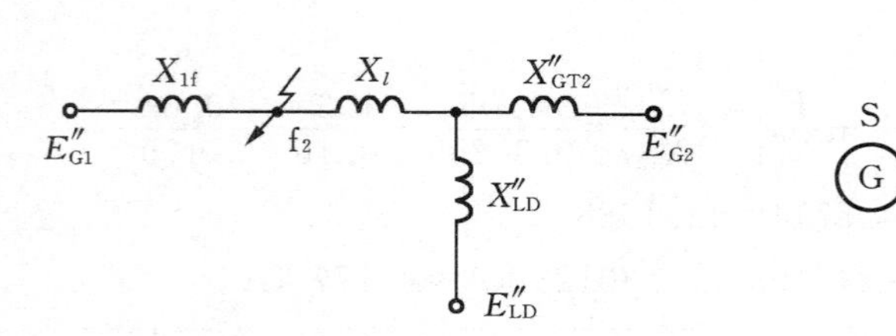

题 6-5 图(2)　系统的等值电路

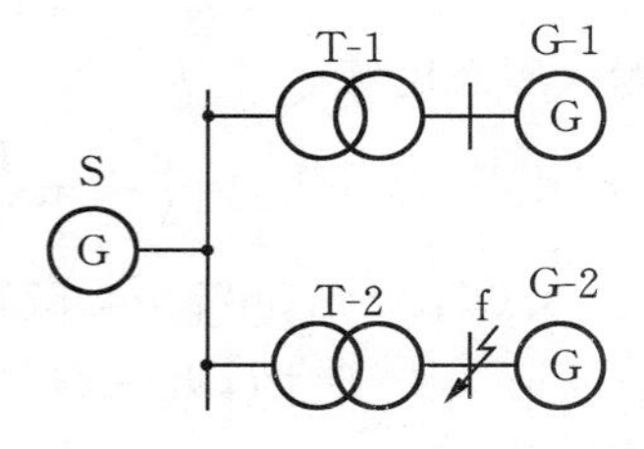

题 6-6 图(1)　系统接线图

6-6　系统接线如题 6-6 图(1)所示，已知各元件参数如下。

发电机 G-1、G-2：$S_N=60$ MV·A，$U_N=10.5$ kV，$x''=0.15$；

变压器 T-1、T-2：$S_N=60$ MV·A，$U_S\%=10.5$；

外部系统 S：$S_N=300$ MV·A，$x''_S=0.5$。系统中所有发电机均装有自动励磁调节器。

在点f发生三相短路时，试按下列三种情况计算 I_0、$I_{0.2}$ 和 I_∞，并对计算结果进行比较分析。

(1)发电机G-1、G-2及外部系统S各用一台等值机代表；

(2)发电机G-1和外部系统S合并为一台等值机；

(3)发电机G-1、G-2及外部系统S全部合并为一台等值机。

解 选 $S_B=60\ \text{MV·A}, U_B=U_{av}$，则

$$I_B=\frac{S_B}{\sqrt{3}U_{av}}=\frac{60}{\sqrt{3}\times 10.5}\ \text{kA}=3.299\ \text{kA}, X''_S=x''_S\times\frac{S_B}{S_S}=0.5\times\frac{60}{300}=0.1$$

$$x''_G=x''=0.15, X_{T1}=X_{T2}=X_T=\frac{U_S\%}{100}\times\frac{S_B}{S_{TN}}=\frac{10.5}{100}\times\frac{60}{60}=0.105$$

可以得到如题6-6图(2)所示的等值电路。

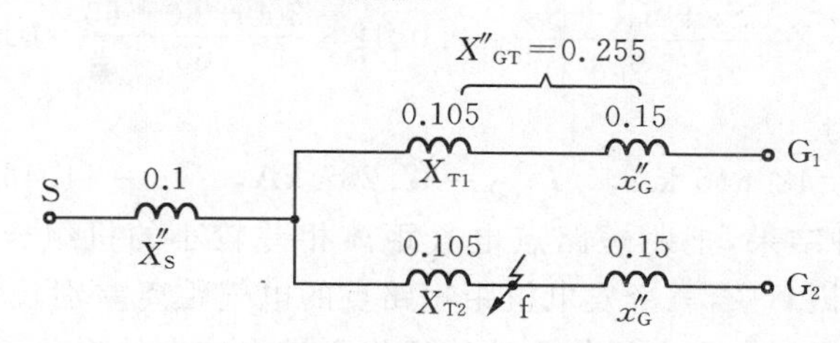

题6-6图(2) 系统的等值电路

(1)发电机G-1、G-2及外部系统S各用一台等值机代表。

求各电源对短路点的转移电抗：

$$X_{G1f}=X''_{GT}+X_{T2}+\frac{X''_{GT}\cdot X_{T2}}{X''_S}=0.255+0.105+\frac{0.255\times 0.105}{0.1}=0.628=X_{js1}$$

$$X_{Sf}=X''_S+X_{T2}+\frac{x''_S X_{T2}}{X''_{GT}}=0.1+0.105+\frac{0.1\times 0.105}{0.255}=0.246$$

$$X_{jsS}=X_{Sf}\frac{S_S}{S_B}=0.246\times\frac{300}{60}=1.23, X_{G2f}=x''_G=0.15=X_{js2}$$

查教材附表D-1(表中并无 I_∞，此处以 $I_{(4)}$ 当做 I_∞)得下列结果。

不同时刻电流	G-1		G-2		S		短路点/kA
	标幺值	有名值/kA	标幺值	有名值/kA	标幺值	有名值/kA	
$I_{(0)}$	1.669	5.506	7.241	23.887	4.195	13.840	43.233
$I_{(0.2)}$	1.474	4.863	4.607	15.199	3.907	12.890	32.952
$I_{(\infty)}$	1.845	6.087	2.508	8.274	4.452	14.688	29.049

(2)发电机G-1与外部系统S合并成一台等值机，即有

$$X_{G2f}=0.15=X_{js2}$$

$$X_{SG1f}=X_{T2}+\frac{X''_S\cdot X''_{GT}}{X''_S+X''_{GT}}=0.105+\frac{0.1\times 0.255}{0.1+0.255}=0.1768$$

$$X_{js\Sigma}=X_{SG1f}\frac{S_S+S_{G1}}{S_B}=0.1768\times\frac{300+60}{60}=1.061$$

查教材附表D-1得下列结果。

不同时刻电流	G-1-S		G-2		短路点/kA
	标幺值	有名值/kA	标幺值	有名值/kA	
$I_{(0)}$	5.856	19.320	7.241	23.887	43.207
$I_{(0.2)}$	5.412	17.855	4.607	15.199	33.054
$I_{(\infty)}$	6.335	20.899	2.508	8.274	29.173

(3)发电机 G-1、G-2 及外部系统 S 合并为一台等值机，即有

$$X_{\Sigma f}=\frac{X_{SG1f}x''_{G}}{X_{SG1f}+x''_{G}}=\frac{0.1768\times0.15}{0.1768+0.15}=0.0812$$

$$X_{js}=X_{\Sigma f}\frac{S_{S}+S_{G1}+S_{G2}}{S_{B}}=0.0812\times\frac{300+60+60}{60}=0.5681$$

查教材附表 D-1 得

$$I_{(0)}=42.645\ \text{kA},\quad I_{(0.2)}=37.287\ \text{kA},\quad I_{\infty}=44.465\ \text{kA}$$

(4)比较上述三种结果，把距短路点电气距离相差较小的机组合并，带来的误差较小。由于短路点接近发电机 G-2，三个发电机距短路点的电气距离差别较大，衰减和励磁调节过程差别也很大，因此，用一台发电机作为等值机将会带来较大的误差。

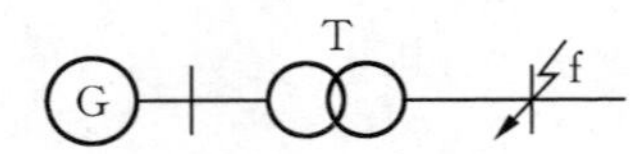

题 6-7 图　简单系统图

6-7　在题 6-7 图所示网络中，已知条件如下。发电机：$S_{N}=50$ MV・A，$x'_{d}=0.33$，无阻尼绕组，装有自动励磁调节器；变压器：$U_{S}\%=10.5$。在点 f 发生三相短路时，欲使短路后 0.2 s 的短路功率不超过 100 MV・A，则变压器允许装设的最大容量是多少？

解　选 $S_{B}=50$ MV・A，$U_{B}=U_{av}$。

要使 $S_{f(0.2)}=I_{(0.2)}S_{B}\leqslant100$ MV・A，则 $I_{(0.2)}\leqslant2$。

查教材附表 D-1，当 $I_{(0.2)}=2.0$ 时，$X_{js}=0.447$，则

变压器的电抗 $X_{T}=X_{js}-x'_{d}=0.447-0.33=0.117$

由于 $X_{T}=U_{s*}\cdot\frac{S_{B}}{S_{TN}}$，$0.117=0.105\times\frac{50}{S_{TN}}$，故变压器最大允许容量为

$$S_{TN(max)}\leqslant\frac{0.105\times50}{0.117}\ \text{MV・A}=44.87\ \text{MV・A}$$

6-8　在题 6-8 图所示网络中，已知条件如下。汽轮发电机：$S_{N}=60$ MV・A，$x''_{d}=0.12$，装有自动励磁调节器；电抗器：$U_{N}=6$ kV，$I_{N}=0.6$ kA，$x\%=5$。在点 f 发生三相短路，试求发电机端最小和最大残余电压的有名值。

题 6-8 图　简单系统图

解　选 $S_{B}=60$ MV・A，$U_{B}=U_{av}$，则

$$x''_{d}=0.12$$

$$X_{R}=\frac{x\%}{100}\times\frac{U_{RN}}{\sqrt{3}\cdot I_{RN}}\times\frac{S_{B}}{U_{B}^{2}}=\frac{5}{100}\times\frac{6}{\sqrt{3}\times0.3}\times\frac{60}{6.3^{2}}=0.873$$

$$X_{js}=x''_{d}+X_{R}=0.12+0.873=0.993$$

查教材附表 D-1 可知以下结果。

(1)求最大电流。

$$X_{js}=0.95,\quad I_{max}=1.2,\quad X_{js}=1.0,\quad I_{max}=1.129$$

现 $X_{js}=0.993$,用插值法得 $I_{max}=1.139$。

(2)求最小电流。

$$X_{js}=0.95,\quad I_{min}=0.990,\quad X_{js}=1.0,\quad I_{min}=0.945$$

现 $X_{js}=0.993$,用插值法得 $I_{min}=0.9513$。

(3)求发电机端最大残压。

$$U_{Gmax}=I_{max}X_R U_{av}=1.139\times0.873\times6.3\ \text{kV}=6.264\ \text{kV}$$

(4)求发电机端最小残压。

$$U_{Gmin}=I_{min}X_R U_{av}=0.9513\times0.873\times6.3\ \text{kV}=5.232\ \text{kV}$$

6-9　在题 6-9 图所示的系统中,已知:断路器 B 的额定切断容量为 400 MV·A;变压器容量为 10 MV·A,短路电压 $U_S\%=7.5$。试求在点 f 发生三相短路时起始次暂态电流的有名值。

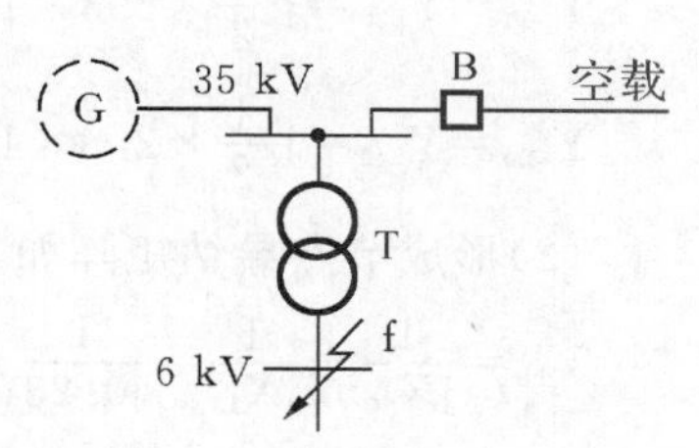

题 6-9 图　系统接线图

解　设系统运行电压为平均额定电压,且恒定不变。为保证开关 B 能切断短路电流,系统到变电所母线的电抗最小为

$$X_S\geqslant\frac{U_{av}^2}{S}=\frac{37^2}{400}\ \Omega=3.4225\ \Omega$$

变压器的电抗

$$X_T=\frac{U_S\%}{100}\times\frac{U_{av}^2}{S_{TN}}\times10^3=\frac{7.5}{100}\times\frac{37^2}{10000}\times10^3\ \Omega=10.2675\ \Omega$$

$$X_\Sigma=X_S+X_T=(3.4225+10.2675)\ \Omega=13.69\ \Omega$$

$$I''=\frac{U_{av}}{\sqrt{3}\cdot X_\Sigma}k_T=\frac{37}{\sqrt{3}\times13.69}\times\frac{35}{6.6}\ \text{kA}=8.275\ \text{kA}$$

6-10　如题 6-10 图所示网络中,略去负荷,试用节点阻抗矩阵法求在节点 5 发生三相短路时,短路点的短路电流及线路 L-2、L-3 的电流。

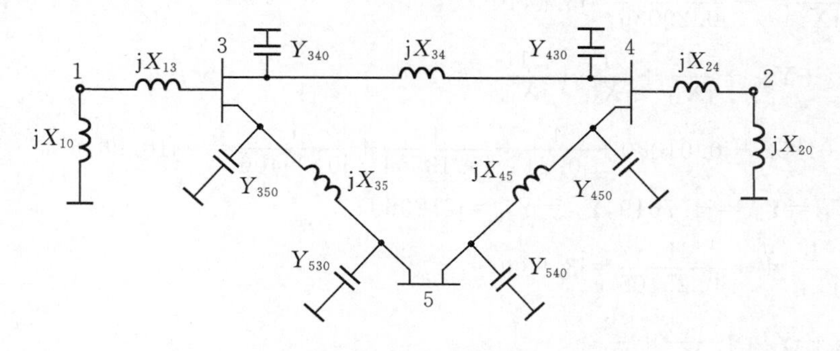

题 6-10 图　电力系统等值网络

解 （1）元件参数计算。

系统等值网络如题 6-10 图所示。选 $S_B=120\ \text{MV}\cdot\text{A}, U_B=U_{av}$。各元件参数标幺值计算如下。

$$X_{10}=x''_{d(G1)}=0.23, X_{13}=x_{T1}=0.105, X_{20}=x''_{d(G2)}\times\frac{120}{60}=0.28$$

$$X_{24}=x_{T2}\times\frac{120}{60}=0.21, X_{34}=0.4\times120\times\frac{120}{115^2}=0.43554$$

$$X_{35}=0.4\times80\times\frac{120}{115^2}=0.29036, X_{45}=0.4\times70\times\frac{120}{115^2}=0.25406$$

$$Y_{340}=Y_{430}=\text{j}\ \frac{1}{2}\times2.8\times10^{-6}\times120\times\frac{115^2}{120}=\text{j}0.01852$$

$$Y_{350}=Y_{530}=\text{j}\ \frac{1}{2}\times2.8\times10^{-6}\times80\times\frac{115^2}{120}=\text{j}0.01234$$

$$Y_{450}=Y_{540}=\text{j}\ \frac{1}{2}\times2.8\times10^{-6}\times70\times\frac{115^2}{120}=\text{j}0.01080$$

（2）形成节点导纳矩阵如下：

$$Y_{11}=\frac{1}{\text{j}X_{10}}+\frac{1}{\text{j}X_{13}}=\frac{1}{\text{j}0.23}+\frac{1}{\text{j}0.105}=-\text{j}13.8716$$

$$Y_{13}=-\frac{1}{\text{j}X_{13}}=-\frac{1}{\text{j}0.105}=\text{j}9.5238$$

$$Y_{22}=\frac{1}{\text{j}X_{20}}+\frac{1}{\text{j}X_{24}}=\frac{1}{\text{j}0.28}+\frac{1}{\text{j}0.21}=-\text{j}8.3333$$

$$Y_{24}=-\frac{1}{\text{j}X_{24}}=-\frac{1}{\text{j}0.21}=\text{j}4.7619$$

$$Y_{33}=Y_{340}+Y_{350}+\frac{1}{\text{j}X_{13}}+\frac{1}{\text{j}X_{34}}+\frac{1}{\text{j}X_{35}}$$

$$=\text{j}0.01852+\text{j}0.01234+\frac{1}{\text{j}0.105}+\frac{1}{\text{j}0.43554}+\frac{1}{\text{j}0.29036}=-\text{j}15.2329$$

$$Y_{31}=Y_{13}=\text{j}9.5238, Y_{34}=-\frac{1}{\text{j}X_{34}}=-\frac{1}{\text{j}0.43554}=\text{j}2.2960$$

$$Y_{35}=-\frac{1}{\text{j}X_{35}}=-\frac{1}{\text{j}0.29036}=\text{j}3.4440$$

$$Y_{44}=Y_{430}+Y_{450}+\frac{1}{\text{j}X_{24}}+\frac{1}{\text{j}X_{34}}+\frac{1}{\text{j}X_{45}}$$

$$=\text{j}0.01852+\text{j}0.01080+\frac{1}{\text{j}0.21}+\frac{1}{\text{j}0.43554}+\frac{1}{\text{j}0.25406}=-\text{j}10.9646$$

$$Y_{42}=Y_{24}=\text{j}4.7619, Y_{43}=Y_{34}=\text{j}2.2960$$

$$Y_{45}=-\frac{1}{\text{j}X_{45}}=-\frac{1}{\text{j}0.25406}=\text{j}3.9360$$

$$Y_{55}=Y_{530}+Y_{540}+\frac{1}{\text{j}X_{35}}+\frac{1}{\text{j}X_{45}}$$

$$=\text{j}0.01234+\text{j}0.01080+\frac{1}{\text{j}0.29036}+\frac{1}{\text{j}0.25406}=-\text{j}7.3569$$

$Y_{53}=Y_{35}=\text{j}3.4440$，$Y_{54}=Y_{45}=\text{j}3.9360$

$$\boldsymbol{Y}=\begin{bmatrix}-\text{j}13.8716 & & \text{j}9.5238 & & \\ & -\text{j}8.3333 & & \text{j}4.7619 & \\ \text{j}9.5238 & & -\text{j}15.2329 & \text{j}2.2960 & \text{j}3.4440 \\ & \text{j}4.7619 & \text{j}2.2960 & -\text{j}10.9646 & \text{j}3.9360 \\ & & \text{j}3.4440 & \text{j}3.9360 & -\text{j}7.3569\end{bmatrix}$$

(3)对 $\boldsymbol{Y}$ 矩阵作 $\boldsymbol{LDU}$ 分解：

$d_{11}=Y_{11}=-\text{j}13.8716$，$u_{13}=Y_{13}/d_{11}=\text{j}9.5238/(-\text{j}13.8716)=-0.68657$

$d_{22}=Y_{22}=-\text{j}8.3333$，$u_{24}=Y_{24}/d_{22}=\text{j}4.7619/(-\text{j}8.3333)=-0.57143$

$d_{33}=Y_{33}-u_{13}^2d_{11}=-\text{j}15.2329-(-0.68657)^2\times(-\text{j}13.8716)=-\text{j}8.69413$

$u_{34}=Y_{34}/d_{33}=\text{j}2.2960/(-\text{j}8.69413)=-0.26409$

$u_{35}=Y_{35}/d_{33}=\text{j}3.4440/(-\text{j}8.69413)=-0.39613$

$d_{44}=Y_{44}-u_{24}^2d_{22}-u_{34}^2d_{33}$

$\quad=-\text{j}10.9646-(-0.57143)^2\times(-\text{j}8.3333)-(-0.26409)^2\times(-\text{j}8.69413)$

$\quad=-\text{j}7.63715$

$u_{45}=(Y_{45}-u_{34}u_{35}d_{33})/d_{44}$

$\quad=[\text{j}3.936-(-0.26409)\times(-0.39613)\times(-\text{j}8.69413)]/(-\text{j}7.63715)$

$\quad=-0.63447$

$d_{55}=Y_{55}-u_{35}^2d_{33}-u_{45}^2d_{44}$

$\quad=-\text{j}7.3569-(-0.39613)^2\times(-\text{j}8.69413)-(-0.63447)^2\times(-\text{j}7.63715)$

$\quad=-\text{j}2.91828$

(4)阻抗矩阵元素的计算如下：

$Z_{55}=1/d_{55}=1/(-\text{j}2.91828)=\text{j}0.34267$

$Z_{45}=-u_{45}Z_{55}=-(-0.63447)\times\text{j}0.34267=\text{j}0.21741$

$Z_{35}=-u_{34}Z_{45}-u_{35}Z_{55}$

$\quad=-(-0.26409)\times\text{j}0.21747-(-0.39613)\times\text{j}0.34267=\text{j}0.19316$

$Z_{25}=-u_{24}Z_{45}=-(-0.57143)\times\text{j}0.21741=\text{j}0.12423$

$Z_{15}=-u_{13}Z_{35}=-(-0.68657)\times\text{j}0.19316=\text{j}0.13262$

$Z_{44}=1/d_{44}-u_{45}Z_{54}=1/(-\text{j}7.63715)-(-0.63447)\times\text{j}0.21741=\text{j}0.26888$

$Z_{34}=-u_{34}Z_{44}-u_{35}Z_{54}=-(-0.26409)\times\text{j}0.26888-(-0.39613)\times\text{j}0.21741$

$\quad=\text{j}0.15713$

$Z_{24}=-u_{24}Z_{44}=-(-0.57143)\times\text{j}0.26888=\text{j}0.15365$

$Z_{14}=-u_{13}Z_{34}=-(-0.68657)\times\text{j}0.15713=\text{j}0.10788$

$Z_{33}=1/d_{33}-u_{34}Z_{43}-u_{35}Z_{53}$

$\quad=1/(-\text{j}8.69413)-(-0.26409)\times\text{j}0.15713-(-0.39613)\times\text{j}0.19316$

$\quad=\text{j}0.23303$

$Z_{23}=-u_{24}Z_{43}=-(-0.57143)\times\text{j}0.15713=\text{j}0.08979$

$Z_{13}=-u_{13}Z_{33}=-(-0.68657)\times\text{j}0.23303=\text{j}0.15999$

$Z_{22}=1/d_{22}-u_{24}Z_{42}$

$=1/(-j8.3333)-(-0.57143)\times j0.15365=j0.20780$

$Z_{12}=-u_{13}Z_{32}=-(-0.68657)\times j0.08979=j0.06165$

$Z_{11}=1/d_{11}-u_{13}Z_{31}=1/(-j13.8716)-(-0.68657)\times j0.15999=j0.18194$

(5)网络初态计算。

节点注入电流源计算时，取 $\dot{E}_1=\dot{E}_2=j1.05$

$$\dot{I}_1=\frac{\dot{E}_1}{jx''_{d(G1)}}=\frac{j1.05}{j0.23}=4.56522,\quad \dot{I}_2=\frac{\dot{E}_2}{jx''_{d(G2)}}=\frac{j1.05}{j0.28}=3.75$$

节点电压初值：

$\dot{U}_3^{(0)}=Z_{31}\dot{I}_1+Z_{32}\dot{I}_2=j0.15999\times4.56522+j0.08979\times3.75=j1.06710$

$\dot{U}_4^{(0)}=Z_{41}\dot{I}_1+Z_{42}\dot{I}_2=j0.10788\times4.56522+j0.15365\times3.75=j1.06868$

$\dot{U}_5^{(0)}=Z_{51}\dot{I}_1+Z_{52}\dot{I}_2=j0.13262\times4.56522+j0.12423\times3.75=j1.07130$

故障前这些节点的电压都高于发电机的电势，这是考虑了线路电容的缘故。

(6)短路电流计算。

短路点电流和节点 3、4 的电压：

$\dot{I}_f=\dot{U}_5^{(0)}/Z_{55}=j1.07130/j0.34267=3.12634$

$\dot{U}_3=\dot{U}_3^{(0)}-Z_{35}\dot{I}_f=j1.06710-j0.19316\times3.12634=j0.46322$

$\dot{U}_4=\dot{U}_4^{(0)}-Z_{45}\dot{I}_f=j1.06868-j0.21741\times3.12634=0.38898$

线路中的电流

$$\dot{I}_{L2}=\frac{\dot{U}_3-\dot{U}_5}{jX_{35}}=\frac{j0.46322}{j0.29036}=1.59533,\quad \dot{I}_{L3}=\frac{\dot{U}_4-\dot{U}_5}{jX_{45}}=\frac{j0.38898}{j0.25406}=1.53103$$

短路处电压级的基准电流为

$$I_B=\frac{120}{\sqrt{3}\times115}\text{ kA}=0.60247\text{ kA}$$

故短路电流的有名值为

$$I_f=3.12634\times0.60247\text{ kA}=1.8835\text{ kA}$$

$$I_{L2}=1.59533\times0.60247\text{ kA}=0.9611\text{ kA}$$

$$I_{L3}=1.53103\times0.60247\text{ kA}=0.9224\text{ kA}$$

6-11 电力系统等值电路如题 6-11 图所示，支路阻抗的标幺值已注明图中。

(1)形成节点导纳矩阵(或节点阻抗矩阵)，并用以计算节点 3 的三相短路电流。

(2)另选一种方法计算短路电流，并用以验证(1)的计算结果。

解 (1)用节点阻抗矩阵求解。

形成节点导纳矩阵

$$Y_{11}=\frac{1}{j0.2}+\frac{1}{j0.2}=-j10,\quad Y_{12}=Y_{21}=-\frac{1}{j0.2}=j5$$

$$Y_{22}=\frac{1}{j0.2}+\frac{1}{j0.1}+\frac{1}{-j2}=-j14.5,\quad Y_{23}=Y_{32}=-\frac{1}{j0.1}=j10$$

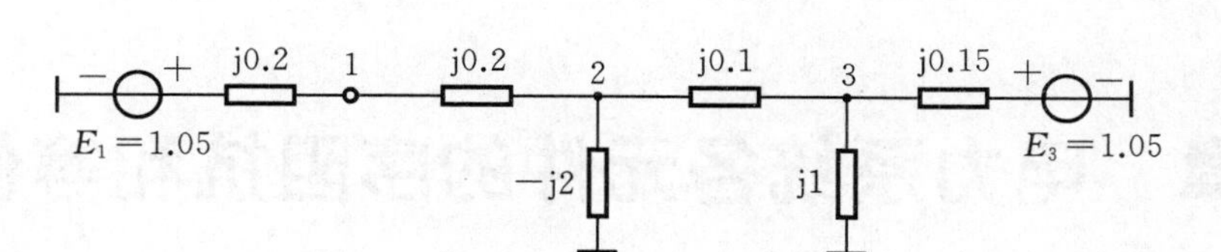

题 6-11 图　电力系统等值电路

$$Y_{33}=\frac{1}{\mathrm{j}0.1}+\frac{1}{\mathrm{j}1}+\frac{1}{\mathrm{j}0.15}=-\mathrm{j}17.6667$$

$$\boldsymbol{Y}=\begin{bmatrix}-\mathrm{j}10.0 & \mathrm{j}5.0 & 0.0\\ \mathrm{j}5.0 & -\mathrm{j}14.5 & \mathrm{j}10.0\\ 0.0 & \mathrm{j}10.0 & -\mathrm{j}17.6667\end{bmatrix}$$

对 $\boldsymbol{Y}$ 阵作 $\boldsymbol{LDU}$ 分解：

$d_{11}=Y_{11}=-\mathrm{j}10,u_{12}=Y_{12}/d_{11}=\mathrm{j}5/(-\mathrm{j}10)=-0.5$

$d_{22}=Y_{22}-u_{12}^2d_{11}=-\mathrm{j}14.5-(-0.5)^2\times(-\mathrm{j}10)=-\mathrm{j}12$

$u_{23}=Y_{23}/d_{22}=\mathrm{j}10/(-\mathrm{j}12)=-0.8333$

$d_{33}=Y_{33}-u_{23}^2d_{22}=-\mathrm{j}17.6667-(-0.8333)^2\times(-\mathrm{j}12)=-\mathrm{j}9.3340$

计算节点阻抗矩阵元素：

$Z_{33}=1/d_{33}=1/(-\mathrm{j}9.3340)=\mathrm{j}0.10714$

$Z_{23}=-u_{23}Z_{33}=-(-0.8333)\times\mathrm{j}0.10714=\mathrm{j}0.08928$

$Z_{13}=-u_{12}Z_{23}=-(-0.5)\times\mathrm{j}0.08928=\mathrm{j}0.04462$

$Z_{22}=1/d_{22}-u_{23}Z_{32}=1/(-\mathrm{j}12)-(-0.8333)\times\mathrm{j}0.08928=\mathrm{j}0.15773$

$Z_{12}=-u_{12}Z_{22}=-(-0.5)\times\mathrm{j}0.15773=\mathrm{j}0.07887$

$Z_{11}=1/d_{11}-u_{12}Z_{21}=1/(-\mathrm{j}10)-(-0.5)\times\mathrm{j}0.07887=\mathrm{j}0.13944$

计算节点注入电流源的电流：

$$\dot{I}_1=\frac{\dot{E}_1}{\mathrm{j}0.2}=\frac{1.05}{\mathrm{j}0.2}=-\mathrm{j}5.25,\quad \dot{I}_3=\frac{\dot{E}_3}{\mathrm{j}0.15}=\frac{1.05}{\mathrm{j}0.15}=-\mathrm{j}7$$

短路发生前节点 3 的电压：

$\dot{U}_3^{(0)}=Z_{31}\dot{I}_1+Z_{33}\dot{I}_3=\mathrm{j}0.04464\times(-\mathrm{j}5.25)+\mathrm{j}0.10714\times(-\mathrm{j}7)=0.98434$

短路电流
$$\dot{I}_{\mathrm{f}}=\frac{\dot{U}_3^{(0)}}{Z_{33}}=\frac{0.98434}{\mathrm{j}0.10714}=-\mathrm{j}9.1874$$

(2)利用转移电抗计算短路电流。

节点 3 短路时，电势源 E_3 对短路点的转移电抗为

$$X_{\mathrm{f3}}=0.15$$

电势源 E_1 对短路点的转移电抗为

$$X_{\mathrm{f1}}=0.2+0.2+0.1+\frac{(0.2+0.2)\times0.1}{-2}=0.48$$

短路电流为

$$\dot{I}_{\mathrm{f}}=\frac{\dot{E}_1}{\mathrm{j}X_{\mathrm{f1}}}+\frac{\dot{E}_3}{\mathrm{j}X_{\mathrm{f3}}}=\frac{1.05}{\mathrm{j}0.48}+\frac{1.05}{\mathrm{j}0.15}=-\mathrm{j}9.1875$$

第7章　电力系统各元件的序阻抗和等值电路

7.1　复习思考题

1. 什么是对称分量法？

2. 什么是电力系统元件的序阻抗？

3. 发生不对称短路时，发电机定、转子绕组会产生哪些谐波电流？

4. 发电机的负序电抗是怎样确定的？它同短路的类型有什么关系？

5. 发电机的零序电抗仅由定子绕组的漏磁通确定，它同定子绕组的正序漏电抗一样吗？为什么？

6. 变压器的零序励磁电抗与变压器的铁芯结构有何关系？

7. 变压器的零序等值电路及其与外电路的连接与变压器的接线方式有什么关系？

8. 普通变压器中性点接地阻抗在零序等值电路中是怎样处理的？

9. 中性点经阻抗接地的自耦变压器的零序等值电路应如何处理？

10. 在计算变压器中性点的入地电流时，对于自耦变压器要注意什么问题？

11. 架空线路的零序电抗与正序电抗相等吗？为什么？

12. 架空地线对输电线路的零序电抗有什么影响？

13. 计及回路间互感时，应怎样制订架空输电线路的零序等值电路并确定其参数？

14. 综合负荷的各序阻抗是怎样确定的？

15. 在电力系统的元件中，哪些元件的正序电抗和负序电抗相等？哪些元件的正序电抗和零序电抗不相等？哪些元件的各序电抗互不相等？有没有各序电抗都相等的元件？

16. 怎样制订系统的负序等值网络？它有什么特点？

17. 怎样制订系统的零序等值网络？它有什么特点？

7.2　习 题 详 解

7-1　110 kV架空输电线路长80 km，无架空地线，导线型号为LGJ-120，计算半径$r=7.6$ mm，三相水平排列，相间距离4 m，导线离地面10 m，虚拟导线等值深度为1000 m，求输电线路的零序等值电路及参数。

解　取$D_S=0.8r=0.8\times 7.6\ \text{mm}=6.08\ \text{mm}$

$$r_e=0.05\ \Omega/\text{km},\ r_a=\frac{\rho}{S}=\frac{31.5}{120}\ \Omega/\text{km}=0.2625\ \Omega/\text{km}$$

$$D_{eq}=1.26D=1.26\times 4000\ \text{mm}=5040\ \text{mm}$$

$$D_{ST}=\sqrt[3]{D_S D_{eq}^2}=\sqrt[3]{6.08\times 5040^2}\ \text{mm}=536.523\ \text{mm}$$

$$z_0=r_a+3r_e+j0.4335\lg\frac{D_e}{D_{ST}}$$

$$=\left(0.2625+3\times0.05+j0.4335\lg\frac{1000\times10^3}{536.523}\right)\ \Omega/km$$

$$=(0.4125+j1.4177)\ \Omega/km$$

$$Z_{(0)}=z_0l=(0.4126+j1.4177)\times80\ \Omega=(33+j113.416)\ \Omega$$

$$r_{eqT}=\sqrt[3]{rD_{eq}^2}=\sqrt[3]{7.6\times5040^2}\ mm=577.952\ mm$$

由导线排列可知，$H_1=H_2=H_3=20$ m

$$H_{23}=H_{12}=\sqrt{20^2+4^2}\ m=20.4\ m, H_{31}=\sqrt{8^2+20^2}\ m=21.54\ m$$

$$D_m=\sqrt[9]{H_1^3H_{12}^2H_{23}^2+H_{31}^2}=\sqrt[9]{20^3\times20.4^2\times20.4^2+21.54^2}\ m=20.512\ m$$

$$b_0=\frac{7.58}{3\lg\dfrac{D_m}{r_{eqT}}}\times10^{-6}\ S/km=\frac{7.58}{3\lg\dfrac{20.512\times10^3}{577.952}}\times10^{-6}\ S/km=1.63\times10^{-6}\ S/km$$

$$B_{(0)}=b_0l=1.63\times10^{-6}\times80\ S=1.304\times10^{-4}\ S$$

7-2 题 2-2 所给的架空输电线路，其导线及地线在杆塔上的排列如题 7-2 图所示，地线导线为 LGJ-70（计算半径 $r=5.7$ mm），C 相离地面 10 m，虚拟导线等值深度 $D_e=1000$ m，线路经整循环换位。试计算：

(1)不考虑地线及另一回线路影响时，输电线路的零序阻抗、零序电纳及等值电路；

(2)计及另一回线路影响，但不计地线影响时，输电线路的零序阻抗及等值电路；

(3)同(2)，但计及地线的影响。

对上述计算结果进行比较分析。

解 由题 2-2 解，已知 $D_{eq}=4455$ mm，$D_S=6.08$ mm，$r_a=0.2625\ \Omega/km$，$r=7.6$ mm。

取 $r_e=0.05\ \Omega/km$，$D_e=1000$ m

$$D_{ST}=\sqrt[3]{D_SD_{eq}^2}=\sqrt[3]{6.08\times4455^2}\ mm=494.159\ mm$$

$$r_{eqT}=\sqrt[3]{rD_{eq}^2}=\sqrt[3]{7.6\times4455^2}\ mm=532.316\ mm$$

(1)不考虑地线及另一回线影响时，输电线路的零序阻抗、零序电纳及等值电路参数为

$$z_0=r_a+3r_e+j0.4335\lg\frac{D_e}{D_{ST}}$$

$$=\left(0.2625+3\times0.05+j0.4335\lg\frac{1000\times10^3}{494.159}\right)\ \Omega/km=(0.4125+j1.433)\ \Omega/km$$

$$Z_{(0)}=z_0l=(0.4125+j1.433)\times90\ \Omega=(37.125+j128.97)\Omega$$

Π 型等值电路中的阻抗为

$$Z_{(0)eq}=\frac{1}{2}Z_{(0)}=\frac{1}{2}(37.125+j128.97)\Omega=(18.563+j64.485)\Omega$$

由题 2-2 知，$H_1=34$ m，$H_2=27$ m，$H_3=20$ m

$$H_{12}=\sqrt{30.5^2+0.5^2}\ m=30.504\ m, H_{23}=\sqrt{23.5^2+0.5^2}\ m=23.505\ m$$

$$H_{13}=\sqrt{27^2+1^2}\ m=27.0185\ m$$

$$D_m=\sqrt[9]{H_1H_2H_3(H_{12}\times H_{23}+H_{13})^2}$$

$$=\sqrt[9]{34\times27\times20\times(30.504\times23.505\times27.0185)^2}\ \text{m}=26.6975\ \text{m}$$

$$b_0=\frac{7.58}{3\lg\dfrac{D_m}{r_{eqT}}}\times10^{-6}\ \text{S/km}=\frac{7.58}{3\times\lg\dfrac{26.6975\times10^3}{532.316}}\times10^{-6}\ \text{S/km}$$

$$=1.486\times10^{-6}\ \text{S/km}$$

$$B_{(0)}=2b_0l=2\times1.486\times10^{-6}\times90\ \text{S}=2.675\times10^{-4}\ \text{S}$$

Π 型等值电路中的电纳为

$$B_{(0)eq}=\frac{1}{2}B_{(0)}=\frac{1}{2}\times2.675\times10^{-4}\ \text{S}=1.3375\times10^{-4}\ \text{S}$$

(2)计及另一回路影响，但不计地线影响时的零序参数及等值电路。

由题 2-2 图可求出双回路间各相导线间的距离为

$$D_{a1a2}=7\ \text{m},\quad D_{b1b2}=6\ \text{m},\quad D_{c1c2}=5\ \text{m},\quad D_{a1b2}=D_{b1a2}=\sqrt{6.5^2+3.5^2}\ \text{m}=7.382\ \text{m}$$

$$D_{a1c2}=D_{c1a2}=\sqrt{6^2+7^2}\ \text{m}=9.22\ \text{m},\quad D_{b1c2}=D_{b2c1}=\sqrt{5.5^2+3.5^2}\ \text{m}=6.519\ \text{m}$$

由解(1)已知 $z_0=(0.4125+\text{j}1.433)\ \Omega/\text{km}$

$$Z_{\text{I}(0)}=Z_{\text{II}(0)}=(37.125+\text{j}128.97)\Omega$$

$$D_{\text{I-II}}=\sqrt[9]{D_{a1a2}D_{b1b2}D_{c1c2}(D_{a1b2}D_{a1c2}D_{b1c2})^2}$$

$$=\sqrt[9]{7\times6\times5\times(7.382\times9.22\times6.519)^2}\ \text{m}=7.0188\ \text{m}$$

$$z_{\text{I-II}(0)}=3\left(r_e+\text{j}0.1445\lg\frac{D_e}{D_{\text{I-II}}}\right)=3\times\left(0.05+\text{j}0.1445\lg\frac{1000}{7.0188}\right)\ \Omega/\text{km}$$

$$=(0.15+\text{j}0.9337)\ \Omega/\text{km}$$

$$Z_{\text{I-II}(0)}=z_{\text{I-II}(0)}l=(0.15+\text{j}0.9337)\times90\ \Omega=(13.5+\text{j}84.024)\ \Omega$$

每一回路单位长度的阻抗为

$$Z'_{(0)}=z_0+z_{\text{I-II}(0)}=(0.4125+\text{j}1.433+0.15+\text{j}0.9337)\ \Omega$$

$$=(0.5625+\text{j}2.3667)\ \Omega$$

每一回路的零序阻抗

$$Z_{(0)}=Z'_{(0)}l=(0.5625+\text{j}2.3667)\times90\ \Omega=(50.625+\text{j}213.003)\ \Omega$$

等值电路可以作成题 7-2 图所示的形式，其中

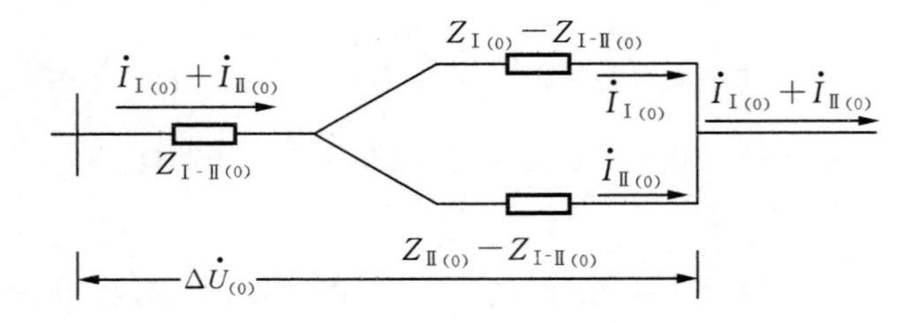

题 7-2 图　平行输电线的零序等值电路

$$Z_{\text{I}(0)}=Z_{\text{II}(0)}=(37.125+\text{j}128.97)\Omega,\quad Z_{\text{I-II}(0)}=(13.5+\text{j}84.024)\Omega$$

(3)同(2)但计及地线影响。

假定题 7-2 图中左边地线编号为 g_1，右边编号为 g_2，则双回路导线与地线间的距离为

$D_{a1g1}=D_{a2g2}=\sqrt{1.5^2+3.5^2}\ \text{m}=3.808\ \text{m}$

$D_{a1g2}=D_{a2g1}=\sqrt{5.5^2+3.5^2}\ \text{m}=6.519\ \text{m}$

$D_{b1g1}=D_{b2g2}=\sqrt{1^2+7^2}\ \text{m}=7.071\ \text{m}$

$D_{b1g2}=D_{b2g1}=\sqrt{5^2+7^2}\ \text{m}=8.602\ \text{m}$

$D_{c1g1}=D_{c2g2}=\sqrt{0.5^2+10.5^2}\ \text{m}=10.512\ \text{m}$

$D_{c1g2}=D_{c2g1}=\sqrt{4.5^2+10.5^2}\ \text{m}=11.424\ \text{m}$

$r_g=\dfrac{\rho}{S}=\dfrac{31.5}{70}\ \Omega/\text{km}=0.45\ \Omega/\text{km}$

$D_{Sg}=0.8r_{gc}=0.8\times5.7\ \text{mm}=4.56\ \text{mm}$，　$D_{eq}=4455\ \text{mm}$，　$D_e=1000\ \text{m}$

两根架空地线的自几何均距为

$$D'_{Sg}=\sqrt{D_{Sg}d_{g1g2}}=\sqrt{4.56\times4000}\ \text{mm}=135.056\ \text{mm}$$

架空地线的零序自阻抗为

$$z_{g0}=3\left(\frac{1}{2}r_g+r_e+\text{j}0.1445\lg\frac{D_e}{D'_{Sg}}\right)$$
$$=3\times\left(\frac{1}{2}\times0.45+0.05+\text{j}0.1445\lg\frac{1000\times10^3}{135.056}\right)\ \Omega/\text{km}$$
$$=(0.825+\text{j}1.6774)\ \Omega/\text{km}$$

架空地线与线路导线间的互几何均距为

$$D'_{L\text{-}g}=\sqrt[6]{D_{a1g1}D_{b1g1}D_{c1g1}D_{a1g2}D_{b1g2}D_{c1g2}}$$
$$=\sqrt[6]{3.808\times7.071\times10.512\times6.519\times8.602\times11.424}\ \text{m}=7.523\ \text{m}$$

架空地线与线路间的零序互阻抗为

$$z_{gm0}=3\left(r_e+\text{j}0.1445\lg\frac{D_e}{D'_{L\text{-}g}}\right)=3\times\left(0.05\times\text{j}0.1445\lg\frac{1000}{7.523}\right)\ \Omega/\text{km}$$
$$=(0.15+\text{j}0.9206)\ \Omega/\text{km}$$

于是可得每回路的零序等值阻抗为

$$z'^{(g)}_{(0)}=z'_{(0)}-2\frac{z^2_{gm0}}{z_{g0}}=\left(0.5625+\text{j}2.3666-2\times\frac{(0.15+\text{j}0.9206)^2}{0.825+\text{j}1.6774}\right)\ \Omega/\text{km}$$
$$=(0.6884+\text{j}1.4336)\ \Omega/\text{km}$$

每一回路的零序阻抗

$Z_{(0)}=z'^{(g)}_{(0)}l=(0.6884+\text{j}1.4336)\times90\ \Omega=(61.956+\text{j}129.024)\ \Omega$

(4)对单位长度近似参数与本题结果进行比较：

	推荐近似值/$\Omega\cdot\text{km}^{-1}$	本题计算值/$\Omega\cdot\text{km}^{-1}$
无架空地线双回路：		
	$x_0=5.5x_1=5.5\times0.41398=2.2769$	2.3667
有架空地线双回路：		
	$x_0=3.0x_1=3.0\times0.41398=1.24194$	1.4336

由此可见推荐的近似值还是可用的。

7-3 系统接线如题 7-3 图(1)所示，已知各元件参数如下：发电机 G：$S_N=30$ MV·A，$x''_d=x_{(2)}=0.2$；变压器 T-1：$S_N=30$ MV·A，$U_S\%=10.5$，中性点接地阻抗 $z_n=\mathrm{j}10\ \Omega$；线路 L：$l=60$ km，$x_{(1)}=0.4\ \Omega/\mathrm{km}$，$x_{(0)}=3x_{(1)}$；变压器 T-2：$S_N=30$ MV·A，$U_S\%=10.5$；负荷：$S_{LD}=25$ MV·A。试计算各元件电抗的标幺值，并作出各序网络图。

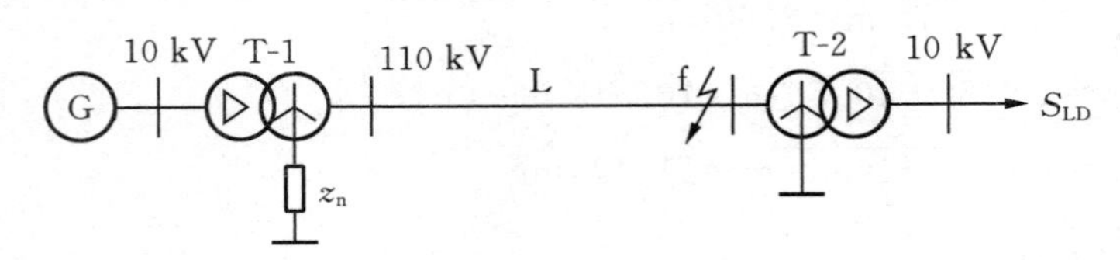

题 7-3 图(1)　系统接线图

解　(1)求各元件参数标幺值，选

$$S_B=30\ \mathrm{MV\cdot A},\quad U_B=U_{av},\quad X_{(2)}=x''_d=0.2\frac{S_B}{S_{GN}}=0.2\times\frac{30}{30}=0.2$$

$$X_{T1}=\frac{U_{S1}\%}{100}\times\frac{S_B}{S_{TN}}=\frac{10.5}{100}\times\frac{30}{30}=0.105$$

$$X_{L(1)}=X_{L(2)}=x_{(1)}l\frac{S_B}{U_B^2}=0.4\times60\times\frac{30}{115^2}=0.0544$$

$$X_{L(0)}=3X_{L(1)}=3\times0.0544=0.1633,\quad X_{LD(1)}=1.2\frac{S_B}{S_{LD}}=1.2\times\frac{30}{25}=1.44$$

$$X_{LD(2)}=0.35\times\frac{S_B}{S_{LD}}=0.35\times\frac{30}{25}=0.42,\quad Z_n=\mathrm{j}10\frac{S_B}{U_B^2}=\mathrm{j}10\times\frac{30}{115^2}=\mathrm{j}0.0227$$

$$3\times Z_n=3\times\mathrm{j}0.0227=\mathrm{j}0.06805$$

(2)各序网络如题 7-3 图(2)(a)、(b)、(c)所示。

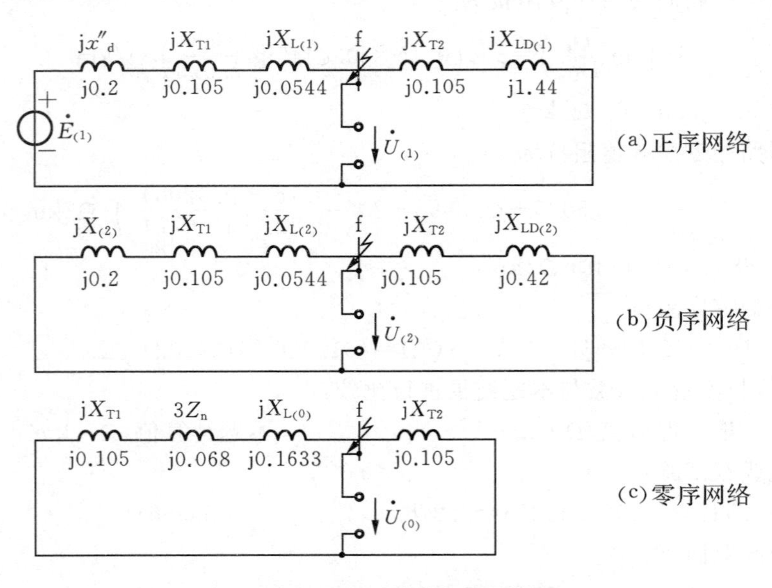

题 7-3 图(2)　系统的各序网络图

7-4 在题 7-4 图(1)所示网络中，已知各元件参数如下。线路：$l=150$ km，$x_{(1)}=0.4$ Ω/km，$x_{(0)}=3x_{(1)}$；变压器：$S_N=90$ MV·A，$U_{S(1-2)}\%=8$，$U_{S(2-3)}\%=18$，$U_{S(1-3)}\%=23$，中性点接地阻抗 $z_n=\mathrm{j}30$ Ω。线路中点发生接地短路时，试作出零序网络图并计算出参数值。

题 7-4 图(1) 网络接线图

解 (1)求网络各元件参数归算到高压(220 kV)侧的有名值。

(a)线路全长的零序电抗。

$$X_{L(0)}=3x_{(1)}l=3\times0.4\times150\ \Omega=180\ \Omega$$

(b)自耦变压器参数计算。

$$U_{S1}\%=\frac{1}{2}(U_{S(1-2)}\%+U_{S(1-3)}\%-U_{S(2-3)}\%)=\frac{1}{2}\times(8+23-18)=6.5$$

$$U_{S2}\%=\frac{1}{2}(U_{S(1-2)}\%+U_{S(2-3)}\%-U_{S(1-3)}\%)=\frac{1}{2}\times(8+18-23)=1.5$$

$$U_{S3}\%=\frac{1}{2}(U_{S(2-3)}\%+U_{S(1-3)}\%-U_{S(1-2)}\%)=\frac{1}{2}\times(18+23-8)=16.5$$

$$X_1=\frac{U_{S1}\%}{100}\times\frac{U_N^2}{S_{TN}}=\frac{6.5}{100}\times\frac{220^2}{90}\ \Omega=34.956\ \Omega$$

$$X_2=\frac{U_{S2}\%}{100}\times\frac{U_N^2}{S_{TN}}=\frac{1.5}{100}\times\frac{220^2}{90}\ \Omega=8.0667\ \Omega$$

$$X_3=X_1\frac{U_{S3}\%}{U_{S1}\%}=34.956\times\frac{16.5}{6.5}\ \Omega=88.733\ \Omega$$

计及中性点接地电抗后自耦变压器各绕组参数为

$3X_n=3z_n=3\times30\ \Omega=90\ \Omega$，变比 $k_{12}=\dfrac{220}{110}=1.81818$

$$X_1'=X_1+3X_n(1-k_{12})=[34.956+90\times(1-1.81818)]\ \Omega=-38.68\ \Omega$$

$$\begin{aligned}X_2'&=X_2+3X_nk_{12}(k_{12}-1)\\&=[8.0667+90\times1.81818\times(1.81818-1)]\ \Omega=141.95\ \Omega\end{aligned}$$

$$X_3'=X_3+3X_nk_{12}=(88.733+90\times1.81818)\ \Omega=252.37\ \Omega$$

(2)系统的零序网络如题 7-4 图(2)所示。

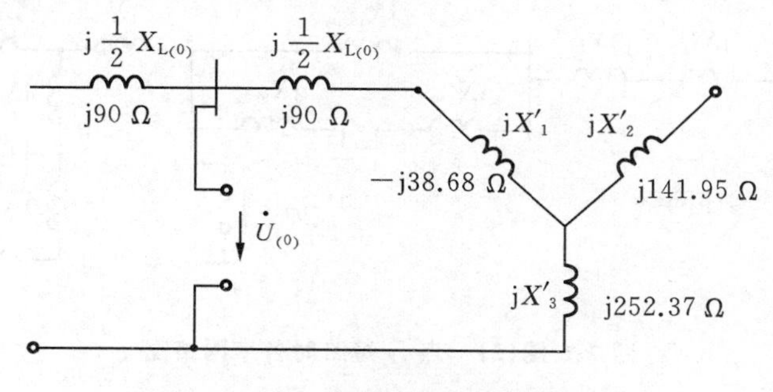

题 7-4 图(2) 零序网络图

7-5 电力系统接线如题 7-5 图(1)所示，在点 f_1 发生接地短路时，试作出系统的正序、负序及零序等值网络图。题图中 1～17 为元件编号。

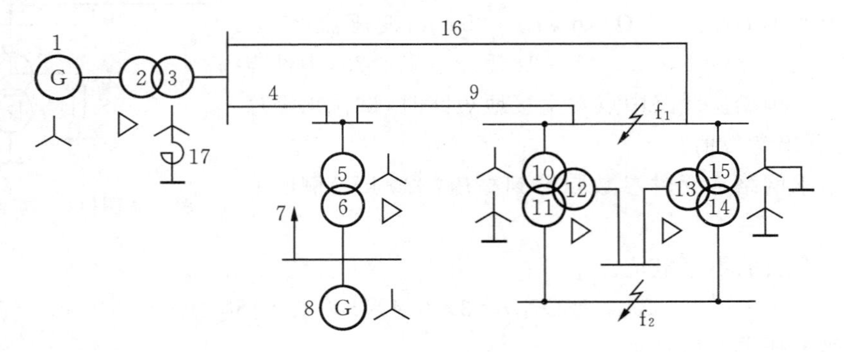

题 7-5 图(1)　系统接线图

解　各序网络如题 7-5 图(2)(a)、(b)、(c)所示。

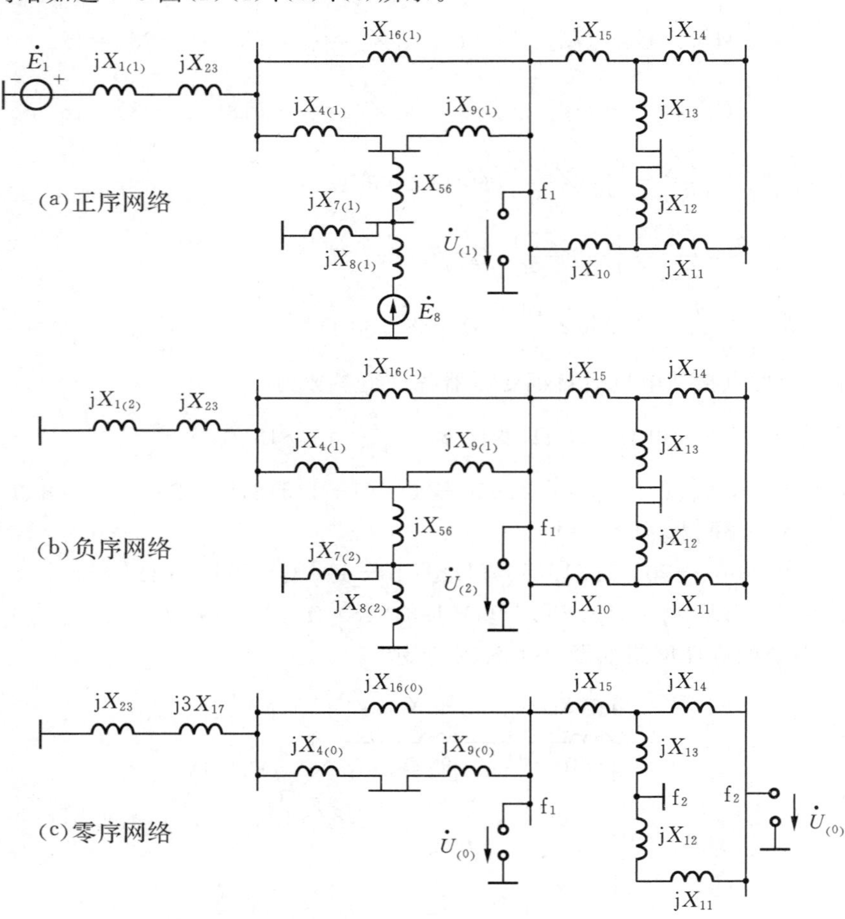

题 7-5 图(2)　点 f_1 短路时各序网络图

7-6　在题 7-5 图(1)所示的电力系统中，若接地短路发生在点 f_2，试作系统的零序网络图。

解 在题 7-5 图(1)所示网络中，在点 f_2 发生接地短路时的零序网络图如题 7-6 图所示。

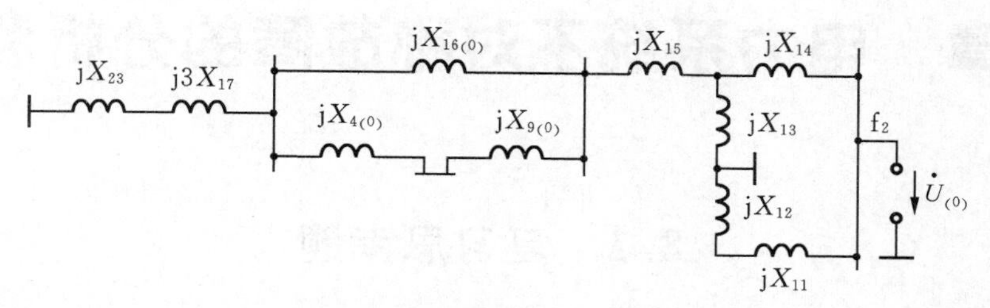

题 7-6 图 点 f_2 接地短路时的零序网络图

7-7 在题 7-7 图(1)所示网络中，输电线平行共杆塔架设，若在一回线路中段发生接地短路，试作出断路器 B 闭合和断开两种情况下的零序等值网络图。

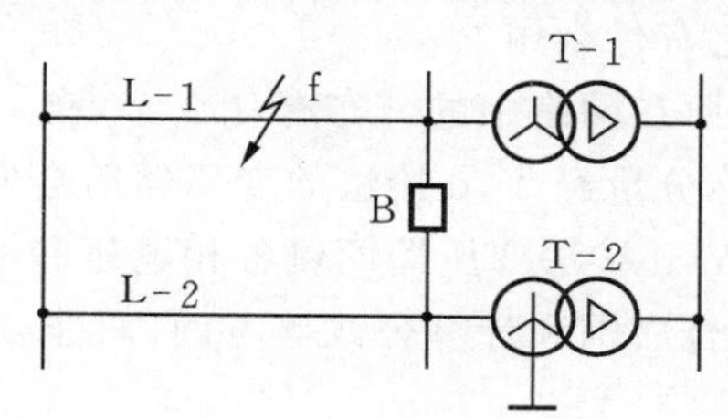

题 7-7 图(1) 网络接线图

解 开关 B 闭合与断开时的零序等值电路如题 7-7 图(2)所示。

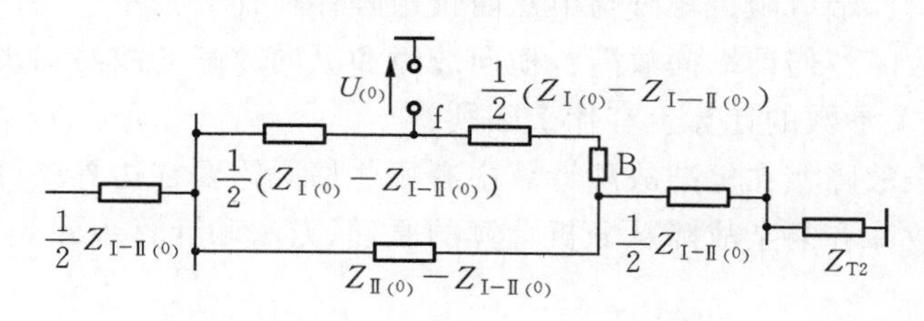

题 7-7 图(2) 零序网络图

第 8 章 电力系统不对称故障的分析和计算

8.1 复习思考题

1. 你能熟记各种简单不对称短路的边界条件吗？

2. 何谓复合序网？你能熟记各种简单不对称短路的复合序网吗？

3. 你能熟练地运用相量图分析各种简单不对称短路故障处的各相电流和电压吗？

4. 何谓正序等效定则？它有什么用处？

5. 不对称短路时，各序电压在网络中的分布有什么特点？

6. 电压和电流的各序对称分量经 Y,d 接法的变压器后会发生什么样的相位变化？

7. 你能运用相量图分析 Y,d 接法变压器两侧各相电压和电流的变化吗？

8. 试从故障边界条件、复合序网和计算公式等方面，对非全相断线和简单不对称短路做一些比较分析。

9. 什么是故障特殊相？什么是对称分量的基准相？特殊相和基准相不一致会对边界条件产生什么影响？

10. 什么叫端口？端口阻抗矩阵与节点阻抗矩阵存在什么关系？

11. 何谓横向故障？何谓纵向故障？横向故障和纵向故障的故障口的组成有什么不同？在分析方法上和相关参数的计算上有什么区别？

12. 什么叫复杂故障？在复杂故障计算中有哪些情况需要在边界条件中引入移相系数？

13. 请对简单故障和复杂故障从分析计算的原理、方法和计算步骤等方面做一个总结。

8.2 习题详解

8-1 简单系统如题 8-1 图所示，已知元件参数如下。发电机：$S_N=60$ MV·A，$x''_d=0.16$，$x_{(2)}=0.19$；变压器：$S_N=60$ MV·A，$U_S\%=10.5$。在点 f 分别发生单相接地，两相短路，两相短路接地和三相短路时，试计算短路点短路电流的有名值，并进行比较分析。

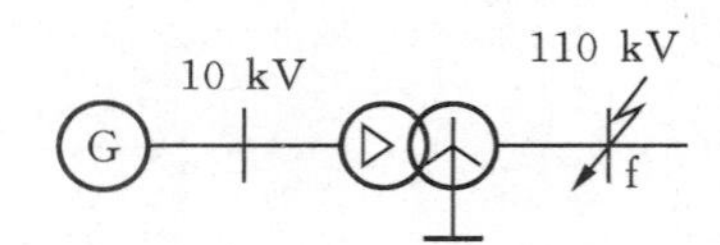

题 8-1 图 简单系统

解 取 $E=1.05$，$S_B=60$ MV·A，$U_B=U_{av}$，则

$$I_B=\frac{S_B}{\sqrt{3}U_B}=\frac{60}{\sqrt{3}\times 115}\text{ kA}=0.301226\text{ kA}$$

$$X''_d=x''_d\frac{S_B}{S_{GN}}=0.16\times\frac{60}{60}=0.16,\quad X_2=x_{(2)}\frac{S_B}{S_{GN}}=0.19\times\frac{60}{60}=0.19$$

$$X_T=\frac{U_S\%}{100}\times\frac{S_B}{S_{TN}}=\frac{10.5}{100}\times\frac{60}{60}=0.105,\quad X_{ff(1)}=X''_d+X_T=0.16+0.105=0.265$$

$X_{ff(2)}=X_2+X_T=0.19+0.105=0.295, X_{ff(0)}=X_T=0.105$

$$I_f^{(1)}=\frac{3E}{X_{ff(1)}+X_{ff(2)}+X_{ff(0)}}\times I_B=\frac{3\times1.05}{0.265+0.295+0.105}\times0.301226\ \text{kA}=1.427\ \text{kA}$$

$$I_f^{(2)}=\frac{\sqrt{3}E}{X_{ff(1)}+X_{ff(2)}}\times I_B=\frac{\sqrt{3}\times1.05}{0.265+0.295}\times0.301226\ \text{kA}=0.978\ \text{kA}$$

$$X_\Delta^{(1,1)}=\frac{X_{ff(2)}X_{ff(0)}}{X_{ff(2)}+X_{ff(0)}}=\frac{0.295\times0.105}{0.295+0.105}=0.0774$$

$$m^{(1,1)}=\sqrt{3}\times\sqrt{1-\frac{X_{ff(2)}X_{ff(0)}}{(X_{ff(2)}+X_{ff(0)})^2}}=\sqrt{3}\times\sqrt{1-\frac{0.295\times0.105}{(0.295+0.105)^2}}=1.5554$$

$$I_f^{(1,1)}=\frac{Em^{(1,1)}}{X_{ff(1)}+X_\Delta^{(1,1)}}\times I_B=\frac{1.05\times1.5554}{0.265+0.0774}\times0.301226\ \text{kA}=1.437\ \text{kA}$$

$$I_f^{(3)}=\frac{E}{X_{ff(1)}}\times I_B=\frac{1.05}{0.265}\times0.301226\ \text{kA}=1.194\ \text{kA}$$

由本题所给条件，有 $I_f^{(1,1)}>I_{f(1)}^{(1)}>I_f^{(3)}>I_f^{(2)}$。

8-2 上题系统中，若变压器中性点经 30 Ω 的电抗接地，试做上题所列各类短路的计算，并对两题计算的结果做分析比较。

解 $X_n=30\frac{S_B}{U_B^2}=30\times\frac{60}{115^2}=0.13611$

$X_{ff(0)}=X_{T1}+3X_n=0.105+3\times0.13611=0.5133$

因为中性点接地电抗仅对接地的短路有影响，故仅计算接地短路。

$$I_f^{(1)}=\frac{3E}{X_{ff(1)}+X_{ff(2)}+X_{ff(0)}}\times I_B=\frac{3\times1.05}{0.265+0.295+0.5133}\times0.301226\ \text{kA}=0.884\ \text{kA}$$

$$X_\Delta^{(1,1)}=\frac{X_{ff(2)}X_{ff(0)}}{X_{ff(2)}+X_{ff(0)}}=\frac{0.295\times0.5133}{0.295+0.5133}=0.1873$$

$$m^{(1,1)}=\sqrt{3}\times\sqrt{1-\frac{X_{ff(2)}X_{ff(0)}}{(X_{ff(2)}+X_{ff(0)})^2}}=\sqrt{3}\times\sqrt{1-\frac{0.295\times0.5133}{(0.295+0.5133)^2}}=1.5181$$

$$I_f^{(1,1)}=\frac{Em^{(1,1)}}{X_{ff(1)}+X_\Delta^{(1,1)}}\times I_B=\frac{1.05\times1.5181}{0.265+0.1873}\times0.301226\ \text{kA}=1.062\ \text{kA}$$

$I_f^{(2)}=0.978\ \text{kA}, I_f^{(3)}=1.194\ \text{kA}$

中性点接地电抗使零序电抗增大很多，使接地短路的电流大大地减小。

$I_f^{(1)}$ 减少了 $\frac{1.427-0.884}{1.427}\times100\%=30.5\%$

$I_f^{(1,1)}$ 减少了 $\frac{1.437-1.062}{1.437}\times100\%=26.1\%$

短路电流大小排列变为 $I_f^{(3)}>I_f^{(1,1)}>I_f^{(2)}>I_f^{(1)}$。

8-3 简单系统如题 8-3 图(1)所示。已知元件参数如下。发电机：$S_N=50$ MV·A，$x''_d=x_{(2)}=0.2, E''_{[0]}=1.05$；变压器：$S_N=50$ MV·A，$U_S\%=10.5$，Y，d11 接法，中性点接地

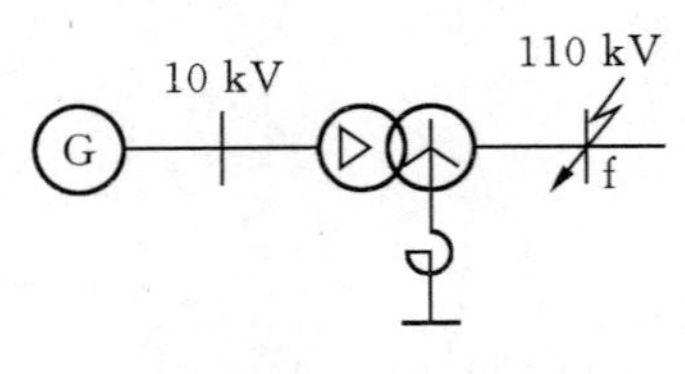

题 8-3 图(1)　简单系统

电抗为 22 Ω。在点 f 发生两相接地短路时，试计算：

(1)短路点各相电流及电压的有名值；

(2)发电机端各相电流及电压有名值，并画出其相量图；

(3)变压器低压绕组中各绕组电流的有名值；

(4)变压器中性点电压的有名值。

解　取 $\dot{E}''_{(0)}=1.05\angle 90°$，$S_B=50\ \text{MV}\cdot\text{A}$，$U_B=U_{av}$，则

$$I_B=\frac{S_B}{\sqrt{3}U_B^2}=\frac{50}{\sqrt{3}\times 115^2}\ \text{kA}=0.25102\ \text{kA}$$

$$X''_d=x_{(2)}=0.2\times\frac{S_B}{S_{GN}}=0.2\times\frac{50}{50}=0.2,\quad X_T=\frac{U_S\%}{100}\times\frac{S_B}{S_{TN}}=\frac{10.5}{100}\times\frac{50}{50}=0.105$$

$$X_n=22\frac{S_B}{U_B^2}=22\times\frac{50}{115^2}=0.083176,\quad 3X_n=3\times 0.083176=0.24953$$

$$X_{ff(1)}=X''_d+X_T=0.2+0.105=0.305,\quad X_{ff(2)}=x_{(2)}+X_T=0.2+0.105=0.305$$

$$X_{ff(0)}=X_T+3X_n=0.105+0.24953=0.35453$$

$$X_\Delta^{(1,1)}=\frac{X_{ff(2)}X_{ff(0)}}{X_{ff(2)}+X_{ff(0)}}=\frac{0.305\times 0.35453}{0.305+0.35453}=0.164$$

(1)计算短路点各相电流及电压的有名值。

$$\dot{I}_{fa(1)}=\frac{\dot{E}''}{j(X_{ff(1)}+X_\Delta^{(1,1)})}=\frac{j1.05}{j(0.305+0.164)}=2.239$$

$$\dot{I}_{fa(2)}=-\dot{I}_{fa(1)}\frac{X_{ff(0)}}{X_{ff(2)}+X_{ff(0)}}=-2.239\times\frac{0.35453}{0.305+0.35453}=-1.2036$$

$$\dot{I}_{fa(0)}=-\dot{I}_{fa(1)}\frac{X_{ff(2)}}{X_{ff(2)}+X_{ff(0)}}=-2.239\times\frac{0.305}{0.305+0.35453}=-1.0354$$

$$\dot{I}_{fa}=(\dot{I}_{fa(1)}+\dot{I}_{fa(2)}+\dot{I}_{fa(0)})\times I_B=(2.239-1.2036-1.0354)\times 0.25102=0$$

$$\begin{aligned}\dot{I}_{fb}&=\left[\left(a^2-\frac{X_{ff(2)}+aX_{ff(0)}}{X_{ff(2)}+X_{ff(0)}}\right)\dot{I}_{fa(1)}\right]I_B\\&=\left[\frac{-3X_{ff(2)}-j\sqrt{3}(X_{ff(2)}+2X_{ff(0)})}{2(X_{ff(2)}+X_{ff(0)})}\right]\dot{I}_{fa(1)}I_B\\&=\left[\frac{-3\times 0.305-j\sqrt{3}\times(0.305+2\times 0.35453)}{2\times(0.305+0.35453)}\right]\times 2.239\times 0.2512\text{kA}\\&=0.844\angle -117.52°\ \text{kA}\end{aligned}$$

$$\dot{I}_{fc}=-\dot{I}_{fb}=0.844\angle 117.52°\ \text{kA}$$

$$\dot{U}_{fa(1)}=\dot{U}_{fa(2)}=\dot{U}_{fa(3)}=j\frac{X_{ff(2)}X_{ff(0)}}{X_{ff(2)}+X_{ff(0)}}\times\dot{I}_{fa(1)}=j\frac{0.305\times 0.35453}{0.305+0.35453}\times 2.239=j0.3671$$

$$\dot{U}_{fa}=(\dot{U}_{fa(1)}+\dot{U}_{fa(2)}+\dot{U}_{fa(0)})\times\frac{U_{av}}{\sqrt{3}}=3\times j0.3671\times\frac{115}{\sqrt{3}}\ \text{kV}=73.121\angle 90°\ \text{kV}$$

$$\dot{U}_{fb}=\dot{U}_{fc}=0$$

(2)计算发电机端各相电流及电压有名值，并画出其相量图。

(a)计算发电机端电流。

$\dot{I}_{Ga(1)}=\dot{I}_{fa(1)}e^{j30^\circ}=2.239e^{j30^\circ}=2.239\times(\cos 30^\circ+j\sin 30^\circ)=1.939+j1.115$

$\dot{I}_{Ga(2)}=\dot{I}_{fa(2)}e^{-j30^\circ}=-1.2036e^{-j30^\circ}=-1.2036(\cos 30^\circ-j\sin 30^\circ)$
$=-1.0423+j0.6028$

$\dot{I}_{Ga(0)}=0$

$I_{B(10)}=\dfrac{S_B}{\sqrt{3}U_{B(10)}}=\dfrac{50}{\sqrt{3}\times 10.5}\ \text{kA}=2.7493\ \text{kA}$

$\dot{I}_{Ga}=(\dot{I}_{Ga(1)}+\dot{I}_{Ga(2)})I_{B(10)}=(1.939+j1.115-1.0423+j0.6018)\times 2.7493\ \text{kA}$
$=5.336\angle 62.48^\circ\ \text{kA}$

$\dot{I}_{Gb}=(a^2\dot{I}_{Ga(1)}+a\dot{I}_{Ga(2)})I_{B(10)}$
$=(2.239e^{j(30^\circ+240^\circ)}-1.2036e^{j(-30^\circ+120^\circ)})\times 2.7493\ \text{kA}$
$=3.4426\times 2.7493\angle 270^\circ\ \text{kA}=9.465\angle 270^\circ\ \text{kA}$

$\dot{I}_{Gc}=(a\dot{I}_{Ga(1)}+a^2\dot{I}_{Ga(2)})I_{B(10)}$
$=(2.239e^{j150^\circ}-1.2036e^{j210^\circ})\times 2.7493\ \text{kA}=5.336\angle 117.52^\circ\ \text{kA}$

校验 $\dot{I}_{Ga}+\dot{I}_{Gb}+\dot{I}_{Gc}=0$

(b)计算发电机端电压。

$\dot{U}_{Ga(1)}=(\dot{U}_{fa(1)}+j\dot{I}_{fa(1)}X_T)e^{j30^\circ}$
$=(j0.3671+j2.239\times 0.105)e^{j30^\circ}=0.6022e^{j120^\circ}=-0.3011+j0.5215$

$\dot{U}_{Ga(2)}=(\dot{U}_{fa(2)}+j\dot{I}_{fa(2)}X_T)e^{-j30^\circ}$
$=(j0.3671-j1.2036\times 0.105)e^{-j30^\circ}=0.2407e^{j60^\circ}=0.1204+j0.2085$

$\dot{U}_{Ga(0)}=0$

$\dot{U}_{Ga}=(\dot{U}_{Ga(1)}+\dot{U}_{Ga(2)})\times\dfrac{U_{av}}{\sqrt{3}}$

$=(-0.3011+j0.5215+0.1204+j0.2085)\times\dfrac{10.5}{\sqrt{3}}\ \text{kV}$

$=4.559\angle 103.9^\circ\ \text{kV}$

$\dot{U}_{Gb}=(a^2\dot{U}_{Ga(1)}+a\dot{U}_{Ga(2)})\times\dfrac{U_{av}}{\sqrt{3}}=(0.6022e^{j360^\circ}+0.2407e^{j180^\circ})\times\dfrac{10.5}{\sqrt{3}}\ \text{kV}$

$=2.192\angle 0^\circ\ \text{kV}$

$\dot{U}_{Gc}=(a\dot{U}_{Ga(1)}+a^2\dot{U}_{Ga(2)})\times\dfrac{U_{av}}{\sqrt{3}}=(0.6022e^{j240^\circ}+0.2407e^{j300^\circ})\times\dfrac{10.5}{\sqrt{3}}\ \text{kV}$

$=4.559\angle -103.9^\circ\ \text{kV}$

校验 $\dot{U}_{Ga}+\dot{U}_{Gb}+\dot{U}_{Gc}=0$

(c)电流电压相量图如题 8-3 图(2)所示。

(3)计算变压器低压绕组中各绕组的电流有名值。

$\dot{I}_{AC}=[(\dot{I}_{fa(1)}+\dot{I}_{fa(2)}+\dot{I}_{fa(0)})/\sqrt{3}]I_B=0$

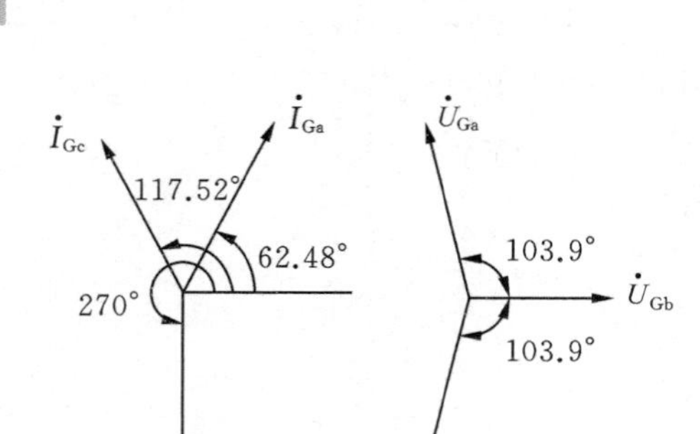

题 8-3 图(2)　电流电压相量图

$$\dot{I}_{CB}=[(\dot{I}_{fc(1)}+\dot{I}_{fc(2)}+\dot{I}_{fc(0)})/\sqrt{3}]I_B$$
$$=[(\dot{I}_{fa(1)}e^{-j240^\circ}+\dot{I}_{fa(2)}e^{-j120^\circ}+\dot{I}_{fa(0)})/\sqrt{3}]I_B$$
$$=[(2.239e^{-j240^\circ}-1.2036e^{-j120^\circ}-1.0354)/\sqrt{3}]\times 2.7493\ \text{kA}$$
$$=5.336\angle 117.52^\circ\ \text{kA}$$
$$\dot{I}_{BA}=[(\dot{I}_{fb(1)}+\dot{I}_{fb(2)}+\dot{I}_{fb(0)})/\sqrt{3}]I_B$$
$$=[(\dot{I}_{fa(1)}e^{-j120^\circ}+\dot{I}_{fa(2)}e^{-j240^\circ}+\dot{I}_{fa(0)})/\sqrt{3}]I_B$$
$$=[(2.239e^{-j120^\circ}-1.2036e^{-j240^\circ}-1.0354)/\sqrt{3}]\times 2.7493\ \text{kA}$$
$$=5.336\angle -117.52^\circ\ \text{kA}$$

校验三绕组电流之和应为零序环流，即

$$\dot{I}_{AC}+\dot{I}_{CB}+\dot{I}_{BA}=(0+5.336\angle 117.52^\circ+5.336\angle -117.52^\circ)\ \text{kA}=-4.931\ \text{kA}$$

或　零序环流 $=\dot{I}_{fa(0)}\sqrt{3}I_B=(-1.0354\times\sqrt{3}\times 2.7493)\ \text{kA}=-4.9305\ \text{kA}$

由于绕组 a-c 的实际电流为零，因而三个绕组中并不存在环流，这里所说的零序环流是指绕组中的电流分量而已。

(4)变压器中性点电压。

$$\dot{U}_n=j3I_{fa(0)}x_n\frac{U_{av}}{\sqrt{3}}=j3\times 1.0354\times 0.0832\times\frac{115}{\sqrt{3}}\ \text{kV}=17.159\angle 90^\circ\ \text{kV}$$

8-4　系统接线如题 8-4 图(1)所示，各元件参数如下。发电机 G：$S_N=100$ MV·A，$x''_d=x_{(2)}=0.18$；变压器 T-1：$S_N=120$ MV·A，$U_S\%=10.5$；变压器 T-2：$S_N=100$ MV·A，$U_S\%=10.5$；线路 L：$l=140$ km，$x_{(1)}=0.4\ \Omega/\text{km}$，$x_{(0)}=3x_{(1)}$。在线路的中点发生单相接地短路时，试计算短路点入地电流及线路上各相电流的有名值，并作三线图标明线路各相电流的实际方向。

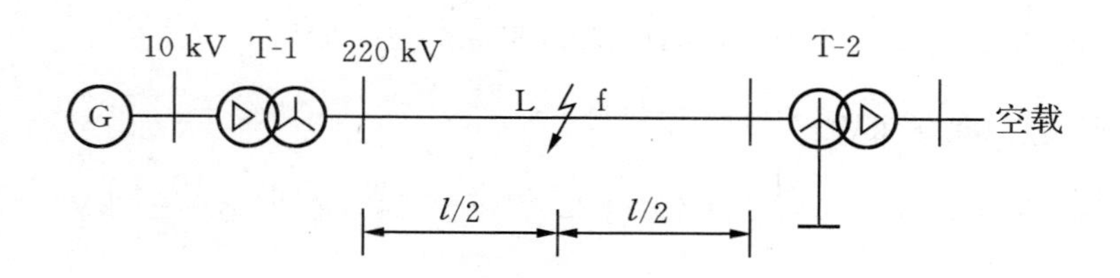

题 8-4 图(1)　系统接线图

解　选 $S_B=100$ MV·A，$U_B=U_{av}$，则

$$I_{BL}=\frac{S_B}{\sqrt{3}U_B}=\frac{100}{\sqrt{3}\times 230}\ \text{kA}=0.251\ \text{kA},\ I_{BG}=\frac{S_B}{\sqrt{3}U_{BG}}=\frac{100}{\sqrt{3}\times 10.5}\ \text{kA}=5.5\ \text{kA}$$

$$X''_d=x_{(2)}=0.18\times\frac{S_B}{S_{GN}}=0.18\times\frac{100}{100}=0.18$$

$$X_{T1}=\frac{U_{S1}\%}{100}\times\frac{S_B}{S_{T1N}}=\frac{10.5}{100}\times\frac{100}{120}=0.0875$$

$$X_{T2}=\frac{U_{S2}\%}{100}\times\frac{S_B}{S_{T2N}}=\frac{10.5}{100}\times\frac{100}{100}=0.105$$

$$X_{L(1)}=x_{(1)}l\frac{S_B}{U_B^2}=0.4\times140\times\frac{100}{230^2}=0.10586$$

$$\frac{1}{2}X_{L(1)}=0.05293,\quad \frac{1}{2}X_{L(0)}=3\times\frac{1}{2}X_{L(1)}=3\times0.05293=0.1588$$

$$X_{ff(1)}=X_{ff(2)}=X''_d+X_{T1}+\frac{1}{2}X_{L(1)}=0.18+0.0875+0.05293=0.32043$$

$$X_{ff(0)}=\frac{1}{2}X_{L(0)}+X_{T2}=0.1588+0.105=0.2638$$

(1)计算短路点入地电流。

求短路点各序电流，取 $\dot{E}=1.05\angle90°$，有

$$\dot{I}_{fa(1)}=\dot{I}_{fa(2)}=\dot{I}_{fa(0)}=\frac{\dot{E}}{\mathrm{j}(X_{ff(1)}+X_{ff(2)}+X_{ff(0)})}=\frac{\mathrm{j}1.05}{\mathrm{j}(2\times0.32043+0.2638)}=1.16$$

短路点入地电流

$$\dot{I}_{fe}=3\dot{I}_{fa(0)}\times I_{BL}=3\times1.16\times0.251\text{ kA}=0.873\text{ kA}$$

(2)线路上各相电流有名值。

(a)发电机侧

$$\dot{I}_A=(\dot{I}_{fa(1)}+\dot{I}_{fa(2)})I_{BG}=(2\times1.16)\times5.5\text{ kA}=12.746\text{ kA}$$

$$\dot{I}_B=(a^2\dot{I}_{fa(1)}+a\dot{I}_{fa(2)})I_{BL}=(1.16e^{j240°}+1.16e^{j120°})\times0.251\text{ kA}=-6.373\text{ kA}$$

$$\dot{I}_C=(a\dot{I}_{fa(1)}+a^2\dot{I}_{fa(2)})I_{BL}=(1.16e^{j120°}+1.16e^{j240°})\times0.251\text{ kA}=-6.373\text{ kA}$$

$$\dot{I}_A+\dot{I}_B+\dot{I}_C=(12.746-2\times6.373)\text{ kA}=0$$

(b)电流实际方向的电流图如题 8-4 图(2)所示。

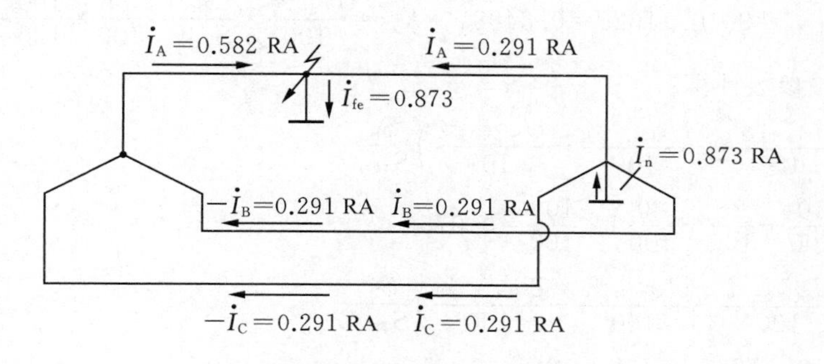

题 8-4 图(2) 电流分布图

由本题解可知，当 Y 侧接电源而 YN 侧无电源时，并不适用上册图 7-10 的规则。

8-5 系统接线如题 8-5 图所示，各元件参数如下。发电机 G：$S_N=150$ MV·A，$x''_d=x_{(2)}=0.17$；变压器 T-1：$S_N=120$ MV·A，$U_S\%=14$；变压器 T-2：$S_N=100$ MV·A，$U_{S(1-2)}\%=10$，$U_{S(2-3)}\%=20$，$U_{S(1-3)}\%=25$，中性点接地电抗为 50 Ω；线路 L：$l=150$ km，$x_{(1)}=0.41$ Ω/km，$x_{(0)}=3x_{(1)}$。在点 f 发生单相接地短路时，试计算：

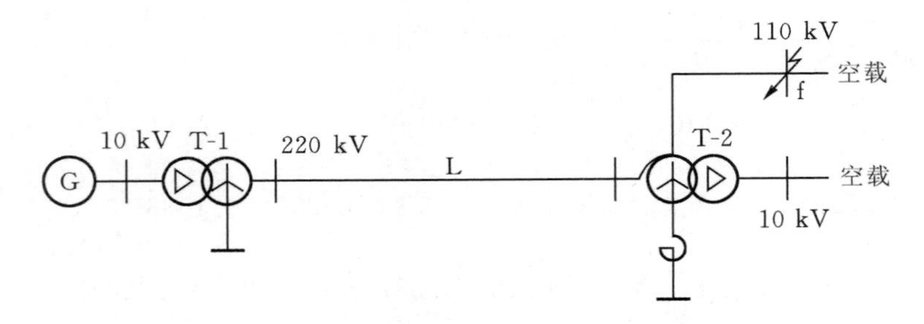

题 8-5 图　系统接线图

(1)自耦变压器 T-2 中性点入地电流的有名值；

(2)短路点各相电压的有名值；

(3)自耦变压器 T-2 中性点对地电压的有名值。

解　取 $S_B=100\ \text{MV}\cdot\text{A}, U_B=U_{av}, \dot{E}=1.05\angle 90°$，则

$$I_{B(110)}=\frac{S_B}{\sqrt{3}U_{B(110)}}=\frac{100}{\sqrt{3}\times 115}\ \text{kA}=0.50204\ \text{kA}$$

$$I_{B(220)}=\frac{S_B}{\sqrt{3}U_{B(220)}}=\frac{100}{\sqrt{3}\times 230}\ \text{kA}=0.25102\ \text{kA}$$

归算到 220 kV 级的参数：

$$X_n=50\times\frac{S_B}{U_{av}^2}=50\times\frac{100}{230^2}=0.09452,\quad 3X_n=3\times 0.09452=0.28355$$

$$k_{12}=\frac{230}{115}=2.0,\quad X_d''=x_{(2)}=0.17\frac{S_B}{S_{GN}}=0.17\times\frac{100}{150}=0.1133$$

$$X_{L(1)}=x_{(1)}l\times\frac{S_B}{U_B^2}=0.41\times 150\times\frac{100}{230^2}=0.11626$$

$$X_{L(0)}=3X_{L(1)}=3\times 0.11626=0.3488,\quad X_{T1}=\frac{U_{S1}\%}{100}\times\frac{S_B}{S_{T1N}}=\frac{14}{100}\times\frac{100}{120}=0.1167$$

自耦变压器参数计算：

$$X_1=\frac{1}{2}\left(\frac{U_{S(1-2)}\%}{100}+\frac{U_{S(1-3)}\%}{100}-\frac{U_{S(2-3)}\%}{100}\right)\frac{S_B}{S_{T2N}}$$
$$=\frac{1}{2}\left(\frac{10}{100}+\frac{25}{100}-\frac{20}{100}\right)\times\frac{100}{100}=0.075$$

$$X_2=\frac{1}{2}\left(\frac{U_{S(1-2)}\%}{100}+\frac{U_{S(2-3)}\%}{100}-\frac{U_{S(1-3)}\%}{100}\right)\frac{S_B}{S_{T2N}}$$
$$=\frac{1}{2}\left(\frac{10}{100}+\frac{20}{100}-\frac{25}{100}\right)\times\frac{100}{100}=0.025$$

$$X_3=\frac{1}{2}\left(\frac{U_{S(2-3)}\%}{100}+\frac{U_{S(1-3)}\%}{100}-\frac{U_{S(1-2)}\%}{100}\right)\frac{S_B}{S_{T2N}}$$
$$=\frac{1}{2}\left(\frac{20}{100}+\frac{25}{100}-\frac{10}{100}\right)\times\frac{100}{100}=0.175$$

$$X_1'=X_1+3X_n(1-k_{12})=0.075+0.28355\times(1-2)=-0.20855$$

$$X_2'=X_2+3X_nk_{12}=0.025+0.28355\times 2=0.5921$$

$$X_3'=X_3+3X_nk_{12}(k_{12}-1)=0.175+0.28355\times2\times(2-1)=0.7421$$

$$X_{ff(1)}=X_d''+X_{T1}+X_{L(1)}+X_1+X_2$$
$$=0.1133+0.1167+0.1163+0.075+0.025=0.4463$$

$$X_{ff(2)}=X_{ff(1)}=0.4463$$

$$X_{ff(0)}=\frac{(X_{T1}+X_{L(0)}+X_1')X_3'}{(X_{T1}+X_{L(0)}+X_1')+X_3'}+X_2'$$
$$=\frac{(0.1167+0.3488-0.20855)\times0.7421}{(0.1167+0.3488-0.20855)+0.7421}+0.5921$$
$$=0.1909+0.5921=0.783$$

$$\dot I_{ff(1)}=\dot I_{ff(2)}=\dot I_{ff(0)}=\frac{\dot E}{j(X_{ff(1)}+X_{ff(2)}+X_{ff(0)})}$$
$$=\frac{j1.05}{j(0.4463+0.4463+0.783)}=0.62664$$

发电机侧线路上的零序电流

$$\dot I_{L(0)}=\dot I_{ff(0)}\frac{X_3'}{X_{T1}+X_{L(0)}+X_1'+X_3'}$$
$$=0.62664\times\frac{0.7421}{0.1167+0.3488-0.20855+0.7421}=0.46547$$

220 kV 侧零序电流有名值

$$I_{0(220)}=I_{L(0)}\cdot I_{B(220)}=0.46547\times0.25102\ \text{kA}=0.11684\ \text{kA}$$

110 kV 侧零序电流有名值

$$I_{0(110)}=I_{ff(0)}\cdot I_{B(110)}=0.62664\times0.50204\ \text{kA}=0.31460\ \text{kA}$$

(1)求自耦变压器 T-2 中性点入地电流有名值。

$$I_e=3(I_{0(110)}-I_{0(220)})=3\times(0.31460-0.11684)\ \text{kA}=0.59328\ \text{kA}$$

(2)求短路点各相电压有名值。

$$\dot U_A=0$$

$$\dot U_B=j[(a^2-a)X_{ff(2)}+(a^2-1)X_{ff(0)}]\dot I_{fa(1)}\frac{U_{av}}{\sqrt3}=\frac{\sqrt3}{2}[(2X_{ff(2)}+X_{ff(0)})-j\sqrt3X_{ff(0)}]\dot I_{fa(1)}\frac{U_{av}}{\sqrt3}$$
$$=\frac{\sqrt3}{2}[(2\times0.4463+0.783)-j\sqrt3\times0.783]\times0.62664\times\frac{115}{\sqrt3}\ \text{kV}$$
$$=77.673\angle-38.986^\circ\ \text{kV}$$

$$\dot U_C=j[(a-a^2)X_{ff(2)}+(a-1)X_{ff(0)}]\dot I_{fa(1)}\frac{U_{av}}{\sqrt3}$$
$$=\frac{\sqrt3}{2}[-(2\times X_{ff(2)}+X_{ff(0)})-j\sqrt3X_{ff(0)}]\dot I_{fa(1)}\frac{U_{av}}{\sqrt3}$$
$$=\frac{\sqrt3}{2}[-(2\times0.4463\times0.783)-j\sqrt3\times0.783]\times0.62664\times\frac{115}{\sqrt3}\ \text{kV}$$
$$=77.673\angle218.986^\circ\ \text{kV}$$

平均额定相电压为$\frac{U_{av}}{\sqrt{3}}=\frac{115}{\sqrt{3}}$ kV=66.395 kV，故B、C两相均过电压，其相对值为

$$\Delta U=\frac{77.673-66.395}{66.395}\times 100\%=16.986\%$$

显然中性点接地电抗值过大。

(3)求自耦变压器T-2中性点对地电压有名值。

$$U_n=I_e\cdot X_n=0.59328\times 50\ \text{kV}=29.664\ \text{kV}$$

8-6 若上题的自耦变压器中性点不接地，试计算短路点各相对地电压的有名值，说明为什么会有此结果，并结合本题和上题的计算结果对自耦变压器中性点接地方式做一个结论。

解 当自耦变压器中性点不接地时，其正序和负序的电抗为X_1、X_2、X_3，于是由上题可得

$$X_{ff(1)}=X_{ff(2)}=X''_d+X_{T1}+X_{L(1)}+X_1+X_2$$
$$=0.1133+0.1167+0.1163+0.075+0.025=0.4463$$

自耦变压器的零序等值电路用Π型等值电路表示，如题8-6图所示。

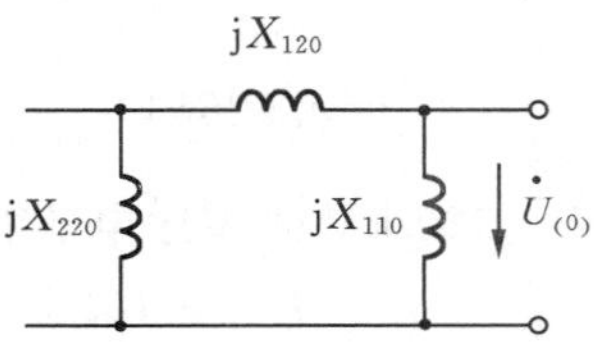

$$X_{120}=X_1k_{12}+X_2\frac{1}{k_{12}}+X_3\frac{(1-k_{12})}{k_{12}}$$
$$=0.075\times 2+0.025\times\frac{1}{2}+0.175\times\frac{(1-2)}{2}=0.25$$

题8-6图 中性点不接地的自耦变压器的零序等值电路

$$X_{220}=-X_1\frac{k_{12}}{(1-k_{12})}-X_2\frac{1}{k_{12}(1-k_{12})}-X_3\frac{(1-k_{12})}{k_{12}}$$
$$=-0.075\times\frac{2}{(1-2)}-0.025\times\frac{1}{2\times(1-2)}-0.175\times\frac{1-2}{2}=0.25$$

$$X_{110}=X_1\frac{k_{12}^2}{(1-k_{12})}+X_2\frac{1}{1-k_{12}}+X_3(1-k_{12})$$
$$=0.075\times\frac{2^2}{(1-2)}+0.025\times\frac{1}{(1-2)}+0.175\times(1-2)=-0.5$$

$$X_{ff(0)}=[(X_{T1}+X_{L(0)})/\!/X_{220}+X_{120}]/\!/X_{110}$$
$$=[(0.1167+0.3488)/\!/0.25+0.25]/\!/(-0.5)$$
$$=\left(\frac{0.4655\times 0.25}{0.4655+0.25}+0.25\right)/\!/(-0.5)=\frac{0.4127\times(-0.5)}{0.4127+(-0.5)}=2.3637$$

$$\dot{I}_{fa(1)}=\dot{I}_{fa(2)}=\dot{I}_{fa(0)}=\frac{jE}{j(X_{ff(1)}+X_{ff(2)}+X_{ff(0)})}=\frac{1.05}{2\times 0.4463+2.3637}=0.3225$$

$$\dot{U}_A=0$$

$$\dot{U}_B=j[(a^2-a)X_{ff(2)}+(a^2-1)X_{ff(0)}]\dot{I}_{fa(1)}\frac{U_{av}}{\sqrt{3}}$$

$$=\frac{\sqrt{3}}{2}[(2\times X_{ff(2)}+X_{ff(0)})-j\sqrt{3}X_{ff(0)}]\dot{I}_{fa(1)}\times\frac{U_{av}}{\sqrt{3}}$$

$$=\frac{\sqrt{3}}{2}[(2\times 0.4463+2.3637)-j\sqrt{3}\times 2.3637]\times 0.3225\times\frac{115}{\sqrt{3}}\ \text{kV}$$

$$=97\angle -51.5^\circ\ \text{kV}$$

$$\dot{U}_C=j[(a-a^2)X_{ff(2)}+(a-1)X_{ff(0)}]\dot{I}_{fa(1)}\times\frac{U_{av}}{\sqrt{3}}$$

$$=\frac{\sqrt{3}}{2}[-(2\times X_{ff(2)}+X_{ff(0)})-j\sqrt{3}\times X_{ff(0)}]\dot{I}_{fa(1)}\times\frac{U_{av}}{\sqrt{3}}$$

$$=\frac{\sqrt{3}}{2}\times[-(2\times 0.4463+2.3637)-j\sqrt{3}\times 2.3637]\times 0.3225\times\frac{115}{\sqrt{3}}\ \text{kV}$$

$$=97\angle -128.5^\circ\ \text{kV}$$

无故障相过电压为

$$\Delta U=\frac{97-66.395}{66.395}\times 100\%=46.1\%$$

由于自耦变压器中性点不接地，因此无故障相会出现严重的过电压。这是由 220 kV 通过电耦合到 110 kV 侧造成的，因此自耦变压器中性点必须直接接地，用来锁定两个电压等级的对地电压，避免电耦合传递电压。当需要通过小阻抗接地时，其接地阻抗也不宜过大，应避免像题 8-5 那样，出现过电压现象。

8-7 在题 8-7 图所示的网络中，已知系统 S 的额定容量为 200 MV·A，系统的各序电抗相等，在点 f 发生两相短路接地时，短路瞬刻短路处的短路功率为 $S_f=500$ MV·A。试求该点发生单相接地短路时，短路瞬刻的短路功率。

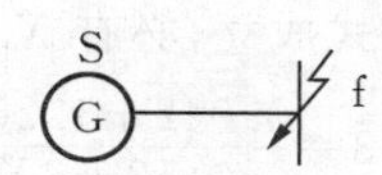

题 8-7 图 简单系统

解 已知 $X_{ff(1)}=X_{ff(2)}=X_{ff(0)}$，发生两相接地短路时，由正序等效定则有

$$\dot{I}_{fa(1)}=\frac{E}{X_{ff(1)}+(X_{ff(2)}/\!/X_{ff(0)})}=\frac{2E}{3X_{ff(1)}}$$

短路电流

$$I_f^{(1,1)}=I_{fa(1)}^{(1,1)}\times\sqrt{3}\times\sqrt{1-\frac{X_{ff(2)}X_{ff(0)}}{(X_{ff(2)}+X_{ff(0)})^2}}=I_{fa(1)}^{(1,1)}\times\sqrt{3}\times\sqrt{1-\frac{X_{ff(1)}^2}{4X_{ff(1)}^2}}=\frac{E}{X_{ff(1)}}$$

发生单相短路时，有

$$I_{fa(1)}^{(1)}=\frac{E}{X_{ff(1)}+X_{ff(2)}+X_{ff(0)}}=\frac{E}{3X_{ff(1)}}$$

短路电流
$$I_f^{(1)}=3I_{fa(1)}^{(1)}=\frac{E}{X_{ff(1)}}=I_f^{(1,1)}$$

因此，发生单相接地短路时短路瞬刻的短路电流基频分量与发生两相接地时的相等，因而短路功率也相等，即 $S_f^{(1)}=500$ MV·A。

8-8 在题 8-8 图所示网络中，已知参数如下。系统 S：$S_N=300$ MV·A，$x_{(1)}=x_{(2)}=0.3$，$x_{(0)}=0.1$；变压器 T：$S_N=75$ MV·A，$U_S\%=10.5$。欲使点 f 发生单相及两相接地短

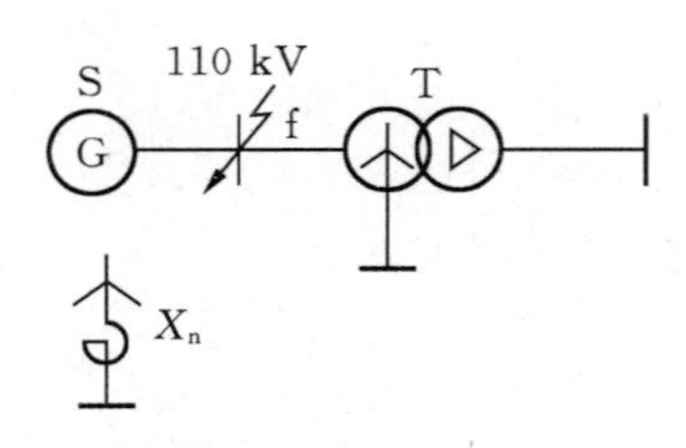

题 8-8 图　简单系统

路时短路处的入地电流相等，问系统中性点接地电抗应等于多少欧姆？

解　取 $S_B=300$ MV·A，$U_B=U_{av}$，则

发电机：$x_{(1)}=x_{(2)}=0.3$，$x_{(0)}=0.1$

变压器：　$X_T=\dfrac{U_S\%}{100}\times\dfrac{S_B}{S_{TN}}=\dfrac{10.5}{100}\times\dfrac{300}{75}=0.42$

$$X_{ff(1)}=x_{(1)}=0.3,\ X_{ff(2)}=x_{(2)}=0.3$$

$$X_{ff(0)}=\frac{(x_{(0)}+3X_n)X_T}{(x_{(0)}+3X_n)+X_T}=\frac{(0.1+3X_n)\times0.42}{(0.1+3X_n)+0.42}=\frac{0.042+1.26X_n}{0.52+3X_n}$$

两相接地时，有

$$\dot{I}_{fa(1)}^{(1,1)}=\frac{E}{X_{ff(1)}+\dfrac{X_{ff(2)}X_{ff(0)}}{X_{ff(2)}+X_{ff(0)}}}=\frac{E(X_{ff(2)}+X_{ff(0)})}{X_{ff(1)}(X_{ff(2)}+X_{ff(0)})+X_{ff(2)}X_{ff(0)}}$$

$$\dot{I}_{fa(0)}^{(1,1)}=\frac{-X_{ff(2)}}{X_{ff(2)}+X_{ff(0)}}\dot{I}_{fa(1)}^{(1,1)}=\frac{-EX_{ff(2)}}{X_{ff(1)}(X_{ff(2)}+X_{ff(0)})+X_{ff(2)}X_{ff(0)}}$$

单相接地短路时 $\dot{I}_{fa(1)}^{(1)}=\dot{I}_{fa(0)}^{(1)}=\dfrac{E}{X_{ff(1)}+X_{ff(2)}+X_{ff(0)}}$。现在已知 $X_{ff(1)}=X_{ff(2)}$，且只管入地电流的大小，即 $I_{fa(0)}^{(1)}=I_{fa(0)}^{(1,1)}$，则有

$$\frac{E}{2X_{ff(1)}+X_{ff(0)}}=\frac{EX_{ff(1)}}{X_{ff(1)}(X_{ff(1)}+X_{ff(0)})+X_{ff(1)}X_{ff(0)}}$$，简化后得

$$X_{ff(1)}+2X_{ff(0)}=2X_{ff(1)}+X_{ff(0)}$$

要使上式成立，必有 $X_{ff(1)}=X_{ff(0)}$，即

$0.3=\dfrac{0.042+1.26X_n}{0.52+3X_n}$，解出 $X_n=0.31667$，其有名值为

$$X_{n(\Omega)}=X_n\frac{U_{av}^2}{S_B}=0.31667\times\frac{115^2}{300}\ \Omega=13.96\ \Omega$$

8-9　在题 8-9 图所示网络中，已知条件如下。发电机 G：$S_N=100$ MV·A，$x_d''=x_{(2)}=0.15$，有 AVR；变压器 T-1、T-2：$S_N=31.5$ MV·A，$U_S\%=10.5$。在点 f 发生两相短路接地时，试求 0.2 s 通过变压器 T-1 中性点入地电流及变压器 T-2 高压侧短路电流的有名值。

解　选 $S_B=100$ MV·A，$U_B=U_{av}$，则

$$I_B=\frac{S_B}{\sqrt{3}U_{av}}=\frac{100}{\sqrt{3}\times115}\ \text{kA}=0.50204\ \text{kA}$$

$$x_d''=x_{(2)}=0.15$$

$$X_{T1}=X_{T2}=\frac{U_S\%}{100}\times\frac{S_B}{S_{TN}}=\frac{10.5}{100}\times\frac{100}{31.5}=0.3333$$

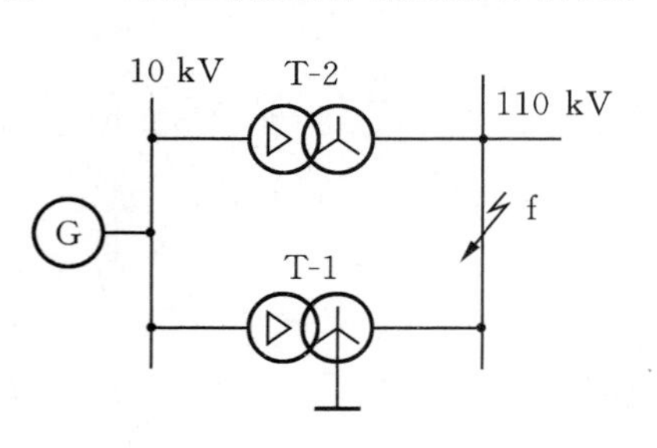

题 8-9 图　简单系统

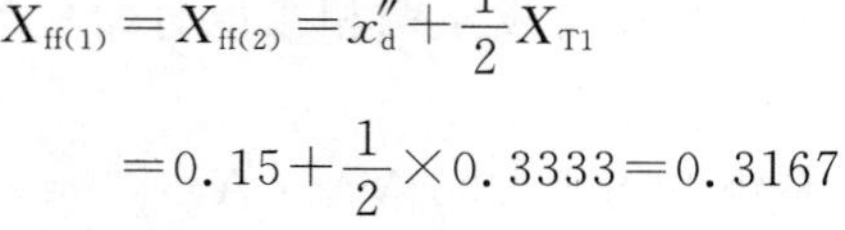

$$X_{ff(1)}=X_{ff(2)}=x_d''+\frac{1}{2}X_{T1}$$

$$=0.15+\frac{1}{2}\times0.3333=0.3167$$

$X_{ff(0)}=X_{T1}=0.3333$

$X_{js}=X_{ff(1)}+\dfrac{X_{ff(2)}X_{ff(0)}}{X_{ff(2)}+X_{ff(0)}}=0.3167+\dfrac{0.3167\times0.3333}{0.3167+0.3333}=0.4791$

由教材上册附表 D-1 得

$$X_{js}=0.46\text{ 时},I_{fa(1)(0.2)}=1.950;X_{js}=0.48\text{ 时},I_{fa(1)(0.2)}=1.879$$

利用插值法得到 $X_{js}=0.4791$ 时，$I_{fa(1)(0.2)}=1.88$。

(1)计算变压器 T-1 中性点在 0.2 s时的入地电流。

$$I_{e(0.2)}=3I_{fa(0)(0.2)}I_B=3I_{fa(1)(0.2)}\times\frac{X_{ff(2)}}{X_{ff(2)}+X_{ff(0)}}\times I_B$$

$$=3\times1.88\times\frac{0.3167}{0.3167+0.3333}\times0.50204\text{ kA}=1.3796\text{ kA}$$

(2)0.2 s时，变压器 T-2 高压侧电流。

变压器 T-2 高压侧无零序电流

$\dot{I}_{T2(1)}=\dfrac{1}{2}\dot{I}_{fa(1)(0.2)}=\dfrac{1}{2}\times1.88=0.94$

$I_{T2(2)}=\dfrac{1}{2}I_{fa(2)(0.2)}=\dfrac{1}{2}\times\left(\dfrac{-X_{ff(0)}}{X_{ff(2)}+X_{ff(0)}}\right)I_{fa(1)(0.2)}$

$=-\dfrac{1}{2}\times\dfrac{0.3333}{0.3167+0.3333}\times1.88=-0.482$

$I_{AT2(0.2)}=(\dot{I}_{T2(1)}+\dot{I}_{T2(2)})I_B=(0.94-0.482)\times0.50204\text{ kA}=0.2299\text{ kA}$

$I_{BT2(0.2)}=(a^2\dot{I}_{T2(1)}+a\dot{I}_{T2(2)})I_B=(0.94e^{j240^\circ}-0.482e^{j120^\circ})\times0.50204\text{ kA}$

$=0.6288\angle259.466^\circ\text{ kA}$

$I_{CT2(0.2)}=(a\dot{I}_{T2(1)}+a^2\dot{I}_{T2(2)})I_B=(0.94e^{j120^\circ}-0.482e^{j240^\circ})\times0.50204\text{ kA}$

$=0.6288\angle100.534^\circ\text{ kA}$

8-10 系统接线如题 8-10 图(1)所示，已知各元件参数如下。发电机 G：$S_N=300$ MV·A，$x''_d=x_{(2)}=0.22$；变压器 T-1：$S_N=360$ MV·A，$U_S\%=12$；变压器T-2：$S_N=360$ MV·A，$U_S\%=12$；线路 L：每回路 $l=120$ km，$x_{(1)}=0.4\ \Omega/\text{km}$，$x_{(0)}=3x_{(1)}$；负荷：$S_{LD}=300$ MV·A，$x_{LD}=1.2$，$X_{LD(2)}=0.35$。当点 f 发生单相断开时，试计算各序组合电抗并作出复合序网络图。

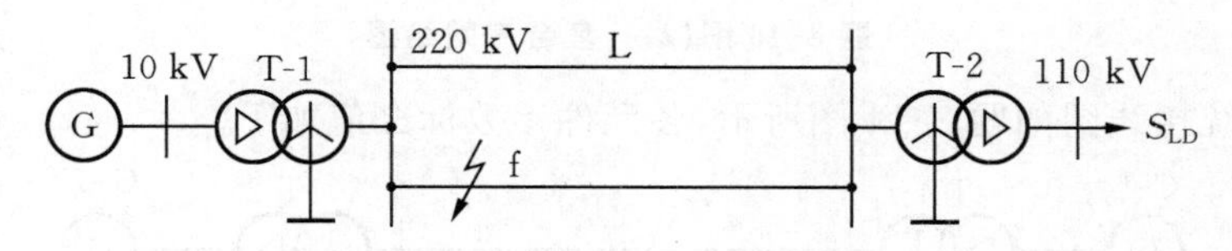

题 8-10 图(1) 系统接线图

解 选 $S_B=300$ MV·A，$U_B=U_{av}$，则

$$x''_d=x_{(2)}=0.22$$

$X_{T1}=\dfrac{U_{ST1}\%}{100}\times\dfrac{S_B}{S_{T1N}}=\dfrac{12}{100}\times\dfrac{300}{360}=0.1$，$X_{T2}=\dfrac{U_{ST2}\%}{100}\times\dfrac{S_B}{S_{T2N}}=\dfrac{12}{100}\times\dfrac{300}{360}=0.1$

$$X_{L(1)}=x_{(1)}l\cdot\frac{S_B}{U_{av}^2}=0.4\times120\times\frac{300}{230^2}=0.2722$$

$$X_{L(0)}=3X_{L(1)}=3\times0.277=0.8166$$

$$X_{LD(1)}=x_{LD}\cdot\frac{S_B}{S_{LD}}=1.2\times\frac{300}{300}=1.2,X_{LD(2)}=x_{LD(2)}\frac{S_B}{S_{LD}}=0.35\times\frac{300}{300}=0.35$$

(1)计算故障各序输入阻抗。

$$X_{ff(1)}=\frac{(x''_d+X_{T1}+X_{T2}+X_{LD(1)})X_{L(1)}}{(x''_d+X_{T1}+X_{T2}+X_{LD(1)})+X_{L(1)}}+X_{L(1)}$$
$$=\frac{(0.22+0.1+0.1+1.2)\times0.2722}{(0.22+0.1+0.1+1.2)+0.2722}+0.2722=0.5052$$

$$X_{ff(2)}=\frac{(x_{(2)}+X_{T1}+X_{T2}+X_{LD(2)})X_{L(1)}}{(x_{(2)}+X_{T1}+X_{T2}+X_{LD(2)})+X_{L(1)}}+X_{L(1)}$$
$$=\frac{(0.22+0.1+0.1+0.35)\times0.2722}{(0.22+0.1+0.1+0.35)+0.2722}+0.2722=0.4733$$

$$X_{ff(0)}=\frac{(X_{T1}+X_{T2})X_{L(0)}}{(X_{T1}+X_{T2})+X_{L(0)}}+X_{L(0)}=\frac{(0.1+0.1)\times0.8166}{(0.1+0.1)+0.8166}+0.8166=0.9773$$

(2)复合序网如题 8-10 图(2)所示。

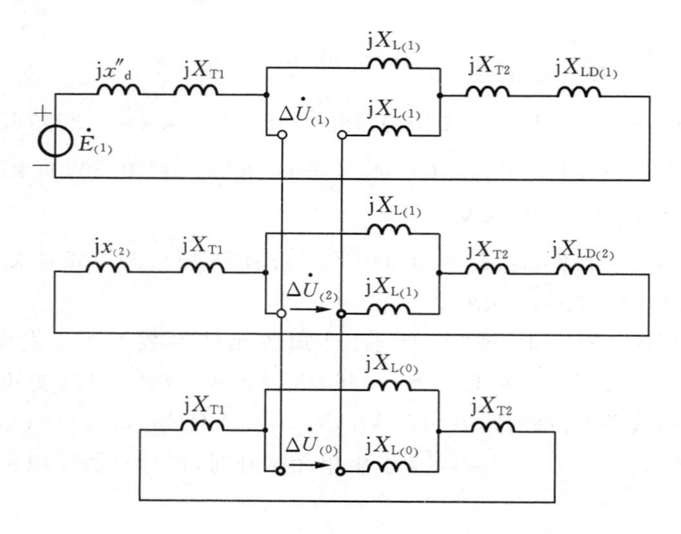

题 8-10 图(2)　复合序网络图

8-11　系统接线图如题 8-11 图所示，各元件参数标幺值如下。

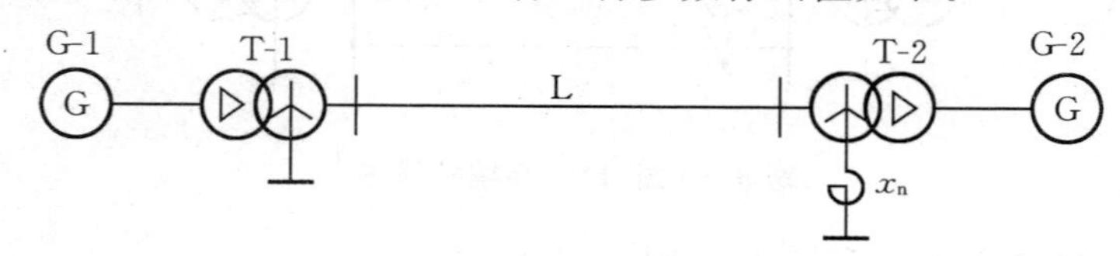

题 8-11 图　系统接线图

发电机 G-1：$x_{G1(1)}=x_{G1(2)}=0.12,E=1.05\angle0°$；

发电机 G-2：$x_{G2(1)}=x_{G2(2)}=0.14,E=1.05\angle0°$；

变压器 T-1：$x_{T1}=0.1$；T-2：$x_{T2}=0.12$，$x_n=0.2$；

线路 L：$x_{L(1)}=x_{L(2)}=0.5$，$x_{L(0)}=1.2$。

线路首端发生单相短路，试计算短路电流。

解 $X_{ff(1)}=X_{ff(2)}=\dfrac{(x_{G1(1)}+x_{T1})(x_{L(1)}+x_{T2}+x_{G2(1)})}{(x_{G1(1)}+x_{T1})+(x_{L(1)}+x_{T2}+x_{G2(1)})}$

$$=\frac{(0.12+0.1)\times(0.5+0.12+0.14)}{(0.12+0.1)+(0.5+0.12+0.14)}=\frac{0.22\times0.76}{0.22+0.76}=0.1706$$

$$X_{ff(0)}=\frac{x_{T1}(x_{L(0)}+3x_n+x_{T2})}{x_{T1}+(x_{L(0)}+3x_n+x_{T2})}=\frac{0.1\times(1.2+3\times0.2+0.12)}{0.1+(1.2+3\times0.2+0.12)}=0.09505$$

故 $Z_{FF(1)}=Z_{FF(2)}=\mathrm{j}0.1706$，$Z_{FF(0)}=\mathrm{j}0.09505$

$$I_f^{(1)}=\frac{3E}{X_{ff(1)}+X_{ff(2)}+X_{ff(0)}}=\frac{3\times1.05}{2\times0.1706+0.09505}=7.2206$$

8-12 系统接线图和元件参数同上题。在线路末端 A 相接地短路，与此同时，首端 A、B 两相断开。试计算变压器 T-1 高压侧的各相电压和变压器 T-2 流向高压母线的各相电流。

解 (1)建立故障计算方程。

本题需要计算双重故障，记线路首端断相处为故障口 F_1，线路末端短路处为故障口 F_2，则网络对故障口的电势方程为

$$\begin{bmatrix}\dot U_{F_1(1)}\\ \dot U_{F_2(1)}\end{bmatrix}=\begin{bmatrix}\dot U_{F_1}^{(0)}\\ \dot U_{F_2}^{(0)}\end{bmatrix}-\begin{bmatrix}Z_{F_1F_1(1)} & Z_{F_1F_2(1)}\\ Z_{F_2F_1(1)} & Z_{F_2F_2(1)}\end{bmatrix}\begin{bmatrix}\dot I_{F_1(1)}\\ \dot I_{F_2(1)}\end{bmatrix}\begin{bmatrix}\dot U_{F_1(2)}\\ \dot U_{F_2(2)}\end{bmatrix}$$

$$=-\begin{bmatrix}Z_{F_1F_1(2)} & Z_{F_1F_2(2)}\\ Z_{F_2F_1(2)} & Z_{F_2F_2(2)}\end{bmatrix}\begin{bmatrix}\dot I_{F_1(2)}\\ \dot I_{F_2(2)}\end{bmatrix}\begin{bmatrix}\dot U_{F_1(0)}\\ \dot U_{F_2(0)}\end{bmatrix}$$

$$=-\begin{bmatrix}Z_{F_1F_1(0)} & Z_{F_1F_2(0)}\\ Z_{F_2F_1(0)} & Z_{F_2F_2(0)}\end{bmatrix}\begin{bmatrix}\dot I_{F_1(0)}\\ \dot I_{F_2(0)}\end{bmatrix}$$

两处故障都属于串联型故障，以 A 相为对称分量基准相，故障口 F_1 发生 A、B 两相开断的边界条件为

$$a\dot I_{F_1(1)}=a^2\dot I_{F_1(2)}=\dot I_{F_1(0)},\quad a\dot U_{F_1(1)}+a^2\dot U_{F_1(2)}+\dot U_{F_1(0)}=0$$

故障口 F_2 发生 A 相接地短路的边界条件为

$$\dot I_{F_2(1)}=\dot I_{F_2(2)}=\dot I_{F_2(0)},\quad \dot U_{F_2(1)}+\dot U_{F_2(2)}+\dot U_{F_2(0)}=0$$

(2)形成节点阻抗矩阵，计算故障方程相关参数。

各序等值网络及节点编号情况如题 8-12 图所示。依据等值网络可作出各序节点阻抗矩阵如下。

$$\boldsymbol{Z}_{(1)}=\boldsymbol{Z}_{(2)}=\begin{array}{c}\\1\\2\\3\\4\\5\end{array}\begin{bmatrix}1 & 2 & 3 & 4 & 5\\ \mathrm{j}0.12 & \mathrm{j}0.12 & & & \\ \mathrm{j}0.12 & \mathrm{j}0.22 & & & \\ & & \mathrm{j}0.76 & \mathrm{j}0.26 & \mathrm{j}0.14\\ & & \mathrm{j}0.26 & \mathrm{j}0.26 & \mathrm{j}0.14\\ & & \mathrm{j}0.14 & \mathrm{j}0.14 & \mathrm{j}0.14\end{bmatrix}$$

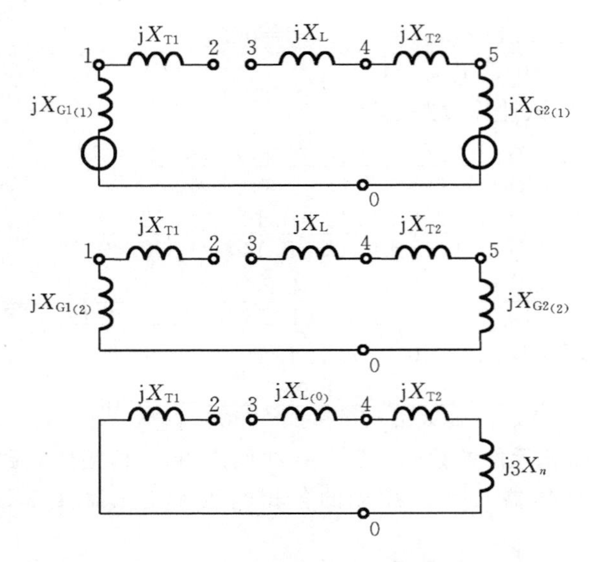

题 8-12 图　电力系统各序等值网络

$$\boldsymbol{Z}_{(0)}=\begin{array}{c} \\ 2 \\ 3 \\ 4 \end{array}\begin{bmatrix} 2 & 3 & 4 \\ \mathrm{j}0.10 & & \\ & \mathrm{j}1.92 & \mathrm{j}0.72 \\ & \mathrm{j}0.72 & \mathrm{j}0.72 \end{bmatrix}$$

故障口 F_1 由节点 2、3 构成，故障口 F_2 由节点 4 和零电位点构成，故相关的口自阻抗和口间互阻抗为

$$Z_{F_1F_1(1)}=Z_{F_1F_1(2)}=Z_{22(1)}+Z_{33(1)}-2Z_{23(1)}=\mathrm{j}0.22+\mathrm{j}0.76=\mathrm{j}0.98$$

$$Z_{F_1F_2(1)}=Z_{F_1F_2(2)}=Z_{24(1)}-Z_{34(1)}=0-\mathrm{j}0.26=-\mathrm{j}0.26$$

$$Z_{F_2F_2(1)}=Z_{F_2F_2(2)}=Z_{44(1)}=\mathrm{j}0.26$$

$$Z_{F_1F_1(0)}=Z_{22(0)}+Z_{33(0)}-2Z_{23(0)}=\mathrm{j}0.1+\mathrm{j}1.92=\mathrm{j}2.02$$

$$Z_{F_1F_2(0)}=Z_{24(0)}-Z_{34(0)}=0-\mathrm{j}0.72=-\mathrm{j}0.72$$

$$Z_{F_2F_2(0)}=Z_{44(0)}=\mathrm{j}0.72$$

故障口开路电压为

$$\dot{U}_{F_1}^{(0)}=\dot{U}_2^{(0)}-\dot{U}_3^{(0)}=\dot{E}_1-\dot{E}_2=0,\dot{U}_{F_2}^{(0)}=\dot{U}_4^{(0)}=\dot{E}_2=1.05\angle 0^\circ$$

(3)故障方程的求解。

以故障口零序电流 $\dot{I}_{F_1(0)}$ 和 $\dot{I}_{F_2(0)}$ 作为待求变量，将故障口 F_1 的电势方程变换如下。

$$a\dot{U}_{F_1(1)}=a\dot{U}_{F_1}^{(0)}-a(Z_{F_1F_1(1)}\dot{I}_{F_1(1)}+Z_{F_1F_2(1)}\dot{I}_{F_2(1)})$$

$$a^2\dot{U}_{F_1(2)}=-a^2(Z_{F_1F_1(2)}\dot{I}_{F_1(2)}+Z_{F_1F_2(2)}\dot{I}_{F_2(2)})$$

$$\dot{U}_{F_1(0)}=-(Z_{F_1F_1(0)}\dot{I}_{F_1(0)}+Z_{F_1F_2(0)}\dot{I}_{F_2(0)})$$

以上 3 式相加，计及边界条件可得

$$0=a\dot{U}_{F_1}^{(0)}-(Z_{F_1F_1(1)}+Z_{F_1F_1(2)}+Z_{F_1F_1(0)})\dot{I}_{F_1(0)}-(aZ_{F_1F_2(1)}+a^2Z_{F_1F_2(2)}+Z_{F_1F_2(0)})\dot{I}_{F_2(0)}$$

代入相关参数便得

$$0=-\mathrm{j}(0.98+0.98+2.02)\dot{I}_{\mathrm{F_1(0)}}+\mathrm{j}(0.26a+0.26a^2+0.72)\dot{I}_{\mathrm{F_2(0)}}$$
$$=-\mathrm{j}3.98\dot{I}_{\mathrm{F_1(0)}}+\mathrm{j}0.46\dot{I}_{\mathrm{F_2(0)}} \qquad (1)$$

再将故障口 $\mathrm{F_2}$ 的 3 个电势方程相加,计及边界条件可得

$$0=\dot{U}_{\mathrm{F_2}}^{(0)}-(a^2Z_{\mathrm{F_2F_1(1)}}+aZ_{\mathrm{F_2F_1(2)}}+Z_{\mathrm{F_2F_1(0)}})\dot{I}_{\mathrm{F_1(0)}}$$
$$-(Z_{\mathrm{F_2F_2(1)}}+Z_{\mathrm{F_2F_2(2)}}+Z_{\mathrm{F_2F_2(0)}})\dot{I}_{\mathrm{F_2(0)}}$$

代入相关参数便得

$$0=1.05-\mathrm{j}(-0.26a^2-0.26a-\mathrm{j}0.72)\dot{I}_{\mathrm{F_1(0)}}-\mathrm{j}(0.26+0.26+0.72)\dot{I}_{\mathrm{F_2(0)}}$$
$$=1.05+\mathrm{j}0.46\dot{I}_{\mathrm{F_1(0)}}-\mathrm{j}1.24\dot{I}_{\mathrm{F_2(0)}} \qquad (2)$$

由(1)式可得

$$\dot{I}_{\mathrm{F_1(0)}}=\frac{\mathrm{j}0.46}{\mathrm{j}3.98}\dot{I}_{\mathrm{F_2(0)}}=0.11558\dot{I}_{\mathrm{F_2(0)}}$$

代入(2)式

$$1.05+\mathrm{j}0.46\times0.11558\dot{I}_{\mathrm{F_2(0)}}-\mathrm{j}1.24\dot{I}_{\mathrm{F_2(0)}}=0$$
$$\dot{I}_{\mathrm{F_2(0)}}=\frac{1.05}{\mathrm{j}(1.24-0.46\times0.11558)}=-\mathrm{j}0.88471$$
$$\dot{I}_{\mathrm{F_1(0)}}=0.11558\times(-\mathrm{j}0.88471)=-\mathrm{j}0.10225$$
$$\dot{I}_{\mathrm{F_1(1)}}=-\mathrm{j}0.10225a^2,\quad \dot{I}_{\mathrm{F_1(2)}}=-\mathrm{j}0.10225a$$
$$\dot{I}_{\mathrm{F_2(1)}}=\dot{I}_{\mathrm{F_2(2)}}=\dot{I}_{\mathrm{F_2(0)}}=-\mathrm{j}0.88471$$

(4)变压器 T-1 高压侧电压计算。

先计算电源节点的注入电流

$$\dot{I}_1=\frac{\dot{E}_1}{\mathrm{j}X_{\mathrm{G1}}}=\frac{1.05}{\mathrm{j}0.12}=-\mathrm{j}8.75,\quad \dot{I}_5=\frac{\dot{E}_2}{\mathrm{j}X_{\mathrm{G2}}}=\frac{1.05}{\mathrm{j}0.14}=-\mathrm{j}7.5$$

变压器 T-1 高压侧即是节点 2,各序电压为

$$\dot{U}_{(1)}=Z_{21(1)}\dot{I}_1-Z_{22(1)}\dot{I}_{\mathrm{F_1(1)}}+Z_{23(1)}\dot{I}_{\mathrm{F_1(1)}}-Z_{24(1)}\dot{I}_{\mathrm{F_2(1)}}+Z_{25(1)}\dot{I}_5$$
$$=\mathrm{j}0.12\times(-\mathrm{j}8.75)-\mathrm{j}0.22\times(-\mathrm{j}0.10225a^2)+0-0+0$$
$$=1.05-0.0225a^2$$

$$\dot{U}_{(2)}=-Z_{22(2)}\dot{I}_{\mathrm{F_1(2)}}=-\mathrm{j}0.22\times(-\mathrm{j}0.10225a)=-0.0225a$$

$$\dot{U}_{(0)}=-Z_{22(0)}\dot{I}_{\mathrm{F_1(0)}}=-\mathrm{j}0.1\times(-\mathrm{j}0.10225)=-0.01023$$

$$\dot{U}_{\mathrm{A}}=\dot{U}_{(1)}+\dot{U}_{(2)}+\dot{U}_{(0)}=1.05-0.0225a^2-0.0225a-0.01023=1.06227$$

$$\dot{U}_{\mathrm{B}}=a^2\dot{U}_{(1)}+a\dot{U}_{(2)}+\dot{U}_{(0)}=a^2(1.05-0.0225a^2)-0.0225a^2-0.01023$$
$$=-0.5127-\mathrm{j}0.9093=1.04388\angle240.58^\circ$$

$$\dot{U}_{\mathrm{C}}=a\dot{U}_{(1)}+a^2\dot{U}_{(2)}+\dot{U}_{(0)}=a(1.05-0.0225a^2)-0.0225-0.01023$$
$$=-0.5802+\mathrm{j}0.9093=1.07864\angle122.54^\circ$$

(5)变压器 T-2 流向高压母线的电流计算。

各序电流如下:

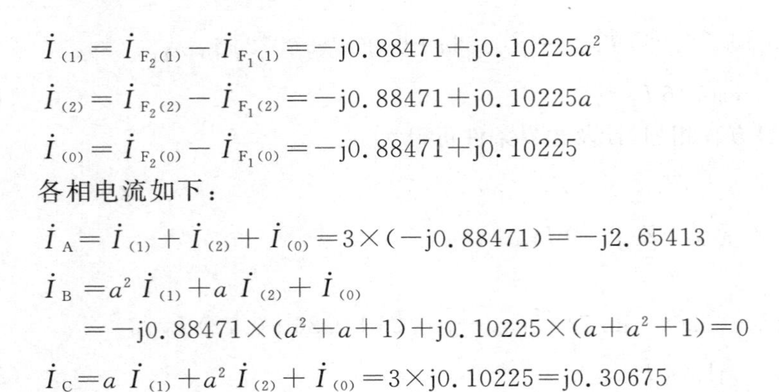

$$\dot{I}_{(1)}=\dot{I}_{F_2(1)}-\dot{I}_{F_1(1)}=-j0.88471+j0.10225a^2$$

$$\dot{I}_{(2)}=\dot{I}_{F_2(2)}-\dot{I}_{F_1(2)}=-j0.88471+j0.10225a$$

$$\dot{I}_{(0)}=\dot{I}_{F_2(0)}-\dot{I}_{F_1(0)}=-j0.88471+j0.10225$$

各相电流如下：

$$\dot{I}_A=\dot{I}_{(1)}+\dot{I}_{(2)}+\dot{I}_{(0)}=3\times(-j0.88471)=-j2.65413$$

$$\begin{aligned}\dot{I}_B&=a^2\dot{I}_{(1)}+a\dot{I}_{(2)}+\dot{I}_{(0)}\\&=-j0.88471\times(a^2+a+1)+j0.10225\times(a+a^2+1)=0\end{aligned}$$

$$\dot{I}_C=a\dot{I}_{(1)}+a^2\dot{I}_{(2)}+\dot{I}_{(0)}=3\times j0.10225=j0.30675$$

第 9 章　电力系统的负荷

9.1　复习思考题

1.电力系统日负荷曲线有什么特点？

2.何谓负荷率和最小负荷系数？

3.什么是年最大负荷曲线？

4.什么是年持续负荷曲线？

5.什么是年最大负荷利用小时数？各类用户年最大负荷利用小时数的数值范围是多少？

6.各类负荷曲线在电力系统运行中有什么用处？

7.什么是负荷的电压静态特性？

8.什么是负荷的频率静态特性？

9.电力系统计算中综合负荷常采用哪几种等值电路？

9.2　习 题 详 解

9-1　某系统典型日负荷曲线如题 9-1 图所示，试计算：日平均负荷；负荷率 k_m，最小负荷系数 α 以及峰谷差 ΔP_m。

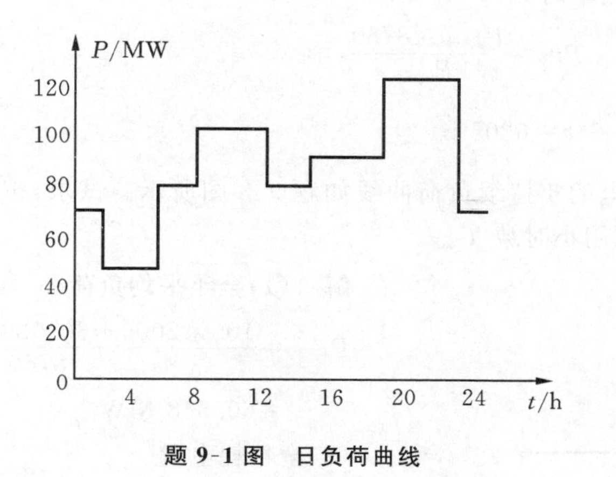

题 9-1 图　日负荷曲线

解　(1)日平均负荷

$$P_{av}=\frac{70\times2+50\times4+80\times2+100\times4+80\times2+90\times4+120\times4+70\times2}{24}\ \text{MW}$$

$$=85\ \text{MW}$$

(2)负荷率　　$k_m=\frac{P_{av}}{P_{max}}=\frac{85}{120}=0.7083$

(3)最小负荷系数　　$\alpha=\frac{P_{min}}{P_{max}}=\frac{50}{120}=0.4167$

(4)峰谷差　　$\Delta P_m=P_{max}-P_{min}=(120-50)\ \text{MW}=70\ \text{MW}$

9-2　若将题 9-1 图所示曲线作为系统全年平均日负荷曲线，试作出系统年持续负荷曲线，并求出年平均负荷及最大负荷利用小时数 T_{max}。

解　年持续负荷数据如题 9-2 表所示。

(1)系统年持续负荷曲线如题 9-2 图所示。

题 9-2 表　年持续负荷

有功功率/MW	持续时间/h
120	4×365=1460
100	4×365=1460
90	4×365=1460
80	4×365=1460
70	4×365=1460
50	4×365=1460

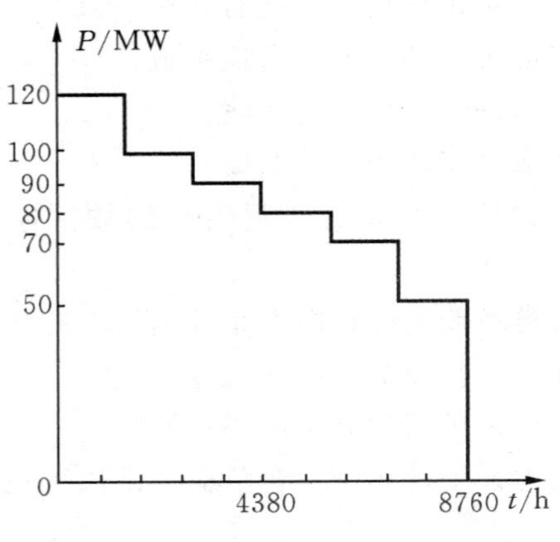

题 9-2 图　年持续负荷曲线

(2)年平均负荷

$$P_{av(y)}=\frac{(50+70+80+90+100+120)\times 4\times 365}{8760}\ \text{MW}=85\ \text{MW}$$

(3)最大负荷利用小时数

$$T_{max}=\frac{1}{P_{max}}\int_0^{8760}P\text{d}t=\frac{P_{av(y)}\times 8760}{P_{max}}$$

$$=\frac{85\times 8760}{120}\ \text{h}=6205\ \text{h}$$

9-3　某工厂用电的年持续负荷曲线如题 9-3 图所示。试求：工厂全年平均负荷，全年耗电量及最大负荷利用小时数 T_{max}。

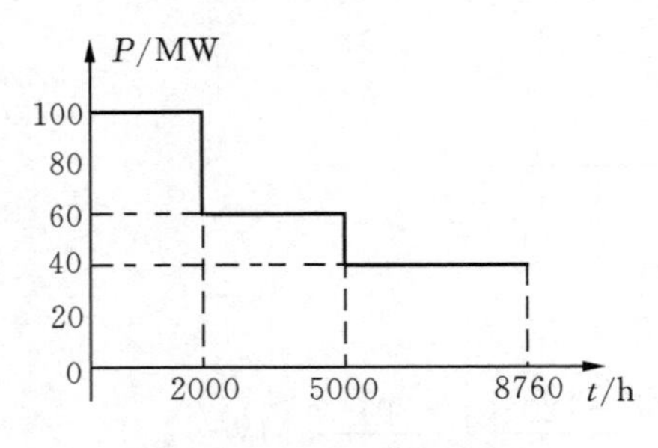

题 9-3 图　年持续负荷曲线

解　(1)全年平均负荷

$$P_{av(y)}=\frac{100\times 2000+60\times 3000+40\times 3760}{8760}\ \text{MW}$$

$$=60.548\ \text{MW}$$

(2)全年耗电量

$$W=\int_0^{8760}P\text{d}t=(100\times 2000+60\times 3000$$

$$+40\times 3760)\times 10^3\ \text{kW}\cdot\text{h}$$

$$=5.304\times 10^8\ \text{kW}\cdot\text{h}$$

(3)最大负荷利用小时数

$$T_{max}=\frac{W}{P_{max}}=\frac{5.304\times10^8}{100\times10^3}\ \text{h}=5304\ \text{h}$$

9-4 在给定运行情况下，某工厂 10 kV 母线运行电压为 10.3 kV，负荷为(10＋j5) MV·A。以此运行状态为基准值的负荷电压静态特性如教材中图 9-5(a)所示，若运行电压下降到 10 kV，求此时负荷所吸收的功率。

解 母线运行电压为 10.3 kV，以此为基准，当运行电压下降到 10 kV 时，其标幺值为

$$U_*=\frac{10}{10.3}=0.971$$

以此查《电力系统分析》(下)(第四版)(何仰赞，华中科技大学出版社)图9-5(a)的负荷电压静态特性，得到

$$P_*=0.97,\quad Q_*=0.9$$

因此，负荷点电压从 10.3 kV 下降到 10 kV 时，负荷所吸收的功率为

$$S'_{LD}=P_0P_*+jQ_0Q_*=(10\times0.97+j5\times0.9)\ \text{MV·A}=(9.7+j4.5)\ \text{MV·A}$$

第 10 章　电力传输的基本概念

10.1　复习思考题

1.什么是电压降落？它的计算公式是怎样推导出来的？怎样理解这些从单相电路导出的公式也可以直接应用到三相功率和线电压的计算？

2.电压降落纵分量和横分量各包含哪些内容？这些公式对于你理解交流电网功率传输的基本特点有什么启发？

3.什么叫电压损耗和电压偏移？

4.试写出输电线路的双口网络方程，并导出送、受端的功率公式。

5.什么条件下，输电线路送、受端功率在 P、Q 平面上的轨迹是圆？这些圆的圆心是怎样确定的？半径是怎样确定的？

6.什么是输电线路的功率极限？它与哪些参数有关？

7.试用功率圆图分析送、受端功率是怎样随送、受端电压相位差的变化而变化的。这些变化反映了什么问题？

8.什么是输电效率？

9.什么是输电线路的波阻抗？它同哪些参数有关？

10.什么是输电线路的传播常数？其实部和虚部各反映了行波的什么特性？

11.何谓自然功率？它由哪些参数确定？为什么分裂导线线路的自然功率要比单导线线路的自然功率大？

12.自然功率与线路的长度有关吗？线路的功率极限与自然功率有什么关系？

13.无损长线的功率圆图有什么特点？

14.何谓半波长线路？何谓全波长线路？不同长度输电线路的功率传输特性有何不同？

15.无损长线传送自然功率时，沿线的电压和电流分布有何特点？

16.输电线路空载时末端电压为什么会升高？你对不同长度线路末端电压升高的相对值有一个数值概念吗？

17.有损长线稳态运行时电流和电压沿线分布有何特点？

18.单端供电系统传送到受端的功率与哪些因素有关？当首端电压恒定时，受端电压是怎样随负荷功率变化而变化的？怎样确定受端的功率极限和临界电压？

19.单端供电系统中负荷的功率因数对功率极限有何影响？对临界电压有何影响？

10.2　习 题 详 解

10-1　一条 110 kV 架空输电线路，长 100 km，导线采用LGJ-240，计算半径 $r=10.8$

mm，三相水平排列，相间距离 4 m。已知线路末端运行电压 $U_{LD}=105$ kV，负荷 $P_{LD}=42$ MW，$\cos\varphi=0.85$。试计算：

(1)输电线路的电压降落和电压损耗；(2)线路阻抗的功率损耗和输电效率；(3)线路首端和末端的电压偏移。

解 先计算输电线路参数。

取 $D_S=0.9r=0.9\times10.8\ \text{mm}=9.72\ \text{mm}$，$D_{eq}=1.26D=1.26\times4\ \text{m}=5.04\ \text{m}$

$$r_{(0)}=\frac{\rho}{S}=\frac{31.5}{240}\ \Omega/\text{km}=0.1313\ \Omega/\text{km}$$

$$x_0=0.1445\lg\frac{D_{eq}}{D_S}\ \Omega/\text{km}=0.1445\lg\frac{5.04\times10^3}{9.72}\ \Omega/\text{km}=0.3923\ \Omega/\text{km}$$

$$b_0=\frac{7.58}{\lg\dfrac{D_{eq}}{r}}\times10^{-6}\ \text{S/km}=\frac{7.58}{\lg\dfrac{5.04\times10^3}{10.8}}\times10^{-6}\ \text{S/km}=2.84\times10^{-6}\ \text{S/km}$$

$$Z_L=(r_0+\text{j}x_0)l=(0.1313+\text{j}0.3923)\times100\ \Omega=(13.13+\text{j}39.23)\ \Omega$$

$$\frac{1}{2}B_L=\frac{1}{2}b_0l=\frac{1}{2}\times2.84\times10^{-6}\times100\ \text{S}=1.42\times10^{-4}\ \text{S}$$

可以作出输电线路的 Π 型等值电路，如题 10-1 图所示。

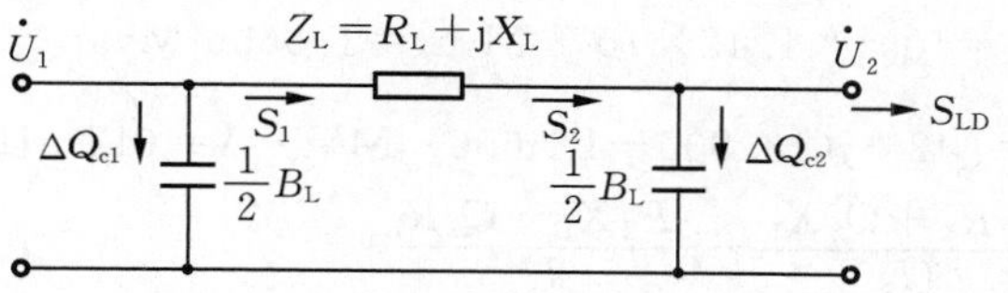

题 10-1 图 Π 型等值电路

已知 $P_{LD}=42$ MW，$\cos\varphi=0.85$，则 $\varphi=31.7883°$，$Q_{LD}=P_{LD}\tan\varphi=42\times\tan31.7883°$ Mvar$=26.0293$ Mvar。

(1)输电线路的电压降落和电压损耗计算。

(a)电压降落计算。

由 Π 型等值电路，可得

$$\Delta Q_{c2}=U_2^2\times\frac{1}{2}B_L=105^2\times1.42\times10^{-4}\ \text{Mvar}=1.5656\ \text{Mvar}$$

$$\begin{aligned}S_2&=S_{LD}-\Delta Q_{c2}=[42+\text{j}(26.0293-1.5656)]\ \text{MV}\cdot\text{A}\\&=(42+\text{j}24.527)\ \text{MV}\cdot\text{A}\end{aligned}$$

电压降落
$$\begin{aligned}\Delta\dot{U}&=\frac{P_2R_L+Q_2X_L}{U_2}+\text{j}\frac{P_2X_L-Q_2R_L}{U_2}\\&=\left(\frac{42\times13.13+24.527\times39.23}{105}+\text{j}\frac{42\times39.23-24.527\times13.13}{105}\right)\text{kV}\\&=(14.416+\text{j}12.625)\text{kV}\end{aligned}$$

(b)电压损耗计算。

$$U_1=\sqrt{(U_2+\Delta U)^2+(\delta U)^2}=\sqrt{(105+14.416)^2+(12.625)^2}\ \text{kV}=120.0814\ \text{kV}$$

电压损耗：$U_1-U_2=(120.0814-105)\ \text{kV}=15.0814\ \text{kV}$

或　电压损耗：$\frac{U_1-U_2}{U_N}\times 100\%=\frac{15.0814}{110}\times 100\%=13.71\%$

(2)线路阻抗上的功率损耗和输电效率计算。

$$\Delta S_z=\frac{P_2^2+Q_2^2}{U_2^2}(R_L+jX_L)=\frac{42^2+24.527^2}{105^2}\times(13.13+j39.23)\text{MV}\cdot\text{A}$$
$$=(2.817+j8.417)\text{MV}\cdot\text{A}$$

输电效率 $\eta=\frac{P_2}{P_2+\Delta P_L}\times 100\%=\frac{42}{42+2.817}\times 100\%=93.71\%$

(3)电压偏移计算。

首端电压偏移：$\frac{U_1-U_N}{U_N}\times 100\%=\frac{120.0814-110}{110}\times 100\%=9.165\%$

末端电压偏移：$\frac{U_2-U_N}{U_N}\times 100\%=\frac{105-110}{110}\times 100\%=-4.545\%$

10-2　若上题的负荷功率因数提高到0.95，试做同样的计算，并比较两题的计算结果。

解　$\cos\varphi=0.95$，　$\varphi=18.195°$，　$Q_{LD}=P_{LD}\tan\varphi=42\tan 18.195°=13.805\ \text{Mvar}$

(1)输电线路的电压降落和电压损耗计算。

(a)电压降落计算。

$$\Delta Q_{c2}=U_2^2\times\frac{1}{2}B_L=105^2\times 1.42\times 10^{-4}\ \text{Mvar}=1.5656\ \text{Mvar}$$

$$S_2=S_{LD}+\Delta Q_{c2}=[42+j(13.805-1.5656)]\text{MV}\cdot\text{A}=(42+j12.2394)\text{MV}\cdot\text{A}$$

电压降落$\Delta\dot{U}=\frac{P_2R_L+Q_2X_L}{U_2}+j\frac{P_2X_L-Q_2R_L}{U_2}$

$$=\left(\frac{42\times 13.13+12.2394\times 39.23}{105}+j\frac{42\times 39.23-12.2394\times 13.13}{105}\right)\text{kV}$$
$$=(9.825+j14.162)\text{kV}$$

(b)电压损耗计算。

$$U_1=\sqrt{(U_2+\Delta U)^2+(\delta U)^2}=\sqrt{(105+9.825)^2+(14.162)^2}\ \text{kV}=115.695\ \text{kV}$$

电压损耗：$U_1-U_2=(115.695-105)\ \text{kV}=10.695\ \text{kV}$

或　电压损耗：$\frac{U_1-U_2}{U_N}\times 100\%=\frac{10.695}{110}\times 100\%=9.72\%$

(2)线路阻抗上的功率损耗和输电效率计算。

功率损耗 $\Delta S_z=\frac{P_2^2+Q_2^2}{U_2^2}(R_L+jX_L)=\frac{42^2+12.2394^2}{105^2}\times(13.13+j39.23)\ \text{MV}\cdot\text{A}$
$$=(2.2792+j6.8098)\ \text{MV}\cdot\text{A}$$

输电效率 $\eta=\frac{P_2}{P_2+\Delta P_L}\times 100\%=\frac{42}{42+2.2792}\times 100\%=94.853\%$

(3)线路首、末端电压偏移计算。

首端电压偏移：$\frac{U_1-U_N}{U_N}\times 100\%=\frac{115.695-110}{110}\times 100\%=5.17\%$

末端电压偏移：$\frac{U_2-U_N}{U_N}\times 100\%=\frac{105-110}{110}\times 100\%=-4.545\%$

(4)与题10-1比较,由于提高负荷的功率因数使负荷无功功率减小,从而减小了电压降落和电压损耗,减少了输电损耗,提高了输电效率,并且使首端电压偏移减到可以接受的程度。

10-3 若题10-1的输电线路两端的电压能够维持110 kV不变。试确定:

(1)在P-Q平面上线路首、末端功率圆的圆心位置和半径长度;

(2)当$P_2=42$ MW时,Q_2、P_1和Q_1的数值;

(3)首、末端的有功功率极限及对应的δ值。

解 根据题10-1所给参数,可以算出Π型等值电路参数如下:

$$Z=(13.125+\mathrm{j}39.228)\ \Omega,\quad Y/2=\mathrm{j}1.42\times10^{-4}\ \mathrm{S}$$

相应的双口网络常数为

$\dot{A}=\dot{D}=1+ZY/2=1+(13.125+\mathrm{j}39.228)\times(\mathrm{j}1.42\times10^{-4})=0.99443\angle0.1073^\circ$

$\dot{B}=Z=13.125+\mathrm{j}39.228=41.3655\angle71.5007^\circ$

(1)功率圆的圆心位置和半径长度确定。

线路首端功率圆的圆心坐标位于矢量$\dot{\xi}_1$的端点,即

$$\dot{\xi}_1=\frac{U_1^2D}{B}\mathrm{e}^{\mathrm{j}(\theta_B-\theta_D)}=\frac{110^2\times0.99443}{41.3655}\mathrm{e}^{\mathrm{j}(71.5007^\circ-0.1073^\circ)}$$

$$=290.885\times(\cos71.3934^\circ-\mathrm{j}\sin71.3934^\circ)=92.808+\mathrm{j}275.682$$

由于$U_2=U_1$和$\dot{A}=\dot{D}$,矢量$\dot{\xi}_2=-\dot{\xi}_1$,故以MV·A为单位,线路首、末端功率圆的圆心坐标分别为

$O_1(92.808, 275.682)$ 和 $O_2(-92.808, -275.682)$

以MV·A为单位,圆的半径为

$$\rho_1=\rho_2=\frac{U_1U_2}{B}=\frac{110\times110}{41.3655}=292.5143$$

(2)功率计算。

$$P_2=-\frac{U_2^2A}{B}\cos(\theta_B-\theta_A)+\frac{U_1U_2}{B}\cos(\theta_B-\delta)$$

$$=-290.885\cos71.3943^\circ+292.5143\cos(71.5007^\circ-\delta)$$

$$=-92.808+292.5143\cos(71.5007^\circ-\delta)$$

当$P_2=42$ MW时,

$\cos(71.5007^\circ-\delta)=(42+92.808)/292.5143=0.46086$

$\delta=71.5007^\circ-\arccos0.46086=8.9433^\circ$

$$Q_2=[-290.885\sin71.3943^\circ+292.5143\sin(71.5007^\circ-8.9433^\circ)]\ \mathrm{Mvar}$$

$$=-16.084\ \mathrm{Mvar}$$

$$P_1=\frac{U_1^2D}{B}\cos(\theta_B-\theta_D)-\frac{U_1U_2}{B}\cos(\theta_B+\delta)$$

$$=[290.885\cos71.3943^\circ-292.5143\cos(71.5007^\circ+8.9433^\circ)]\ \mathrm{MW}$$

$$=[92.808-292.5143\cos80.444^\circ]\ \mathrm{MW}=44.247\ \mathrm{MW}$$

$$Q_1=[290.885\sin71.3943^\circ-292.5143\sin80.444^\circ]\ \mathrm{Mvar}=-12.773\ \mathrm{Mvar}$$

(3)功率极限计算。

当 $\delta=180^\circ-\theta_B=180^\circ-71.5007^\circ=108.5^\circ$时,线路首端达到功率极限值,即

$$P_{1m}=(92.808+292.5143)\ \text{MW}=385.3223\ \text{MW}$$

当 $\delta=\theta_B=71.5007^\circ$时,线路末端功率达到极限值,即

$$P_{2m}=(-92.808+292.5143)\ \text{MW}=199.7063\ \text{MW}$$

10-4 500 kV 交流输电线路长 650 km,采用 4 分裂导线,型号为 4×LGJQ -400,导线计算半径 $r=13.6$ mm,分裂间距 $d=400$ mm,三相水平排列,相间距离 $D=12$ m,不计线路电导,试计算:

(1)线路的传播常数 γ,衰减常数 β 和相位常数 α;

(2)输电线路的波阻抗 Z_c 及自然功率 S_n;

(3)四端网络常数 $\dot{A}$,$\dot{B}$,$\dot{C}$ 和 $\dot{D}$;

(4)若输电线路用集中参数的 Π 型等值电路表示,求参数的精确值和近似值,并进行比较。

解 取 $D_S=0.9r=0.9\times13.6\ \text{mm}=12.24\ \text{mm}$

$D_{Sb}=1.09\times\sqrt[4]{D_S d^3}=1.09\times\sqrt[4]{12.24\times400^3}\ \text{mm}=182.355\ \text{mm}$

$D_{eq}=1.26D=1.26\times12\ \text{m}=15.12\ \text{m}$

$$r_0=\frac{\rho}{S}=\frac{31.5}{4\times400}\ \Omega/\text{km}=0.01969\ \Omega/\text{km}$$

$$x_0=0.1445\lg\frac{D_{eq}}{D_S}\ \Omega/\text{km}=0.1445\lg\frac{15.12\times10^3}{182.355}\ \Omega/\text{km}=0.277\ \Omega/\text{km}$$

$r_{eq}=1.09\times\sqrt[4]{rd^3}=1.09\times\sqrt[4]{13.6\times400^3}\ \text{mm}=187.222\ \text{mm}$

$$b_0=\frac{7.58}{\lg\dfrac{D_{eq}}{r_{eq}}}\times10^{-6}\ \text{S/km}=\frac{7.58}{\lg\dfrac{15.12\times10^3}{187.222}}\times10^{-6}\ \text{S/km}$$
$$=3.974\times10^{-6}\ \text{S/km}$$

(1)计算输电线路的传播常数 γ、衰减常数 β 和相位常数 α。

$$\gamma=\sqrt{(r_0+\text{j}x_0)\times\text{j}b_0}=\sqrt{(0.01969+\text{j}0.277)\times(\text{j}3.974\times10^{-6})}\ \text{km}^{-1}$$
$$=1.0505\times10^{-3}\angle87.967^\circ\ \text{km}^{-1}$$

$\beta=3.7267\times10^{-5}\ \text{km}^{-1}$,$\alpha=1.04984\times10^{-3}\ \text{km}^{-1}$

(2)计算输电线路的波阻抗 Z_c 及自然功率 S_n。

$$Z_c=\sqrt{(r_0+\text{j}x_0)/\text{j}b_0}=\sqrt{(0.01969+\text{j}0.277)/(\text{j}3.974\times10^{-6})}\ \Omega$$
$$=264.346\angle-2.033^\circ\ \Omega$$

$$S_n=\frac{U_N^2}{\overset{*}{Z}_c}=\frac{500^2}{264.346\angle2.033^\circ}\ \text{MV}\cdot\text{A}=945.73\angle-2.033^\circ\ \text{MV}\cdot\text{A}$$

(3)计算二端口网络常数 $\dot{A}$、$\dot{B}$、$\dot{C}$、$\dot{D}$。

$\gamma l=(3.7267\times10^{-5}+\text{j}1.04984\times10^{-3})\times650=0.024224+\text{j}0.6824$

$\text{e}^{\gamma l}=\text{e}^{(0.024224+\text{j}0.6824)}=\text{e}^{0.024224}\times(\cos0.6824+\text{j}\sin0.6824)=0.7951+\text{j}0.64610$

$$e^{-\gamma l}=e^{-(0.024224+j0.6824)}=e^{-0.024224}\times[\cos 0.6824-j\sin 0.6824]$$
$$=0.7575-j0.6156$$

$$\mathrm{sh}\gamma l=\frac{1}{2}(e^{\gamma l}-e^{-\gamma l})=\frac{1}{2}(0.79509+j0.64610-0.75749+j0.61556)$$
$$=0.0188+j0.63085=0.63113\angle 88.293°$$

$$\mathrm{ch}\gamma l=\frac{1}{2}(e^{\gamma l}+e^{-\gamma l})=\frac{1}{2}(0.7951+j0.6461+0.7575-j0.6156)$$
$$=0.7763+j0.01525=0.7764\angle 1.1254°$$

$$\dot{A}=\dot{D}=\mathrm{ch}\gamma l=0.7764\angle 1.13°$$

$$\dot{B}=Z_c\mathrm{sh}\gamma l=264.346\angle -2.033°\times 0.63113\angle 88.293°=166.837\angle 86.26°$$

$$\dot{C}=\frac{\mathrm{sh}\gamma l}{Z_c}=\frac{0.63113\angle 88.293°}{264.346\angle -2.033°}=0.00239\angle 90.326°$$

(4)计算Ⅱ型等值电路的精确值和近似值。

先计算修正系数。

$$k_r=1-\frac{1}{3}x_0b_0l^2=1-0.277\times 3.974\times 10^{-6}\times 650^2=0.845$$

$$k_x=1-\frac{1}{6}\left(x_0b_0-r_0^2\frac{b_0}{x_0}\right)l^2$$
$$=1-\frac{1}{6}\times\left(0.277\times 3.974\times 10^{-6}-0.01969^2\times\frac{3.974\times 10^{-6}}{0.277}\right)\times 650^2$$
$$=0.92288$$

$$k_b=1+\frac{1}{12}x_0b_0l^2=1+\frac{1}{12}\times 0.277\times 3.974\times 10^{-6}\times 650^2=1.03876$$

(a)计算精确参数。

$$Z=\dot{B}=166.837\angle 86.26°\ \Omega=(10.883+j166.482)\ \Omega$$

$$Y=\frac{2\times[\mathrm{ch}\gamma l-1]}{Z}=\frac{2\times(0.7763+j0.01525-1)}{166.837\angle 86.26°}\ \mathrm{S}$$
$$=2.6879\times 10^{-3}\angle 89.84°\ \mathrm{S}=(0.0751+j26.879)\times 10^{-4}\ \mathrm{S}$$

(b)近似计及分布特性，用修正系数法计算参数。

$$Z=R_L+jX_L=(k_rr_0+jk_xx_0)l$$
$$=(0.845\times 0.01969+j0.92288\times 0.277)\times 650\ \Omega$$
$$=(10.815+j166.164)\ \Omega$$

$$Y=jk_bb_0l=1.03876\times 3.974\times 10^{-6}\times 650\ \mathrm{S}=j26.832\times 10^{-4}\ \mathrm{S}$$

(c)计算不计分布特性的参数。

$$Z=(r_0+jx_0)l=(0.01969+j0.277)\times 650\ \Omega=(12.799+j180.05)\ \Omega$$

$$Y=jb_0l=j3.974\times 10^{-6}\times 650\ \mathrm{S}=25.831\times 10^{-4}\ \mathrm{S}$$

(d)比较三种计算方法，结果如下：

参数值	Z/Ω	$Y/10^{-4}\mathrm{S}$
精确值	10.883+j166.482	0.0751+j26.879
修正系数法近似值	10.815+j166.164	+j26.832
不计分布特性的近似值	12.799+j180.05	+j25.831

由上表可见，精确值和用修正系数法的结果相差很小，但用修正系数法的计算量小很多。

10-5 上题的输电线路，不计线路电阻时，若线路首端电压等于额定电压，即 $U_1=500$ kV，试求线路空载时末端电压值及工频过电压倍数。

解 不计输电线路的电阻时，有

$$Z_c=\sqrt{\frac{\mathrm{j}x_0}{\mathrm{j}b_0}}=\sqrt{\frac{\mathrm{j}0.277}{\mathrm{j}3.974\times10^{-6}}}\ \Omega=264\ \Omega$$

$$\gamma=\sqrt{\mathrm{j}x_0\times\mathrm{j}b_0}=\sqrt{\mathrm{j}0.277\times\mathrm{j}3.974\times10^{-6}}\ \mathrm{km}^{-1}=\mathrm{j}1.0492\times10^{-3}\ \mathrm{km}^{-1}$$

$$\alpha=1.0492\times10^{-3}\ \mathrm{km}^{-1},\ \alpha l=1.0492\times10^{-3}\times650=0.68198$$

$$U_2=\frac{U_1}{\cos\alpha l}=\frac{500}{\cos0.68198}\ \mathrm{kV}=644.06\ \mathrm{kV}$$

过电压倍数为 $$\frac{1}{\cos\alpha l}=\frac{1}{\cos0.68198}=1.288$$

10-6 欲使上题条件下末端电压不大于 $1.1U_N$，且在线路末端装设并联电抗器，试求电抗器在额定电压下的容量。

解 采用Π型等值电路且用精确参数，有

$$Z_c=264\Omega,\quad \gamma l=\mathrm{j}1.0492\times10^{-3}\times650=\mathrm{j}0.68198=\mathrm{j}\alpha l$$

$$\mathrm{sh}\gamma l=\mathrm{j}\sin\alpha l=\mathrm{j}\sin0.68198=\mathrm{j}0.63033,\quad \mathrm{ch}\gamma l=\cos\alpha l=\cos0.68198=0.7763$$

$$Z'=Z_c\mathrm{sh}\gamma l=264\times\mathrm{j}0.63033\ \Omega=\mathrm{j}166.407\ \Omega$$

$$\frac{1}{2}Y=\frac{\mathrm{ch}\gamma l-1}{Z_c\mathrm{sh}\gamma l}=\frac{0.7763-1}{264\times\mathrm{j}0.63033}\ \mathrm{S}=\mathrm{j}1.3443\times10^{-3}\ \mathrm{S}$$

当保持末端电压为 $1.1U_N=1.1\times500$ kV$=550$ kV 时，不计电压降落的横分量，可得

$$U_1=\sqrt{\left(U_2+\frac{Q_2X_L}{U_2}\right)^2}=U_2+\frac{Q_2X_L}{U_2}$$

由此可以解出末端向首端应送无功功率为

$$Q_2=\frac{U_N^2(1-1.1)\times1.1}{X_L}=\frac{500^2(1-1.1)\times1.1}{166.407}\ \mathrm{Mvar}=-165.26\ \mathrm{Mvar}$$

电容产生的无功功率为

$$\Delta Q_{C2}=\frac{1}{2}Y_2\cdot U_2^2=1.3443\times10^{-3}\times550^2\ \mathrm{Mvar}=406.65\ \mathrm{Mvar}$$

故要求电抗器产生的无功功率为

$$Q_L=\Delta Q_{C2}-Q_2=(406.65-165.26)\ \mathrm{Mvar}=241.39\ \mathrm{Mvar}$$

电抗器在额定电压下的容量为

$$Q_{LN}=Q_L\left(\frac{U_N}{U_2}\right)^2=241.39\times\left(\frac{500}{550}\right)^2\ \mathrm{Mvar}=199.49\ \mathrm{Mvar}$$

10-7 题 10-4 所述的线路中，若忽略电阻，末端电压 $U_2=U_N=500\ \text{kV}$，试分别计算末端输出功率为 1.3 倍、0.7 倍自然功率时，首端和线路中间点（即 1/2 长度处）的电压值。

解 忽略线路电阻时，由题 10-6 解已知

$$Z_c=264\ \Omega,\quad \alpha l=0.68198\ \text{rad},\quad \cos\alpha l=0.7763,\quad \sin\alpha l=0.630$$

自然功率
$$P_n=\frac{U_N^2}{Z_c}=\frac{500^2}{264}\ \text{MW}=946.97\ \text{MW}$$

(1) 当 $S_2=P_2=0.7P_N$ 时，计算首端和线路中间点电压值。

$P_2=0.7P_n=0.7\times 946.97\ \text{MW}=662.879\ \text{MW}$

$I_2=\dfrac{P_2}{\sqrt{3}U_2}=\dfrac{662.879}{\sqrt{3}\times 500}\ \text{kA}=0.7654\ \text{kA}$

取 $\dot{U}_2=500\angle 0°\ \text{kV}$，则 $\dot{I}_2=0.7654\angle 0°\ \text{kA}$。

$$\begin{aligned}\dot{U}_{\text{mid}}&=\frac{1}{2}(\dot{U}_2+Z_c\dot{I}_2\sqrt{3})e^{j\frac{1}{2}\alpha l}+\frac{1}{2}(\dot{U}_2-Z_c\dot{I}_2\sqrt{3})e^{-j\frac{1}{2}\alpha l}\\&=\Big\{\frac{1}{2}(500+\sqrt{3}\times 264\times 0.7654)\times[\cos 0.34099+j\sin 0.34099]\\&\quad+\frac{1}{2}(500-\sqrt{3}\times 264\times 0.7654)\times[\cos 0.34099-j\sin 0.34099]\Big\}\ \text{kV}\\&=[424.994\times(0.9424+j0.3344)+75.006\times(0.9424-j0.3344)]\ \text{kV}\\&=(471.2+j117.036)\ \text{kV}=485.52\angle 13.95°\ \text{kV}\end{aligned}$$

$$\begin{aligned}\dot{U}_1&=\frac{1}{2}(\dot{U}_2+Z_c\dot{I}_2\sqrt{3})e^{j\alpha l}+\frac{1}{2}(\dot{U}_2-Z_c\dot{I}_2\sqrt{3})e^{-j\alpha l}\\&=\Big\{\frac{1}{2}(500+\sqrt{3}\times 264\times 0.7654)\times[\cos 0.68198+j\sin 0.68198]\\&\quad+\frac{1}{2}(500-\sqrt{3}\times 264\times 0.7654)\times[\cos 0.68198-j\sin 0.68198]\Big\}\ \text{kV}\\&=[424.994\times(0.7763+j0.6303)+75.006\times(0.7763-j0.6303)]\ \text{kV}\\&=(388.15+j220.6)\ \text{kV}=446.46\angle 29.61°\ \text{kV}\end{aligned}$$

(2) 当 $S_2=P_2=1.3P_n$ 时，计算首端和线路中间点电压值。

$P_2=1.3P_n=1.3\times 946.97\ \text{MW}=1231.061\ \text{MW}$

$I_2=\dfrac{P_2}{\sqrt{3}U_2}=\dfrac{1231.061}{\sqrt{3}\times 500}\ \text{kA}=1.4215\ \text{kA}$

$$\begin{aligned}\dot{U}_{\text{mid}}&=\frac{1}{2}(U_2+\sqrt{3}Z_c\dot{I}_2)e^{j\frac{1}{2}\alpha l}+\frac{1}{2}(\dot{U}_2-\sqrt{3}Z_c\dot{I}_2)e^{-j\frac{1}{2}\alpha l}\\&=\Big\{\frac{1}{2}(500+\sqrt{3}\times 264\times 1.4215)\times[\cos 0.34099+j\sin 0.34099]\\&\quad+\frac{1}{2}(500-\sqrt{3}\times 264\times 1.4215)\times[\cos 0.34099-j\sin 0.34099]\Big\}\ \text{kV}\\&=[574.999\times(0.9424+j0.3344)-74.999\times(0.9424-j0.3344)]\ \text{kV}\\&=(471.212+j217.3725)\ \text{kV}=518.93\angle 24.764°\ \text{kV}\end{aligned}$$

$$\dot{U}_1=\frac{1}{2}(\dot{U}_2+\sqrt{3}Z_c\dot{I}_2)e^{j\alpha l}+\frac{1}{2}(\dot{U}_2-\sqrt{3}Z_c\dot{I}_2)e^{-j\alpha l}$$

$$=\left\{\frac{1}{2}(500+\sqrt{3}\times264\times1.4215)\times[\cos0.68198+\mathrm{j}\sin0.68198]\right.$$
$$\left.+\frac{1}{2}(500-\sqrt{3}\times264\times1.4215)\times[\cos0.68198-\mathrm{j}\sin0.68198]\right\}\ \mathrm{kV}$$
$$=[(574.999-74.999)\times0.7763+\mathrm{j}(574.999+74.999)\times0.6303]\ \mathrm{kV}$$
$$=(388.163+\mathrm{j}409.715)\ \mathrm{kV}=564.39\angle46.55°\ \mathrm{kV}$$

(3)分析。

当输送功率小于自然功率时，线路电容产生的无功功率大于线路电感损耗的无功功率，因此，无功功率由线路末端向首端输送，线路末端电压最高，首端电压最低；当输送功率大于自然功率时，正好相反，电容产生的无功功率小于电感损耗的无功功率，因此，无功功率由首端向末端输送，沿线电压分布为首端最高，逐步下降，末端最低。

10-8 题10-4所述的线路中，若忽略电阻，首、末端电压幅值相等，且 $U_1=U_2=500$ kV，试分别计算末端输出有功功率分别为0.7倍和1.3倍自然功率时，末端无功功率和线路中间点的电压值。

解 由前面题解已知忽略电阻时，有

$$Z_c=264\ \Omega,\quad \alpha l=0.68198\ \mathrm{rad}$$

题给
$$U_1=U_2=500\ \mathrm{kV},\quad k=\frac{U_1}{U_2}=\frac{500}{500}=1$$

(1)末端输出有功功率为0.7倍自然功率时，有

$$P_2=0.7P_n=0.7\times946.97\ \mathrm{MW}=662.879\ \mathrm{MW}$$
$$I_a=\frac{662.879}{\sqrt{3}U_2}=\frac{662.879}{\sqrt{3}\times500}\ \mathrm{kA}=0.7654\ \mathrm{kA}$$

以 P_n 为基准时，Q_2 的标幺值为

$$Q_{2*}=-\cot\alpha l+\sqrt{\left(\frac{k}{\sin\alpha l}\right)^2+P_{2*}}=-\frac{1}{\tan0.68198}+\sqrt{\left(\frac{1}{\sin0.68198}\right)^2+0.7^2}$$
$$=-1.2316+1.42369=0.1921$$

(a)计算末端无功功率。

$$Q_2=Q_{2*}P_n=0.1921\times946.97\ \mathrm{Mvar}=181.913\ \mathrm{Mvar}\quad（感性）$$
$$I_r=\frac{Q_2}{\sqrt{3}U_2}=\frac{181.913}{\sqrt{3}\times500}\ \mathrm{kA}=0.2101\ \mathrm{kA}$$

以 $\dot{U}_2$ 为参考轴，即 $\dot{U}_2=500\angle0°$，则

$$\dot{I}_2=I_a-\mathrm{j}I_r=(0.7654-\mathrm{j}0.2101)\ \mathrm{kA}$$

(b)计算线路中间点电压。

$$\dot{U}_{\mathrm{mid}}=\frac{1}{2}(\dot{U}_2+\sqrt{3}Z_c\dot{I}_2)\mathrm{e}^{\mathrm{j}\frac{1}{2}\alpha l}+\frac{1}{2}(\dot{U}_2-\sqrt{3}Z_c\dot{I}_2)\mathrm{e}^{-\mathrm{j}\frac{1}{2}\alpha l}$$
$$=\left\{\frac{1}{2}[500+\sqrt{3}\times264\times(0.7654-\mathrm{j}0.2101)]\times[\cos0.34099+\mathrm{j}\sin0.34099]\right.$$
$$\left.+\frac{1}{2}[500-\sqrt{3}\times264\times(0.7654-\mathrm{j}0.2101)]\times[\cos0.34099-\mathrm{j}\sin0.34099]\right\}\ \mathrm{kV}$$

$=(503.326+\mathrm{j}117.036)\ \mathrm{kV}=517.754\angle 13.09°\ \mathrm{kV}$

(2)当 $P_2=1.3P_n$ 时，有

$P_2=1.3P_n=1.3\times 946.97\ \mathrm{MW}=1231.061\ \mathrm{MW}$

$$I_a=\frac{P_2}{\sqrt{3}U_2}=\frac{1231.061}{\sqrt{3}\times 500}\ \mathrm{kA}=1.4215\ \mathrm{kA}$$

$$Q_{2*}=-\cot\alpha l+\sqrt{\left(\frac{k}{\sin\alpha l}\right)^2-P_{2*}^2}=-\frac{1}{\tan 0.68198}+\sqrt{\left(\frac{1}{\sin 0.68198}\right)^2-1.3^2}$$

$$=-1.2316+0.90933=-0.32227$$

(a)计算末端无功功率。

$Q_2=Q_{2*}P_n=(-0.32227\times 946.97)\ \mathrm{Mvar}=-305.18\ \mathrm{Mvar}$ （容性）

$$I_r=\frac{Q_2}{\sqrt{3}U_2}=\frac{305.18}{\sqrt{3}\times 500}\ \mathrm{kA}=0.3524\ \mathrm{kA}$$

以 $\dot{U}_2$ 为参考轴，即 $\dot{U}_2=500\angle 0°$，则

$$\dot{I}_2=I_a+\mathrm{j}I_r=(1.4215+\mathrm{j}0.3524)\ \mathrm{kA}$$

(b)计算线路中间点的电压。

$$\dot{U}_{\mathrm{mid}}=\frac{1}{2}(\dot{U}_2+\sqrt{3}Z_c\dot{I}_2)\mathrm{e}^{\mathrm{j}\frac{1}{2}\alpha l}+\frac{1}{2}(\dot{U}_2-\sqrt{3}Z_c\dot{I}_2)\mathrm{e}^{-\mathrm{j}\frac{1}{2}\alpha l}$$

$$=\left\{\frac{1}{2}[500+\sqrt{3}\times 264\times(1.4215+\mathrm{j}0.3524)]\times[\cos(0.34099)+\mathrm{j}\sin(0.34099)]+\frac{1}{2}[500-\sqrt{3}\times 264\times(1.4215+\mathrm{j}0.3524)]\times[\cos(0.34099)-\mathrm{j}\sin(0.34099)]\right\}\ \mathrm{kV}$$

$$=[(574.999+\mathrm{j}80.57)\times(0.9424+\mathrm{j}0.3344)+(-74.999-\mathrm{j}80.57)\times(0.9424-\mathrm{j}0.3344)]\ \mathrm{kV}=(417.315+\mathrm{j}217.36)\ \mathrm{kV}$$

$$=470.53\angle 27.512°\ \mathrm{kV}$$

(3)分析。

当线路两端电压相等且由电源固定，而传输到末端的有功功率小于自然功率时，同上题一样，电容产生的无功功率大于电感损耗的无功功率，因此，全线路多余的无功功率便向线路两端传送，使线路中间点电压最高（高于两端的电压）。相反，当传送功率大于自然功率时，电容产生的无功功率小于电感损耗的无功功率，因此，需要由线路两端向线路中间输送无功功率，使线路中间点电压最低，低于线路两端的电压。

10-9 题 10-4 所述的线路中，首、末端电压幅值相等，且 $U_1=U_2=500\ \mathrm{kV}$。

(1)试作线路首端和末端的功率圆图；

(2)计算输电线路的功率极限；

(3)当线路末端输出的有功功率 P_2 为 0.8，0.9，1.0，1.1 和 1.2 倍自然功率时，计算相应的末端无功功率 Q_2，首端功率 P_1，Q_1 以及线路的输电效率。

解 (1)作首、末端的功率圆图。

利用题 10-4 的计算结果：

$$\dot{A}=\dot{D}=0.7764\angle 1.13°,\quad \dot{B}=166.837\angle 86.26°$$

$$\dot{\xi}_1=\frac{U_1^2 D}{B}e^{j(\theta_B-\theta_D)}=\frac{500^2\times 0.7764}{166.837}e^{j(86.26°-1.13°)}=98.768+j1159.211$$

由于 $\dot{A}=\dot{D}$ 和 $U_2=U_1$，故有

$$\dot{\xi}_2=-\dot{\xi}_1=-98.768-j1159.211$$

因此，以 MV·A 为单位，线路首、末端功率圆的圆心坐标分别为

$$O_1(98.768,1159.211)\quad 和\quad O_2(-98.768,-1159.211)$$

以 MV·A 为单位，圆的半径长度为

$$\rho=\frac{U_1U_2}{B}=\frac{500\times 500}{166.837}=1498.469$$

(2)功率极限计算。

$P_{m1}=\mathrm{Re}[\dot{\xi}_1]+\rho=(98.768+1498.469)\ \mathrm{MW}=1597.237\ \mathrm{MW}$

$P_{m2}=\mathrm{Re}[\dot{\xi}_2]+\rho=(-98.768+1498.469)\ \mathrm{MW}=1399.701\ \mathrm{MW}$

(3)功率特性计算。

$P_1=\mathrm{Re}[\dot{\xi}_1]-\rho\cos(\theta_B-\delta)=98.768-1498.469\cos(86.26°+\delta)$

$Q_1=\mathrm{Im}[\dot{\xi}_1]-\rho\sin(\theta_B+\delta)=1159.211-1498.469\sin(86.26°+\delta)$

$P_2=\mathrm{Re}[\dot{\xi}_2]+\rho\cos(\theta_B-\delta)=-98.768+1498.469\cos(86.26°-\delta)$

$Q_2=\mathrm{Im}[\dot{\xi}_2]+\rho\sin(\theta_B-\delta)=-1159.211+1498.469\sin(86.26°-\delta)$

题 10-4 已算出自然功率 $S_n=945.73$ MV·A。

(a) $P_2=0.8S_n=0.8\times 945.73\ \mathrm{MW}=756.584\ \mathrm{MW}$ 时：

利用 P_2 的计算公式求 δ。

$\cos(86.26°-\delta)=\dfrac{756.584+98.768}{1498.469}=0.5708$

$\delta=86.26°-\arccos 0.5708=86.26°-55.19°=31.07°$

$Q_2=[-1159.211+1498.469\sin(86.26°-31.07°)]\ \mathrm{Mvar}=71.106\ \mathrm{Mvar}$

$P_1=[98.768+1498.469\cos(86.26°+31.07°)]\ \mathrm{MW}=787.737\ \mathrm{MW}$

$Q_1=[1159.211-1498.469\sin(86.26°+31.07°)]\ \mathrm{Mvar}=-171.994\ \mathrm{Mvar}$

线路的输电效率

$$\eta=P_2/P_1=756.584/786.737=0.9617$$

(b) $P_2=0.9S_n=0.9\times 945.73\ \mathrm{MW}=851.157\ \mathrm{MW}$ 时：

$\delta=86.26°-\arccos\dfrac{851.157+98.768}{1498.469}=86.26°-50.66°=35.60°$

$Q_2=[-1159.211+1498.469\sin(86.26°-35.60°)]\ \mathrm{Mvar}$

$\quad=(-1159.211+1158.912)\ \mathrm{Mvar}=-0.299\ \mathrm{Mvar}$

$P_1=[98.768-498.469\cos(86.26°+35.60°)]\ \mathrm{MW}$

$\quad=(98.768+790.960)\ \mathrm{MW}=889.728\ \mathrm{MW}$

$\eta=P_2/P_1=851.157/889.728=0.9567$

(c)$P_2=S_n=945.73\ \mathrm{MW}$

$$\delta=86.26°-\arccos\frac{945.73+98.768}{1498.469}=86.26°-45.81°=40.45°$$

$$Q_2=[-1159.211+1498.469\sin(86.26°-40.45°)]\ \mathrm{Mvar}$$
$$=(-1159.211+1074.4506)\ \mathrm{Mvar}=-84.76\ \mathrm{Mvar}$$

$$P_1=[98.768-1498.469\cos(86.26°+40.45°)]\ \mathrm{MW}$$
$$=(98.768+895.732)\ \mathrm{MW}=994.500\ \mathrm{MW}$$

$$Q_1=[1159.211-1498.469\sin(86.26°+40.45°)]\ \mathrm{Mvar}$$
$$=(1159.211-1201.2796)\ \mathrm{Mvar}=-42.069\ \mathrm{Mvar}$$

$\eta=P_2/P_1=945.73/994.5=0.9510$

(d)$P_2=1.1S_n=1.1\times945.73\ \mathrm{MW}=1040.303\ \mathrm{MW}$ 时：

$$\delta=86.26°-\arccos\frac{1040.303+98.768}{1498.469}=86.26°-40.52°=45.74°$$

$$Q_2=[-1159.211+1498.469\sin(86.26°-45.74°)]\ \mathrm{Mvar}$$
$$=(-1159.211+973.575)\ \mathrm{Mvar}=-185.636\ \mathrm{Mvar}$$

$$P_1=[98.768-1498.469\cos(86.26°+45.74°)]\ \mathrm{MW}$$
$$=(98.768+1002.671)\ \mathrm{MW}=1101.439\ \mathrm{MW}$$

$$Q_1=[1159.211-1498.469\sin(86.26°+45.74°)]\ \mathrm{Mvar}$$
$$=(1159.211-1113.579)\ \mathrm{Mvar}=45.632\ \mathrm{Mvar}$$

$\eta=P_2/P_1=1040.303/1101.439=0.9445$

(e)$P_2=1.2S_n=1.2\times945.73\ \mathrm{MW}=1134.876\ \mathrm{MW}$ 时：

$$\delta=86.26°-\arccos\frac{1134.876+98.768}{1498.469}=86.26°-34.59°=51.67°$$

$$Q_2=[-1159.211+1498.469\sin(86.26°-51.67°)]\ \mathrm{Mvar}$$
$$=(-1159.211+850.681)\ \mathrm{Mvar}=-308.53\ \mathrm{Mvar}$$

$$P_1=[98.768-1498.469\cos(86.26°+51.67°)]\ \mathrm{MW}$$
$$=(98.768+1112.354)\ \mathrm{MW}=1211.122\ \mathrm{MW}$$

$$Q_1=[1159.211-1498.469\sin(86.26°+51.67°)]\ \mathrm{Mvar}$$
$$=(1159.211-1004.031)\ \mathrm{Mvar}=155.180\ \mathrm{Mvar}$$

$\eta=P_2/P_1=1134.876/1211.122=0.937$

将以上计算结果列表，如题 10-9 表所示。

题 10-9 表 功率特性计算结果

P_2/P_n	0.8	0.9	1.0	1.1	1.2
Q_2/Mvar	71.106	−0.299	−84.76	−185.636	−308.53
P_1/MW	787.737	889.728	994.500	1101.439	1211.122
Q_1/Mvar	−171.994	−113.499	−42.069	45.632	155.180
P_2/P_1	0.9617	0.9567	0.9510	0.9445	0.937

10-10 题 10-1 所述的输电线路中，首端电压维持 120 kV 不变，受端接负荷，$\cos\varphi=0.85$。试确定：

(1)受端功率极限和临界电压；

(2)受端功率留有20%裕度(即 $1.2P=P_m$)时，受端电压；

(3)受端电压不低于100 kV时，受端的最大功率。

解　根据题10-1所给输电线路参数，可算出

$Z_S=(13.125+j39.228)\Omega=41.366\angle 71.5°\Omega$

已知负荷功率因数 $\cos\varphi=0.85$，$\varphi=\arccos 0.85=31.79°$，故 $\theta-\varphi=71.5°-31.79°=39.71°$。

(1)受端功率极限和临界电压。

(a)计算受端功率极限。

$$P_m=\frac{E^2\cos\varphi}{2|Z_S|[1+\cos(\theta-\varphi)]}=\frac{120^2\times 0.85}{2\times 41.366\times(1+\cos 39.71°)}\ \text{MW}=83.62\ \text{MW}$$

(b)计算临界电压。

$$U_{cr}=\frac{E}{\sqrt{2[1+\cos(\theta-\varphi)]}}=\frac{120}{\sqrt{2\times(1+\cos 39.71°)}}\ \text{kV}=63.79\ \text{kV}$$

(2)受端功率留有20%裕度时，受端电压为

$$P=P_m/1.2=83.62/1.2\ \text{MW}=69.68\ \text{MW}$$

$$P=\frac{E^2\cos\varphi/|Z_S|}{\left|\frac{Z_S}{Z_{LD}}\right|+\left|\frac{Z_{LD}}{Z_S}\right|+2\cos(\theta-\varphi)}$$

令 $x=|Z_S/Z_{LD}|$，则上式可写为

$$x+\frac{1}{x}+2\cos(\theta-\varphi)-\frac{E^2\cos\varphi}{P|Z_S|}=0$$

代入有关数据，得

$$x+\frac{1}{x}+2\cos 39.71°-\frac{120^2\times 0.85}{69.68\times 41.366}=x+\frac{1}{x}-2.708=0$$

$$x=\frac{2.708-\sqrt{2.708^2-4}}{2}=0.441$$

$$U_2=\frac{E}{\sqrt{1+x^2+2x\cos(\theta-\varphi)}}$$

$$=\frac{120}{\sqrt{1+0.441^2+2\times 0.441\times\cos 39.71°}}\ \text{kV}=87.68\ \text{kV}$$

(3)取 $U_2=100$ kV，有

$$1+x^2+2x\cos(\theta-\varphi)=\left(\frac{E}{U_2}\right)^2=\left(\frac{120}{100}\right)^2=1.44$$

$$1+x^2+2x\cos 39.71°-1.44=0$$

即

$$x^2+1.5386x-0.44=0$$

$$x=\frac{-1.5386+\sqrt{1.5386^2+4\times 0.44}}{2}=0.2465$$

$$P_2=\frac{E^2\cos\varphi}{|Z_S|\left(x+\frac{1}{x}+2\cos 39.71°\right)}$$
$$=\frac{120^2\times 0.85}{41.366\times\left(0.2465+\frac{1}{0.2465}+1.5386\right)}\text{ MW}$$
$$=50.65\text{ MW}$$

10-11 同上题的线路，首端电压维持 120 kV 不变。欲使受端功率达到 60 MW 时受端电压不低于 100 kV，负荷的功率因数应为多少？

解 记 $x=|Z_S/Z_{LD}|$，可将功率的公式写成

$$x+\frac{1}{x}+2\cos(\theta-\varphi)-\frac{E^2\cos\varphi}{|Z_S|P}=0$$

将电压的公式写成

$$1+x^2+2x\cos(\theta-\varphi)=\left(\frac{E}{U}\right)^2$$

如果将题给的 $E,P,U,|Z_S|,\theta$ 代入，便可得到 2 个 φ 和 x 的非线性方程，但要直接求解此方程并不容易。这里采用逐点逼近的计算方法，逐个给定 $\cos\varphi$ 值，由功率的公式解出 x，再从电压的公式算出电压，这样便可得到受端电压随 $\cos\varphi$ 变化而变化的曲线，从而确定电压达到 100 kV 时的功率因数值。

为了方便计算，再将前述公式简写一下，令

$$C=\frac{E^2\cos\varphi}{|Z_S|P}$$

则有

$$x+\frac{1}{x}+2\cos(\theta-\varphi)-C=0$$

和

$$U=\frac{E}{\sqrt{xC}}$$

第一次，取 $\cos\varphi=0.9$，$\varphi=25.84°$，$\theta-\varphi=71.5°-25.84°=45.66°$，则

$$C=\frac{E^2\cos\varphi}{|Z_S|P}=\frac{120^2}{41.366\times 60}\cos\varphi=5.8019\cos\varphi=5.8019\times 0.9=5.2217$$

$$x+\frac{1}{x}+2\cos 45.66°-5.2217=x+\frac{1}{x}-3.8239=0$$

$$x=\frac{3.8239-\sqrt{3.8239^2-4}}{2}=0.2824$$

$$U=\frac{E}{\sqrt{xC}}=\frac{120}{\sqrt{0.2824\times 5.2217}}\text{ kV}=98.84\text{ kV}$$

第二次，取 $\cos\varphi=0.91$，$\varphi=24.49°$，$\theta-\varphi=47.01°$，则

$$C=5.8019\times 0.91=5.2797$$

$$x+\frac{1}{x}+2\cos 47.01°-5.2797=x+\frac{1}{x}-3.9160=0$$

$$x=\frac{3.916-\sqrt{3.916^2-4}}{2}=0.2746,\quad U=\frac{120}{\sqrt{0.2746\times5.2797}}\ \text{kV}=99.66\ \text{kV}$$

第三次，取 $\cos\varphi=0.914$，$\varphi=23.94°$，$\theta-\varphi=47.56°$，则

$$C=5.8019\times0.914=5.3029,\ x+\frac{1}{x}+2\cos47.56°-5.3029=x+\frac{1}{x}-3.9533=0$$

$$x=\frac{3.9533-\sqrt{3.9533^2-4}}{2}=0.2716,\quad U=\frac{E}{\sqrt{xC}}=\frac{120}{\sqrt{0.2716\times5.3029}}\ \text{kV}=99.99\ \text{kV}$$

可见，此时受端电压已很接近 100 kV，如再取 $\cos\varphi=0.915$，可算得 $U=100.07$ kV。

本题还可以采取另一种算法，给定 x，利用电压公式算出 $\cos\varphi$，然后再算出 P。为此，先将有关公式改写如下：

$$\cos(\theta-\varphi)=\left[\left(\frac{E}{U}\right)^2-1-x^2\right]\Big/2x,\quad P=\frac{U^2}{|Z_{\text{LD}}|}\cos\varphi=\frac{U^2x\cos\varphi}{|Z_{\text{S}}|}$$

第一次，取 $x=0.3$，有

$$\cos(\theta-\varphi)=\left[\left(\frac{120}{100}\right)^2-1-0.3^2\right]\Big/2\times0.3=\frac{0.44-0.3^2}{2\times0.3}=0.5833$$

$$\varphi=\theta-\arccos0.5833=71.5°-54.31°=17.19°,\ \cos\varphi=0.955$$

$$P=\frac{100^2}{41.366}x\cos\varphi=241.744\times0.3\times0.955\ \text{MW}=69.26\ \text{MW}$$

第二次，取 $x=0.25$，有

$$\cos(\theta-\varphi)=\frac{0.44-0.25^2}{2\times0.25}=0.755,\quad \varphi=71.5°-\arccos0.755=30.53°$$

$$\cos\varphi=0.8614,\quad P=241.744\times0.25\times0.8614\ \text{MW}=52.06\ \text{MW}$$

第三次，取 $x=0.273$，有

$$\cos(\theta-\varphi)=\frac{0.44-0.273^2}{2\times0.273}=0.6694,\quad \varphi=71.5°-\arccos0.6694=23.52°$$

$$\cos\varphi=0.9169,\quad P=241.744\times0.273\times0.9169\ \text{MW}=60.51\ \text{MW}$$

第四次，取 $x=0.272$，有

$$\cos(\theta-\varphi)=\frac{0.44-0.272^2}{2\times0.272}=0.6728,\quad \varphi=71.5°-\arccos0.6728=23.78°$$

$$\cos\varphi=0.9151,\quad P=241.744\times0.272\times0.9151\ \text{MW}=60.17\ \text{MW}$$

第五次，取 $x=0.2715$，有

$$\cos(\theta-\varphi)=\frac{0.44-0.2715^2}{2\times0.2715}=0.6746,\quad \varphi=71.5°-\arccos0.6746=23.92°$$

$$\cos\varphi=0.9141,\quad P=241.744\times0.2715\times0.9141\ \text{MW}=59.996\ \text{MW}$$

第六次，取 $x=0.2716$

$$\cos(\theta-\varphi)=\frac{0.44-0.2716^2}{2\times0.2716}=0.6742,\quad \varphi=71.5°-\arccos0.6742=23.89°$$

$$\cos\varphi=0.9143,\quad P=241.744\times0.2716\times0.9143\ \text{MW}=60.03\ \text{MW}$$

如果以 $\cos\varphi=0.9143$ 和 $P=60$ MW 作为已知量，则可算出 $U=100.01$ kV，两种计算方法结果基本吻合。

第 11 章　电力系统的潮流计算

11.1　复习思考题

1. 开式网络中,已知供电点电压和负荷节点功率时,可按怎样的步骤进行潮流计算？能设计一种适用于计算机的计算流程吗？

2. 什么叫运算负荷？它在简单网络的潮流计算中有什么用处？

3. 在对多电压级的开式网络进行潮流计算时,对于变压器,可以有哪几种处理方法？你认为哪种比较方便？

4. 两端供电网络的功率分布公式是怎样推导出来的？为什么说它只是近似的公式？

5. 何谓功率分点？有功功率分点和无功功率分点是在同一节点吗？

6. 何谓循环功率？它是怎样计算出来的？

7. 在多电压级的环状网络中怎样计算环路电势和循环功率？

8. 何谓均一网络？均一网络的功率分布有何特点？

9. 在环状网络中,何谓功率的自然分布？何谓功率的经济分布？在什么网络中功率的自然分布和经济分布是一致的？

10. 在闭式网络中可以采取哪些措施进行潮流控制？从原理上看,进行有功功率控制和无功功率控制的措施有何不同？

11. 复杂系统潮流计算中,根据定解条件可以将节点分为哪几类？怎样为不同类型的节点建立潮流方程？

12. 潮流计算用的网络节点导纳矩阵由哪些元件的参数形成？它与短路计算用的正序网络节点导纳矩阵是否相同？它们的区别在哪里？

13. 请叙述应用牛顿法求解非线性方程的原理和计算步骤。

14. 节点电压用直角坐标表示时,怎样建立牛顿法潮流方程并形成雅可比矩阵？

15. 节点电压用极坐标表示时,怎样建立牛顿法潮流方程并形成雅可比矩阵？

16. P-Q 分解法潮流计算采用了哪些简化假设？这些简化假设的依据是什么？

17. P-Q 分解法的简化假设对潮流计算结果的精度有影响吗？为什么？

11.2　习 题 详 解

11-1　输电系统如题 11-1 图(1)所示。已知:每台变压器的 $S_N=100$ MV·A,$\Delta P_0=450$ kW,$\Delta Q_0=3500$ kvar,$\Delta P_S=1000$ kW,$U_S\%=12.5$,变压器工作在-5%的分接头中;每回线路长 250 km,$r_1=0.08$ Ω/km,$x_1=0.4$ Ω/km,$b_1=2.8\times10^{-6}$ S/km;负荷 $P_{LD}=150$ MW,$\cos\varphi=0.85$。线路首端电压 $U_A=245$ kV,试分别计算:

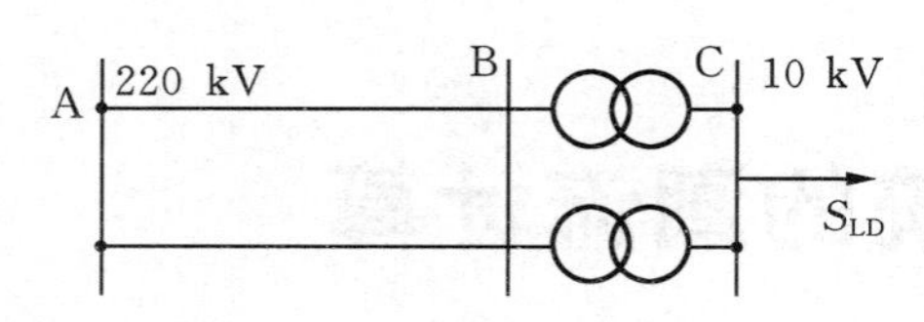

题 11-1 图(1)　简单输电系统

(1)输电线路，变压器以及输电系统的电压降落和电压损耗；

(2)输电线路首端功率和输电效率；

(3)线路首端 A，末端 B 及变压器低压侧 C 的电压偏移。

解　输电线路采用简化 Π 型等值电路，变压器采用励磁回路前移的等值电路（以后均用此简化），如题 11-1 图(2)所示。

线路参数：

$$R_L=r_1 l\frac{1}{2}=0.08\times250\times\frac{1}{2}\ \Omega=10\ \Omega,X_L=x_1 l\frac{1}{2}=0.4\times250\times\frac{1}{2}\ \Omega=50\ \Omega$$

$$\frac{B_L}{2}=b_1 l=2.8\times10^{-6}\times250\ \text{S}=7\times10^{-4}\ \text{S}$$

变压器参数：

$$R_T=\frac{\Delta P_S U_N^2}{S_{TN}^2}\times10^3\times\frac{1}{2}=\frac{1000\times220^2}{100^2}\times10^3\times\frac{1}{2}\ \Omega=2.42\ \Omega$$

$$X_T=\frac{\Delta U_S\%}{100}\times\frac{U_N^2}{S_{TN}}\times\frac{1}{2}=\frac{12.5}{100}\times\frac{220^2}{100}\times\frac{1}{2}\ \Omega=30.25\ \Omega$$

$$\Delta P_{T0}=2\Delta P_0=2\times0.45\ \text{MW}=0.9\ \text{MW}$$

$$\Delta Q_{T0}=2\Delta Q_0=2\times3.5\ \text{Mvar}=7.0\ \text{Mvar}$$

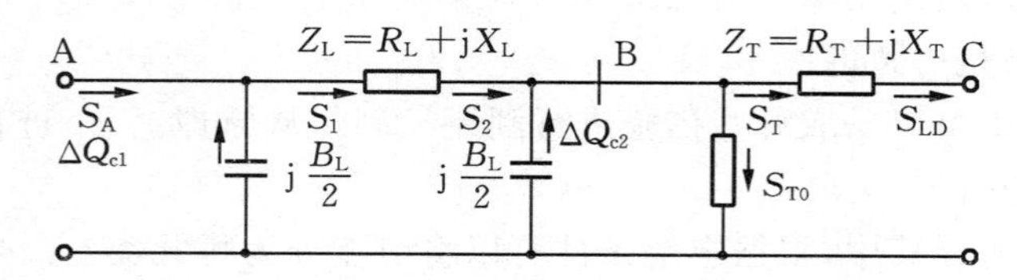

题 11-1 图(2)　输电系统的等值电路

先按额定电压求功率分布。

$P_{LD}=150$ MW，　$\cos\varphi=0.85$，　$Q_{LD}=92.9617$ Mvar

$$\Delta S_T=\frac{P_{LD}^2+Q_{LD}^2}{U_N^2}(R_T+jX_T)=\frac{150^2+92.9617^\circ}{220^2}(2.42+j30.25)\ \text{MV}\cdot\text{A}$$
$$=(1.5571+j19.4637)\ \text{MV}\cdot\text{A}$$

$$S_T=S_{LD}+\Delta S_T=[(150+j92.9617)+(1.5571+j19.4637)]\ \text{MV}\cdot\text{A}$$
$$=(151.5571+j112.4259)\ \text{MV}\cdot\text{A}$$

$$\Delta Q_{c2}=\frac{B_L}{2}U_N^2=7\times10^{-4}\times220^2\ \text{Mvar}=33.88\ \text{Mvar}$$

$$S_2=S_T+S_{T0}-j\Delta Q_{c2}=(151.5571+j112.4259+0.9+j7.0-j33.88)\ \text{Mvar}$$
$$=(152.4571+j85.5454)\ \text{Mvar}$$

$$\Delta S_L=\frac{P_2^2+Q_2^2}{U_N^2}(R_L+jX_L)=\frac{152.4571^2+85.5454^2}{220^2}(10+j50)$$
$$=(6.3143+j31.5715)\ \text{MV}\cdot\text{A}$$

$S_1=S_2+\Delta S_L=(152.4571+j85.5454+6.3143+j31.5715)\ \text{MV·A}$
$=(158.7714+j117.1169)\ \text{MV·A}$

$S_A=S_1-j\Delta Q_{c1}=(158.7714+j117.1169-j33.88)\ \text{MV·A}$
$=(158.7714+j83.2369)\ \text{MV·A}$

(1)计算输电线路、变压器以及输电系统的电压降落和电压损耗。

(a)计算输电线路的电压降落和电压损耗。

电压降落：

$$\Delta\dot{U}_L=\frac{P_1R_L+QX_L}{U_1}-j\frac{P_1X_L-Q_1R_L}{U_1}$$
$$=\left(\frac{158.7714\times10+117.1169\times50}{245}-j\frac{158.7714\times50-117.1169\times10}{245}\right)\ \text{kV}$$
$$=(30.3819-j27.622)\ \text{kV}=41.0614\angle-42.276^\circ\ \text{kV}$$

$$U_B=\sqrt{(U_A-\Delta U_L)^2+(\delta U_L)^2}=\sqrt{(245-30.3819)^2+(27.622)^2}\ \text{kV}$$
$$=216.3883\ \text{kV}$$

电压损耗：　　$U_A-U_B=(245-216.3883)\ \text{kV}=28.612\ \text{kV}$

或电压损耗：　　$\frac{28.612}{220}\times100\%=13\%$

(b)计算变压器的电压降落和电压损耗。

电压降落：

$$\Delta\dot{U}_T=\frac{P_TR_T+Q_TX_T}{U_B}-j\frac{P_TX_T-Q_TR_T}{U_B}=\left(\frac{151.5571\times2.42+112.4254\times30.25}{216.3883}\right.$$
$$\left.-j\frac{151.5571\times30.25-112.4254\times2.42}{216.3883}\right)\ \text{kV}$$
$$=(17.411-j19.93)\ \text{kV}=26.464\angle-48.859^\circ\ \text{kV}$$

$$U'_C=\sqrt{(U_B-\Delta U_T)^2+(\delta U_T)^2}$$
$$=\sqrt{(216.3883-17.411)^2+(19.93)^2}\ \text{kV}=199.973\ \text{kV}$$

电压损耗：　$U_B-U'_C=(216.3883-199.973)\ \text{kV}=16.4153\ \text{kV}$

或电压损耗：　　$\frac{16.4153}{220}\times100\%=7.462\%$

(c)输电系统的电压损耗：$(28.612+16.4153)\ \text{kV}=45.0273\ \text{kV}$

或输电系统的电压损耗：$\frac{45.0273}{220}\times100\%=20.467\%$

(2)计算线路首端功率和输电效率。

首端功率 $S_{l1}=(158.7714+j83.2369)\ \text{MV·A}$

输电效率 $\eta=\frac{P_{LD}}{P_A}\times100\%=\frac{150}{158.7714}\times100\%=94.475\%$

(3)计算线路首端 A、末端 B 及变压器低压侧的电压偏移。

点 A 电压偏移：$\frac{U_A-U_N}{U_N}\times100\%=\frac{245-220}{220}\times100\%=11.36\%$

点 B 电压偏移：$\dfrac{U_B-U_N}{U_N}\times 100\%=\dfrac{216.3883-220}{220}\times 100\%=-1.642\%$

变压器的实际变比 $k_T=\dfrac{220(1-0.05)}{11}=19$

点 C 低压侧实际电压 $U_C=U'_C\dfrac{1}{k_T}=\dfrac{199.973}{19}\ \text{kV}=10.525\ \text{kV}$

点 C 电压偏移$=\dfrac{U_C-U_N}{U_N}\times 100\%=\dfrac{10.525-10}{10}\times 100\%=5.25\%$

11-2 系统接线如题 11-2 图所示。已知：发电机 $S_N=120\ \text{MV·A}$，$x_d=1.5$，隐极；变压器 $S_N=120\ \text{MV·A}$，$U_S\%=12$，$k_T=10.5/242$；线路长 200 km，$r_1=0.08\ \Omega/\text{km}$，$x_1=0.41\ \Omega/\text{km}$，$b_1=2.85\times 10^{-6}\ \text{S/km}$；负荷 $P_{LD}=100\ \text{MW}$，$\cos\varphi=0.9$。发电机运行电压为 10.5 kV，当断路器 B 突然跳闸造成甩负荷时，不计发电机转速升高，试求：

(1)不调发电机励磁时，发电机端和线路末端的稳态电压值，电压偏移及工频过电压倍数；

(2)调节发电机励磁，使发电机端稳态电压值保持为 10.5 kV 时，线路末端电压及工频过电压倍数。

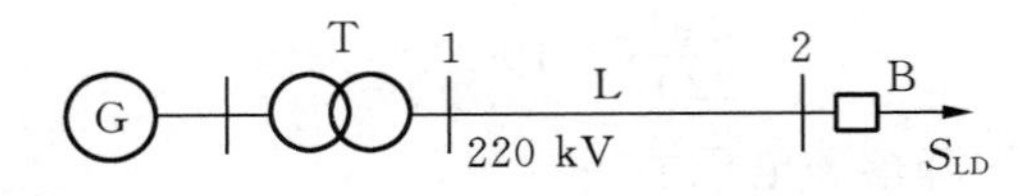

题 11-2 图　系统接线图

解　先进行参数计算，所有参数均归算到 220 kV 侧，线路用 Π 型等值电路。

$$R_L=r_1l=0.08\times 200\ \Omega=16\ \Omega,X_L=x_1l=0.41\times 200\ \Omega=82\ \Omega$$

$$\frac{1}{2}B_L=\frac{1}{2}b_1l=\frac{1}{2}\times 2.85\times 10^{-6}\times 200\ \text{S}=2.85\times 10^{-4}\ \text{S}$$

变压器只计算电抗 $X_T=\dfrac{\Delta U_S\%}{100}\times\dfrac{U_N^2}{S_{TN}}=\dfrac{12}{100}\times\dfrac{220^2}{120}\ \Omega=58.56\ \Omega$

发电机 $X_d=x_{d*}\dfrac{U_{GN}^2}{S_{GN}}k_T^2=1.5\times\dfrac{10.5^2}{120}\times\left(\dfrac{242}{10.5}\right)^2\ \Omega=732.05\ \Omega$

按额定电压求功率分布：

$P_{LD}=100\ \text{MW},\cos\varphi=0.9,Q_{LD}=48.4322\ \text{Mvar}$

$\Delta Q_{c2}=U_N^2\cdot\dfrac{B_L}{2}=220^2\times 2.85\times 10^{-4}\ \text{Mvar}=13.794\ \text{Mvar}$

$$\begin{aligned}S_2&=S_{LD}-\text{j}\Delta Q_{c2}=[100+\text{j}(48.4322-13.794)]\ \text{MV·A}\\&=(100+\text{j}36.638)\ \text{MV·A}\end{aligned}$$

$$\begin{aligned}\Delta S_L&=\frac{P_2^2+Q_2^2}{U_N^2}(R_L+\text{j}X_L)=\frac{100^2+36.638^2}{220^2}(16+\text{j}82)\ \text{MV·A}\\&=(3.7495+\text{j}19.2164)\ \text{MV·A}\end{aligned}$$

$$\begin{aligned}S_1&=S_2+\Delta S_L-\text{j}\Delta Q_{c1}\\&=(100+\text{j}36.638+3.7495+\text{j}19.2164-\text{j}19.794)\ \text{MV·A}\\&=(103.7495+\text{j}42.0604)\ \text{MV·A}\end{aligned}$$

$$\Delta Q_T = \frac{P_1^2+Q_1^2}{U_N^2}X_T = \frac{103.7495^2+42.0604^2}{220^2}\times 58.564\ \text{Mvar} = 15.165\ \text{Mvar}$$

$$S_G = S_1 + j\Delta Q_T = (103.7495 + j42.0604 + j15.165)\ \text{MV}\cdot\text{A} = (103.7495 + j57.2254)\ \text{MV}\cdot\text{A}$$

$$U_G' = 10.5k_T = 10.5\times\left(\frac{242}{10.5}\right)\ \text{kV} = 242\ \text{kV}$$

$$E_q = \sqrt{\left(U_G + \frac{Q_G X_d}{U_G}\right)^2 + \left(\frac{P_G X_d}{U_G}\right)^2}$$

$$= \sqrt{\left(242 + \frac{57.2254\times 732.05}{242}\right)^2 + \left(\frac{103.7495\times 732.05}{242}\right)^2}\ \text{kV} = 520.3947\ \text{kV}$$

甩负荷后，输电线路采用 T 型等值电路，则甩负荷后电势源所面对的总阻抗为

$$Z_\Sigma = jX_d + jX_T + \frac{1}{2}R_L + j\frac{1}{2}X_L - j\frac{1}{B_L}$$

$$= \left(j732.05 + j58.564 + 8 + j41 - j\frac{1}{2\times 2.85\times 10^{-4}}\right)\ \Omega$$

$$= (8 - j922.772)\ \Omega = 922.80668\angle -89.5033^\circ\ \Omega$$

$$\dot{I}_G = \frac{\dot{E}_q}{\sqrt{3}Z_\Sigma} = \frac{520.3947\angle 0^\circ}{\sqrt{3}\times 922.80668\angle -89.5033^\circ}\ \text{kA} = 0.32588\angle -89.5033^\circ\ \text{kA}$$

(1)不调节励磁时，计算发电机端和线路末端的稳态电压值、电压偏移和工频过电压倍数。

(a)发电机端各量的计算。

$$\dot{U}_G' = \dot{E}_q - j\sqrt{3}\dot{I}_G X_d$$

$$= [520.3947 - j\sqrt{3}\times 732.05\times(0.002822 + j0.32557)]\ \text{kV}$$

$$= (933.2 - j3.5782)\ \text{kV} = 933.21\angle -0.22^\circ\ \text{kV}$$

归算到 10 kV 侧 $U_G = U_G'\frac{1}{k_T} = 933.21\times\frac{10.5}{242}\ \text{kV} = 40.491\ \text{kV}$

电压偏移为$\frac{U_G - U_N}{U_N}\times 100\% = \frac{40.491-10}{10}\times 100\% = 304.91\%$

工频过电压倍数$=\frac{U_G}{U_N} = \frac{40.491}{10} = 4.049$ 倍

(b)线路末端各量的计算。

$$Z_{E-2} = jX_d + jX_T + \frac{1}{2}R_L + j\frac{1}{2}X_L = (j732.05 + j58.564 + 8 + j41)\ \Omega$$

$$= (8 + j831.614)\ \Omega = 831.6525\angle 89.4488^\circ\ \Omega$$

$$\dot{U}_2 = \dot{E}_q - \sqrt{3}\dot{I}_G Z_{E-2}$$

$$= [520.3947 - \sqrt{3}\times 0.32558\times 831.6525\angle(89.5033^\circ + 89.4488^\circ)]\ \text{kV}$$

$=(520.3947+468.908-j8.577)\ \text{kV}=(989.3-j8.577)\ \text{kV}$

$=989.337\angle-0.497°\ \text{kV}$

电压偏移为$\dfrac{U_2-U_N}{U_N}\times100\%=\dfrac{989.337-220}{220}\times100\%=+349.7\%$

工频过电压倍数$=\dfrac{U_2}{U_N}=\dfrac{989.337}{220}=4.49$ 倍

(2)调节发电机励磁，使发电端在甩负荷后保持 10.5 kV 时，计算线路末端电压及工频过电压倍数。

机端电压归算到 220 kV 侧为

$U'_G=U_G k_T=10.5\times\dfrac{242}{10.5}\ \text{kV}=242\ \text{kV}$

$Z_{G\text{-}2}=jX_T+\dfrac{1}{2}(R_L+jX_L)=(j58.564+8+j41)\ \Omega$

$=(8+j99.564)\ \Omega=99.8849\angle85.4061°\ \Omega$

$Z_{\Sigma G\text{-}2}=Z_{G\text{-}2}-jX_C=(8+j99.564-j1754.386)\ \Omega=8-j1654.52\angle-89.723°\ \Omega$

$\dot{I}_G=\dfrac{\dot{U}'_G}{\sqrt{3}Z_{\Sigma G\text{-}2}}=\dfrac{242\angle0°}{\sqrt{3}\times1654.52\quad\angle-89.723°}\ \text{kA}=0.08445\angle89.723°\ \text{kA}$

$\dot{U}_2=\dot{U}'_G-\sqrt{3}\dot{I}_G Z_{G\text{-}2}$

$=[242-\sqrt{3}\times0.08445\times99.8849\angle(89.723°+85.4061°)]\ \text{kV}$

$=(256.558-j1.241)\ \text{kV}=256.56\angle-0.277°\ \text{kV}$

电压偏移为$\dfrac{U_2-U_N}{U_N}\times100\%=\dfrac{256.558-220}{220}\times100\%=16.62\%$

工频过电压倍数$=\dfrac{U_2}{U_N}=\dfrac{256.56}{220}=1.166$ 倍

可见调节励磁能大大地减小电压偏移和工频过电压的倍数，使之降到可接受的范围。

11-3 开式网络如教材中图 11-2 所示，已知条件同教材中例 11-1 一样。在电压计算中忽略电压降落的横向分量，试做潮流计算，并与例 11-1 的计算结果作比较。

解 本题的开式网络重画如题 11-3 图所示。各支路阻抗和节点负荷功率分别为

$$Z_{ab}=(0.54+j0.65)\ \Omega,\quad Z_{bc}=(0.62+j0.5)\ \Omega$$

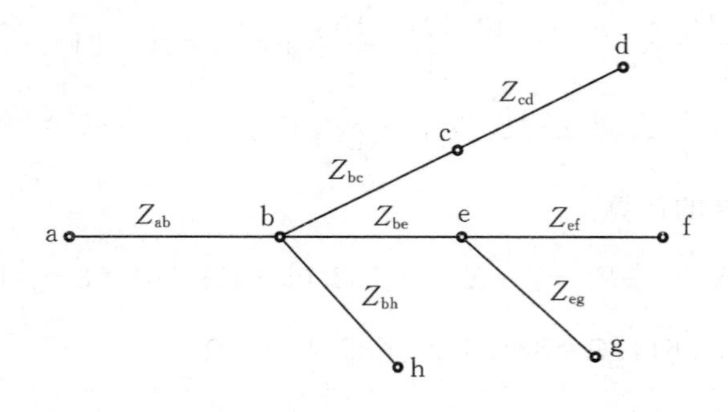

题 11-3 图　辐射状供电网

$Z_{cd}=(0.6+j0.35)\ \Omega$，$Z_{be}=(0.72+j0.75)\ \Omega$

$Z_{ef}=(1+j0.55)\ \Omega$，$Z_{eg}=(0.65+j0.35)\ \Omega$

$Z_{bh}=(0.9+j0.5)\ \Omega$

$S_b=(0.6+j0.45)\ kV\cdot A$，$S_c=(0.4+j0.3)\ kV\cdot A$

$S_d=(0.4+j0.28)\ kV\cdot A$，$S_e=(0.6+j0.4)\ kV\cdot A$

$S_f=(0.4+j0.3)\ kV\cdot A$，$S_g=(0.5+j0.35)\ kV\cdot A$

$S_h=(0.5+j0.4)\ kV\cdot A$

已知供电点 a 的电压为 10.5 kV。

第一轮迭代的第一步，取 $U^{(0)}=10$ kV，依支路顺序 cd，be，ef，eg，be，bh，ab，计算功率损耗，求出各支路的首端功率。

$$S'_{cd}=S_d+\frac{P_d^2+Q_d^2}{U^{(0)2}}(r_{cd}+jx_{cd})$$

$$=\left[0.4+0.28+\frac{0.4^2+0.28^2}{10^2}(0.6+j0.35)\right]\ kV\cdot A$$

$$=(0.40143+j0.28083)\ kV\cdot A$$

$$S''_{bc}=S'_{cd}+S_c=(0.40143+j0.28083+0.4+j0.3)\ kV\cdot A$$

$$=(0.80143+j0.58083)\ kV\cdot A$$

$$S'_{bc}=S''_{bc}+\Delta S_{bc}=\left[0.80143+j0.58083+\frac{0.80143^2+0.58083^2}{10^2}\times(0.62+j0.5)\right]\ kV\cdot A=(0.80750+j0.58573)\ kV\cdot A$$

$$S'_{ef}=S_f+\Delta S_{ef}=\left[0.4+j0.3+\frac{0.4^2+0.3^2}{10^2}(1+j0.55)\right]\ kV\cdot A$$

$$=(0.40250+j0.30138)\ kV\cdot A$$

$$S'_{eg}=S_g+\Delta S_{eg}=\left[0.5+j0.35+\frac{0.5^2+0.35^2}{10^2}(0.65+j0.35)\right]\ kV\cdot A$$

$$=(0.50242+j0.35130)\ kV\cdot A$$

$$S''_{be}=S_e+S'_{ef}+S'_{eg}=(0.6+j0.4+0.40250+j0.30138+0.50242+j0.35130)\ kV\cdot A=(1.50492+j1.05268)\ kV\cdot A$$

$$S'_{be}=S''_{be}+\Delta S_{be}=\left[1.50492+j1.05268+\frac{1.50492^2+1.05268}{10^2}\times(0.72+j0.75)\right]\ kV\cdot A=(1.52921+j1.07798)\ kV\cdot A$$

$$S'_{bh}=S_h+\Delta S_{bh}=\left[0.5+j0.4+\frac{0.5^2+0.4^2}{10^2}(0.9+j0.5)\right]\ kV\cdot A$$

$$=(0.50369+j0.40205)\ kV\cdot A$$

$$S''_{ab}=S_b+S'_{bc}+S'_{be}+S'_{bh}=(0.6+j0.45+0.80750+j0.58573+1.52921+j1.07798+0.50369+j0.40205)\ kV\cdot A$$

$$=(3.44040+j2.51576)\ kV\cdot A$$

$$S'_{ab}=S''_{ab}+\Delta S_{ab}$$

$$=\left[3.44040+j2.51576+\frac{3.44040^2+2.51576^2}{10^2}\times(0.54+j0.65)\right]\ kV\cdot A$$

$=(3.53849+j2.63384)\ \mathrm{kV\cdot A}$

第一轮迭代的第二步，利用第一步求得的各支路首端功率，从电源点开始，顺着功率传送方向，依次计算各支路的电压降落，求出各节点电压。计算中将略去电压降落的横向分量。

$$U_b=U_a-\Delta U_{ab}=U_a-\frac{P'_{ab}r_{ab}+Q'_{ab}x_{ab}}{U_a}$$

$$=\left(10.5-\frac{3.53849\times0.54+2.63384\times0.65}{10.5}\right)\ \mathrm{kV}=10.1550\ \mathrm{kV}$$

$$U_h=U_b-\Delta U_{bh}=\left(10.1550-\frac{0.50369\times0.9+0.40205\times0.5}{10.1550}\right)\ \mathrm{kV}$$

$$=10.0906\ \mathrm{kV}$$

$$U_e=U_b-\Delta U_{be}=\left(10.1550-\frac{1.52921\times0.72+1.07798\times0.75}{10.1550}\right)\ \mathrm{kV}$$

$$=9.9670\ \mathrm{kV}$$

$$U_g=U_e-\Delta U_{eg}=\left(9.9670-\frac{0.50242\times0.65+0.35130\times0.35}{9.9670}\right)\ \mathrm{kV}$$

$$=9.9219\ \mathrm{kV}$$

$$U_f=U_e-\Delta U_{ef}$$

$$=\left(9.9670-\frac{0.40250\times1+0.30138\times0.55}{9.9670}\right)\ \mathrm{kV}=9.9100\ \mathrm{kV}$$

$$U_c=U_b-\Delta U_{bc}=\left(10.1550-\frac{0.80750\times0.62+0.58573\times0.5}{10.1550}\right)\ \mathrm{kV}$$

$$=10.0769\ \mathrm{kV}$$

$$U_d=U_c-\Delta U_{cd}=\left(10.0769-\frac{0.40143\times0.6+0.28083\times0.35}{10.0769}\right)\ \mathrm{kV}$$

$$=10.0432\ \mathrm{kV}$$

下面开始第二轮迭代，第一步利用上一轮算出的节点电压计算各支路的功率损耗，求得各支路的首端功率如下：

$$S'_{cd}=\left[0.4+j0.28+\frac{0.4^2+0.28^2}{10.0432^2}(0.6+j0.35)\right]\ \mathrm{kV\cdot A}$$

$$=(0.40142+j0.28083)\ \mathrm{kV\cdot A}$$

$$S''_{bc}=S'_{cd}+S_c=(0.40142+j0.28083+0.4+j0.3)\ \mathrm{kV\cdot A}$$

$$=(0.80142+j0.58083)\ \mathrm{kV\cdot A}$$

$$S'_{bc}=\left[0.80142+j0.58083+\frac{0.80142^2+0.58083^2}{10.0769^2}\right.$$

$$\left.\times(0.62+j0.5)\right]\ \mathrm{kV\cdot A}=(0.80740+j0.58565)\ \mathrm{kV\cdot A}$$

$$S'_{ef}=\left[0.4+j0.3+\frac{0.4^2+0.3^2}{9.91^2}(1+j0.55)\right]\ \mathrm{kV\cdot A}$$

$$=(0.40255+j0.30140)\ \mathrm{kV\cdot A}$$

$$S'_{eg}=\left[0.5+j0.35+\frac{0.5^2+0.35^2}{9.9219^2}(0.65+j0.35)\right]\ \mathrm{kV\cdot A}$$

$$=(0.50246+j0.35132)\ \mathrm{kV\cdot A}$$

$$S''_{be}=S_e+S'_{ef}+S'_{eg}$$
$$=(0.6+j0.4+0.40255+j0.30140+0.50246+j0.35132)\ \text{kV}\cdot\text{A}$$
$$=(1.50501+j1.05272)\ \text{kV}\cdot\text{A}$$

$$S'_{be}=\left[1.50501+j1.05272+\frac{1.50501^2+1.05272^2}{9.967^2}\times(0.72+j0.75)\right]\ \text{kV}\cdot\text{A}$$
$$=(1.52946+j1.07819)\ \text{kV}\cdot\text{A}$$

$$S'_{bh}=\left[0.5+j0.4+\frac{0.5^2+0.4^2}{10.0906^2}(0.9+j0.5)\right]\ \text{kV}\cdot\text{A}$$
$$=(0.50362+j0.40201)\ \text{kV}\cdot\text{A}$$

$$S''_{ab}=S_b+S'_{bc}+S'_{be}+S'_{bh}=(0.6+j0.45+0.80740$$
$$+j0.58565+1.52946+j1.07819+0.50362+j0.40201)\ \text{kV}\cdot\text{A}$$
$$=(3.44048+j2.51585)\ \text{kV}\cdot\text{A}$$

$$S'_{ab}=\left[3.44048+j2.51585+\frac{3.44048^2+2.51585^2}{10.155^2}\right.$$
$$\left.\times(0.54+j0.65)\right]\ \text{kV}\cdot\text{A}=(3.53561+j2.63035)\ \text{kV}\cdot\text{A}$$

第二步，计算各节点电压。

$$U_b=U_a-\Delta U_{ab}=\left(10.5-\frac{3.53561\times0.54+2.63035\times0.65}{10.5}\right)\ \text{kV}$$
$$=10.1553\ \text{kV}$$

$$U_h=U_b-\Delta U_{bh}=\left(10.1553-\frac{0.50362\times0.9+0.40201\times0.5}{10.1553}\right)\ \text{kV}$$
$$=10.0909\ \text{kV}$$

$$U_e=U_b-\Delta U_{be}=\left(10.1553-\frac{1.52946\times0.72+1.07819\times0.75}{10.1553}\right)\ \text{kV}$$
$$=9.9672\ \text{kV}$$

$$U_f=U_e-\Delta U_{ef}=\left(9.9672-\frac{0.40255\times1+0.30140\times0.55}{9.9672}\right)\ \text{kV}$$
$$=9.9102\ \text{kV}$$

$$U_g=U_e-\Delta U_{eg}=\left(9.9672-\frac{0.50246\times0.65+0.35132\times0.35}{9.9672}\right)\ \text{kV}$$
$$=9.9221\ \text{kV}$$

$$U_c=U_b-\Delta U_{bc}=\left(10.1553-\frac{0.80740\times0.62+0.58565\times0.5}{10.1553}\right)\ \text{kV}$$
$$=10.0772\ \text{kV}$$

$$U_d=U_c-\Delta U_{cd}=\left(10.0772-\frac{0.40142\times0.6+0.28083\times0.35}{10.0772}\right)\ \text{kV}$$
$$=10.0435\ \text{kV}$$

将上述计算结果整理列表成如题 11-3 表(1)、题 11-3 表(2)。

题 11-3 表(1)　迭代过程中各支路的首端功率 S(kV·A)

迭代计数	1	2
S'_{cd}	0.40143+j0.28083	0.40142+j0.28083
S'_{bc}	0.80750+j0.58573	0.80740+j0.58565
S'_{ef}	0.40250+j0.30138	0.40255+j0.30140
S'_{eg}	0.50242+j0.35130	0.50246+j0.35132
S'_{be}	1.52921+j1.07798	1.52946+j1.07819
S'_{bh}	0.50369+j0.40205	0.50362+j0.40201
S'_{ab}	3.53849+j2.63384	3.53561+j2.63035

题 11-3 表(2)　迭代过程中各节点的电压(kV)

迭代计数	1	2
U_b	10.1550	10.1553
U_c	10.0769	10.0772
U_d	10.0432	10.0435
U_e	9.9670	9.9672
U_f	9.9100	9.9102
U_g	9.9219	9.9221
U_h	10.0906	10.0909

经过两轮迭代计算，节点电压的误差已小于 0.001 kV，计算到此结束。同书中例 11-1 的结果相比较，忽略电压降落横向分量所得节点电压要比计及横向分量的节点电压约小于 0.0003～0.0005 kV，对于 10 kV 的电压级而言，相对误差只有 0.003%～0.005%。这是因为在低压配电网中电压降落的横向分量非常小，本题中每条支路两端节点电压的相位差都没有超过 1°。从公式

$$\delta U=(PX-QR)/U$$

可知，电压降落横向分量由 PX 和 QR 两项之差构成，低压网络导线截面较小，电阻较大，R 与 X 数值接近，甚至 $R>X$，当 P 与 Q 的数值相差不很大时，差值 $PX-QR$ 常变得很小。所以，在低压配电网的潮流计算中，忽略电压降落的横向分量一般不会带来明显的误差。

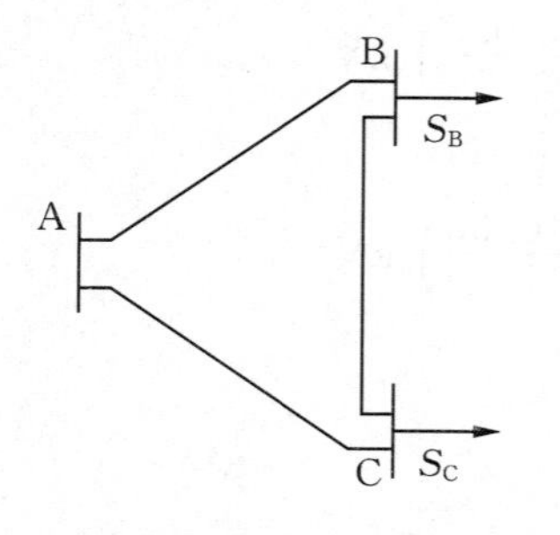

题 11-4 图　简单环状网络

11-4　110 kV 简单环网如题 11-4 图所示，导线型号均为 LGJ-95，已知：线路 AB 段为 40 km，AC 段为 30 km，BC 段为 30 km；变电所负荷为 $S_B=(20+j15)$ MV·A，$S_C=(10+j10)$ MV·A。

(1)不计功率损耗，试求网络的功率分布，并计算正常闭环运行和切除一条线路运行时的最大电压损耗；

(2)若 $U_A=115$ kV，且计及功率损耗，重做(1)的计算

内容；

(3)若将 BC 段导线换为 LGJ-70，重做(1)的计算内容，并比较其结果。

导线 LGJ-95 参数：$r_1=0.33\ \Omega/\text{km}$，$x_1=0.429\ \Omega/\text{km}$，$b_1=2.65\times10^{-6}\ \text{S/km}$；LGJ-70 参数：$r_1=0.45\ \Omega/\text{km}$，$x_1=0.440\ \Omega/\text{km}$，$b_1=2.58\times10^{-6}\ \text{S/km}$。

解 先计算线路参数。

线路 AB：$R_{AB}=0.33\times40\ \Omega=13.2\ \Omega$， $X_{AB}=0.429\times40\ \Omega=17.16\ \Omega$

$$\frac{1}{2}B_{AB}=0.5\times2.65\times10^{-6}\times40\ \text{S}=0.53\times10^{-4}\ \text{S}$$

线路 AC：$R_{AC}=0.33\times30\ \Omega=9.9\ \Omega$， $X_{AC}=0.429\times30\ \Omega=12.87\ \Omega$

$$\frac{1}{2}B_{AC}=0.5\times2.65\times10^{-6}\times30\ \text{S}=0.3975\times10^{-4}\ \text{S}$$

线路 BC：$R_{BC}=0.33\times30\ \Omega=9.9\ \Omega$， $X_{AC}=0.429\times30\ \Omega=12.87\ \Omega$

$$\frac{1}{2}B_{BC}=0.5\times2.65\times10^{-6}\times30\ \text{S}=0.3975\times10^{-4}\ \text{S}$$

(1)不计功率损耗求网络功率分布并计算正常闭环和切除一条线路时的最大电压损耗。

(a)求功率分布。

计算线路的电容功率：

AB 段：$\frac{1}{2}\Delta Q_{C(AB)}=U_N^2\times\frac{1}{2}B_{AB}=110^2\times0.53\times10^{-4}\ \text{Mvar}=0.6413\ \text{Mvar}$

AC 段：$\frac{1}{2}\Delta Q_{C(AC)}=U_N^2\times\frac{1}{2}B_{AC}=110^2\times0.3975\times10^{-4}\ \text{Mvar}=0.481\ \text{Mvar}$

BC 段：$\frac{1}{2}\Delta Q_{C(BC)}=0.481\ \text{Mvar}$

计算各点运算负荷：

$$S_B'=S_B-\text{j}\frac{1}{2}\Delta Q_{C(AB)}-\text{j}\frac{1}{2}\Delta Q_{C(BC)}=[20+\text{j}(15-0.6413-0.481)]\ \text{MV}\cdot\text{A}$$
$$=(20+\text{j}13.8777)\ \text{MV}\cdot\text{A}$$

$$S_C'=S_C-\text{j}\frac{1}{2}\Delta Q_{C(AC)}-\text{j}\frac{1}{2}\Delta Q_{C(BC)}=[10+\text{j}(10-0.481-0.481)]\ \text{MV}\cdot\text{A}$$
$$=(10+\text{j}9.038)\ \text{MV}\cdot\text{A}$$

因为网络是均一网络，故

$$P_{AB}=\frac{\sum P_i l_i}{l_\Sigma}=\frac{20\times60+10\times30}{100}\ \text{MW}=15\ \text{MW}$$

$$P_{AC}=\frac{\sum P_c l_i}{l_\Sigma}=\frac{10\times70+20\times40}{100}\ \text{MW}=15\ \text{MW}$$

$$P_{CB}=(15-10)\ \text{MW}=5\ \text{MW}$$

$$Q_{AB}=\frac{\sum Q_i l_i}{l_\Sigma}=\frac{13.8777\times60+9.038\times30}{100}\ \text{Mvar}=11.038\ \text{Mvar}$$

$$Q_{AC}=\frac{9.038\times70+13.8777\times40}{100}\ \text{Mvar}=11.8777\ \text{Mvar}$$

$$Q_{CB}=2.8397\ \text{Mvar}$$

(b)计算闭环最大电压损耗。

从计算结果看，有功功率和无功功率的分点在同一节点，即节点 B，故

$$\Delta\dot{U}_{AB}=\frac{P_{AB}R_{AB}+Q_{AB}X_{AB}}{U_A}-\mathrm{j}\,\frac{P_{AB}X_{AB}-Q_{AB}R_{AB}}{U_A}$$

$$=\left(\frac{15\times13.2+11.038\times17.16}{110}-\mathrm{j}\,\frac{15\times17.16-11.038\times13.2}{110}\right)\text{ kV}$$

$$=(3.5219-\mathrm{j}1.0544)\text{ kV}$$

不计电压降落的横向分量，最大电压损耗

$$\Delta U_{max}=3.5219\text{ kV}\quad 或\quad \Delta U_{max}=\frac{3.5219}{110}\times100\%=3.202\%$$

(c)计算当线路 AB 断开后的最大电压损耗。

新功率分布

$$S_{CB}=S'_B+\mathrm{j}\,\frac{1}{2}\Delta Q_{C(AB)}=[20+\mathrm{j}(13.8777+0.6413)]\text{ MV}\cdot\text{A}$$

$$=(20+\mathrm{j}14.519)\text{ MV}\cdot\text{A}$$

$$S_{AC}=S_{CB}+S'_C=[(20+10)+\mathrm{j}(14.519+9.038)]\text{ MV}\cdot\text{A}$$

$$=(30+\mathrm{j}23.557)\text{ MV}\cdot\text{A}$$

不计电压降落的横向分量

$$\Delta U_{max}=\frac{P_{AC}R_{AC}+Q_{AC}X_{AC}}{U_N}+\frac{P_{CB}R_{CB}+Q_{CB}X_{CB}}{U_N}$$

$$=\left(\frac{30\times9.9+23.557\times12.87}{110}+\frac{20\times9.9+14.519\times12.87}{110}\right)\text{ kV}$$

$$=8.955\text{ kV}$$

或

$$\Delta U_{max}=\frac{8.955}{110}\times100\%=8.141\%$$

(2)若 $U_A=115$ kV，计及功率损耗重做(1)的计算。

由(1)已求出不计功率损耗时的功率分布，现先按额定电压求功率损耗及功率分布。

(a)求功率分布。

$$S_{AB2}=S_{AB}+\mathrm{j}\,\frac{1}{2}\Delta Q_{C(AB)}=[15+\mathrm{j}(11.038+0.6413)]\text{ MV}\cdot\text{A}$$

$$=(15+\mathrm{j}11.6793)\text{ MV}\cdot\text{A}$$

$$\Delta S_{AB}=\frac{P_{AB}^2+Q_{AB}^2}{U_N^2}(R_{AB}+\mathrm{j}X_{AB})=\frac{15^2+11.038^2}{110^2}(13.2+\mathrm{j}17.16)\text{ MV}\cdot\text{A}$$

$$=(0.3784+\mathrm{j}0.4919)\text{ MV}\cdot\text{A}$$

$$S_{AB1}=S_{AB}+\Delta S_{AB}-\mathrm{j}\,\frac{1}{2}\Delta Q_{C(AB)}$$

$$=[(15+0.3784)+\mathrm{j}(11.038+0.4919-0.6413)]\text{ MV}\cdot\text{A}$$

$$=(15.3784+\mathrm{j}10.8886)\text{ MV}\cdot\text{A}$$

$$S_{CB2}=S_{CB}+\mathrm{j}\,\frac{1}{2}\Delta Q_{C(BC)}=[5+\mathrm{j}(2.8397+0.481)]\text{ MV}\cdot\text{A}$$

$$=(5+j3.3207)\ \text{MV·A}$$

$$\Delta S_{CB}=\frac{P_{CB}^2+Q_{CB}^2}{U_N^2}(R_{CB}+jX_{CB})=\frac{5^2+2.8397^2}{110^2}\times(9.9+j12.87)\text{MV·A}$$

$$=(0.0271+j0.03517)\text{MV·A}$$

$$S_{CB1}=S_{CB}+\Delta S_{CB}-j\frac{1}{2}\Delta Q_{C(BC)}$$

$$=[(5+0.0271)+j(2.8397+0.03517-0.481)]\ \text{MV·A}$$

$$=(5.0271+j2.3939)\ \text{MV·A}$$

$$S_{AC2}=S_{CB1}+S_C=[(5.0271+10)+j(2.3939+10)]\ \text{MV·A}$$

$$=(15.0271+j12.3939)\ \text{MV·A}$$

$$S'_{AC2}=S_{AC2}-j\frac{1}{2}\Delta Q_{C(AC)}=[15.0271+j(12.3939-0.481)]\ \text{MV·A}$$

$$=(15.0271+j11.9129)\ \text{MV·A}$$

$$\Delta S_{AC}=\frac{P'^2_{AC2}+Q'^2_{AC2}}{U_N^2}(R_{AC}+jX_{AC})$$

$$=\frac{15.0271^2+11.9129^2}{110^2}\times(9.9+j12.87)\text{MV·A}$$

$$=(0.3009+j0.3911)\text{MV·A}$$

$$S_{AC1}=S'_{AC2}+\Delta S_{AC}-j\frac{1}{2}\Delta Q_{C(AC)}=[(15.0271+0.3009)+j(11.9129$$
$$+0.3911-0.481)]\ \text{MV·A}=(15.328+j11.823)\ \text{MV·A}$$

(b)计算闭环时的最大电压损耗。

$$P'_{AB1}=P_{AB1}=15.3784\ \text{MW}$$

$$Q'_{AB1}=Q_{AB1}+\frac{1}{2}\Delta Q_{C(AB)}=(10.8886+0.6413)\ \text{Mvar}=11.5299\ \text{Mvar}$$

$$\Delta\dot{U}_{max}=\frac{P'_{AB1}R_{AB}+Q'_{AB1}X_{AB}}{U_A}-j\frac{P'_{AB1}X_{AB}-Q'_{AB1}R_{AB}}{U_A}$$

$$=\left(\frac{15.3784\times13.2+11.5299\times17.16}{115}\right.$$
$$\left.-j\frac{15.3784\times17.16-11.5299\times13.2}{115}\right)\ \text{kV}$$

$$=(3.4856-j0.9713)\ \text{kV}$$

$$U_B=\sqrt{(U_A-\Delta U)^2+(\delta U)^2}$$

$$=\sqrt{(115-3.4856)^2+(0.9713)^2}\ \text{kV}=111.5186\ \text{kV}$$

$$\Delta U_{max}=U_A-U_B=(115-111.5186)\ \text{kV}=3.4814\ \text{kV}$$

或 $\Delta U_{max}=\frac{3.8414}{110}\times100\%=3.1649\%$

(c)计算线路 AB 断开时的最大电压损耗。

先求计及损耗时的功率分布。

$$S'_{CB2}=S_B-j\frac{1}{2}\Delta Q_{C(BC)}=[20+j(15-0.481)]\ \text{MV·A}$$
$$=(20+j14.519)\ \text{MV·A}$$
$$\Delta S_{CB}=\frac{P'^2_{CB2}+Q'^2_{CB2}}{U_N^2}(R_{CB}+jX_{CB})=\frac{20^2+14.519^2}{110^2}(9.9+j12.87)\ \text{MV·A}$$
$$=(0.4997+j0.6497)\ \text{MV·A}$$
$$S'_{CB1}=S'_{CB2}+\Delta S_{CB}=[(20+0.4997)+j(14.519+0.6497)]\ \text{MV·A}$$
$$=(20.4997+j15.1687)\ \text{MV·A}$$
$$S'_{AC2}=S'_{CB1}+S'_C=[(20.4997+j15.1687)+(10+j9.038)]\text{MV·A}$$
$$=(30.4997+j24.2067)\text{MV·A}$$
$$\Delta S_{AC}=\frac{P'^2_{AC2}+Q'^2_{AC2}}{U_N^2}(R_{AC}+jX_{AC})$$
$$=\frac{30.4997^2+24.2007^2}{110^2}(9.9+12.87)\ \text{MV·A}$$
$$=(1.24+j1.6127)\ \text{MV·A}$$
$$S'_{AC1}=S'_{AC2}+\Delta S_{AC}=[(30.4997+1.24)+j(24.2067+1.6217)]\ \text{MV·A}$$
$$=(31.7397+j25.8194)\ \text{MV·A}$$
$$\Delta\dot{U}_{AC}=\frac{P'_{AC1}R_{AC}+Q'_{AC1}X_{AC}}{U_A}-j\frac{P'_{AC1}X_{AC}-Q'_{AC1}R_{AC}}{U_A}$$
$$=\left(\frac{31.7397\times9.9+25.8194\times12.87}{115}-j\frac{31.7397\times12.87-25.8194\times9.9}{115}\right)\ \text{kV}$$
$$=(5.6219-j1.33)\ \text{kV}$$
$$U_C=\sqrt{(U_A-\Delta U_{AC})^2+(\delta U_{AC})^2}=\sqrt{(115-5.6219)^2+1.33^2}\ \text{kV}=109.386\ \text{kV}$$
$$\Delta\dot{U}_{CB}=\frac{P'_{CB1}R_{CB}+Q'_{CB1}X_{CB}}{U_C}-j\frac{P'_{CB1}X_{CB}-Q'_{CB1}R_{CB}}{U_C}$$
$$=\left(\frac{20.4997\times9.9+15.1687\times12.87}{109.386}-j\frac{20.4997\times12.87-15.1687\times9.9}{109.386}\right)\ \text{kV}$$
$$=(3.64-j1.0391)\ \text{kV}$$
$$U_B=\sqrt{(U_C-\Delta U_{CB})^2+(\delta U_{CB})^2}=\sqrt{(109.386-3.64)^2+1.0391^2}\ \text{kV}=105.7511\ \text{kV}$$
$$\Delta U_{max}=U_A-U_B=(115-105.7511)\ \text{kV}=9.2489\ \text{kV}$$

或
$$\Delta U_{max}=\frac{9.2489}{110}\times100\%=8.408\%$$

(3)将线路 BC 段更换成 LGJ-70 后的计算如下。

$$R_{BC}=0.45\times30\ \Omega=13.5\ \Omega,X_{BC}=0.44\times30\ \Omega=13.2\ \Omega$$
$$\frac{1}{2}B_{BC}=2.58\times10^{-6}\times30\times0.5\ \text{S}=0.387\times10^{-4}$$
$$\frac{1}{2}\Delta Q_{C(BC)}=U_N^2\cdot\frac{1}{2}B_{BC}=110^2\times0.387\times10^{-4}\ \text{Mvar}=0.4683\ \text{Mvar}$$

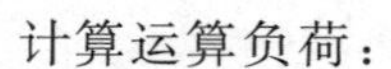
计算运算负荷：

$$S'_{B} = S_{B} - j\frac{1}{2}\Delta Q_{C(AB)} - j\frac{1}{2}\Delta Q_{C(BC)}$$
$$= [20 + j(15 - 0.6413 - 0.4683)]\ MV\cdot A$$
$$= (20 + j13.8904)\ MV\cdot A = 24.3504\angle 34.7808^\circ\ MV\cdot A$$
$$S'_{C} = S_{C} - j\frac{1}{2}\Delta Q_{C(BC)} - j\frac{1}{2}\Delta Q_{C(AC)}$$
$$= [10 + j(10 - 0.4683 - 0.481)]\ MV\cdot A$$
$$= (10 + j9.0517)\ MV\cdot A = 13.4876\angle 42.1473^\circ\ MV\cdot A$$
$$Z_{\Sigma} = Z_{AB} + Z_{BC} + Z_{AC}$$
$$= [(13.2 + 13.5 + 9.9) + j(17.16 + 13.2 + 12.87)]\ \Omega$$
$$= (36.6 + j43.23)\ \Omega = 56.6427\angle 49.7476^\circ\ \Omega$$
$$Z_{BCA} = Z_{BC} + Z_{AC} = [(13.5 + 9.9) + j(13.2 + 12.87)]\ \Omega$$
$$= (23.4 + j26.07)\ \Omega = 35.0315\angle 48.0894^\circ\ \Omega$$
$$Z_{AC} = (13.5 + j12.87)\ \Omega = 16.2372\angle 52.4314^\circ\ \Omega$$

(a)功率分布计算。

$$S_{AB} = \frac{S'_{B}\overset{*}{Z}_{BCA} + S'_{C}\overset{*}{Z}_{AC}}{\overset{*}{Z}_{\Sigma}}$$
$$= \frac{24.3504\angle 34.7808^\circ}{56.6427\angle -49.7476^\circ} \times \frac{35.0315\angle -48.0894^\circ + 13.4876\angle 42.1476^\circ}{56.6427\angle -49.7476^\circ}$$
$$\times \frac{16.2372\angle -52.4314^\circ}{56.6427\angle -49.7476^\circ}\ MV\cdot A$$
$$= 18.9219\angle 37.0567^\circ\ MV\cdot A = (15.1004 + j11.4024)\ MV\cdot A$$
$$S_{AC} = S'_{B} + S'_{C} - S_{AB}$$
$$= (20 + 10 - 15.1004) + j(13.8904 + 9.0507 - 11.4024)\ MV\cdot A$$
$$= (14.8996 + j11.5387)\ MV\cdot A$$
$$S_{CB} = S_{AC} - S'_{C} = [(14.8996 - 10) + j(11.5387 - 9.0507)]\ MV\cdot A$$
$$= (4.8996 + j2.488)\ MV\cdot A$$

(b)闭环最大电压损耗计算。

$$\Delta\dot{U}_{AB} = \frac{P_{AB}R_{AB} + Q_{AB}X_{AB}}{U_{N}} - j\frac{P_{AB}X_{AB} - Q_{AB}R_{AB}}{U_{N}}$$
$$= \left(\frac{15.1004\times 13.2 + 11.4024\times 17.16}{110} - j\frac{15.1004\times 17.16 - 11.4024\times 13.2}{110}\right)\ kV$$
$$= (3.5908 - j0.9874)\ kV$$
$$U_{B} = \sqrt{(U_{A} - \Delta U_{AB})^2 + (\delta U_{AB})^2} = \sqrt{(110 - 3.5908)^2 + (0.9874)^2}\ kV = 106.414\ kV$$
$$\Delta U_{max} = U_{A} - U_{B} = (110 - 106.414)\ kV = 3.586\ kV$$

或

$$\Delta U_{max} = \frac{3.586}{110}\times 100\% = 3.26\%$$

(c)线路 AB 段断开时，有

$$S'_B=S_B-j\frac{1}{2}\Delta Q_{C(BC)}=[20+j(15-0.4683)]\ MV\cdot A=(20+j14.5317)\ MV\cdot A$$

$$S_{AC}=S'_B+S'_C=[(20+10)+j(14.5317+9.0507)]\ MV\cdot A=(30+j23.5824)\ MV\cdot A$$

只计纵向分量。

$$\Delta U_{AC}=\frac{\sum P_iR_i+\sum Q_iX_i}{U_N}$$
$$=\frac{30\times9.9+20\times13.5+23.5824\times12.87+14.5317\times13.2}{110}\ kV$$
$$=9.6575\ kV$$

相对值 $$\Delta U_{max}=\frac{\Delta U_{AC}}{U_N}\times100\%=\frac{9.6575}{110}\times100\%=8.7796\%$$

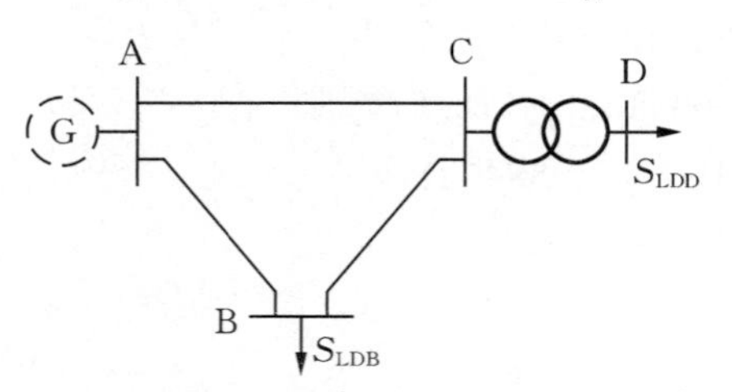

题 11-5 图　系统接线图

11-5　在题 11-5 图所示电力系统中，已知条件如下。变压器 T：SFT-40000/110，$\Delta P_S=200$ kW，$U_S\%=10.5$，$\Delta P_0=42$ kW，$I_0\%=0.7$，$k_T=k_N$；线路 AC 段：$l=50$ km，$r_1=0.27\ \Omega/km$，$x_1=0.42\ \Omega/km$；线路 BC 段：$l=50$ km，$r_1=0.45\ \Omega/km$，$x_1=0.41\ \Omega/km$；线路 AB 段：$l=40$ km，$r_1=0.27\ \Omega/km$，$x_1=0.42\ \Omega/km$；各段线路的导纳均可略去不计；负荷功率：$S_{LDB}=(25+j18)$ MV·A，$S_{LDD}=(30+j20)$ MV·A；母线 D 额定电压为 10 kV。当 C 点的运行电压 $U_C=108$ kV时，试求：

(1)网络的功率分布及功率损耗；

(2)A，B，C 点的电压；

(3)功率分点。

解　进行参数计算。

$$Z_{AC}=l_{AC}(r_1+jx_1)=50\times(0.27+j0.42)\ \Omega=(13.5+j21)\ \Omega=24.95\angle57.265°\ \Omega$$

$$Z_{AB}=l_{AB}(r_1+jx_1)=40\times(0.27+j0.42)\ \Omega$$
$$=(10.8+j16.8)\ \Omega=19.972\angle57.265°\ \Omega$$

$$Z_{BC}=l_{BC}(r_1+jx_1)=50\times(0.45+j0.41)\ \Omega=(22.5+j20.5)\ \Omega=29.347\angle44.31°\ \Omega$$

$$Z_\Sigma=Z_{AC}+Z_{AB}+Z_{BC}=[(13.5+10.8+22.5)+j(21+16.8+20.5)]\ \Omega$$
$$=(46.8+j58.3)\ \Omega=74.76\angle51.244°\ \Omega$$

$$Z_{BCA}=Z_{BC}+Z_{AC}=[(22.5+10.8)+j(20.5+16.8)]\ \Omega$$
$$=(33.3+j37.3)\ \Omega=50.002\angle48.234°\ \Omega$$

$$R_T=\Delta P_S\frac{U_N^2}{S_{TN}^2}\times10^3=\frac{200\times110^2}{40000^2}\times10^3\ \Omega=1.513\ \Omega$$

$$X_T=\frac{\Delta U_S\%}{100}\times\frac{U_N^2}{S_{TN}}\times10^3=\frac{10.5}{100}\times\frac{110^2}{40000}\times10^3\ \Omega=31.763\ \Omega$$

$$\Delta S_{T0}=\Delta P_0+j\frac{I_0\%}{100}S_{TN}=(0.042+j\frac{0.7}{100}\times40)\ MV\cdot A=(0.042+j0.28)\ MV\cdot A$$

(1)网络功率分布及功率损耗计算。

(a)计算运算负荷。

$$\Delta S_{ZT}=\frac{P_{LD0}^2+Q_{LD0}^2}{U_N^2}(R_T+jX_T)=\frac{30^2+20^2}{110^2}\times(1.513+j31.763)\ \text{MV}\cdot\text{A}$$
$$=(0.1626+j3.413)\ \text{MV}\cdot\text{A}$$

$$\Delta S_T=\Delta S_{ZT}+\Delta S_{T0}=[(0.1626+0.042)+j(3.413+0.28)]\ \text{MV}\cdot\text{A}$$
$$=(0.2046+j3.693)\ \text{MV}\cdot\text{A}$$

$$S'_C=S_{LD0}+\Delta S_T=[(30+0.2046)+j(20+3.693)]\ \text{MV}\cdot\text{A}$$
$$=(30.2046+j23.693)\ \text{MV}\cdot\text{A}=38.3885\angle 38.111^\circ\ \text{MV}\cdot\text{A}$$

$$S'_B=S_{LDB}=(25+j18)\ \text{MV}\cdot\text{A}=30.806\angle 35.754^\circ\ \text{MV}\cdot\text{A}$$

(b)不计功率损耗时的功率分布计算。

$$S_{AC}=\frac{S'_C\overset{*}{Z}_{BCA}+S'_B\overset{*}{Z}_{AB}}{\overset{*}{Z}_{\Sigma}}$$
$$=\frac{38.3885\angle 38.111^\circ\times 50.002\angle -48.234^\circ+30.806\angle 35.754^\circ\times 19.972\angle -57.265^\circ}{74.76\angle -51.244^\circ}\ \text{MV}\cdot\text{A}$$
$$=33.7824\angle 38.3639^\circ\ \text{MV}\cdot\text{A}=(26.49+j20.967)\ \text{MV}\cdot\text{A}$$

$$S_{AB}=S'_C+S'_B-S_{AC}$$
$$=(30.2046+j23.693+25+j18-26.49-j20.9672)\ \text{MV}\cdot\text{A}$$
$$=(28.7146+j20.7258)\ \text{MV}\cdot\text{A}$$

$$S_{BC}=S_{AB}-S'_B=(28.7146+j20.7258-25-j18)\ \text{MV}\cdot\text{A}$$
$$=(3.7416+j2.7258)\ \text{MV}\cdot\text{A}$$

(c)精确功率分布计算。

$$\Delta S_{AC}=\frac{P_{AC}^2+Q_{AC}^2}{U_C^2}(R_{AC}+jX_{AC})=\frac{26.49^2+20.9672^2}{108^2}(13.5+j21)\ \text{MV}\cdot\text{A}$$
$$=(1.321+j2.055)\ \text{MV}\cdot\text{A}$$

$$S_{AC1}=S_{AC}+\Delta S_{AC}=(26.49+j20.9672+1.321+j2.055)\ \text{MV}\cdot\text{A}$$
$$=(27.811+j23.0222)\ \text{MV}\cdot\text{A}$$

$$\Delta S_{BC}=\frac{P_{BC}^2+Q_{BC}^2}{U_C^2}(R_{BC}+jX_{BC})=\frac{3.7416^2+2.7258^2}{108^2}(22.5+j20.5)\ \text{MV}\cdot\text{A}$$
$$=(0.04134+j0.03766)\ \text{MV}\cdot\text{A}$$

$$S_{BC1}=S_{BC}+\Delta S_{BC}=[(3.7416+0.04134)+j(2.7258+0.03766)]\ \text{MV}\cdot\text{A}$$
$$=(3.7829+j2.7635)\ \text{MV}\cdot\text{A}$$

$$\Delta\dot{U}_{BC}=\frac{P_{BC}R_{BC}+Q_{BC}X_{BC}}{U_C}+j\,\frac{P_{BC}X_{BC}-Q_{BC}R_{BC}}{U_C}$$
$$=\left(\frac{3.7416\times 22.5+2.7258\times 20.5}{108}+j\,\frac{3.7416\times 20.5-2.7258\times 22.5}{108}\right)\ \text{kV}$$
$$=(1.2969+j0.1423)\ \text{kV}$$

$$U_B=\sqrt{(U_C+\Delta U_{BC})^2+(\delta U_{BC})^2}$$
$$=\sqrt{(108+1.2969)^2+(0.1423)^2}\ \text{kV}=109.297\ \text{kV}$$

$$S_{AB2}=S_{BC1}+S'_B=[(3.7829+25)+j(2.7635+18)]\ MV\cdot A$$
$$=(28.7829+j20.7635)\ MV\cdot A$$
$$\Delta S_{AB}=\frac{P_{AB2}^2+Q_{AB2}^2}{U_B^2}(R_{AB}+jX_{AB})=\frac{28.7829^2+20.7635^2}{109.297^2}(10.8+j16.8)\ MV\cdot A$$
$$=(1.1388+j1.7714)\ MV\cdot A$$
$$S_{AB1}=S_{AB2}+\Delta S_{AB}=[(28.7829+j20.7635)+(1.1388+j1.7714)]\ MV\cdot A$$
$$=(29.9217+j22.5349)\ MV\cdot A$$
$$S_{CD1}=S'_C=(30.2046+j23.693)\ MV\cdot A$$
$$S_{CD2}=S_{LD}=(30+j20)MV\cdot A$$
$$\Delta\dot{U}_{AB}=\frac{P_{AB2}R_{AB}+Q_{AB2}X_{AB}}{U_B}+j\frac{P_{AB2}X_{AB}-Q_{AB}R_{AB}}{U_B}$$
$$=\left(\frac{28.7829\times10.8+20.7635\times16.8}{109.297}+j\frac{28.7829\times16.8-20.7635\times10.8}{109.297}\right)\ kV$$
$$=(6.0357+j2.3725)\ kV$$

(2)A、B、C、D各点电压计算。

$$U_A=\sqrt{(U_B+\Delta U_{AB})^2+(\delta U_{AB})^2}$$
$$=\sqrt{(109.297+6.0357)^2+(2.3725)^2}\ kV=115.357\ kV$$

或 $$U_A=\sqrt{(U_C+\Delta U_{AC})^2+(\delta U_{AC})^2}$$
$$=\sqrt{\left(108+\frac{20.49\times13.5+20.9672\times21}{108}\right)^2+\left(\frac{26.49\times21-20.9672\times13.5}{108}\right)^2}\ kV$$
$$=115.4159\ kV$$

误差 $$\frac{115.4159-115.357}{115.357}\times100\%=0.0511\%$$

$$U_B=109.297\ kV,\quad U_C=108\ kV$$
$$\Delta\dot{U}_T=\frac{P'_CR_T+Q'_CX_T}{U_C}-j\frac{P'_CX_T-Q'_CR_T}{U_C}$$
$$=\left(\frac{30.2046\times1.513+23.693\times31.763}{108}\right.$$
$$\left.-j\frac{30.2046\times31.763-23.693\times1.513}{108}\right)\ kV$$
$$=(7.3913-j8.5513)\ kV$$
$$U'_D=\sqrt{(U_C-\Delta U_T)^2+(\delta U_T)^2}$$
$$=\sqrt{(108-7.3913)^2+8.5513^2}\ kV=100.97\ kV$$
$$U_D=U'_D\frac{1}{k_T}=100.91\times\frac{11}{110}\ kV=10.1\ kV$$

(3)求功率分点。

从计算结果可以看出有功功率和无功功率的分点均在节点C。

11-6 题11-6图的网络中，变电所C和D由电厂A和B的110 kV母线供电，参数如下。变压器Tc：2×SFL_1-15000/110，$P_s=100$ kW，$P_0=19$ kW，$U_S\%=10.5$，$I_0\%=1.0$；

变压器 T_D：$2\times SFL_1$-10000/110，$P_S=72$ kW，$P_0=14$ kW，$U_S\%=10.5$，$I_0\%=1.1$；线路 AC 段：LGJ-120，30 km，$r_1=0.27\ \Omega/\text{km}$，$x_1=0.423\ \Omega/\text{km}$，$b_1=2.69\times10^{-6}$ S/km；

线路 CD 段：LGJ-95，30 km，参数见题 11-4；

线路 BD 段：LGJ-95，40 km；

负荷功率：$S_C=(23+\text{j}14)$ MV·A，$S_D=(14+\text{j}11)$ MV·A。

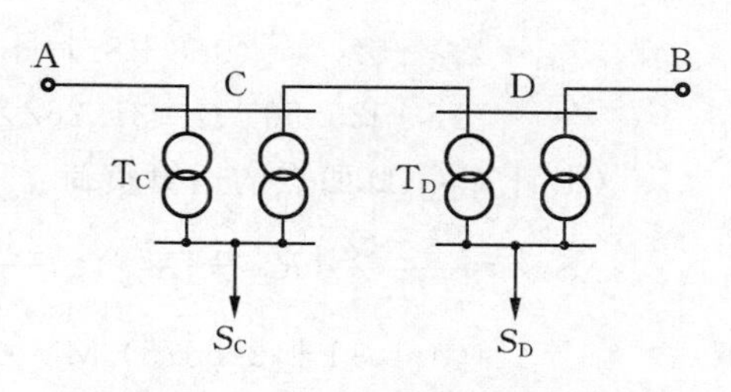

题 11-6 图　两端供电系统

(1)若 $\dot{U}_A=\dot{U}_B=115\angle0°$kV，且不计功率损耗，试求网络功率分布；

(2)电厂 A 拟少送功率$(5+\text{j}5)$MV·A，若 $\dot{U}_A=112\angle0°$kV，试求 $\dot{U}_B$。

解　(a)计算线路参数。

$$Z_{CD}=(r_1+\text{j}x_1)l_{CD}=(0.33+\text{j}0.429)\times30\ \Omega=(9.9+\text{j}12.87)\ \Omega$$

$$\frac{1}{2}B_{CD}=2.65\times10^{-6}\times15\ \text{S}=0.3975\times10^{-4}\ \text{S}$$

$$Z_{DB}=(0.33+\text{j}0.429)\times40\ \Omega=(13.2+\text{j}17.16)\ \Omega$$

$$\frac{1}{2}B_{DB}=2.65\times10^{-6}\times20\ \text{S}=0.53\times10^{-4}\ \text{S}$$

$$Z_{AC}=(0.27+\text{j}0.423)\times30\ \Omega=(8.1+\text{j}12.69)\ \Omega$$

$$\frac{1}{2}B_{AC}=2.69\times10^{-6}\times15\ \text{S}=0.4035\times10^{-4}\ \text{S}$$

(b)求变压器参数。

$$R_{TC}=\frac{1}{2}\times\frac{\Delta P_S U_N^2}{S_{TN}^2}\times10^3=\frac{1}{2}\times\frac{100\times110^2}{15000^2}\times10^3\ \Omega=2.689\ \Omega$$

$$X_{TC}=\frac{1}{2}\times\frac{U_S\%}{100}\times\frac{U_N^2}{S_{TN}}=\frac{1}{2}\times\frac{10.5}{100}\times\frac{110^2}{15}\ \Omega=42.35\ \Omega$$

$$S_{TC0}=2\times\Delta P_0+\text{j}\frac{I_0\%}{100}\times S_{TN}\times2=(2\times0.019+\text{j}\frac{1.0}{100}\times15\times2)\ \text{MV·A}$$
$$=(0.038+\text{j}0.3)\ \text{MV·A}$$

$$R_{TD}=\frac{1}{2}\times\frac{\Delta P_S U_N^2}{S_{TN}^2}\times10^3=\frac{1}{2}\times\frac{72\times110^2}{10000^2}\times10^3\ \Omega=4.356\ \Omega$$

$$X_{TD}=\frac{1}{2}\times\frac{U_S\%}{100}\times\frac{U_N^2}{S_{TN}}=\frac{1}{2}\times\frac{10.5}{100}\times\frac{110^2}{10}\ \Omega=63.525\ \Omega$$

$$S_{TD0}=2\times\Delta P_0+\text{j}\frac{I_0\%}{100}\times S_{TN}\times2=(2\times0.014+\text{j}\frac{1.1}{100}\times10\times2)\ \text{MV·A}$$
$$=(0.028+\text{j}0.22)\ \text{MV·A}$$

(c)求网络参数。

$$Z_\Sigma=Z_{AC}+Z_{CD}+Z_{DB}=[(8.1+13.2+9.9)+\text{j}(12.87+17.16+12.69)]\ \Omega$$
$$=(31.2+\text{j}42.72)\ \Omega=52.9\angle53.858°\ \Omega$$

$$Z_{DB}=(8.1+\text{j}12.69)\ \Omega=15.055\angle57.45°\ \Omega$$

$Z_{CDB}=Z_{CD}+Z_{DB}=[(9.8+8.1)+j(12.87+12.69)]\ \Omega$

$=(18+j25.56)\ \Omega=31.262\angle 54.846°\ \Omega$

(d)计算 C、D 两点的运算负荷。

$$\Delta S_{TC}=\frac{P_C^2+Q_C^2}{U_N^2}(R_{TC}+jX_{TC})=\frac{23^2+14^2}{110^2}\times(2.689+j42.35)\ \text{MV}\cdot\text{A}$$

$$=(0.1611+j2.5375)\ \text{MV}\cdot\text{A}$$

$$\Delta S_{TD}=\frac{P_D^2+Q_D^2}{U_N^2}(R_{TD}+jX_{TD})=\frac{14^2+11^2}{110^2}(4.356+j63.525)\ \text{MV}\cdot\text{A}$$

$$=(0.1141+j1.6643)\ \text{MV}\cdot\text{A}$$

$$\frac{1}{2}\Delta Q_{C(CD)}=U_N^2\times\frac{1}{2}B_{CD}=110^2\times0.3975\times10^{-4}\ \text{Mvar}=0.481\ \text{Mvar}$$

$$\frac{1}{2}\Delta Q_{C(DB)}=U_N^2\times\frac{1}{2}B_{DB}=110^2\times0.53\times10^{-4}\ \text{Mvar}=0.6413\ \text{Mvar}$$

$$\frac{1}{2}\Delta Q_{C(AC')}=U_N^2\times\frac{1}{2}B_{AC}=110^2\times0.4035\times10^{-4}\ \text{Mvar}=0.488\ \text{Mvar}$$

$$S'_C=S_C+\Delta S_{TC}+\Delta S_{TC0}-j\frac{1}{2}\Delta Q_{C(CD)}-j\frac{1}{2}\Delta Q_{C(AC)}$$

$$=[(23+0.161+0.038)+j(14+2.5375+0.3-0.481-0.488)]\ \text{MV}\cdot\text{A}$$

$$=(23.1991+j15.8685)\ \text{MV}\cdot\text{A}=28.107\angle 34.373°\ \text{MV}\cdot\text{A}$$

$$S'_D=S_D+\Delta S_{TD}+\Delta S_{TD0}-j\frac{1}{2}\Delta Q_{C(CD)}-j\frac{1}{2}\Delta Q_{C(DB)}$$

$$=[(14+0.1141+0.028)+j(11+1.6642+0.22-0.481-0.6413)]\ \text{MV}\cdot\text{A}$$

$$=(14.1421+j11.7619)\ \text{MV}\cdot\text{A}=18.394\angle 39.75°\ \text{MV}\cdot\text{A}$$

(1)$U_A=U_B=115\angle 0°$ kV 时不计功率损耗的功率分布计算。

$$S_{AC}=\frac{S'_C\overset{*}{Z}_{CDB}+S'_D\overset{*}{Z}_{DB}}{\overset{*}{Z}_{\Sigma}}$$

$$=\frac{28.107\angle 34.373°\times31.262\angle -54.846°+18.394\angle 39.75°\times15.055\angle -57.45°}{52.9\angle -53.858°}\ \text{MV}\cdot\text{A}$$

$$=(18.096+j12.228)\ \text{MV}\cdot\text{A}$$

$$S_{DC}=S'_C-S_{AC}=[(23.1991-18.096)+j(15.8685-12.228)]\text{MV}\cdot\text{A}$$

$$=(5.1031+j3.6405)\text{MV}\cdot\text{A}$$

$$S_{BD}=S'_D+S_{DC}=[(14.1421+5.1031)+j(11.7619+3.6405)]\text{MV}\cdot\text{A}$$

$$=(19.2452+j15.4024)\text{MV}\cdot\text{A}$$

或

$$S_{BD}=S'_D+S'_C-S_{AC}=[(23.1991+14.1421-18.096)+j(15.8685+11.7619-12.228)]\ \text{MV}\cdot\text{A}=(19.2452+j15.4024)\ \text{MV}\cdot\text{A}$$

(2)电厂 A 少送(5+j5) MV·A,且 $\dot{U}_A=112\angle 0°$时求 $\dot{U}_B$。

因为循环功率与负荷无关,因此

$$\Delta S=\frac{U_N(\overset{*}{\dot{U}}_B-\overset{*}{\dot{U}}_A)}{\overset{*}{Z}_{\Sigma}}$$

由此解出

$$\overset{*}{\dot{U}}_{B}=\frac{\Delta S\overset{*}{Z}_{\Sigma}+U_{N}\overset{*}{\dot{U}}_{A}}{U_{N}}=\frac{(5+j5)\times 52.9\angle -53.858^{\circ}+110\times 112\angle 0^{\circ}}{110}\ \text{kV}$$

$$=(115.36-j0.5237)\ \text{kV}$$

$$\dot{U}_{B}=(115.36+j0.5237)\ \text{kV}=115.36\angle 0.26^{\circ}\ \text{kV}$$

11-7 两台型号相同的降压变压器并联运行。已知每台容量为 5.6 MV·A，额定变比为 35/10.5，归算到 35 kV 侧的阻抗为(2.22+j16.4) Ω，10 kV 侧的总负荷为(8.5+j5.27) MV·A。不计变压器内部损耗，试计算：

(1)两台变压器变比相同时，各变压器输出的功率；

(2)变压器 T-1 工作在+2.5%抽头，变压器 T-2 工作在−2.5%抽头，各变压器的输出功率此时有问题吗？

(3)若两台变压器均可带负荷调压，试作出两台变压器都调整变比，且调整量超过 5%的操作步骤。

解 (1)$S_{T}=\frac{1}{2}S_{LD}=\frac{1}{2}(8.5+j5.27)=(4.25+j2.635)\ \text{MV}\cdot\text{A}$

$=5.0\angle 31.8^{\circ}\ \text{MV}\cdot\text{A}$

(2)$Z_{T}=(2.22+j16.4)\ \Omega$

$Z_{\Sigma}=2Z_{T}=(4.44+j32.8)\ \Omega=33.0992\angle 82.291^{\circ}\ \Omega$

循环电势为 $\Delta U\angle 0^{\circ}=U_{N}\times 0.05=35\times 0.05\ \text{kV}=1.75\ \text{kV}$

循环功率方向由变压器 T-1 高压侧指向变压器 T-2 高压侧，其大小为

$$S_{cir}=\frac{\Delta\overset{*}{\dot{U}}U_{N}}{\overset{*}{Z}_{\Sigma}}=\frac{1.75\times 35}{33.0992\angle -82.291^{\circ}}\ \text{MV}\cdot\text{A}=1.8505\angle 82.291^{\circ}\ \text{MV}\cdot\text{A}$$

$$=(0.2482+j1.8338)\ \text{MV}\cdot\text{A}$$

$$S_{T1}=\frac{1}{2}S_{LD}+S_{cir}=(4.25+j2.635+0.2482+j1.8338)\ \text{MV}\cdot\text{A}$$

$$=(4.4982+j4.4688)\ \text{MV}\cdot\text{A}=6.3407\angle 44.812^{\circ}\ \text{MV}\cdot\text{A}$$

$$S_{T2}=S_{LD}-S_{T1}=[(8.5-4.4982)+j(5.27-4.4688)]\ \text{MV}\cdot\text{A}$$

$$=(4.0018+j0.8012)\ \text{MV}\cdot\text{A}=4.0812\angle 11.32^{\circ}\ \text{MV}\cdot\text{A}$$

此时变压器 T-1 已过负荷：$\frac{6.3407}{5.6}=1.1323$ 倍。

(3)变压器的额定电流 $I_{N}=\frac{S_{N}}{\sqrt{3}U_{N}}=\frac{5.6}{\sqrt{3}\times 35}\ \text{kA}=0.092\ \text{kA}$

当变压器变比相差 2.5%时，循环电流为

$$I_{cir}=\frac{U_{N}\Delta U}{\sqrt{3}Z_{\Sigma}}=\frac{35\times 0.025}{\sqrt{3}\times 33.0992}\ \text{kV}=0.01526\ \text{kV}$$

约为其额定值的 16.6%。

两台变压器的变比相差 5%时，循环电流为 0.03453 kA，为额定电流的33.2%。假定调整过程中的电流为循环电流与负荷电流的代数和。为避免调整过程中出现过电流，当变压器的负载率不超过 67%时，容许变比不超过 5%的调整。否则，应使每一次按最小挡次先调

一台变压器的抽头，然后再将第二台调至与第一台相同的抽头，如此轮流调节，直至调到目标的抽头值为止。

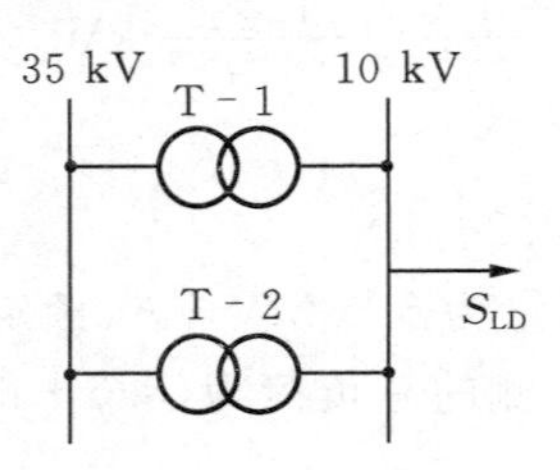

题 11-8 图　变压器并联运行

11-8　两台容量不同的降压变压器并联运行，如题 11-8 图所示。变压器的额定容量及归算到 35 kV 侧的阻抗分别为：$S_{TN1}=10$ MV·A，$Z_{T1}=(0.8+j9)\ \Omega$；$S_{TN2}=20$ MV·A，$Z_{T2}=(0.4+j6)\ \Omega$。负荷 $S_{LD}=(22.4+j16.8)$ MV·A。不计变压器损耗。

(1)试求两变压器变比相同且为额定变比 $k_{TN}=35/11$ 时各台变压器输出的视在功率；

(2)两台变压器均有 $\pm4\times2.5\%$ 的分接头，如何调整分接头才能使变压器间的功率分配合理；

(3)分析两变压器分接头不同对有功功率和无功功率分布的影响。

解　$S_{LD}=(22.4+j16.8)\ \text{MV·A}=28\angle36.8699°\ \text{MV·A}$

$Z_{T1}=(0.8+j9)\ \Omega=9.0355\angle84.92°\ \Omega$

$Z_{T2}=(0.4+j6)\ \Omega=6.0133\angle86.1859°\ \Omega$

$Z_{\Sigma}=Z_{T1}+Z_{T2}=[(0.8+0.4)+j(9+6)]\ \Omega$

$=(1.2+j15)\ \Omega=15.0479\angle85.426°\ \Omega$

(1)两台变压器变比相同且为额定变比时，变压器的负荷与阻抗成反比。

$$S_{T1}=S_{LD}\frac{Z_{T2}}{Z_{\Sigma}}=28\angle36.8699°\times\frac{6.0133\angle86.1859°}{15.0479\angle85.426°}\ \text{MV·A}$$

$$=11.1891\angle37.6298°\ \text{MV·A}=(8.8615+j6.8316)\ \text{MV·A}$$

$$S_{T2}=S_{LD}-S_{T1}=[(22.4-8.8615)+j(16.8-6.8316)]\ \text{MV·A}$$

$$=(13.5385+j9.9684)\ \text{MV·A}=16.812\angle36.36°\ \text{MV·A}$$

显然，变压器 T-1 已过负荷，过负荷倍数为 $\frac{11.1891}{10}=1.12$ 倍。

(2)为了解决变压器 T-1 过负荷问题，要利用变压器变比不同来产生循环功率。由此，应使循环功率方向由变压器 T-2 低压侧流向变压器 T-1 低压侧，即题 11-8 图中的逆时针方向。为此，可以用降低变压器 T-2 高压侧分接头或提高变压器T-1高压侧分接头的办法。考虑到保证低压侧的电压质量，应采用降低变压器 T-2 高压侧抽头的办法。现降低 2.5%，即变压器 T-2 高压侧工作在 -2.5% 的抽头上，循环功率

$$S_{cir}=\frac{U_N\times0.025\times U_N}{\overset{*}{Z}_{\Sigma}}=\frac{35\times0.025\times35}{15.0479\angle-85.426°}\ \text{MV·A}$$

$$=2.0352\angle85.426°\ \text{MV·A}=(0.1623+j2.0287)\ \text{MV·A}$$

此时

$$S'_{T1}=S_{T1}-S_{cir}=[(8.8615-0.1623)+j(6.8316-2.0287)]\ \text{MV·A}$$

$$=(8.6992+j4.8029)\ \text{MV·A}=9.937\angle28.9°\ \text{MV·A}$$

$$S'_{T2}=S_{LD}-S'_{T1}=[(22.4-8.6992)+j(16.8-4.8029)]\ \text{MV·A}$$

$$=(13.7008+j11.9971)\ \text{MV·A}=18.211\angle41.21°\ \text{MV·A}$$

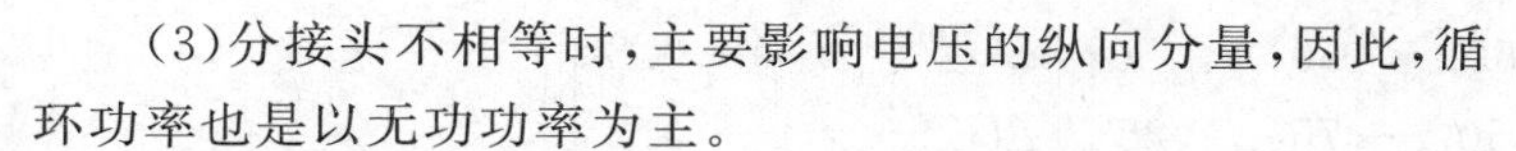

(3)分接头不相等时，主要影响电压的纵向分量，因此，循环功率也是以无功功率为主。

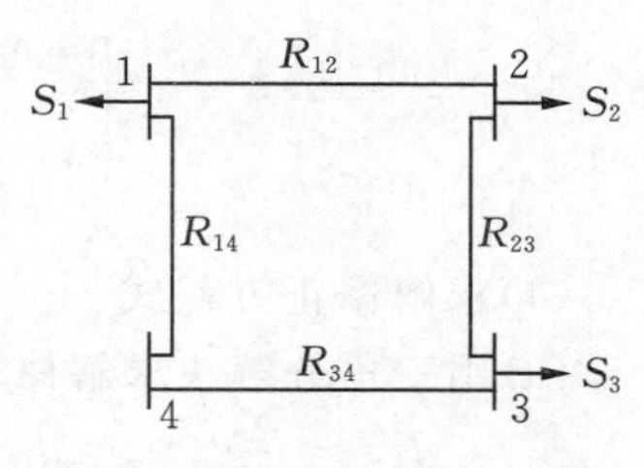

题 11-9 图　多端直流系统

11-9　题 11-9 图所示的是一多端直流系统，已知线路电阻和节点功率的标幺值如下：$R_{12}=0.02$，$R_{23}=0.04$，$R_{34}=0.04$，$R_{14}=0.01$，$S_1=0.3$，$S_2=-0.2$，$S_3=0.15$。节点 4 为平衡节点，$U_4=1.0$。试用牛顿-拉夫逊法做潮流计算。

解　(1)形成节点电导矩阵，各元素计算如下：

$$G_{11}=\frac{1}{R_{12}}+\frac{1}{R_{14}}=\frac{1}{0.02}+\frac{1}{0.01}=150,\quad G_{12}=G_{21}=-\frac{1}{R_{12}}=-\frac{1}{0.02}=-50$$

$$G_{14}=G_{41}=-\frac{1}{R_{14}}=-\frac{1}{0.01}=-100,\quad G_{22}=\frac{1}{R_{12}}+\frac{1}{R_{23}}=\frac{1}{0.02}+\frac{1}{0.04}=75$$

$$G_{23}=G_{32}=-\frac{1}{R_{23}}=-\frac{1}{0.04}=-25,\quad G_{33}=\frac{1}{R_{23}}+\frac{1}{R_{34}}=\frac{1}{0.04}+\frac{1}{0.04}=50$$

$$G_{34}=G_{43}=-\frac{1}{R_{34}}=-\frac{1}{0.04}=-25,\quad G_{44}=\frac{1}{R_{14}}+\frac{1}{R_{34}}=\frac{1}{0.01}+\frac{1}{0.04}=125$$

(2)按给定的节点功率，设节点电压初值 $U_i^{(0)}=1.0$，计算节点不平衡量：

$$\begin{aligned}\Delta P_1^{(0)}&=P_{1s}-U_1^{(0)}(G_{11}U_1^{(0)}+G_{12}U_2^{(0)}+G_{14}U_4)\\&=-0.3-1\times(150\times1-50\times1-100\times1)=-0.3\\\Delta P_2^{(0)}&=P_{2s}-U_2^{(0)}(G_{21}U_1^{(0)}+G_{22}U_2^{(0)}+G_{23}U_3^{(0)})\\&=0.2-1\times(-50\times1+75\times1-25\times1)=0.2\\\Delta P_3^{(0)}&=P_{3s}-U_3^{(0)}(G_{32}U_2^{(0)}+G_{33}U_3^{(0)}+G_{34}U_4)\\&=-0.15-1\times(-25\times1+50\times1-25\times1)=-0.15\end{aligned}$$

(3)计算雅可比矩阵元素，形成修正方程式。

$$\begin{aligned}J_{11}^{(0)}&=\left.\frac{\partial\Delta P_1}{\partial U_1}\right|_0=-2G_{11}U_1^{(0)}-G_{12}U_2^{(0)}-G_{14}U_4\\&=-2\times150\times1+50\times1+100\times1=-150\end{aligned}$$

$$J_{12}^{(0)}=\left.\frac{\partial\Delta P_1}{\partial U_2}\right|_0=-G_{12}U_1^{(0)}=50\times1=50$$

$$J_{21}^{(0)}=\left.\frac{\partial\Delta P_2}{\partial U_1}\right|_0=-G_{21}U_2^{(0)}=50$$

$$\begin{aligned}J_{22}^{(0)}&=\left.\frac{\partial\Delta P_2}{\partial U_2}\right|_0=-G_{21}U_1^{(0)}-2G_{22}U_2^{(0)}-G_{23}U_3^{(0)}\\&=50\times1-2\times75\times1+25\times1=-75\end{aligned}$$

$$J_{23}^{(0)}=\left.\frac{\partial\Delta P_2}{\partial U_3}\right|_0=-G_{23}U_2^{(0)}=25,\quad J_{32}^{(0)}=\left.\frac{\partial\Delta P_3}{\partial U_2}\right|_0=-G_{32}U_3^{(0)}=25$$

$$\begin{aligned}J_{33}^{(0)}&=\left.\frac{\partial\Delta P_3}{\partial U_3}\right|_0=-G_{32}U_2^{(0)}-2G_{33}U_3^{(0)}-G_{34}U_4\\&=25\times1-2\times50\times1+25\times1=-50\end{aligned}$$

所得修正方程式如下：

$$-\begin{bmatrix}-150 & 50 & 0\\ 50 & -75 & 25\\ 0 & 25 & -50\end{bmatrix}\begin{bmatrix}\Delta U_1^{(0)}\\ \Delta U_2^{(0)}\\ \Delta U_3^{(0)}\end{bmatrix}=\begin{bmatrix}-0.3\\ 0.2\\ -0.15\end{bmatrix}$$

(4)求解修正方程式。

(a)用三角分解法求解修正方程，先对矩阵作 Crout 分解：

$c_{11}=J_{11}^{(0)}=-150,\quad u_{12}=J_{12}^{(0)}/c_{11}=50/(-150)=-1/3$

$u_{13}=0,c_{21}=J_{21}^{(0)}=50,\quad c_{22}=J_{22}^{(0)}-c_{21}u_{12}=-75-50\times(-\frac{1}{3})=-175/3$

$u_{23}=(J_{23}^{(0)}-c_{21}u_{13})/c_{22}=(25-0)/(-175/3)=-3/7$

$c_{31}=0,\quad c_{32}=J_{32}^{(0)}=25,\quad c_{33}=J_{33}^{(0)}-c_{32}u_{23}=-50-25\times\left(-\frac{3}{7}\right)=-275/7$

(b)进行消元演算，将修正方程左端的负号移到右端并计入 ΔP_i 中，即

$b_1=-\Delta P_1^{(0)}/c_{11}=0.3/(-150)=-0.002$

$b_2=(-\Delta P_2^{(0)}-c_{21}b_1)/c_{22}=[-0.2-50\times(-0.002)]/(-175/3)=0.3/175$

$b_3=(-\Delta P_3^{(0)}-c_{32}b_2)/c_{22}=\left(0.15-25\times\frac{0.3}{175}\right)\Big/(-275/7)=-0.75/275$

(c)做回代计算：

$\Delta U_3^{(0)}=b_3=-\frac{0.75}{275}=-0.002727$

$\Delta U_2^{(0)}=b_2-u_{23}\Delta U_3^{(0)}=\frac{0.3}{175}-\left(-\frac{3}{7}\right)\times(-0.002727)=0.000545$

$\Delta U_1^{(0)}=b_1-u_{12}\Delta U_2^{(0)}=-0.002-\left(-\frac{1}{3}\right)\times0.000545=-0.001818$

(4)修正节点电压：

$U_1^{(1)}=U_1^{(0)}+\Delta U_1^{(0)}=1.0-0.001818=0.998182$

$U_2^{(1)}=U_2^{(0)}+\Delta U_2^{(0)}=1.0+0.000545=1.000545$

$U_3^{(1)}=U_3^{(0)}+\Delta U_3^{(0)}=1.0-0.002727=0.997273$

(5)下面进入新一轮迭代计算，利用上一轮算出的节点电压计算节点不平衡量及雅可比矩阵元素，可得修正方程如下：

$$-\begin{bmatrix}-149.427350 & 49.909100 & \\ 50.027250 & -75.240825 & 25.013625\\ & 24.931825 & -49.713675\end{bmatrix}\begin{bmatrix}\Delta U_1^{(1)}\\ \Delta U_2^{(1)}\\ \Delta U_3^{(1)}\end{bmatrix}=\begin{bmatrix}-0.000595\\ -0.000059\\ -0.000434\end{bmatrix}$$

解此方程可得

$\Delta U_1^{(1)}=-0.0744\times10^{-4},\quad \Delta U_2^{(1)}=-0.1037\times10^{-4}$

$\Delta U_3^{(1)}=-0.1393\times10^{-4}$

由此可见，电压修正量已小于允许误差 $\varepsilon=10^{-4}$，迭代到此结束。

利用公式 $U_i=U_i^{(1)}+\Delta U_i^{(1)}$ 及 $P_{ij}=U_i(U_i-U_j)/R_{ij}$，不难算出最终的节点电压和支路功率。

节点电压：$U_1=0.998175,U_2=1.000535,U_3=0.997259$

平衡节点功率：$P_4=0.25106$

支路功率：$P_{12}=-0.11779$，$P_{21}=0.11806$，$P_{23}=0.08193$

$P_{32}=-0.08166$，$P_{34}=-0.06834$，$P_{43}=0.06852$，$P_{41}=0.18254$

$P_{14}=-0.18221$

顺便指出，由于节点电压变化不大，在第二轮迭代时不再形成新的雅可比矩阵，而继续沿用初次形成的雅可比矩阵及其因子矩阵，可得到电压修正增量为：$\Delta U_1^{(1)}=-0.0742\times10^{-4}$，$\Delta U_2^{(1)}=-0.1035\times10^{-4}$ 和 $\Delta U_3^{(1)}=-0.1386\times10^{-4}$，这也可以得到满足精度要求的结果。

第 12 章 电力系统的无功功率和电压调整

12.1 复习思考题

1. 电力系统的无功功率需求由哪些主要成分构成？

2. 当机械负荷一定时，异步电动机的无功功率随电压变化而变化的规律有什么特点？为什么？

3. 异步电动机所需的无功功率与它的受载系数有什么关系？

4. 电力系统中主要的无功功率电源有哪些？

5. 发电机输出的功率要受到什么限制？能在 P-Q 平面上画出发电机的 P-Q 极限曲线吗？

6. 试对作为无功电源的同步调相机和静电电容器的优缺点做比较分析。

7. 能举出几种新型无功功率补偿装置，并简单介绍其特点吗？

8. 为什么说电力系统的运行电压水平取决于无功功率的供需平衡？

9. 在现代电力系统中，一方面要装设并联电抗器以吸收超高压线路的充电功率，另一方面又要在较低电压等级的配电网络中配置补偿设备以满足无功功率需求，为什么不宜进行无功功率的调余补缺？

10. 电压偏移过大对系统和用户各有什么害处？我国电力系统对于供电电压的允许偏移有什么具体的规定？

11. 何谓顺调压、逆调压和常调压？这些调压方式各适用于哪些情况？

12. 何谓中枢点？怎样确定中枢点电压的允许变化范围？

13. 调整电压可以采取哪些技术措施？能从原理上做简要的说明吗？

14. 怎样选择升压变压器和降压变压器的分接头？

15. 为什么在无功功率不足的条件下，不宜采取调整变压器分接头的办法来提高电压？

16. 在终端变电站为了调压目的，怎样结合变压器变比的选择来确定无功功率补偿容量？

17. 用于调压目的的并联电容补偿和串联电容补偿各有什么特点？

12.2 习题详解

12-1 某系统归算到 110 kV 电压级的等值网络，如题12-1图所示。已知 $Z=\mathrm{j}55\ \Omega$，$S_{\mathrm{LD}}=(80+\mathrm{j}60)$ MV·A，负荷点运行电压 $U=105$ kV，负荷以此电压及无功功率为基准值的无功电压静态特性为 $Q_*(U_*)=10.16-24.487U_*+15.326U_*^2$，负荷的有功功率与电压无关并保持恒定。现在负荷点接入特性相同的无功负荷 12 Mvar，试求：

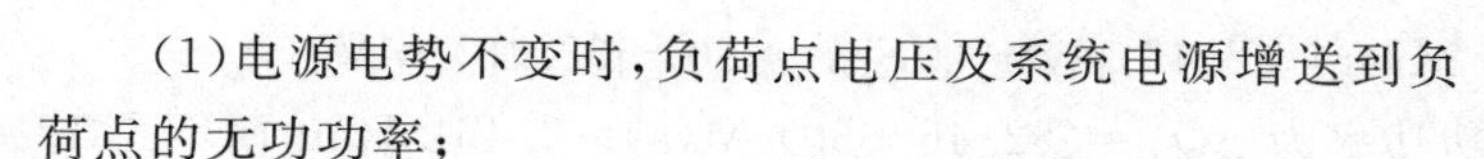

(1)电源电势不变时，负荷点电压及系统电源增送到负荷点的无功功率；

(2)若保持负荷点电压不变，则系统电源需增送到负荷点的无功功率。

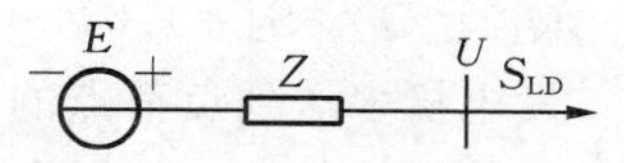

题 12-1 图　简单供电网的等值电路

解　取 $S_B=60\ \text{MV}\cdot\text{A}$，$U_B=105\ \text{kV}$，则

$$X_\Sigma=Z\frac{S_B}{U_B^2}=55\times\frac{60}{105^2}=0.2993,\quad S_{LD}=\frac{P_{LD}+jQ_{LD}}{S_B}=\frac{80+j60}{60}=1.3333+j1.0$$

$$U_{LD}=\frac{U_{LD0}}{U_B}=\frac{105}{105}=1.0$$

发电机的电势

$$E=\sqrt{\left(U_{LD}+\frac{Q_{LD}X_\Sigma}{U_{LD}}\right)^2+\left(\frac{P_{LD}X_\Sigma}{U_{LD}}\right)^2}$$

$$=\sqrt{\left(1+\frac{1.0\times0.2993}{1.0}\right)^2+\left(\frac{1.3333\times0.2993}{1.0}\right)^2}=1.3592$$

(1)电源电势恒定不变时，发电机送到负荷点的无功电压特性

$$Q_{G(U)}=\sqrt{\left(\frac{EU}{X_\Sigma}\right)^2-P^2}-\frac{U^2}{X_\Sigma}=\sqrt{\left(\frac{1.3592}{0.2993}\right)^2U^2-1.3333^2}-\frac{U^2}{0.2993}$$

$$=\sqrt{20.623U^2-1.7777}-3.341U^2$$

当负荷接入点再接入特性相同的 12 Mvar 负荷时，负荷的电压无功特性变为

$$Q_{LD(U)}=(10.16-24.487U_*+15.326U_*^2)\frac{72}{60}=12.192-29.3844U_*+18.3912U_*^2$$

根据功率平衡应有 $Q_{G(U)}=Q_{LD(U)}$，即

$$\sqrt{20.623U_*^2-1.7777}-3.341U_*^2=12.192-29.3844U_*+18.3912U_*^2$$

令 $f(U_*)=\sqrt{20.623U_*^2-1.7777}-12.192+29.3884U_*-21.7322U_*^2=0$

$$f'(U_*)=\frac{20.623U_*}{\sqrt{20.623U_*^2-1.7777}}+29.3884-43.4644U_*$$

用牛顿法求解，迭代计算如题 12-1 表所示。

题 12-1 表　迭代计算过程

U_*	$f(U_*)$	$f'(U_*)$	$\Delta U_*=\dfrac{f(U_*)}{f'(U_*)}$
0.95	0.21188	−7.13155	−0.02971
0.9797	−0.0194	−8.4379	+0.002300
0.9774	−0.0001163	−8.3368	$+1.3946\times10^{-5}$
0.9773963	-4×10^{-9}	−8.3362	5.0×10^{-10}

故求得

$$U_*=0.977396$$

$$U_{LD}=U_{LD*}U_B=0.977396\times105\ \text{kV}=102.627\ \text{kV}$$

$$Q_{LD*}=12.192-29.3844U_*+18.3912U_*^2$$

$$=12.192-29.3844\times0.977396+18.3912\times0.977396^2=1.041$$

$Q'_{LD}=Q_{LD*}S_B=1.041\times60\ \text{Mvar}=62.46\ \text{Mvar}$，　$S'_{LD}=(80+\text{j}62.46)\ \text{MV}\cdot\text{A}$

发电机多送到负荷点的无功功率为 $\Delta Q_G=(62.46-60)\ \text{Mvar}=2.46\ \text{Mvar}$，而不是 12 Mvar，这是因为发电机多送无功功率后负荷点的电压下降，根据负荷无功电压特性，负荷吸收的无功减小了。

(2)若保持负荷点的电压不变，即 $U_*=1.0$，则 $Q_{LD*}=12.192-29.3844+18.3912=1.1988\approx1.2$，即 $Q_{LD}=1.2\times60\ \text{Mvar}=72\ \text{Mvar}$，发电机需要增加送到负荷点的无功功率

$$\Delta Q_G=(72-60)\ \text{Mvar}=12\ \text{Mvar}$$

12-2　35 kV 电力网如题 12-2 图所示。已知：线路长 25 km，$r_1=0.33\ \Omega/\text{km}$，$x_1=0.385\ \Omega/\text{km}$；变压器归算到高压侧的阻抗 $Z_T=(1.63+\text{j}12.2)\ \Omega$；变电所低压母线额定电压为 10 kV；最大负荷 $S_{LD\max}=(4.8+\text{j}3.6)\ \text{MV}\cdot\text{A}$，最小负荷 $S_{LD\min}=(2.4+\text{j}1.8)\ \text{MV}\cdot\text{A}$。调压要求最大负荷时电压不低于 10.25 kV，最小负荷时电压不高于 10.75 kV，若线路首端电压维持 36 kV 不变，试选变压器分接头。

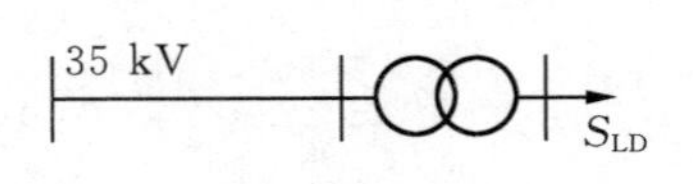

题 12-2 图　简单供电网

解　系统与变压器的总阻抗

$$Z_\Sigma=Z_L+Z_T=[(0.33\times25+1.63)+\text{j}(0.385\times25+12.2)]\ \Omega=(9.88+\text{j}21.825)\ \Omega$$

$$\Delta U_{\max}=\frac{P_{\max}R_\Sigma+Q_{\max}X_\Sigma}{U_N}=\frac{4.8\times9.88+3.6\times21.825}{35}\ \text{kV}=3.5998\ \text{kV}$$

$$\Delta U_{\min}=\frac{P_{\min}R_\Sigma+Q_{\min}X_\Sigma}{U_N}=\frac{2.4\times9.88+1.8\times21.825}{35}\ \text{kV}=1.7999\ \text{kV}$$

由
$$(36-3.5998)\times\frac{11}{U_{t\max}}\geqslant10.25\ \text{kV}$$

解出
$$U_{t\max}\leqslant34.771\ \text{kV}$$

$$(36-1.7999)\times\frac{11}{U_{t\min}}\leqslant10.75\ \text{kV}$$

解出
$$U_{t\min}\geqslant34.995\ \text{kV}$$

选最靠近的抽头为额定抽头 $U_t=U_N=35$ kV。

由于 35 kV$>U_{t\max}=34.771$ kV，故最大负荷时不能满足调压要求，不过问题不严重。

由于 35 kV$>U_{t\min}=34.995$ kV，故最小负荷时能满足调压要求。

为满足最大负荷调压要求，若变压器有-1.25%的抽头，则选此抽头。

$$U_t=U_N(1-0.0125)=35\times0.9875\ \text{kV}=34.5625\ \text{kV}$$

由于 34.5625 kV$<U_{t\max}=34.771$ kV，故最大负荷时能满足调压要求；由于 34.5625 kV$<U_{t\min}=34.995$ kV，故最小负荷时不能满足调压要求。

12-3　题 12-3 图所示的是一升压变压器，其额定容量为 31.5 MV·A，变比为 10.5/121±2×2.5%，归算到高压侧的阻抗 $Z_T=(3+\text{j}48)\ \Omega$，通过变压器的功率 $S_{\max}=(24+\text{j}16)\ \text{MV}\cdot\text{A}$，$S_{\min}=(13+\text{j}10)\ \text{MV}\cdot\text{A}$。高压侧调压要求 $U_{\max}=120$ kV，$U_{\min}=110$ kV，发电机电压的可能调整范围为 10～11 kV，试选变压器分接头。

解
$$\Delta U_{\max}=\frac{P_{\max}R_T+Q_{\max}X_T}{U_{\max}}=\frac{24\times3+16\times48}{120}\ \text{kV}=7.0\ \text{kV}$$

$$\Delta U_{\min}=\frac{P_{\min}R_{\mathrm{T}}+Q_{\min}X_{\mathrm{T}}}{U_{\min}}=\frac{13\times3+10\times48}{110}\ \mathrm{kV}=4.7182\ \mathrm{kV}$$

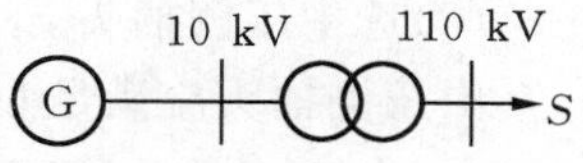

题 12-3 图　升压变压器

按 $U_{\mathrm{G\,max}}\times\frac{U_{\mathrm{t\,max}}}{10.5}=U_{\max}+\Delta U_{\max}$，取 $U_{\mathrm{G\,max}}=11$ kV，解出

$$U_{\mathrm{t\,max}}=(120+7)\times\frac{10.5}{11}\ \mathrm{kV}=121.2272\ \mathrm{kV}$$

同理，取 $U_{\mathrm{G\,min}}=10$ kV，

$$U_{\mathrm{t\,min}}=(110+4.7182)\times\frac{10.5}{10}\ \mathrm{kV}=120.4541\ \mathrm{kV}$$

选最靠近的分接头 $U_{\mathrm{t}}=U_{\mathrm{N}}=121$ kV。

由于 $U_{\mathrm{t}}<U_{\mathrm{t\,max}}$，故最大负荷时，高压侧电压略低了一点，不完全满足要求。同样，由于 $U_{\mathrm{t}}>U_{\mathrm{t\,min}}$，故最小负荷时，高压侧电压略高于 110 kV，也不完全满足要求，但可适当调节发电机电压来满足。

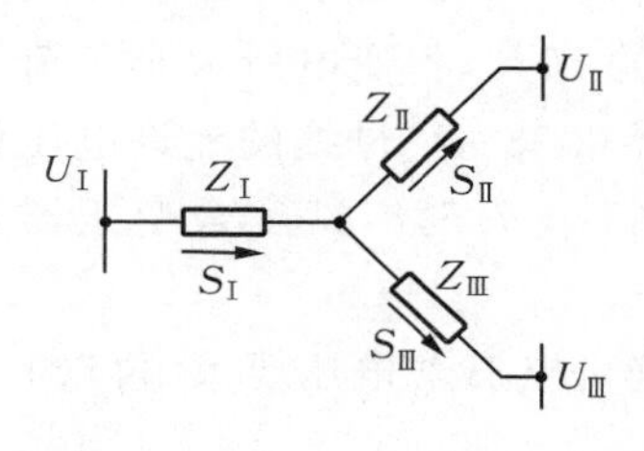

题 12-4 图　三绕组变压器的等值电路

12-4　三绕组降压变压器的等值电路如题 12-4 图所示。归算到高压侧的阻抗为：$Z_{\mathrm{I}}=(3+\mathrm{j}65)\ \Omega$，$Z_{\mathrm{II}}=(4-\mathrm{j}1)\ \Omega$，$Z_{\mathrm{III}}=(5+\mathrm{j}30)\ \Omega$。最大和最小负荷时的功率分布分别为：$S_{\mathrm{I\,max}}=(12+\mathrm{j}9)$ MV·A，$S_{\mathrm{I\,min}}=(6+\mathrm{j}4)\ \Omega$；$S_{\mathrm{II\,max}}=(6+\mathrm{j}5)$ MV·A，$S_{\mathrm{II\,min}}=(4+\mathrm{j}3)$ MV·A；$S_{\mathrm{III\,max}}=(6+\mathrm{j}4)$ MV·A，$S_{\mathrm{III\,min}}=(2+\mathrm{j}1)$ MV·A。给出的电压偏移范围为：$U_{\mathrm{I}}=112\sim115$ kV，$U_{\mathrm{II}}=35\sim38$ kV，$U_{\mathrm{III}}=6\sim6.5$ kV。变压器的变比为 110±2×2.5%/38.5±2×2.5%/6.6，试选高、中压绕组的分接头。

解　不计变压器的功率损耗，且用额定电压计算电压降落的纵向分量作为电压损耗，即

$$\Delta U_{\mathrm{III\,max}}=\frac{6\times5+4\times30}{110}\ \mathrm{kV}=1.364\ \mathrm{kV},\quad \Delta U_{\mathrm{III\,min}}=\frac{2\times5+1\times30}{110}\ \mathrm{kV}=0.364\ \mathrm{kV}$$

$$\Delta U_{\mathrm{II\,max}}=\frac{6\times4-5\times1}{110}\ \mathrm{kV}=0.173\ \mathrm{kV},\quad \Delta U_{\mathrm{II\,min}}=\frac{4\times4-3\times1}{110}\ \mathrm{kV}=0.118\ \mathrm{kV}$$

$$\Delta U_{\mathrm{I\,max}}=\frac{12\times3+9\times65}{110}\ \mathrm{kV}=5.645\ \mathrm{kV},\quad \Delta U_{\mathrm{I\,min}}=\frac{6\times3+4\times65}{110}\ \mathrm{kV}=2.527\ \mathrm{kV}$$

(1)选高压抽头满足低压侧调压要求。

$$U_{\mathrm{I\,tmax}}=(U_{\mathrm{I\,max}}-\Delta U_{\mathrm{I\,max}}-\Delta U_{\mathrm{III\,max}})\times\frac{U_{\mathrm{III\,N}}}{U_{\mathrm{III}}}=(115-5.645-1.364)\times\frac{6.6}{6}\ \mathrm{kV}$$
$$=118.97\ \mathrm{kV}$$

$$U_{\mathrm{I\,tmin}}=(U_{\mathrm{I\,min}}-\Delta U_{\mathrm{I\,min}}-\Delta U_{\mathrm{III\,min}})\times\frac{U_{\mathrm{III\,N}}}{U_{\mathrm{III}}}=(112-2.527-0.364)\times\frac{6.6}{6.5}\ \mathrm{kV}$$
$$=110.788\ \mathrm{kV}$$

$$U_{\mathrm{I\,tav}}=\frac{118.97+110.788}{2}\ \mathrm{kV}=114.789\ \mathrm{kV}$$

选最接近的 $U_{\mathrm{I\,t}}=U_{\mathrm{I\,NT}}\times1.05=115.5$ kV。

验算 $U_{\mathrm{I\,t\,min}}<U_{\mathrm{I\,t}}<U_{\mathrm{I\,tmax}}$，故一定能满足低压侧的调压要求。

(2)选中压侧抽头。

中压侧抽头应满足$U_{\mathrm{II}\max}\geqslant35$ kV和$U_{\mathrm{II}\min}\leqslant38$ kV，由此可得

$$U_{\mathrm{II}\,\mathrm{t}\max}=\frac{U_{\mathrm{I}\,\mathrm{t}}U_{\mathrm{II}\max}}{U_{\mathrm{I}\max}-\Delta U_{\mathrm{I}\max}-\Delta U_{\mathrm{II}\max}}=\frac{115.5\times35}{115-5.645-0.173}\ \mathrm{kV}=37.025\ \mathrm{kV}$$

$$U_{\mathrm{II}\,\mathrm{t}\min}=\frac{115.5\times38}{112-2.527-0.118}\ \mathrm{kV}=40.135\ \mathrm{kV}$$

$$U_{\mathrm{II}\,\mathrm{tav}}=\frac{37.025+40.135}{2}\ \mathrm{kV}=38.58\ \mathrm{kV}$$

选$U_{\mathrm{II}\,\mathrm{t}}=U_{\mathrm{II}\,\mathrm{N}}=38.5$ kV。

验算：因为$U_{\mathrm{II}\,\mathrm{t}\min}<U_{\mathrm{II}\,\mathrm{t}}<U_{\mathrm{II}\,\mathrm{t}\max}$，所以能满足中压侧调压要求。

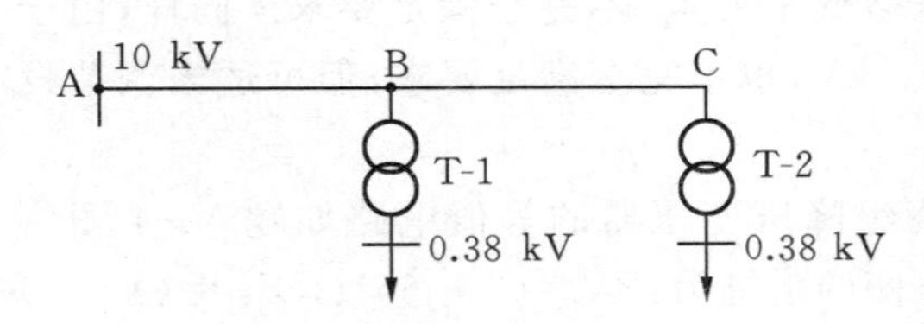

题 12-5 图　10 kV 电力网

12-5　10 kV电力网如题12-5图所示，已知网络各元件的最大电压损耗为：$\Delta U_{AB}\%=2$，$\Delta U_{BC}\%=6$，$\Delta U_{T1}\%=3$，$\Delta U_{T2}\%=3$。若最小负荷为最大负荷的50%，各变电所大小负荷均同时出现，变电所0.38 kV母线的允许电压偏移范围为+2.5%～+7.5%，试配合变压器分接头的选择决定对A点10 kV母线的调压要求。

解　先选T-2的抽头满足变电站C的调压要求，然后再确定点B的电压要求，再选T-1的分接头以满足变电站B低压侧调压要求，最后确定电源点A的调压要求。$U_{2N}=\frac{400}{380}=1.05263$。

选$U_{tT2}=0.95U_{NT}=0.95\times10$ kV$=9.5$ kV，为使变电站C低压侧电压不超出容许变化范围$(1.025\sim1.075)U_N$，B点的电压要求为

$$U_{B\max}=1.025\times\frac{U_{tT2}}{U_{2N}}+\Delta U_{T2\max}+\Delta U_{BC\max}=1.025\times\frac{0.95}{1.05263}+0.03+0.06$$
$$=1.01506$$

$$U_{B\min}=1.075\times\frac{0.95}{1.05263}+0.015+0.03=1.01518$$

按此要求选T-1的抽头，即

$$U_{t1\max}=(U_{B\max}-\Delta U_{T1})\times\frac{U_{2N}}{1.025}=(1.01506-0.03)\times\frac{1.05263}{1.025}=1.0116$$

$$U_{t\min}=(1.01518-0.015)\times\frac{1.05263}{1.075}=0.97937$$

$$U_{t1av}=\frac{1.0116+0.97937}{2}=0.99548$$

选额定抽头　　　　$U_{tT1}=U_{NT}=10$ kV　（或$U_{tT1}=1.0$）

校验：$U_{t1\min}<U_{tT1}<U_{t1\max}$，故满足变电站B的调压要求。

对于A点，10 kV母线的调压要求：

$U_{A\max}=U_{B\max}+\Delta U_{AB\max}=10\times(1.01506+0.02)$ kV$=10.351$ kV

$U_{A\min}=U_{B\min}+\Delta U_{AB\min}=10\times(1.01518+0.01)$ kV$=10.252$ kV

12-6 在题 12-6 图所示的网络中，线路和变压器归算到高压侧的阻抗分别为 $Z_L=(17+j40)\ \Omega$ 和 $Z_T=(2.32+j40)\ \Omega$，10 kV 侧负荷为 $S_{LDmax}=(30+j18)$ MV·A，$S_{LDmin}=(12+j9)$ MV·A。若供电点电压 $U_S=117$ kV 保持恒定，变电所低压母线电压要求保持为 10.4 kV 不变，试配合变压器分接头（110±2×2.5%）的选择，确定并联补偿无功设备的容量：(1)采用静电电容器；(2)采用同步调相机。

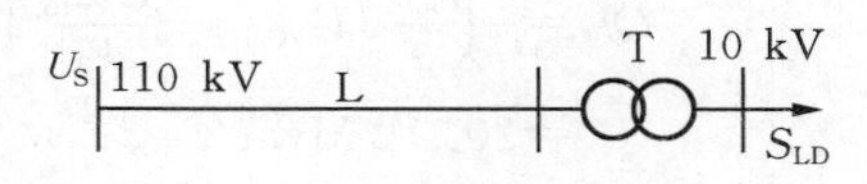

题 12-6 图　简单供电网

解　线路和变压器的总阻抗为

$$Z_\Sigma=Z_L+Z_T=[(17+2.32)+j(40+40)]\ \Omega=(19.32+j80)\ \Omega$$

由于已知首端电压，宜用首端电压求网络电压损耗，为此，先按额定电压求系统功率损耗及功率分布，有

$$\Delta S_{max}=\frac{P_{max}^2+Q_{max}^2}{U_N^2}(R_\Sigma+jX_\Sigma)=\frac{30^2+18^2}{110^2}(19.32+j80)\ \text{MV·A}$$
$$=(1.9544+j8.0926)\ \text{MV·A}$$

$$\Delta S_{min}=\frac{12^2+9^2}{110^2}\times(19.32+j80)\ \text{MV·A}=(0.3593+j1.4876)\ \text{MV·A}$$

$$S_{Smax}=S_{LDmax}+\Delta S_{max}=[(30+1.9544)+j(18+8.0926)]\ \text{MV·A}$$
$$=(31.9544+j26.0926)\ \text{MV·A}$$

$$S_{Smin}=S_{LDmin}+\Delta S_{min}=(12+0.3593)+j(9+1.4876)\ \text{MV·A}$$
$$=(12.3593+j10.4876)\ \text{MV·A}$$

$$\Delta U_{max}=\frac{P_{Smax}R_\Sigma+Q_{Smax}X_\Sigma}{U_1}=\frac{31.9544\times19.32+26.0926\times80}{117}\ \text{kV}=23.1177\ \text{kV}$$

$$\Delta U_{min}=\frac{12.3593\times19.32+10.4876\times80}{117}\ \text{kV}=7.4418\ \text{kV}$$

则　$U'_{2max}=U_1-\Delta U_{max}=(117-23.1177)\ \text{kV}=93.8823\ \text{kV}$

$U'_{2min}=U_1-\Delta U_{min}=(117-7.4418)\ \text{kV}=109.5582\ \text{kV}$

(1)选择静电电容器容量。

(a)按最小负荷无补偿选择变压器分接头。

$$U_t=\frac{U_{2N}U'_{2min}}{U_{2min}}=\frac{11\times109.5582}{10.4}\ \text{kV}=115.879\ \text{kV}$$

只能选最高+5%抽头，即

$$U_t=1.05U_{NT}=115.5\ \text{kV},\quad k_T=\frac{115.5}{11}=10.5$$

因为 $U_t<115.879$，故最小负荷全部切除静电电容器时，低压侧电压仍偏高，其值为

$$U_{2min}=U'_{2min}\times\frac{U_{2N}}{U_t}=109.5582\times\frac{11}{115.5}\ \text{kV}=10.4341\ \text{kV}\quad（偏高）$$

$$\frac{10.4341-10.4}{10.4}\times100\%=0.328\%$$

(b)按最大负荷确定静电电容器的额定容量。

$$Q_C=\frac{U_{2\text{Cmax}}}{X_\Sigma}\left(U_{2\text{Cmax}}-\frac{U'_{2\max}}{k_T}\right)k_T^2=\frac{10.4}{80}\times\left(10.4-\frac{93.8823}{10.5}\right)\times10.5^2\ \text{Mvar}$$
$$=20.91\ \text{Mvar}$$

选 $Q_{CN}=20$ Mvar。

检验：

$$\Delta S'_{\text{Smax}}=\frac{30^2+(-2)^2}{110^2}(19.32+\text{j}80)\ \text{MV·A}=(1.4434+\text{j}5.9769)\ \text{MV·A}$$

$$S_{\text{Smax}}=S_{LD}+\Delta S'_{\text{Smax}}=[(30+1.4434)+\text{j}(-2+5.9769)]\ \text{MV·A}$$
$$=(31.4434+\text{j}3.9769)\ \text{MV·A}$$

$$\Delta U'_{\max}=\frac{31.4434\times19.32+3.9769\times80}{117}\ \text{kV}=7.9114\ \text{kV}$$

$$U_{2\max}=(117-7.9114)\times\frac{11}{115.5}\ \text{kV}=10.4346\ \text{kV}$$

少投一点电容即可满足要求。

(2)选择同步调相机的容量。

(a)按教材的式(12-25)确定变压器变比。

$$k_T=\frac{\alpha U_{2\text{Cmax}}U'_{2\max}+U_{2\text{Cmin}}U'_{2\min}}{\alpha U^2_{2\text{Cmax}}+U^2_{2\text{Cmin}}}=\frac{\alpha\times10.4\times93.8823+10.4\times109.5582}{\alpha\times10.4^2+10.42^2}$$
$$=\frac{\alpha\times93.8823+109.5582}{(1+\alpha)\times10.4}$$

分别取 $\alpha=0.5$ 和 $\alpha=0.65$，相应的 k_T 值分别为 10.032 和9.941，选取最接近的变比 $k_T=\frac{110}{11}=10$，即 $U_t=U_{NT}=110$ kV。

(b)按教材的式(12-22)确定调相机容量。

$$Q_C=\frac{U_{2\text{Cmax}}}{X_\Sigma}\left(U_{2\text{Cmax}}-\frac{U'_{2\max}}{k_T}\right)\times k_T^2=\frac{10.4}{80}\times\left(10.4-\frac{93.88}{10}\right)\times10^2\ \text{Mvar}$$
$$=13.156\ \text{Mvar}>7.5\ \text{Mvar}$$

故选
$$Q_{CN}=15\ \text{Mvar}$$

12-7 在题 12-6 图所示的网络中，$U_s=115$ kV，$S_{LD}=(30+\text{j}18)$ MV·A。

(1)当变压器工作在主抽头时，试求低压侧的运行电压；

(2)若负荷以(1)求得的电压及此时负荷的功率为基准值的电压静特性为

$$P_{LD*}(U_*)=1;Q_{LD*}(U_*)=7-21U_*+15U_*^2$$

当变压器分接头调至-2.5%时，求低压母线的运行电压和负荷的无功功率。

解 由题 12-6 的解已知 $Z_\Sigma=(19.32+\text{j}80)\ \Omega$

$$\Delta S_{\max}=\frac{P^2_{LD}+Q^2_{LD}}{U_N^2}(R_\Sigma+\text{j}X_\Sigma)=\frac{30^2+18^2}{110^2}\times(19.32+\text{j}80)$$
$$=(1.9544+\text{j}8.0926)\ \text{MV·A}$$

$$S_{\text{Smax}}=S_{LD}+\Delta S_{\max}=(30+1.9544)+\text{j}(18+8.0926)\ \text{MV·A}$$
$$=(31.9544+\text{j}26.0926)\ \text{MV·A}$$

$$\Delta U_{\max}=\frac{P_{\text{Smax}}R_\Sigma+Q_{\text{Smax}}X_\Sigma}{U_1}=\frac{31.9544\times19.32+26.0926\times80}{115}\ \text{kV}=23.5197\ \text{kV}$$

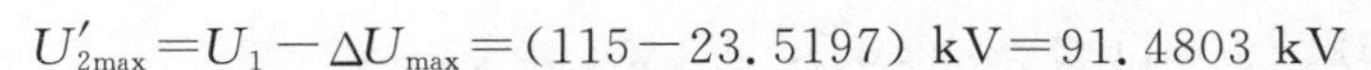

$U'_{2\max}=U_1-\Delta U_{\max}=(115-23.5197)\ \text{kV}=91.4803\ \text{kV}$

(1)变压器工作在主抽头时低压侧电压

$$U_{LD}=U'_{2\max}\frac{1}{k_T}=91.4803\times\frac{11}{110}\ \text{kV}=9.148\ \text{kV}$$

(2)当变压器工作在-2.5%抽头时,有

$$k_T=\frac{110\times0.975}{11}=9.75,\quad U_{2B}=U_{LD}=9.148\ \text{kV}$$

$$Q_{LD}=18Q_{LD*}=18\times\left[7-21\times\left(\frac{U'_{LD}}{U_{2B}}\right)+15\times\left(\frac{U'_{LD}}{U_{2B}}\right)^2\right]$$

$$=18\times\left[7-21\times\frac{U'_{LD}}{9.148}+15\times\left(\frac{U'_{LD}}{9.148}\right)^2\right]=126-41.321U'_{LD}+3.2263U'^2_{LD}$$

$$U'_{LD}=\left(U_1-\frac{P_{LD}R_\Sigma+Q_{LD}X_\Sigma}{U'_2}\right)\times\frac{1}{k_T}$$

$$=\left[115-\frac{30\times19.32+(126-41.321U'_{LD}+3.2263U'^2_{LD})\times80}{U'_{LD}\times9.75}\right]\times\frac{1}{9.75}$$

简化后得 $353.1665U'^2_{LD}-4426.93U'_{LD}+10659.6=0$,取正号求得 $U'_{LD}=9.2838\ \text{kV}$。

$$Q_{LD}=18\times\left[7-21\times\left(\frac{9.2838}{9.148}\right)+15\times\left(\frac{9.2838}{9.148}\right)^2\right]\ \text{Mvar}=20.4644\ \text{Mvar}$$

验算:

$$U_1=U'_2+\frac{P_{LD}R_\Sigma+Q_{LD}X_\Sigma}{U'_2}=\left(9.2838\times9.75+\frac{30\times19.32+20.4644\times80}{9.2838\times9.75}\right)\ \text{kV}$$

$$=115.007\ \text{kV}\approx115\ \text{kV}$$

12-8 35 kV 电力网如题 12-8 图所示,线路和变压器归算到 35 kV 侧的阻抗分别为 $Z_L=(9.9+j12)\ \Omega$ 和 $Z_T=(1.3+j10)\ \Omega$,负荷功率 $S_{LD}=(8+j6)$ MV·A。线路首端电压保持为 37 kV,降压变电所低压母线的调压要求为 10.25 kV,若变压器工作在主抽头不调。

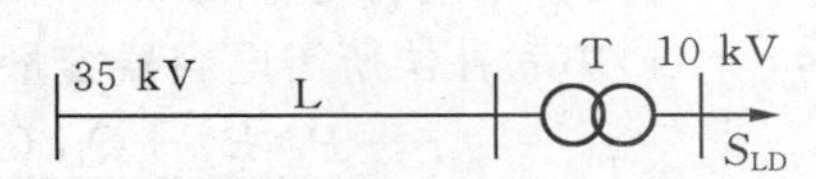

题 12-8 图　简单供电网

(1)分别计算采用串联和并联电容补偿调压所需的最小容量;

(2)若使用 YY6.3-12-1 型电容器(每个 $U_N=6.3$ kV,12 kvar),分别确定采用串联和并联补偿所需电容器的实际个数和容量。

解　$Z_\Sigma=Z_L+Z_T=[(9.9+1.3)+j(12+10)]\ \Omega=(11.2+j22)\ \Omega$

$k_T=\frac{35}{11}=3.182$,$U_1=37$ kV

$U'_{2C}=U_{2C}k_T=10.25\times3.182\ \text{kV}=32.614\ \text{kV}$

$S_{LD}=(8+j6)=P_{LD}+jQ_{LD}$

(1)计算并联和串联电容补偿所需最小容量。

(a)并联补偿所需容量算法一。

由 $U_1=U'_{2C}+\frac{P_{LD}R_\Sigma+(Q_{LD}-Q_{C(P)})X_\Sigma}{U'_{2C}}$ 可解出

$$Q_{C(P)}=\frac{U'^2_{2C}-U_1U'_{2C}+P_{LD}R_\Sigma+Q_{LD}X_\Sigma}{X_\Sigma}$$

$$=\frac{32.614^2-37\times32.614+8\times11.2+6\times22}{22}\ \text{Mvar}=3.571\ \text{Mvar}$$

(b)并联补偿所需容量算法二。

未装补偿前由 $U_1=U_2'+\dfrac{P_{LD}R_\Sigma+Q_{LD}X_\Sigma}{U_2'}$ 可解出

$$U_2'^2-U_1U_2'+P_{LD}R_\Sigma+Q_{LD}X_\Sigma=0,\quad U_2'^2-37U_2'+(8\times11.2+6\times22)\ \text{kV}=0$$

$$U_2'=\frac{37\pm\sqrt{37^2-4\times221.6}}{2}\ \text{kV}$$

取正号 $U_2'=29.4841\ \text{kV}$，$U_{2C}'=U_{2C}k_T=10.25\times\dfrac{35}{11}\ \text{kV}=32.6136\ \text{kV}$

由教材的式(12-18)，有

$$Q_{C(P)}=\frac{U_{2C}'}{X_\Sigma}\left[(U_{2C}'-U_2')+\left(\frac{P_{LD}R_\Sigma+Q_{LD}X_\Sigma}{U_{2C}'}-\frac{P_{LD}R_\Sigma+Q_{LD}X_\Sigma}{U_2'}\right)\right]$$

$$=\frac{32.6136}{22}\times\left[(32.6136-29.4841)+\left(\frac{221.6}{32.6136}-\frac{221.6}{29.4841}\right)\right]\ \text{Mvar}$$

$$=\frac{32.6136}{22}[3.1295+(-0.7212)]\ \text{Mvar}=3.57\ \text{Mvar}$$

若用教材中简化式(12-20)，则

$$Q_{C(P)}'=\frac{k_T^2U_{2C}}{X_\Sigma}\left(U_{2C}-\frac{U_2'}{k_T}\right)=\frac{3.182^2\times10.25}{22}\times\left(10.25-\frac{29.4841}{3.182}\right)\text{Mvar}$$

$$=4.6424\ \text{Mvar}$$

可见在某些特定情况下，简化公式的误差较大。

(c)串联补偿所需电容器容量。

由 $U_1=U_{2C}'+\dfrac{P_{LD}R_\Sigma+Q_{LD}(X_\Sigma-X_{C(S)})}{U_{2C}'}$，可解出

$$X_{C(S)}=\frac{U_{2C}'^2-U_1U_{2C}'+P_{LD}R_\Sigma+Q_{LD}X_\Sigma}{Q_{LD}}$$

$$=\frac{32.614^2-37\times32.614+8\times11.2+6\times22}{6}\ \Omega=13.095\ \Omega$$

$$Q_{C(S)}=\frac{P_{LD}^2+Q_{LD}}{U_{2C}'^2}\times X_{C(S)}\times3=\frac{8^2+6^2}{32.614^2}\times13.095\times3\ \text{Mvar}=3.693\ \text{Mvar}$$

(2)求电容器个数和实际额定容量。

(a)并联补偿时。

①接成三角形。每相容量为 $\dfrac{3.57}{3}$ Mvar≈1.19 Mvar。根据电压要求，要用两个电容器串联，即 2×6.3 kV=12.6 kV>10 kV，两个串联后的容量为

$$Q_{C1}=2\times0.012\times\left(\frac{10}{2\times6.3}\right)^2\ \text{Mvar}=0.015117\ \text{Mvar}$$，每相并联支路数

$$n=\frac{1.19}{0.015117}=78.72$$

取 79 支路。这样，总共需要电容器个数为 $N=79\times2\times3$ 个=474 个。所需电容器的额

定容量 $Q_{CN(P)}=474\times0.012$ Mvar=5.688 Mvar。

②接成中性点不接地的星形。相电压为 $U_{\phi}=\frac{10}{\sqrt{3}}$ kV=5.774 kV,电容器的额定电压为 $U_{NC}=6.3$ kV>5.774 kV,故不用再串联了。每个电容器的有效容量为

$$Q_{C1}=0.012\times\left(\frac{5.774}{6.3}\right)^2 \text{ Mvar}=0.0100798 \text{ Mvar}$$

每相并联支路数
$$n=\frac{1.19}{0.0100798}=118.058$$

取 119 条支路。这样,总共需要电容器的个数为 $N=119\times3$ 个=357 个,$Q_{CN(P)}=375\times0.012$ Mvar=4.248 Mvar。

(b)串联补偿时。

它安装在 35 kV 线路上,要求补偿的电抗为 $X_C=13.0925\ \Omega$。

每个电容器的容抗
$$X_{C1}=\frac{U_{NC}^2}{S_{NC}}=\frac{6.3^2}{0.012}\ \Omega=3307.5\ \Omega$$

串联电容上最大负荷时的电压降落

$$\Delta U_{maxC}=I_{max}\cdot X_C=\sqrt{\frac{P_{LD}^2+Q_{LD}^2}{U'^2_{2C}}}\times X_C=\sqrt{\frac{8^2+6^2}{32.6316^2}}\times13.0925 \text{ kV}=4.0144 \text{ kV}$$

故可以采用一个电容器 $U_{NC}=6.3$ kV>4.0144 kV。

每相并联支路数

$$n=\frac{X_{C1}}{X_C}=\frac{3307.5}{13.0925}\text{个}=252.63\text{ 个}$$

取 253 个,故总电容器个数为

$$N=253\times3\text{ 个}=759\text{ 个}$$
$$Q_{CN(S)}=759\times0.012 \text{ Mvar}=9.108 \text{ Mvar}$$

由此可见,采用串联补偿所需电容器远大于并联补偿之所需。

第13章 电力系统的有功功率平衡和频率调整

13.1 复习思考题

1.频率偏离额定值对用户和系统各有什么害处？按规定我国电力系统频率对额定值的允许偏移是多少？

2.从频率调整的角度看，可以将电力系统的有功功率负荷分为哪几种分量？各种分量的变化特点如何？

3.何谓负荷的频率调节效应系数？

4.何谓发电机组的功率-频率静态特性？它与调速器的调差系数有什么关系？

5.汽轮发电机组和水轮发电机组的调差系数在数值上有什么差别？

6.电力系统的功率-频率静特性系数是怎样确定的？它与系统的备用容量有关吗？

7.何谓频率的一次调整？它由发电机组的哪个机构执行？为什么频率的一次调整是有差的？

8.何谓频率的二次调整？在什么条件下频率的二次调整能使负荷增大后的频率恢复到额定值？

9.互联系统的频率调整要考虑什么问题？

10.调频厂的选择要考虑哪些原则？

11.从调频的技术要求，结合系统运行经济性来考虑，不同季节应该怎样安排调频厂？

12.频率调整与电压调整有关联吗？电力系统有功功率不足和无功功率不足同时出现使频率偏低和电压偏低时，应该首先解决什么问题？为什么？

13.电力系统的有功功率备用容量按其作用可以分为哪几类？按其存在形式又可分为哪几类？各类备用容量的作用是什么？

14.何谓抽水蓄能电站？它有什么作用？

15.根据各类电厂的技术经济特性，在不同的季节，应该怎样安排它们所承担负荷在日负荷曲线中的位置？

13.2 习题详解

13-1 某电力系统的额定频率 $f_N=50$ Hz，功率频率静态特性为 $P_{D*}=0.2+0.4f_*+0.3f_*^2+0.1f_*^3$。试求：

(1)当系统运行频率为50 Hz时，负荷的调节效应系数 K_{D*}；

(2)当系统运行频率为48 Hz时，负荷功率变化的百分数及此时的调节效应系数 K_{D*}。

解 (1)$K_{D*}=\frac{dP_{D*}}{df_*}=\frac{d(0.2+0.4f_*+0.3f_*^2+0.1f_*^4)}{df_*}$

$=0.4+0.6+0.3=1.3$

(2)当系统运行在 48 Hz 时，有

$$f_*=\frac{f}{f_N}=\frac{48}{50}=0.96$$

$$P_{D*}=0.2+0.4f_*+0.3f_*^2+0.1f_*^3$$

$$=0.2+0.4\times0.96+0.3\times0.96^2+0.1\times0.96^3=0.94895$$

负荷变化的百分值为

$$\Delta P_D\%=(1-0.94895)\times100=5.1$$

$$K_{D*}=\frac{dP_{D*}}{df_*}=0.4+0.6\times0.96+0.3\times0.96^2=1.2525$$

13-2 某电力系统有 4 台额定功率为 100 MW 的发电机，每台发电机的调速器的调差系数 $\delta=4\%$，额定频率 $f_N=50$ Hz，系统总负荷为 $P_D=320$ MW，负荷的频率调节效应系数 $K_D=0$。在额定频率运行时，若系数增加负荷 60 MW，试计算下列两种情况下系统频率的变化值：

(1)4 台机组平均承担负荷；

(2)原来 3 台机组满载，一台带 20 MW 负荷。说明两种情况下频率变化不同的原因。

解 每一台发电机的单位调节功率

$$K_{G1}=\frac{1}{\delta_*}\times\frac{P_{GN}}{f_N}=\frac{1}{0.04}\times\frac{100}{50}\text{ MW/Hz}=50\text{ MW/Hz}$$

(1)4 台发电机平均承担负荷的情况。

每台发电机承担 $P_{G1}=\frac{320}{4}$ MW=80 MW。因此，增加 60 MW 负荷后，每台发电机可承担

$$\Delta P_{G1}=\frac{60}{4}\text{ MW}=15\text{ MW},\quad \Delta f=-\frac{\Delta P_{G1}}{K_{G1}}=-\frac{15}{50}\text{ Hz}=-0.3\text{ Hz}$$

或

$$\Delta f=\frac{-\Delta P_{G\Sigma}}{4\times K_{G1}}=-\frac{60}{200}\text{ Hz}=-0.3\text{ Hz}$$

(2)原来 3 台满载，一台带 20 MW 负荷的情况。

此时，所有的负荷增量只能由一台发电机负担，即

$$\Delta P_{G1}=60\text{ MW},\quad \Delta f=-\frac{\Delta P_{G1}}{K_{G1}}=-\frac{60}{50}\text{ Hz}=-1.2\text{ Hz}$$

(3)两种情况下频率变化不同是因为在第一种情况下，$\Delta P_{G1}=15$ MW，而第二种情况下变成 $\Delta P_{G1}=60$ MW，所以在相同的 K_{G1} 下，Δf 变大 4 倍。

13-3 系统条件同题 13-2，但负荷的调节效应系数 $K_D=20$ MW/Hz，试做上题同样的计算，并比较分析计算结果。

解 每一台发电机的单位调节功率为

$$K_{G1}=\frac{1}{\delta_*}\times\frac{P_{GN}}{f_N}=\frac{1}{0.04}\times\frac{100}{50}\text{ MW/Hz}=50\text{ MW/Hz}$$

(1)4 台发电机平均负担负荷时，系统发电机总的单位调节功率为

$$K_G=4K_{G1}=4\times50\ \mathrm{MW/Hz}=200\ \mathrm{MW/Hz}$$

$$\Delta f=-\frac{\Delta P_D}{K_G+K_D}=-\frac{60}{200+20}\ \mathrm{Hz}=-0.2727\ \mathrm{Hz}$$

(2)当 3 台机组满载，一台机组带 20 MW 时，有

$$\Delta f=-\frac{\Delta P_D}{K_{G1}+K_D}=-\frac{60}{50+20}\ \mathrm{Hz}=-0.857\ \mathrm{Hz}$$

(3)因为负荷调节效应起了作用，负荷随频率下降而减少，即实际负荷不能增加 60 MW，从而使频率下降得小些。

13-4 系统条件仍如题 13-2 所示，$K_D=20$ MW/Hz，当发电机平均分配负荷，且有 2 台发电机参加二次调频时，求频率变化值。

解 每台发电机的单位调节功率为

$$K_{G1}=\frac{1}{\delta_*}\times\frac{P_{GN}}{f_N}=\frac{1}{0.04}\times\frac{100}{50}\ \mathrm{MW/Hz}=50\ \mathrm{MW/Hz}$$

4 台发电机平均分配负荷时，每台发电机带负荷为

$$P_{G1}=\frac{P_D}{4}=\frac{320}{4}\ \mathrm{MW}=80\ \mathrm{MW}$$

2 台发电机参加二次调频，可增带功率

$$\Delta P_{G2}=2\times(100-80)\ \mathrm{MW}=40\ \mathrm{MW}$$

这样

$$\Delta f=-\frac{\Delta P_D-\Delta P_{G2}}{2\times K_{G1}+K_D}=-\frac{60-40}{2\times50+20}\ \mathrm{Hz}=-0.1667\ \mathrm{Hz}$$

13-5 系统的额定频率为 50 Hz，总装机容量为 2000 MW，调差系数 $\delta=5\%$，总负荷 $P_D=1600$ MW，$K_D=50$ MW/Hz，在额定频率下运行时，增加负荷 430 MW，计算下列两种情况下的频率变化，并说明为什么。

(1)所有发电机仅参加一次调频；(2)所有发电机均参加二次调频。

解 系统的发电机总的单位调节功率为

$$K_G=\frac{1}{\delta_*}\times\frac{P_{GN}}{f_N}=\frac{1}{0.05}\times\frac{2000}{50}\ \mathrm{MW/Hz}=800\ \mathrm{MW/Hz}$$

增加负荷后，不计负荷调节效应时，总负荷将超过发电机装机容量 30 MW。

(1)所有发电机仅参加一次调频时，有

$$\begin{aligned}\Delta f&=-\frac{\Delta P_G}{K_G+K_D}-\frac{\Delta P_{D0}-\Delta P_G}{K_D}=\left(-\frac{400}{800+50}-\frac{30}{50}\right)\ \mathrm{Hz}\\&=(-0.471-0.6)\ \mathrm{Hz}=-1.071\ \mathrm{Hz}\end{aligned}$$

(2)所有发电机均参加二次调频时，有

$$\Delta f=-\frac{\Delta P_{D0}-\Delta P_G}{K_D}=-\frac{430-400}{50}\ \mathrm{Hz}=-\frac{30}{50}\ \mathrm{Hz}=-0.6\ \mathrm{Hz}$$

由于所有发电机均参加二次调频，在发电机未满载时，可以做到无差调节，因而所有发电机均参加二次调频时，频率下降少了许多。

13-6 互联系统如题 13-6 图所示。已知两系统发电机的单位调节功率和负荷的频率

调节效应：$K_{GA}=800$ MW/Hz，$K_{DA}=50$ MW/Hz，$K_{GB}=700$ MW/Hz，$K_{DB}=40$ MW/Hz。两系统的负荷增量为 $\Delta P_{DA}=100$ MW，$\Delta P_{DB}=50$ MW。当两系统的发电机均参加一次调频时，试求频率和联络线的功率变化量。

解 由于未给出 A、B 两系统的装机容量，因此可以认为负荷增加均不会超过其装机容量。

$$\Delta f=-\frac{\Delta P_{DA}+\Delta P_{DB}}{K_{GA}+K_{DA}+K_{GB}+K_{DB}}=-\frac{100+50}{800+50+700+40}\ \text{Hz}=-0.09434\ \text{Hz}$$

$$\begin{aligned}\Delta P_{AB}&=-\Delta f(K_{GA}+K_{DA})-\Delta P_{DA}\\&=[0.09434\times(800+50)-100]\ \text{MW}=-19.811\ \text{MW}\end{aligned}$$

13-7 互联系统如题 13-6 图所示，已知两系统的有关参数：$K_{GA}=270$ MW/Hz，$K_{DA}=21$ MW/Hz，$K_{GB}=480$ MW/Hz，$K_{DB}=39$ MW/Hz。此时联络线功率 $P_{AB}=300$ MW，若系统 B 增加负荷 150 MW。

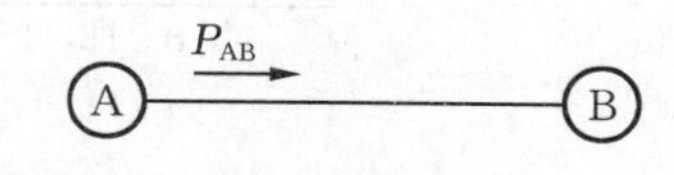

题 13-6 图 互联系统

(1)两系统全部发电机仅进行一次调频时，试计算系统频率，联络线功率变化量，A、B 系统发电机及负荷功率的变化量；

(2)两系统发电机均参加一次调频，但二次调频仅由 A 系统的调频厂承担，且联络线最大允许输送功率为 400 MW，求系统频率的最小变化量。

解 (1)求联络线及 A、B 系统发电机及负荷功率变化量。

(a)系统频率变化量。

$$\Delta f=-\frac{\Delta P_{DA}+\Delta P_{DB}}{K_{GA}+K_{DA}+K_{GB}+K_{DB}}=-\frac{0+150}{270+21+480+39}\ \text{Hz}=-0.185\ \text{Hz}$$

系统频率 $f=f_N+\Delta f=(50-0.185)\ \text{Hz}=49.815\ \text{Hz}$

(b)联络线功率变化量。

$$\Delta P_{AB}=-\Delta f(K_{GA}+K_{DA})-\Delta P_{DA}=[0.185\times(270+21)-0]\ \text{MW}=53.835\ \text{MW}$$

(c)A 系统发电机功率变化量。

$$\Delta P_{GA}=-\Delta fK_{GA}=0.185\times270\ \text{MW}=49.95\ \text{MW}$$

(d)A 系统负荷功率变化量。

$$\Delta P_{DA}=\Delta fK_{DA}=-0.185\times21\ \text{MW}=-3.885\ \text{MW}$$

(e)B 系统发电机功率变化量。

$$\Delta P_{GB}=-\Delta fK_{GB}=0.185\times480\ \text{MW}=88.8\ \text{MW}$$

(f)B 系统负荷功率变化量。

$$\Delta P_{DB}=\Delta fK_{DB}=-0.185\times39\ \text{MW}=-7.215\ \text{MW}$$

(2)在联络线最大允许输送功率 $P_{ABmax}=400$ MW，即 $\Delta P_{ABmax}=(400-300)$ MW$=100$ MW 时，这 100 MW 的功率全部由 A 系统的二次调频来解决，这样，相当于 B 系统仅增加负荷 $\Delta P'_{DB}=\Delta P_{DB}-\Delta P_{ABmax}=(150-100)$ MW$=50$ MW。

这个负荷增量由 B 系统的机组通过一次调频来解决，所以，此时的系统频率最小变化量

$$\Delta f_{min}=-\frac{\Delta P'_{DB}}{K_{GB}+K_{DB}}=-\frac{50}{480+39}\ \text{Hz}=-0.096\ \text{Hz}$$

13-8 洪水季节，系统日负荷曲线如题 13-8 图(1)所示。试将下列各类发电厂安排在

负荷曲线下的适当位置上（填入相应字母）：A—高温高压火电厂；B—燃烧当地劣质煤的火电厂；C—水电厂和热电厂的强迫功率；D—水电厂的可调功率；E—中温中压火电厂；F—核电厂。

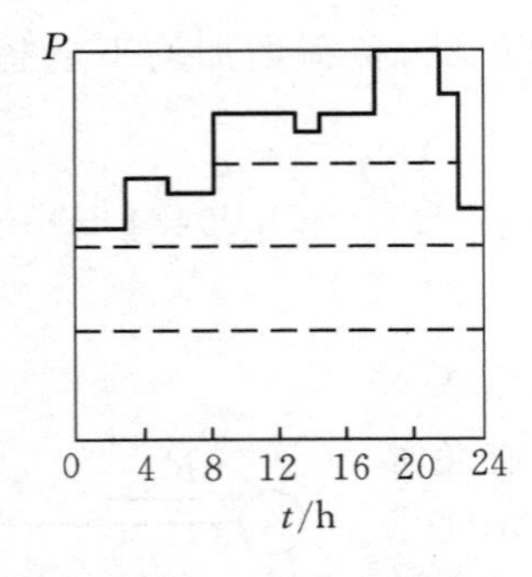

题 13-8 图(1) 日负荷曲线

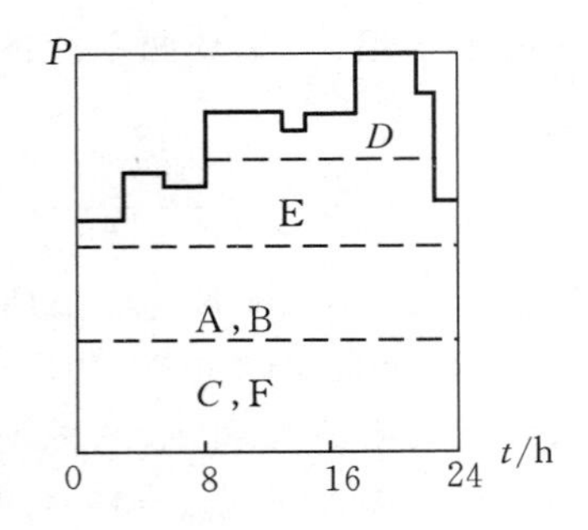

题 13-8 图(2) 负荷分配的结果

解 (1)水电厂的强迫功率和热电厂的强迫功率以及核电厂应该是平稳功率发电，因此应负担最基本负荷。

(2)高温高压火电厂由于效率高，应带基荷；燃烧当地劣质煤的火电厂通常称为“坑口电厂”，应尽量发电，也应带基荷。

(3)中温中压发电厂调节范围较宽，但调节速度较慢、能耗较大，故可作为水电厂调节的辅助。

(4)水电厂应负担调频和调峰的任务。

根据以上各点，负荷分配的结果如题 13-8 图(2)所示。

第14章 电力系统的经济运行

14.1 复习思考题

1. 何谓电力网损耗率？

2. 何谓最大负荷损耗时间？它有什么用处？

3. 本章介绍的两种计算电力网能量损耗的方法各有什么特点？

4. 可以采取哪些技术措施来降低网络的电能损耗？

5. 何谓发电设备的耗量特性？何谓比耗量？何谓耗量微增率？

6. 发电机组间按耗量微增率相等的原则分配负荷可使总耗量最小，你是怎样理解的？

7. 网络的有功功率损耗对发电厂间的有功负荷经济分配有何影响？怎样计算这种影响？

8. 何谓水煤换算系数？

9. 在含有水电厂和火电厂的电力系统中，怎样应用等微增率准则进行有功功率负荷的分配？

10. 无功功率负荷经济分配的前提是什么？目标是什么？约束条件又是什么？

11. 怎样应用等微增率准则进行无功负荷的经济分配？

12. 无功功率补偿容量经济配置的目标是什么？在不考虑约束条件的情况下，怎样配置无功补偿容量才能获得最大的经济效益？

13. 在无功功率补偿总容量有限制时，应该怎样在各补偿点间分配补偿容量？

14. 无功功率补偿可以改善无功功率的供需平衡，提高电压质量和降低网损，在实际工作中应怎样协调好这三个方面的要求？

14.2 习题详解

14-1 110 kV 输电线路长 120 km，$r_1=0.17\ \Omega/\text{km}$，$x_1=0.406\ \Omega/\text{km}$，$b_1=2.82\times10^{-6}$ S/km。线路末端最大负荷 $S_{max}=(32+\text{j}22)$ MV·A，$T_{max}=4500$ h，求线路全年电能损耗。

解 线路用Π型等值电路，其参数为

$$Z_L=R_L+\text{j}X_L=r_1l+\text{j}x_1l=(0.17\times120+\text{j}0.406\times120)\ \Omega=(20.4+\text{j}48.72)\ \Omega$$

$$\frac{1}{2}B_L=\frac{1}{2}b_1l=\frac{1}{2}\times2.82\times10^{-6}\times120\ \text{S}=1.692\times10^{-4}\ \text{S}$$

功率分布和电能损耗计算

$$\frac{1}{2}\Delta Q_{c2}=U_N^2\times\frac{1}{2}B_L=110^2\times1.692\times10^{-4}\ \text{Mvar}=2.047\ \text{Mvar}$$

$S_2=S_{max}-j\frac{1}{2}\Delta Q_{c2}=[32+j(22-2.047)]$ MV·A=(32+j19.953) MV·A

$\cos\varphi_2=0.8486$

$\Delta P_{Lmax}=\frac{P_2^2+Q_2^2}{U_N^2}\times R_L=\frac{32^2+19.953^2}{110^2}\times 20.4$ MW=2.398 MW

由 $T_{max}=4500$ h，查教材表 14-1 得 $\cos\varphi=0.8$ 时，$\tau=3150$ h；$\cos\varphi=0.85$ 时，$\tau=3000$ h；用插值法得 $\cos\varphi_2=0.8486$ 时，$\tau=3003$ h。

全年电能损耗

$$\Delta A=\Delta P_{Lmax}\tau=2.398\times 10^3\times 3003\ \text{kW·h}=7.2\times 10^6\ \text{kW·h}$$

14-2 若题 14-1 中负荷的功率因数提高到 0.92，电价为 0.20 元/kW·h，求减少电能损耗所节约的费用。

解 由 $\cos\varphi=0.92$ 知 $\varphi=23.074°$，故 $Q_{max}=P_{max}\tan 23.074°=13.632$ Mvar。

由上题解已知 $Z_L=(20.4+j48.72)\ \Omega$，$\frac{1}{2}\Delta Q_{c2}=2.047$ Mvar

$S_2=S_{max}-j\frac{1}{2}\Delta Q_{c2}=[32+j(13.632-2.047)]$ MV·A=(32+j11.585) MV·A

$\cos\varphi_2=0.94$

$\Delta P_{max}=\frac{P_2^2+Q_2^2}{U_N^2}\times R_L=\frac{32^2+11.585^2}{110^2}\times 20.4$ MW=1.9527 MW

由教材表 14-1 知，当 $T_{max}=4500$ h 时，$\cos\varphi=0.9$，$\tau=2900$ h；当 $\cos\varphi=0.95$，$\tau=2700$ h，用插值法得 $\cos\varphi_2=0.94$ 时，$\tau=2740$ h，故全年电能损耗为

$$\Delta A=\Delta P_{max}\tau=1.9527\times 10^3\times 2740\ \text{kW·h}=5.35\times 10^6\ \text{kW·h}$$

电价为 0.2 元/kW·h，故可节约电费为

$$\Delta F=(7.20-5.35)\times 10^6\times 0.2\ \text{元}=370000\ \text{元}=37\ \text{万元}$$

14-3 若对题 14-1 的线路进行升压改造，线路电压升为 220 kV，升压后线路参数为：$r_1=0.17\ \Omega/\text{km}$，$x_1=0.417\ \Omega/\text{km}$，$b_1=2.74\times 10^{-6}$ S/km，负荷仍如题 14-1，试求全年电能损耗。若电价为 0.2 元/kW·h，试计算减少电能损耗所节约的费用。

解 参数计算。

$Z_L=(r_1+jx_1)l=(0.17+j0.417)\times 120\ \Omega=(20.4+j50.4)\ \Omega$

$\frac{1}{2}B_L=\frac{1}{2}b_1 l=\frac{1}{2}\times 2.74\times 10^{-6}\times 120$ S$=1.644\times 10^{-4}$ S

功率分布、功率损耗计算如下。

$\frac{1}{2}\Delta Q_{c2}=U_N^2\times\frac{1}{2}B_L=220^2\times 1.644\times 10^{-4}$ Mvar=7.957 Mvar

$S_2=S_{max}-j\frac{1}{2}\Delta Q_{C2}=[32+j(22-7.957)]$ MV·A=(32+j14.043) MV·A

$\cos\varphi_2=0.916$

$\Delta P_{max}=\frac{P_2^2+Q^2}{U_N^2}\times R_L=\frac{32^2+14.043^2}{220^2}\times 20.4$ MW=0.5147 MW

电能损耗及节约费用计算如下。

由 $T_{max}=4500$ h 查教材表 14-1，$\cos\varphi=0.9$ 时，$\tau=2900$ h；$\cos\varphi=0.95$ 时，$\tau=2700$ h。用插值法求得 $\cos\varphi_2=0.916$ 时，$\tau=2836$ h。

$$\Delta A=\Delta P_{max}\tau=0.5147\times10^3\times2836\ \text{kW}\cdot\text{h}=1.4597\times10^6\ \text{kW}\cdot\text{h}$$

节约电费 $\Delta F=(7.2-1.4597)\times10^6\times0.2$ 元 $=1.14806\times10^6$ 元 $=114.806$ 万元

14-4 两台型号均为 SFL_1-40000/110 的变压器并联运行，如题 14-4 图所示。每台参数为：$\Delta P_0=41.5$ kW，$I_0\%=0.7$，$\Delta P_S=203.4$ kW，$U_S\%=10.5$。负荷 $S_{max}=(50+j36)$ MV·A，$T_{max}=4000$ h，求全年电能损耗。

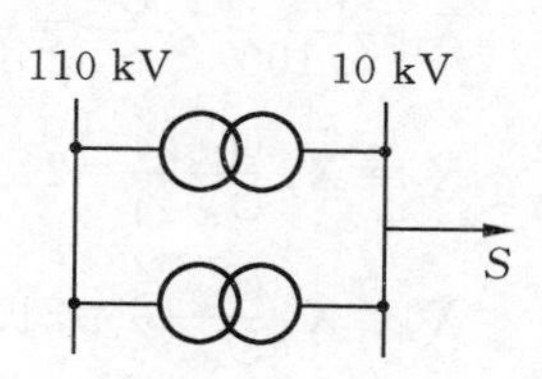

题 14-4 图 变压器并联运行

解 $S_{max}=(50+j36)$ MV·A，$\cos\varphi=0.8115$

变压器有功损耗：

$$\Delta P_{T0}=2\Delta P_0=2\times41.5\ \text{kW}=83\ \text{kW}$$

$$\Delta P_{max}=2\Delta P_S\times\frac{P_{max}^2+Q_{max}^2}{(2S_{TN})^2}=2\times203.4\times\left(\frac{50^2+36^2}{80^2}\right)\ \text{kW}=241.283\ \text{kW}$$

电能损耗计算。

由 $T_{max}=4000$ h，查教材表 14-1，$\cos\varphi=0.8$ 时，$\tau=2750$ h，$\cos\varphi=0.85$ 时，$\tau=2600$ h，用插值法求得 $\cos\varphi=0.8115$ 时，$\tau=2715.5$ h。

全年电能损耗

$$\begin{aligned}\Delta A&=\Delta P_{T0}t_y+\Delta P_{max}\tau=(83\times8760+241.283\times2715.5)\ \text{kW}\cdot\text{h}\\&=1.382\times10^6\ \text{kW}\cdot\text{h}\end{aligned}$$

14-5 一台联系 110、35、10 kV 三个电压级的三相三绕组变压器，型号为 $SFSL_1$-63000/110，容量比为 100/100/100，$\Delta P_0=84$ kW，$I_0\%=2.5$，$\Delta P_{S(1\text{-}2)}=410$ kW，$\Delta P_{S(1\text{-}3)}=410$ kW，$\Delta P_{S(2\text{-}3)}=260$ kW，$U_{S(1\text{-}2)}\%=10.5$，$U_{S(1\text{-}3)}\%=18$，$U_{S(2\text{-}3)}\%=6.5$。35 kV 侧的负荷为 $S_{\text{II}\,max}=(36+j33.75)$ MV·A，$T_{max}=4500$ h。10 kV 侧的负荷为 $S_{\text{III}\,max}=(10+j6)$ MV·A，$T_{max}=4000$ h。求变压器的电能损耗。

解法一 参数计算。

$$\Delta P_{S1}=\frac{1}{2}(\Delta P_{S(1\text{-}2)}+\Delta P_{S(1\text{-}3)}-\Delta P_{S(2\text{-}3)})=\frac{1}{2}(410+410-260)\ \text{kW}=280\ \text{kW}$$

$$\Delta P_{S2}=\frac{1}{2}(\Delta P_{S(1\text{-}2)}+\Delta P_{S(2\text{-}3)}-\Delta P_{S(1\text{-}3)})=\frac{1}{2}(410+260-410)\ \text{kW}=130\ \text{kW}$$

$$\Delta P_{S3}=\frac{1}{2}(\Delta P_{S(2\text{-}3)}+\Delta P_{S(1\text{-}3)}-\Delta P_{S(1\text{-}2)})=\frac{1}{2}(260+410-410)\ \text{kW}=130\ \text{kW}$$

$$R_1=\Delta P_{S1}\frac{U_N^2}{S_N^2}\times10^3=280\times\frac{110^2}{63000^2}\times10^3\ \Omega=0.8536\ \Omega$$

$$R_2=\Delta P_{S2}\frac{U_N^2}{S_N^2}\times10^3=130\times\frac{110^2}{63000^2}\times10^3\ \Omega=0.3963\ \Omega$$

$$R_3=\Delta P_{S3}\frac{U_N^2}{S_N^2}\times10^3=130\times\frac{110^2}{63000^2}\times10^3\ \Omega=0.3963\ \Omega$$

$$U_{S1}=\frac{1}{2}(U_{S(1\text{-}2)}\%+U_{S(1\text{-}3)}\%-U_{S(2\text{-}3)}\%)=\frac{1}{2}(10.5+18-6.5)\%=11\%$$

$U_{S2}=\frac{1}{2}(U_{S(1-2)}\%+U_{S(2-3)}\%-U_{S(1-3)}\%)=\frac{1}{2}(10.5+6.5-18)\%=-0.5\%$

$U_{S3}=\frac{1}{2}(U_{S(2-3)}\%+U_{S(1-3)}\%-U_{S(1-2)}\%)=\frac{1}{2}(6.5+18-10.5)\%=7\%$

$X_1=\frac{U_{S1}\%}{100}\times\frac{U_N^2}{S_N}=\frac{11}{100}\times\frac{110^2}{63}\ \Omega=21.127\ \Omega$

$X_2=X_1\frac{U_{S2}\%}{U_{S1}\%}=21.127\times\frac{-0.5}{11}\ \Omega=-0.96\ \Omega$

$X_3=X_1\frac{U_{S3}\%}{U_{S1}\%}=21.127\times\frac{7}{11}\ \Omega=13.4444\ \Omega$

计算功率分布、功率损耗及能量损耗。

$S_3=(10+j6)$ MV·A，$\cos\varphi_3=0.8575$

$\Delta S_{3\max}=\frac{P_3^2+Q_3^2}{U_N^2}(R_3+jX_3)=\frac{10^2+6^2}{110^2}\times(0.3968+j13.4444)$ MV·A

$=(0.00445+j0.1571)$ MV·A

由 $T_{3\max}=4000$ h，查教材表 14-1，当 $\cos\varphi=0.85$ 时，$\tau=2600$ h；当 $\cos\varphi=0.9$ 时，$\tau=2400$ h；用插值法得 $\cos\varphi_3=0.8575$ 时，$\tau_3=2570$ h。

$\Delta A_{z3}=\Delta P_{3\max}\tau_3=0.00445\times10^3\times2570$ kW·h$=11.4365\times10^3$ kW·h

$S_2=(36+j33.75)$ MV·A，$\cos\varphi_2=0.7295$

$\Delta S_{2\max}=\frac{P_2^2+Q_2^2}{U_N^2}(R_2+jX_2)=\frac{36^2+33.75^2}{110^2}\times(0.3963-j0.9603)$ MV·A

$=(0.07975-j0.1933)$ MV·A

由 $T_{2\max}=4500$ h，查教材表 14-1，当 $\cos\varphi=0.8$，$\tau=3150$ h；$\cos\varphi=0.85$，$\tau=3000$ h。用外插值法求得 $\cos\varphi_2=0.7295$ 时，$\tau_2=3361.5$ h。

$\Delta A_{z2}=\Delta P_{2\max}\tau_2=0.07975\times10^3\times3361.5$ kW·h$=268.0796\times10^3$ kW·h

$S_1=S_3+\Delta S_{3\max}+S_2+\Delta S_{2\max}$

$=[(10+0.00445+36+0.07975)+j(6+0.1511+33.75-0.1933)]$ MV·A

$=(46.0842+j39.7078)$ MV·A，$\cos\varphi_1=0.7576$

$T_{1\max}=\frac{P_3T_{3\max}+P_2T_{2\max}}{P_3+P_2}=\frac{10\times4000+36\times4500}{10+36}$ h$=4391.3$ h

查教材表 14-1，$T_{\max}=4000$ h，$\cos\varphi=0.75$ 时，用外插法求得 $\tau=2900$ h；当 $\cos\varphi=0.8$ 时，$\tau=2750$ h；当 $\cos\varphi_1=0.7576$ 时，$\tau_{1A}=2877.2$ h。

$T_{\max}=4500$ h，$\cos\varphi=0.75$ 时，用外插法得 $\tau=3300$ h；$\cos\varphi=0.8$ 时，$\tau=3150$ h；当 $\cos\varphi_1=0.7576$ 时，$\tau_{1B}=3277.2$ h。

现在 $T_{1\max}=4391.3$ h，用插值法求得

$\tau_1=3190.24$ h

$\Delta P_{1\max}=\frac{P_1^2+Q^2}{U_N^2}\times R_1=\frac{46.0842^2+39.7078^2}{110^2}\times0.8536$ MW$=0.2611$ MW

$\Delta A_{z1}=\Delta P_{1\max}\tau_1=0.2611\times10^3\times3190.24$ kW·h$=1151.996\times10^3$ kW·h

变压器全年电能损耗

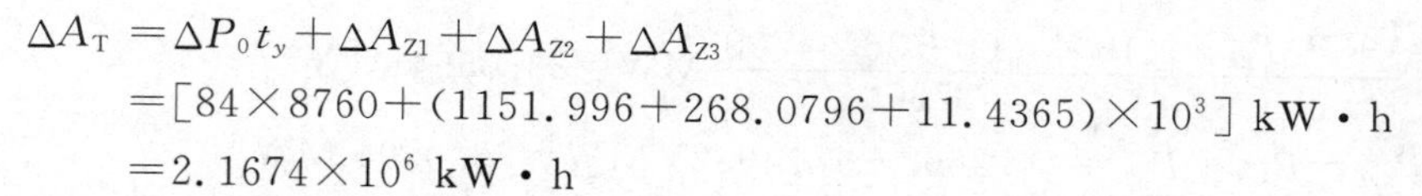

$$\Delta A_T = \Delta P_0 t_y + \Delta A_{Z1} + \Delta A_{Z2} + \Delta A_{Z3}$$
$$= [84 \times 8760 + (1151.996 + 268.0796 + 11.4365) \times 10^3] \text{ kW} \cdot \text{h}$$
$$= 2.1674 \times 10^6 \text{ kW} \cdot \text{h}$$

解法二 不计变压器功率损耗对 S_1' 的影响。

$$\Delta P_{3max} = \Delta P_{S3}\left(\frac{P_3^2 + Q_3^2}{S_{TN}^2}\right) = 130 \times \left(\frac{10^2 + 6^2}{63^2}\right) \text{ kW} = 4.4545 \text{ kW}, \tau_3 = 2570 \text{ h}$$

$$\Delta P_{2max} = \Delta P_{S2}\left(\frac{P_2^2 + Q_2^2}{S_{TN}^2}\right) = 130 \times \left(\frac{36^2 + 33.75^2}{63^2}\right) \text{ kW} = 79.7577 \text{ kW}$$

$\tau_2 = 3361.5$ h

$$\Delta P_{1max} = \Delta P_{S1}\left(\frac{(P_2 + P_3)^2 + (Q_2 + Q_3)^2}{S_{TN}^2}\right)$$
$$= 280 \times \left[\frac{(10 + 36)^2 + (6 + 33.75)^2}{63^2}\right] \text{ kW} = 260.745 \text{ kW}$$

$\cos\varphi_1 = 0.7566$

$$T_{1max} = \frac{P_3 T_{3max} + P_2 T_{2max}}{P_3 + P_2} = \frac{10 \times 4000 + 36 \times 4500}{10 + 36} \text{ h} = 4391.3 \text{ h}$$

查教材表 14-1，$T_{max} = 4000$ h，$\cos\varphi = 0.75$ 时，$\tau = 2900$ h；$\cos\varphi = 0.8$ 时，$\tau = 2750$ h；$\cos\varphi_1 = 0.7566$ 时，$\tau_{1A} = 2880.2$ h；$T_{max} = 4500$ h，$\cos\varphi = 0.75$ 时，$\tau = 3300$ h；$\cos\varphi = 0.8$ 时，$\tau = 3150$ h；$\cos\varphi_1 = 0.7566$ 时，$\tau_{1B} = 3280.2$ h。

现 $T_{1max} = 4391.3$ h，故有

$$\tau_1 = \tau_{1A} + (\tau_{1B} - \tau_{1A}) \times \frac{4391.3 - 4000}{4500 - 4000}$$
$$= \left[2880.2 + (3280.2 - 2880.2) \times \frac{391.3}{500}\right] \text{ h} = 3193.24 \text{ h}$$

变压器全年电能损耗为

$$\Delta A_T = \Delta P_0 t_y + \Delta P_{1max}\tau_1 + \Delta P_{2max}\tau_2 + \Delta P_{3max}\tau_3$$
$$= (84 \times 8760 + 260.745 \times 3193.24 + 79.7577 \times 3361.5$$
$$+ 4.4545 \times 2570) \text{kW} \cdot \text{h} = 1.848 \times 10^6 \text{kW} \cdot \text{h}$$

14-6 若上题负荷的功率因数保持不变，负荷的同时率为 1，最小负荷率均为 $\alpha = 0.42$，用等值负荷法计算变压器的电能损耗，并与上题的计算结果比较。

解 由题 14-5 的解已知以下参数。

$R_1 = 0.8536\ \Omega$，$R_2 = 0.3963\ \Omega$，$R_3 = 0.3963\ \Omega$

$$P_{av3} = \frac{P_3 T_{3max}}{t_y} = \frac{10 \times 4000}{8760} \text{ MW} = 4.5662 \text{ MW}$$

$$Q_{av3} = \frac{Q_3 T_{3max}}{t_y} = \frac{6 \times 4000}{8760} \text{ Mvar} = 2.7397 \text{ Mvar}$$

$$P_{av2} = \frac{P_2 T_{2max}}{t_y} = \frac{36 \times 4500}{8760} \text{ MW} = 18.4932 \text{ MW}$$

$$Q_{av2} = \frac{Q_2 T_{2max}}{t_y} = \frac{33.75 \times 4500}{8760} \text{ Mvar} = 17.3373 \text{ Mvar}$$

$$P_{av1}=\frac{P_3T_{3max}+P_2T_{2max}}{t_y}=\frac{10\times4000+36\times4500}{8760}\ \text{MW}=23.0594\ \text{MW}$$

或

$$P_{av1}=P_{av3}+P_{av2}=(4.5662+18.4932)\ \text{MW}=23.0594\ \text{MW}$$

$$Q_{av1}=Q_{av3}+Q_{av2}=(2.7397+17.3373)\ \text{Mvar}=20.077\ \text{Mvar}$$

由

$$\alpha=0.42$$

得

$$K_{av}^2=\frac{1}{2}+\frac{(1+\alpha)^2}{8\alpha}=\frac{1}{2}+\frac{(1+0.42)^2}{8\times0.42}=1.10012$$

因为功率因数不变，故 $L_{av}=K_{av}$。

变压器全年电能损耗为

$$\begin{aligned}\Delta A_T&=\Delta P_0t_y+t_yK_{av}^2\left[\left(\frac{P_{3av}^2+Q_{3av}^2}{U_N^2}\right)R_3+\left(\frac{P_{2av}^2+Q_{2av}^2}{U_N^2}\right)R_2+\left(\frac{P_{1av}^2+Q_{1av}^2}{U_N^2}\right)R_1\right]\\&=84\times8760+\frac{8760\times1.10012}{110^2}\times[(4.5662^2+2.7397)^2\\&\quad\times0.3963+(18.4932^2+17.3373^2)\times0.3963\\&\quad+(23.0594^2+20.077^2)\times0.8536]\times10^3\ \text{kW}\cdot\text{h}\\&=1.58315\times10^6\ \text{kW}\cdot\text{h}\end{aligned}$$

14-7 两台 SJL_1-2000/35 型变压器并联运行，每台的数据为 $\Delta P_0=4.2$ kW，$\Delta P_S=24$ kW。试求可以切除一台变压器的临界负荷值。

解 已知 $k=2$，由教材的式(14-4)可得切除一台变压器的临界负荷为

$$S_{cr}=S_N\sqrt{k(k-1)\frac{\Delta P_0}{\Delta P_S}}=2000\times\sqrt{2\times(2-1)\times\frac{4.2}{24}}\ \text{kV}\cdot\text{A}=1183.216\ \text{kV}\cdot\text{A}$$

14-8 变电所装设两台变压器，一台为 SJL_1-2000/35 型，$\Delta P_0=4.2$ kW，$\Delta P_S=24$ kW；另一台为 STL_1-4000/35 型，$\Delta P_0=6.8$ kW，$\Delta P_S=39$ kW。若两台变压器并联运行时功率分布与变压器容量成正比，为减少损耗，试根据负荷功率的变化，合理安排变压器的运行方式。

解 两台变压器同时运行时，总有功功率损耗为

$$\begin{aligned}\Delta P_{T\Sigma2}&=\Delta P_{01}+\Delta P_{02}+\Delta P_{S1}\left(\frac{S_{LD}\times\dfrac{S_{TN1}}{S_{TN1}+S_{TN2}}}{S_{TN1}}\right)^2+\Delta P_{S2}\left(\frac{S_{LD}\times\dfrac{S_{TN2}}{S_{TN1}+S_{TN2}}}{S_{TN2}}\right)^2\\&=\Delta P_{01}+\Delta P_{02}+\Delta P_{S1}S_{LD}^2\left(\frac{1}{S_{TN1}+S_{TN2}}\right)^2+\Delta P_{S2}S_{LD}^2\left(\frac{1}{S_{TN1}+S_{TN2}}\right)^2\end{aligned}$$

切除一台大变压器时，有功功率损耗为

$$\Delta P_{T1}=\Delta P_{01}+\Delta P_{S1}S_{LD}^2\left(\frac{1}{S_{TN1}}\right)^2$$

切除一台小变压器时，有功功率损耗为

$$\Delta P_{T2}=\Delta P_{02}+\Delta P_{S2}S_{LD}^2\left(\frac{1}{S_{TN2}}\right)^2$$

因此，切除一台大变压器的临界负荷为

$$\Delta P_{T\Sigma2}=\Delta P_{T1}$$

即 $\Delta P_{01}+\Delta P_{S1}S_{LD}^2\left(\frac{1}{S_{TN1}}\right)^2=\Delta P_{01}+\Delta P_{02}+S_{cr}^2\left(\frac{1}{S_{TN1}+S_{TN2}}\right)^2\cdot(\Delta P_{S1}+\Delta P_{S2})$

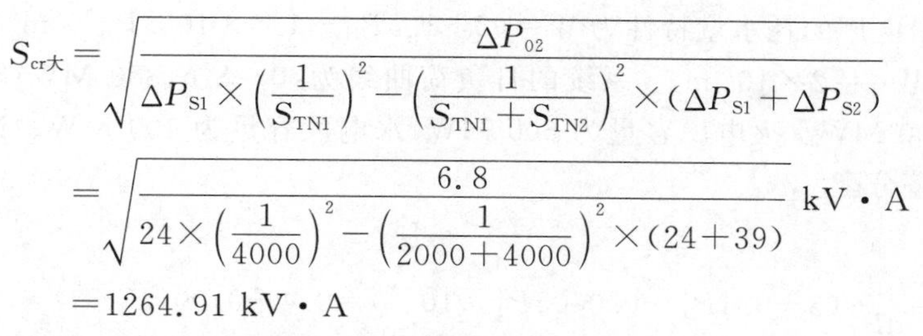

$$S_{cr大}=\sqrt{\frac{\Delta P_{02}}{\Delta P_{S1}\times\left(\frac{1}{S_{TN1}}\right)^2-\left(\frac{1}{S_{TN1}+S_{TN2}}\right)^2\times(\Delta P_{S1}+\Delta P_{S2})}}$$

$$=\sqrt{\frac{6.8}{24\times\left(\frac{1}{4000}\right)^2-\left(\frac{1}{2000+4000}\right)^2\times(24+39)}}\ \text{kV}\cdot\text{A}$$

$$=1264.91\ \text{kV}\cdot\text{A}$$

同理，切除一台小变压器的临界负荷为

$$S_{cr小}=\sqrt{\frac{\Delta P_{01}}{\Delta P_{S2}\times\left(\frac{1}{S_{TN2}}\right)^2-\left(\frac{1}{S_{TN1}+S_{TN2}}\right)^2\times(\Delta P_{S1}+\Delta P_{S2})}}$$

$$=\sqrt{\frac{4.2}{39\times\left(\frac{1}{4000}\right)^2-\left(\frac{1}{2000+4000}\right)^2\times(24+39)}}\ \text{kV}\cdot\text{A}=2471.66\ \text{kV}\cdot\text{A}$$

结论：当负荷 $S\leqslant 1264.91$ kV·A 时，一台小变压器投入运行；当负荷 1264.91 kV·A$<S\leqslant$2471.66 kV·A时，换用一台大变压器运行；当$S>$2471.66 kV·A时，两台变压器同时投入运行。

14-9　两个火电厂并联运行，其燃料耗量特性如下：

$$F_1=(4+0.3P_{G1}+0.0008P_{G1}^2)\ \text{t/h}$$
$$200\ \text{MW}\leqslant P_{G1}\leqslant 300\ \text{MW}$$
$$F_2=(3+0.33P_{G2}+0.0004P_{G2}^2)\ \text{t/h}$$
$$340\ \text{MW}\leqslant P_{G2}\leqslant 560\ \text{MW}$$

系统总负荷分别为 850 MW 和 550 MW，试确定不计网损时各厂负荷的经济分配。

解　(1)系统总负荷为 850 MW 时

$P_{G2}=850-P_{G1}$，各发电厂的燃料耗量微增率为

$$\lambda_1=\frac{dF_1}{dP_{G1}}=\frac{d}{dP_{G1}}(4+0.3P_{G1}+0.0008P_{G1}^2)=0.3+0.0016P_{G1}$$

$$\lambda_2=\frac{dF_2}{dP_{G2}}=\frac{d}{dP_{G2}}(3+0.33P_{G2}+0.0004P_{G2}^2)=0.33+0.0008P_{G2}$$

令 $\lambda_1=\lambda_2$，并将 $P_{G2}=850-P_{G1}$代入，可解出 P_{G1}，即

$$0.3+0.0016P_{G1}=0.33+0.0008(850-P_{G1})$$

$(0.0016+0.0008)P_{G1}=0.33-0.3+0.0008\times 850$，可得

$$P_{G1}=295.833\ \text{MW},P_{G2}=850-P_{G1}=(850-295.833)\ \text{MW}=554.167\ \text{MW}$$

(2)当系统总负荷为 550 MW 时，$P_{G2}=550-P_{G1}$，令 $\lambda_1=\lambda_2$，并将 $P_{G2}=550-P_{G1}$代入，便得

$$(0.0016+0.0008)\times 10^{-3}P_{G1}=0.33-0.3+0.0008\times 550\times 10^{-3}$$

由此可得 $P_{G1}=195.833$ MW，但 P_{G1}的最小允许负荷 $P_{G1}\geqslant 200$ MW，故 $P_{G1}=200$ MW，$P_{G2}=(550-200)$ MW$=350$ MW。

14-10　一个火电厂和一个水电厂并联运行。火电厂的燃料耗量特性为 $F=(3+0.4P_T$

$+0.0005P_T{}^2$) t/h。水电厂的耗水量特性为 $W=(2+1.5P_H+1.5\times10^{-3}P_H{}^2)$ m³/s。水电厂给定的日耗水量为 $W_\Sigma=2\times10^7$ m³。系统的日负荷曲线为：0～8 h，350 MW；8～18 h，700 MW；18～24 h，500 MW。火电厂容量为 600 MW，水电厂容量为 400 MW。试确定系统负荷在两电厂的经济分配。

解 由

$$\frac{dF}{dP_T}=\frac{d}{dP_T}(3+0.4P_T+0.0005P_T^2\times10^{-3})=0.4+0.001P_T$$

$$\frac{dW}{dP_H}=\frac{d}{dP_H}(2+1.5P_H+1.5\times10^{-3}P_H^2)=1.5+3\times10^{-3}P_H$$

可得协调方程

$$0.4+0.001P_T=\gamma(1.5+3\times10^{-3}P_H)$$

对于每时段，有功功率平衡方程为 $P_T+P_H=P_{LD}$ 或 $P_T=P_{LD}-P_H$，代入协调方程可解出

$$P_H=\frac{0.4-1.5\gamma+0.001P_{LD}}{0.003\gamma+0.001},\quad P_T=\frac{1.5\gamma-0.4+0.003\gamma P_{LD}}{0.003\gamma+0.001}$$

取 $\gamma=0.35$，可得各时段经济分配的 P_H 和 P_T 的值如题 14-10 表(1)所示。

题 14-10 表(1) 各时段水、火电厂的功率分配

时段/h	负荷/MW	P_H/MW	P_T/MW
0～8	350	109.76	240.24
8～18	700	280.49	419.51
18～24	500	182.93	317.07

校验日耗水量

$$\begin{aligned}W_\Sigma=&[(2+1.5\times109.76+1.5\times10^{-3}\times109.76^2)\times8\times3600\\&+(2+1.5\times280.49+1.5\times10^{-3}\times280.49^2)\times10\times3600\\&+(2+1.5\times182.93+1.5\times10^{-3}\times182.93^2)\times6\times3600]\ \text{m}^3\\=&3.184\times10^7\ \text{m}^3>2\times10^7\ \text{m}^3\end{aligned}$$

故需增大 γ 的值，然后校验日耗水量，计算结果如题 14-10 表(2)所示。

题 14-10 表(2) 负荷分配计算结果表

γ	0～8 h			8～18 h			18～24 h			W_Σ/m³
	P_{LD}/MW	P_H/MW	P_T/MW	P_{LD}/MW	P_H/MW	P_T/MW	P_{LD}/MW	P_H/MW	P_T/MW	
0.35	350	109.76	240.24	700	280.49	419.51	500	182.93	317.07	3.184×10^7
0.40	350	68.182	281.818	700	227.273	472.727	500	136.364	363.636	2.34×10^7
0.42	350	53.097	296.903	700	207.965	492.035	500	119.47	380.53	2.048×10^7
0.423	350	50.903	299.097	700	205.156	494.844	500	117.012	382.988	2.0069×10^7
0.423	350	50.612	299.388	700	204.784	495.216	500	116.686	383.314	2.0016×10^7
0.423	350	50.54	299.46	700	204.691	495.309	500	116.604	383.396	2.00008×10^7

最后取 $\gamma=0.4235$。

0～8 h：

$$P_{LD}=350\ \text{MW},\quad P_H=50.54\ \text{MW},\quad P_T=299.46\ \text{MW}$$

8～18 h：

$$P_{LD}=700\ \text{MW},\quad P_H=204.691\ \text{MW},\quad P_T=495.309\ \text{MW}$$

8～24 h：

$$P_{LD}=500\ \text{MW},\quad P_H=116.604\ \text{MW},\quad P_T=383.396\ \text{MW}$$

第 15 章　电力系统运行稳定性的基本概念

15.1　复习思考题

1. 简单电力系统功率特性公式是怎样推导出来的？

2. 电力系统具有静态稳定性的含义是什么？

3. 电力系统具有暂态稳定性的含义是什么？

4. 在电力系统稳定的分析判断中功率角 δ 有什么意义？

5. 简单电力系统静态稳定的判据是什么？

6. 何谓负荷的稳定性？负荷的稳定性与负荷的性质有什么关系？

7. 以感应电动机为主要成分的负荷的稳定性可以用什么判据来判断？

8. 什么是“电压崩溃”？

9. 电力系统的电压失稳与输电网络的传输特性有什么关系？与负荷的特性又有什么关系？

10. 试列写出同步发电机转子运动方程的几种常用形式，并正确地说明公式中有关变量的单位。

11. 什么是相对角和绝对角？什么是相对速度和绝对速度？为什么要区分这些概念？

12. 什么是发电机的惯性时间常数？它同发电机的转动惯量、转速和额定容量有什么关系？

13. 求解发电机转子运动方程的主要难点在哪里？

15.2　习 题 详 解

15-1　对于教材图 15-6 的 $\delta(t)$ 曲线，定性地画出相对速度随时间变化而变化的曲线 $\Delta\omega(t)$。

解　所作曲线如题 15-1 图所示。

15-2　简单电力系统在正常运行时受到小扰动后，获得一个初始相对速度 $\Delta\omega_0<0$，系统能保持静态稳定，试定性地画出$\Delta\omega(t)$和 $\delta(t)$曲线。

解　定性画出的 $\Delta\omega(t)$和 $\delta(t)$，如题 15-2 图所示。

15-3　有两台汽轮发电机组，额定转速均为 $n_N=3000$ r/min。其中一台 $P_{N1}=100$ MW，$\cos\varphi_{N1}=0.85$，$GD^2=34.4$ t·m²；另一台 $P_{N2}=125$ MW，$\cos\varphi_{N2}=0.85$，$GD^2=43.6$ t·m²。试求：

(1)每一台机组的额定惯性时间常数 T_{JN1} 和 T_{JN2}；

(2)若两台机组合并成一台等值机组，且基准功率为 $S_B=100$ MV·A，等值机的惯性时

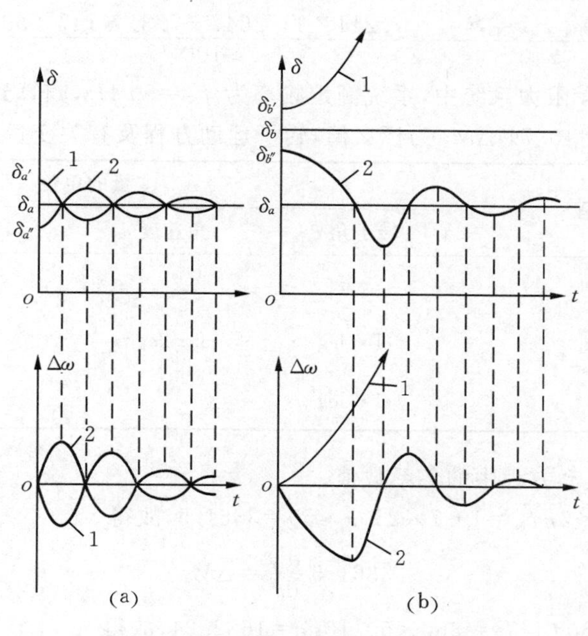

题 15-1 图　小扰动后的 $\Delta\omega(t)$ 曲线

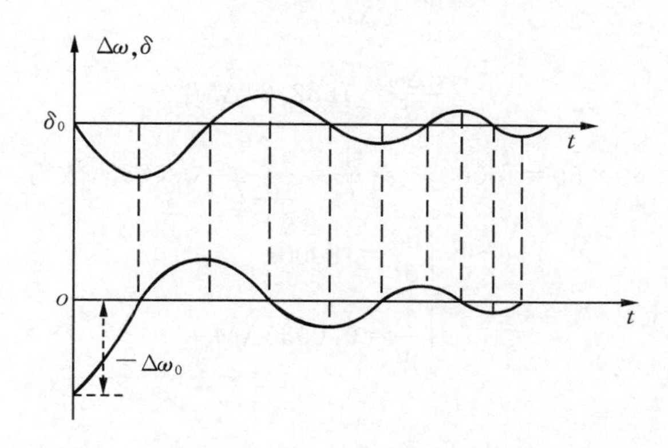

题 15-2 图　$\Delta\omega(t)$和 $\delta(t)$曲线

间常数 T_J。

解　(1)求每一台发电机组的额定惯性时间常数。

$$S_{G1N}=\frac{P_{G1N}}{\cos\varphi_{1N}}=\frac{100}{0.85}\ \text{MV}\cdot\text{A}=117.647\ \text{MV}\cdot\text{A}$$

$$S_{G2N}=\frac{P_{G2N}}{\cos\varphi_{2N}}=\frac{125}{0.85}\ \text{MV}\cdot\text{A}=147.059\ \text{MV}\cdot\text{A}$$

$$T_{JN1}=\frac{2.74GD^2n^2}{S_N}=\frac{2.74\times34.4\times3000^2}{117.647\times10^3}\times10^{-3}\ \text{s}=7.211\ \text{s}$$

$$T_{JN2}=\frac{2.74\times43.6\times3000^2}{147.059\times10^3}\times10^{-3}\ \text{s}=7.31\ \text{s}$$

(2)求等值机的惯性时间常数。

$$T_{Jeq}=\frac{T_{JN1}S_{G1N}+T_{JN2}S_{G2N}}{S_B}=\frac{7.211\times117.647+7.31\times147.059}{100}\text{ s}=19.233\text{ s}$$

15-4 在单机-无限大系统中，系统额定频率为 $f_N=50$ Hz，归算到基准功率 S_B 的发电机惯性时间常数 $T_J=10.7$s，ΔM_a 为标幺值，转子运动方程及有关变量的单位如下表所示。

转子运动方程	变量的单位			
	转子角 δ	角速度 ω	转差率 s	时间 t
$c_1\dfrac{d^2\delta}{dt^2}=\Delta M_a$	rad			rad
$\dfrac{d\delta}{dt}=c_2\Delta\omega,\dfrac{d\Delta\omega}{dt}=c_3\Delta M_a$	el·deg	el·deg/s		s
$\dfrac{d\delta}{dt}=c_4 s,\dfrac{ds}{dt}=c_5\Delta M_a$	el·deg		p. u.	s

试求表中所列运动方程中的各系数值。

解 (1) $c_1=T_J\times2\pi f_N=10.7\times2\times\pi\times50=3361.5$，故得

$$3361.5\frac{d^2\delta}{dt^2}=\Delta M_a$$

(2) $c_2=1$，$c_3=360f_N/T_J=360\times50/10.7=1682.24$，故得

$$\begin{cases}\dfrac{d\delta}{dt}=\Delta\omega\\[2mm]\dfrac{d\Delta\omega}{dt}=1682.24\Delta M_a\end{cases}$$

(3) $c_4=360f_N=360\times50=18000$，$c_5=\dfrac{1}{T_J}=\dfrac{1}{10.7}=0.0935$，故得

$$\begin{cases}\dfrac{d\delta}{dt}=18000s\\[2mm]\dfrac{ds}{dt}=0.0935\Delta M_a\end{cases}$$

第 16 章　电力系统的电磁功率特性

16.1　复习思考题

1. 什么是简单电力系统？

2. 试作出含隐极发电机的简单电力系统的电势相量图，并导出分别用 E_q、δ 和 $E_q{}'$、δ 表示的功率公式。

3. 试作出含凸极发电机的简单电力系统的电势相量图，并导出分别用不同电势（E_q、E_Q 和 $E_q{}'$）表示的功率公式。

4. 什么叫固有功率？它对功率特性有什么影响？

5. 在电力系统正常运行时输电系统所接并联电抗器对功率特性有什么影响？

6. 何谓振荡中心？两机系统的振荡中心是怎样确定的？多机（3 机及以上）系统也有振荡中心吗？

7. 自动调节励磁对发电机的功率特性有什么影响？

8. 在电力系统功率特性的实际计算中通常是怎样考虑自动调节励磁的作用的？

9. 复杂系统的功率特性公式是怎样推导出来的？推导功率特性所用的网络模型同潮流计算用的网络模型一样吗？不同之处在哪里？

10. 复杂系统功率公式中转移阻抗与短路计算中的转移阻抗是同一个概念吗？

11. 复杂系统能确定功率极限吗？为什么？

16.2　习 题 详 解

16-1　简单电力系统如题 16-1 图所示，各元件参数如下。

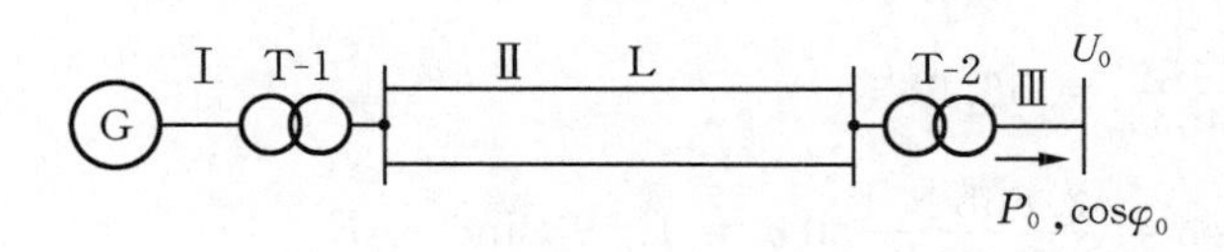

题 16-1 图　简单电力系统

发电机 G：$P_N = 250$ MW，$\cos\varphi_N = 0.85$，$U_N = 10.5$ kV，$x_d = x_q = 1.7$，$x'_d = 0.25$，$T_J = 8$ s；

变压器 T-1：$S_N = 300$ MV·A，$U_S\% = 15$，$k_T = 10.5/242$；

变压器 T-2：$S_N = 300$ MV·A，$U_S\% = 15$，$k_T = 220/121$；

线路 L：$l = 250$ km，$U_N = 220$ kV，$x_1 = 0.42$ Ω/km。

运行初始状态：$U_0 = 115$ kV，$P_0 = 220$ MW，$\cos\varphi_0 = 0.98$。发电机无励磁调节，$E_q = E_{q0} =$

常数，试求功率特性 $P_{Eq}(\delta)$，功率极限 $P_{Eq\,m}$，以及 E'_q、E' 和 U_G 随功率角 δ 变化而变化的曲线，并指出振荡中心的位置。

解 取 $U_{B\text{Ⅲ}}=115\ \text{kV}$，$S_B=220\ \text{MV}\cdot\text{A}$，则

$$U_{B\text{Ⅱ}}=U_{B\text{Ⅲ}}k_{T2}=115\times\frac{220}{121}\ \text{kV}=209.1\ \text{kV}$$

$$U_{B\text{Ⅰ}}=U_{B\text{Ⅱ}}\frac{1}{k_{T1}}=209.1\times\frac{10.5}{242}\ \text{kV}=9.07\ \text{kV}$$

(1) 各元件参数标幺值的计算。

$$X_d=X_q=x_{dN}\times\frac{U_{GN}{}^2}{S_{GN}}\times\frac{S_B}{U_{B\text{Ⅰ}}^2}=1.7\times\frac{10.5^2\times0.85}{250}\times\frac{220}{9.07^2}=1.704$$

$$X'_d=X_d\times\frac{x'_{dN}}{x_{dN}}=1.704\times\frac{0.25}{1.7}=0.251$$

$$X_{T1}=\frac{U_{S1}\%}{100}\times\frac{S_B}{S_{TN1}}\times\frac{U_{T1N}^2}{U_{B\text{Ⅱ}}^2}=\frac{15}{100}\times\frac{220}{300}\times\frac{242^2}{209.1^2}=0.147$$

$$X_{T2}=\frac{U_{S2}\%}{100}\times\frac{S_B}{S_{TN2}}\times\frac{U_{T2N}^2}{U_{B\text{Ⅱ}}^2}=\frac{15}{100}\times\frac{220}{300}\times\frac{220^2}{209.1^2}=0.122$$

$$X_L=\frac{1}{2}x_1l\times\frac{S_B}{U_{B\text{Ⅱ}}^2}=\frac{1}{2}\times0.42\times250\times\frac{200}{209.1^2}=0.264$$

$$X_{d\Sigma}=X_d+X_{T1}+X_L+X_{T2}=1.704+0.147+0.264+0.122=2.237$$

$$X'_{d\Sigma}=X'_d+X_{T1}+X_L+X_{T2}=0.251+0.147+0.264+0.122=0.784$$

$$P_0=\frac{220}{S_B}=\frac{220}{220}=1.0,\ \cos\varphi_0=0.98,\ \varphi_0=\arccos0.98=11.4783^\circ$$

$$Q_0=P_0\tan\varphi_0=1.0\tan11.4783^\circ=0.203$$

$$U_0=\frac{115}{U_{B\text{Ⅲ}}}=\frac{115}{115}=1.0$$

(2) 功率特性及各种电势与功角关系的计算。

$$E_q=E_{q0}=\sqrt{\left(U_0+\frac{Q_0X_{d\Sigma}}{U_0}\right)^2+\left(\frac{P_0X_{d\Sigma}}{U_0}\right)^2}$$

$$=\sqrt{\left(1+\frac{0.203\times2.237}{1}\right)^2+\left(\frac{1\times2.237}{1}\right)^2}=\sqrt{(1.4541)^2+(2.237)^2}=2.668$$

$$\delta_0=\arctan\frac{2.237}{1.4541}=56.98^\circ$$

$$P_{Eq}=\frac{E_{q0}U_0}{X_{d\Sigma}}\sin\delta=\frac{2.668\times1}{2.237}\sin\delta=1.193\sin\delta=P_{\text{Ⅲ}}$$

$$Q_{Eq}=Q_{\text{Ⅲ}}=\frac{E_{q0}U_0}{X_{d\Sigma}}\cos\delta-\frac{U_0^2}{X_{d\Sigma}}=\frac{2.668\times1}{2.237}\cos\delta-\frac{1^2}{2.237}=1.193\cos\delta-0.447$$

$$E'_q(\delta)=E_{q0}\frac{X'_{d\Sigma}}{X_{d\Sigma}}+\left(1-\frac{X'_{d\Sigma}}{X_{d\Sigma}}\right)U_0\cos\delta$$

$$=2.668\frac{0.784}{2.237}+\left(1-\frac{0.784}{2.237}\right)\times1.0\times\cos\delta=0.935+0.65\cos\delta$$

$$E'(\delta)=\sqrt{\left(U_0+\frac{Q_{\text{Ⅲ}}X'_{d\Sigma}}{U_0}\right)^2+\left(\frac{P_{\text{Ⅲ}}X'_{d\Sigma}}{U_0}\right)^2}$$

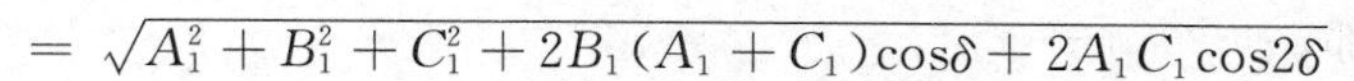

$$= \sqrt{A_1^2 + B_1^2 + C_1^2 + 2B_1(A_1 + C_1)\cos\delta + 2A_1C_1\cos 2\delta}$$

$$A_1 = U_0\left(1 - \frac{X'_{d\Sigma}}{X_{d\Sigma}}\right) = \left(1 - \frac{0.784}{2.237}\right) \times 1.0 = 0.65$$

$$B_1 = E_{q0}\frac{X'_{d\Sigma}}{X_{d\Sigma}} = 2.668 \times \frac{0.784}{2.237} = 0.935$$

$C_1 = U_0 X'_{d\Sigma} \times \frac{1}{2}\left(\frac{X_{d\Sigma} - X_{q\Sigma}}{X_{d\Sigma} \cdot X_{q\Sigma}}\right) = 0$，将 A_1、B_1、C_1 代入 $E'(\delta)$，得

$$E'(\delta) = \sqrt{0.65^2 + 0.935^2 + 2 \times 0.65 \times 0.935\cos\delta} = \sqrt{1.297 + 1.215\cos\delta}$$

$$U_G(\delta) = \sqrt{\left(U_0 + \frac{Q_{Ⅲ}X_{TL}}{U_0}\right)^2 + \left(\frac{P_{Ⅲ}X_{TL}}{U_0}\right)^2}$$

$$= \sqrt{A_2^2 + B_2^2 + C_2^2 + 2B_2(A_2 + C_2)\cos\delta + 2A_2C_2\cos 2\delta}$$

$$X_{TL} = X_{T1} + X_L + X_{T2} = 0.147 + 0.264 + 0.122 = 0.533$$

$$A_2 = U_0\left(1 - \frac{X_{TL}}{X_{d\Sigma}}\right) = 1 \times \left(1 - \frac{0.533}{2.237}\right) = 0.762$$

$$B_2 = E_{q0}\frac{X_{TL}}{X_{d\Sigma}} = 2.668 \times \frac{0.533}{2.237} = 0.636$$

$$C_2 = U_0 X_{TL} \times \frac{1}{2}\left(\frac{X_{d\Sigma} - X_{q\Sigma}}{X_{d\Sigma}X_{q\Sigma}}\right) = 0$$

将 A_2、B_2、C_2 代入 $U_G(\delta)$，得

$$U_G(\delta) = \sqrt{0.762^2 + 0.636^2 + 2 \times 0.762 \times 0.636\cos\delta} = \sqrt{0.985 + 0.969\cos\delta}$$

(3) 计算结果。

功率极限 $P_{Eqm} = 1.193$ 或

$$P_{Eqm} = 1.193S_B = 1.193 \times 220\ \text{MW} = 262.46\ \text{MW}$$

$P_{Eq}(\delta) = P_{Ⅲ}$、$Q_{Ⅲ}(\delta)$、$E'_q(\delta)$、$E'(\delta)$、$U_G(\delta)$ 的计算结果如题 16-1 表所示。

题 16-1 表　$E_q = E_{q0} =$ 常数计算结果表

δ/(°)	0	30	56.98	60	90	120	150	180
$P_{Eq} = P_{Ⅲ}$	0.000	0.597	1.000	1.033	1.193	1.033	0.597	0.000
$Q_{Ⅲ}$	0.746	0.586	0.203	0.149	−0.447	−1.044	−1.480	−1.640
E'_q	1.585	1.498	1.289	1.260	0.935	0.610	0.372	0.285
E'	1.585	1.533	1.400	1.380	1.139	0.830	0.494	0.285
U_G	1.398	1.351	1.230	1.212	0.992	0.707	0.382	0.126

从计算结果可以看出，当保持 $E_q = E_{q0} =$ 常数时，在0°～180°范围内，从 δ_0 开始，功角减小时，E'_q、E'、U_G 均会增大，当 δ 增大时它们则会减小，在 0° 和 180° 时，由于 q 轴重合，因此，E'_q 和 E' 相等。

(4) 振荡中心计算。

系统振荡中心是 $\delta = 180°$ 时电压为零的点，由末端母线起算的电抗值为

$$X_C = \frac{U_0}{E_{q0} + U_0} \times X_{d\Sigma} = \frac{1}{2.668 + 1} \times 2.237 = 0.61$$

故振荡中心在发电机内部。

16-2 简单电力系统及参数同上题，发电机有励磁调节器，能保持 $E'_q = E'_{q0} =$ 常数，试求功率特性 $P_{E'q}(\delta)$，功率极限 $P_{E'qm}$，$\delta_{E'qm}$ 以及 E_q、E' 和 U_G 随功角 δ 变化的曲线，并指出振荡中心的位置。

解 取 $S_B = 220\ \text{MV}\cdot\text{A}, U_{B\text{III}} = 115\ \text{kV}$，由题 16-1 的解已知

$$P_{\text{III}0} = 1.0,\quad Q_{\text{III}0} = 0.203,\quad U_0 = 1.0$$

$$X_{d\Sigma} = 2.237,\quad X'_{d\Sigma} = 0.784,\quad X_{TL} = 0.533$$

$$E_{q0} = 2.668,\quad \delta_0 = 56.98°$$

则
$$E'_{q0} = E_{q0}\frac{X'_{d\Sigma}}{X_{d\Sigma}} + \left(1 - \frac{X'_{d\Sigma}}{X_{d\Sigma}}\right)U_0\cos\delta_0$$

$$= 2.668 \times \frac{0.784}{2.237} + \left(1 - \frac{0.784}{2.237}\right) \times 1 \times \cos 56.98° = 1.289 = \text{常数}$$

(1) 功率特性及各种电势与功角关系的计算。

$$P_{E'q} = P_{\text{III}} = \frac{E'_{q0}U_0}{X'_{d\Sigma}}\sin\delta + \frac{U_0}{2}\left(\frac{X'_{d\Sigma} - X_{d\Sigma}}{X'_{d\Sigma}X_{d\Sigma}}\right)\sin 2\delta$$

$$= \frac{1.289 \times 1}{0.784}\sin\delta + \frac{1}{2}\left(\frac{0.784 - 2.237}{0.784 \times 2.237}\right)\sin 2\delta = 1.644\sin\delta - 0.4142\sin 2\delta$$

$$E_q(\delta) = E'_{q0}\frac{X_{d\Sigma}}{X'_{d\Sigma}} + \left(1 - \frac{X_{d\Sigma}}{X'_{d\Sigma}}\right)U_0\cos\delta$$

$$= 1.289 \times \frac{2.237}{0.784} + \left(1 - \frac{2.237}{0.784}\right)\cos\delta = 3.6779 - 1.8533\cos\delta$$

$$Q_{\text{III}} = \frac{E_qU_0}{X_{d\Sigma}}\cos\delta - \frac{U_0}{2}\left(\frac{X_{d\Sigma} + X_{q\Sigma}}{X_{d\Sigma}X_{q\Sigma}}\right) = E_q\frac{1}{2.237}\cos\delta - \frac{1}{2.237}$$

$$= 0.447E_q\cos\delta - 0.447$$

$$E'(\delta) = \sqrt{A_3^2 + B_3^2 + C_3^2 + 2B_3(A_3 + C_3)\cos\delta + 2A_3C_3\cos 2\delta}$$

$$A_3 = U_0\left[1 - X'_{d\Sigma} \times \frac{1}{2}\left(\frac{X'_{d\Sigma} + X_{d\Sigma}}{X'_{d\Sigma}X_{d\Sigma}}\right)\right]$$

$$= 1 \times \left[1 - 0.784 \times \frac{1}{2} \times \left(\frac{0.784 + 2.237}{0.784 \times 2.237}\right)\right] = 0.325$$

$$B_3 = X'_{d\Sigma}\frac{E'_{q0}}{X'_{d\Sigma}} = 1.289$$

$$C_3 = U_0X'_{d\Sigma} \times \frac{1}{2}\left(\frac{X'_{d\Sigma} - X_{d\Sigma}}{X'_{d\Sigma}\cdot X_{d\Sigma}}\right) = 1 \times 0.784 \times \frac{1}{2} \times \left(\frac{0.784 - 2.237}{0.784 \times 2.237}\right) = -0.325$$

将 A_3、B_3、C_3 代入到 $E'(\delta)$ 的表达式中，得

$$E'(\delta) = \sqrt{0.325^2 + 1.289^2 + (-0.325)^2 + 2 \times 1.289 \times (0.325 - 0.325)\cos\delta + 2 \times 0.325 \times (-0.325)\cos 2\delta}$$

$$= \sqrt{1.873 - 0.211\cos 2\delta}$$

$$A_4 = U_0\left[1 - X_{TL} \times \frac{1}{2}\left(\frac{X'_{d\Sigma} + X_{d\Sigma}}{X'_{d\Sigma}\cdot X_{d\Sigma}}\right)\right]$$

$$= 1 \times \left[1 - 0.533 \times \frac{1}{2} \times \left(\frac{0.784 + 2.237}{0.784 \times 2.237}\right)\right] = 0.541$$

$$B_4 = X_{TL}\frac{E'_{q0}}{X'_{d\Sigma}} = 0.533 \times \frac{1.289}{0.784} = 0.8763$$

$$C_4 = U_0 X_{TL} \times \frac{1}{2}\left(\frac{X'_{d\Sigma} - X_{d\Sigma}}{X'_{d\Sigma}X_{d\Sigma}}\right)$$

$$= 1 \times 0.533 \times \frac{1}{2} \times \left(\frac{0.784 - 2.237}{0.784 \times 2.237}\right) = -0.221$$

$$U_G(\delta) = \sqrt{A_4^2 + B_4^2 + C_4^2 + 2B_4(A_4 + C_4)\cos\delta + 2A_4C_4\cos2\delta}$$

$$= \sqrt{0.541^2 + 0.8763^2 + (-0.211)^2 + 2\times0.8763\times(0.541-0.211)\cos\delta + 2\times0.541\times(-0.211)\times\cos2\delta}$$

$$= \sqrt{1.109 + 0.516\cos\delta - 0.239\cos2\delta}$$

(2) 计算结果。

(a) 求功率极限。

$$\frac{dP_{E'q}}{d\delta} = 0 = 1.644\cos\delta - 2 \times 0.4142\cos2\delta = 0$$

以 $\cos2\delta = 2\cos^2\delta - 1$ 代入，得

$$1.6568\cos^2\delta - 1.644\cos\delta - 1 = 0$$

$$\cos\delta = \frac{1.644 \pm \sqrt{1.644^2 + 4 \times 1.6568}}{2 \times 1.6568}$$

取负号得 $\delta_m = 115.193°$。

$$P_{E'qm} = 1.807 \text{ 或 } P_{E'qm} = 1.807 \times 220 \text{ MW} = 397.54 \text{ MW}$$

(b) $P_{E'q}(\delta)$、$Q_{Ⅲ}(\delta)$、$E_q(\delta)$、$E'(\delta)$、$U_G(\delta)$ 的计算结果如题 16-2 表所示。

题 16-2 表　$E'_q = E'_{q0}$ = 常数计算结果表

$\delta/(°)$	0	30	56.98	60	90	115.193	120	150	180
$P_{E'q} = P_{Ⅲ}$	0.000	0.464	1.000	1.065	1.644	1.807	1.782	1.181	0.000
$Q_{Ⅲ}$	0.369	0.355	0.203	0.168	−0.447	−1.297	−1.476	−2.492	−2.919
E_q	1.825	2.073	2.688	2.751	3.678	4.467	4.605	5.283	5.531
E'	1.289	1.329	1.400	1.407	1.444	1.417	1.407	1.329	1.289
U_G	1.196	1.215	1.230	1.228	1.162	1.011	0.974	0.710	0.556

从表中的结果可以得出以下结论。

① 为保持 $E'_q = E'_{q0}$ = 常数，当 δ 变化时，必须调节励磁。

② 从 δ_0 开始，在 0°～180° 范围内，随着 δ 减小，各电势均减小；随着 δ 增大，E_q 是不断增大的，U_G 是不断减小的，E' 的变化是先增大，后减小，到 $\delta = 180°$ 时，E'_q 与 E' 轴线重合，$E'_q = E'$。

③ 有了励磁调节，使 U_G 随角度增大而下降得少一点。

(3) 振荡中心计算。

当 $\delta = 180°$ 时，从末端母线算起的电抗为

$$X_C = \frac{U_0}{E_q + U_0}X_{d\Sigma} = \frac{1}{5.531 + 1} \times 2.237 = 0.343 < X_{T2} + X_L = 0.386$$

因此，振荡中心在线路上。

16-3 在题16-1的系统中，若发电机为凸极机，$x_d=1.0$，$x_q=0.65$，$x'_d=0.23$，其他参数与条件与题16-1相同，试做同样内容的计算，并对其结果进行比较分析。此时如何确定振荡中心？

解 (1) 系统参数及运行参数计算

取 $S_B=220\ \text{MV}\cdot\text{A}$，$U_{B\mathrm{III}}=115\ \text{kV}$

$$P_{\mathrm{III}0}=P_0=\frac{220}{S_B}=\frac{220}{220}=1.0,\quad Q_{\mathrm{III}0}=0.203,\quad U_0=1.0$$

$$X_d=x_{dN}\frac{U_{GN}^2}{U_{BI}^2}\times\frac{S_B}{S_{GN}}=1.0\times\frac{10.5^2}{9.07^2}\times\frac{220\times0.85}{250}=1.002$$

$$X_q=X_d\frac{x_{qN}}{x_{dN}}=1.002\times\frac{0.65}{1.0}=0.651$$

$$X'_d=X_d\frac{x'_{dN}}{x_{dN}}=1.002\times\frac{0.23}{1.0}=0.23$$

$$X_{d\Sigma}=X_d+X_{TL}=1.002+0.533=1.535$$

$$X_{q\Sigma}=X_q+X_{TL}=0.651+0.533=1.184$$

$$X'_{d\Sigma}=X'_d+X_{TL}=0.23+0.533=0.763$$

$$E_{Q0}=\sqrt{\left(U_0+\frac{Q_{\mathrm{III}0}X_{q\Sigma}}{U_0}\right)^2+\left(\frac{P_{\mathrm{III}0}X_{q\Sigma}}{U_0}\right)^2}$$

$$=\sqrt{(1+0.203\times1.184)^2+(1\times1.184)^2}=1.715$$

$$\delta_0=\arctan\frac{1.184}{1+0.203\times1.184}=43.67^\circ$$

$$E_{q0}=E_{Q0}\frac{X_{d\Sigma}}{X_{q\Sigma}}+\left(1-\frac{X_{d\Sigma}}{X_{q\Sigma}}\right)U_0\cos\delta_0$$

$$=1.715\times\frac{1.535}{1.184}+\left(1-\frac{1.535}{1.184}\right)\times\cos43.67^\circ=2.009$$

(2) 功率及有关电势随功率角变化而变化的曲线计算。

$$P_{Eq}=P_{\mathrm{III}}=\frac{E_{q0}U_0}{X_{d\Sigma}}\sin\delta+\frac{U_0}{2}\left(\frac{X_{d\Sigma}-X_{q\Sigma}}{X_{d\Sigma}X_{q\Sigma}}\right)\sin2\delta$$

$$=\frac{2.009\times1}{1.535}\sin\delta+\frac{1}{2}\left(\frac{1.535-1.184}{1.535\times1.184}\right)\sin2\delta=1.309\sin\delta+0.097\sin2\delta$$

$$Q_{\mathrm{III}}=\frac{E_{q0}U_0}{X_{d\Sigma}}\cos\delta+\frac{U_0}{2}\left(\frac{X_{d\Sigma}-X_{q\Sigma}}{X_{d\Sigma}X_{q\Sigma}}\right)\cos2\delta-\frac{U_0}{2}\left(\frac{X_{d\Sigma}+X_{q\Sigma}}{X_{d\Sigma}X_{q\Sigma}}\right)$$

$$=\frac{2.009\times1}{1.535}\cos\delta+\frac{1}{2}\left(\frac{1.535-1.184}{1.535\times1.184}\right)\cos2\delta-\frac{1}{2}\left(\frac{1.535+1.184}{1.535\times1.184}\right)$$

$$=1.309\cos\delta+0.097\cos2\delta-0.748$$

$$E'_q(\delta)=E_{q0}\frac{X'_{d\Sigma}}{X_{d\Sigma}}+\left(1-\frac{X'_{d\Sigma}}{X_{d\Sigma}}\right)U_0\cos\delta$$

$$=2.009\times\frac{0.763}{1.535}+\left(1-\frac{0.763}{1.535}\right)\cos\delta=0.999+0.503\cos\delta$$

$$A_1 = U_0\left[1-\frac{X'_{d\Sigma}}{2}\left(\frac{X_{d\Sigma}+X_{q\Sigma}}{X_{d\Sigma}X_{q\Sigma}}\right)\right] = 1\times\left(1-\frac{0.763}{2}\times\frac{1.535+1.184}{1.535\times1.184}\right) = 0.429$$

$$B_1 = E_{q0}\frac{X'_{d\Sigma}}{X_{d\Sigma}} = 2.009\times\frac{0.763}{1.535} = 0.999$$

$$C_1 = \frac{U_0}{2}\times X'_{d\Sigma}\left(\frac{X_{d\Sigma}-X_{q\Sigma}}{X_{d\Sigma}X_{q\Sigma}}\right) = \frac{1}{2}\times0.763\times\left(\frac{1.535-1.184}{1.535\times1.184}\right) = 0.074$$

$$\begin{aligned}E'(\delta) &= \sqrt{A_1^2+B_1^2+C_1^2+2B_1(A_1+C_1)\cos\delta+2A_1C_1\cos2\delta}\\ &= \sqrt{0.429^2+0.999^2+0.074^2+2\times0.999\times(0.429+0.074)\cos\delta+2\times0.429\times0.074\cos2\delta}\\ &= \sqrt{1.188+1.005\cos\delta+0.063\cos2\delta}\end{aligned}$$

$$\begin{aligned}A_2 &= U_0\left[1-\frac{X_{TL}}{2}\left(\frac{X_{d\Sigma}+X_{q\Sigma}}{X_{d\Sigma}X_{q\Sigma}}\right)\right] = 1\times\left[1-\frac{0.533}{2}\left(\frac{1.535+1.184}{1.535\times1.184}\right)\right]\\ &= 0.601\end{aligned}$$

$$B_2 = E_{q0}\frac{X_{TL}}{X_{d\Sigma}} = 2.009\times\frac{0.533}{1.535} = 0.698$$

$$C_2 = \frac{U_0}{2}\times X_{TL}\left(\frac{X_{d\Sigma}-X_{q\Sigma}}{X_{d\Sigma}X_{q\Sigma}}\right) = \frac{1}{2}\times0.533\times\left(\frac{1.535-1.184}{1.535\times1.184}\right) = 0.052$$

$$\begin{aligned}U_G(\delta) &= \sqrt{A_2^2+B_2^2+C_2^2+2B_2(A_2+C_2)\cos\delta+2A_2C_2\cos2\delta}\\ &= \sqrt{0.601^2+0.698^2+0.052^2+2\times0.698\times(0.601+0.052)\cos\delta+2\times0.601\times0.052\cos2\delta}\\ &= \sqrt{0.851+0.912\cos\delta+0.063\cos2\delta}\end{aligned}$$

(3) 计算结果。

(a) 功率极限。

$$\begin{aligned}\delta_{Eqm} &= \arccos\left\{\frac{E_{q0}X_{q\Sigma}}{4U_0(X_{d\Sigma}-X_{q\Sigma})}\times\left[\sqrt{1+\frac{8U_0(X_{d\Sigma}-X_{q\Sigma})^2}{(E_{q0}X_{q\Sigma})^2}}-1\right]\right\}\\ &= \arccos\left\{\frac{2.009\times1.184}{4\times1\times(1.535-1.184)}\times\left[\sqrt{1+\frac{8\times1\times(1.535-1.184)^2}{(2.009\times1.184)^2}}-1\right]\right\}\\ &= 81.86^\circ\end{aligned}$$

$$P_{Eqm} = 1.309\sin81.86^\circ+0.097\sin(2\times81.86^\circ) = 1.323$$

或 $P_{Eqm} = 1.323\times S_B = 1.323\times220\ \text{MW} = 291.06\ \text{MW}$

(b) 计算结果如题 16-3 表所示。

题 16-3 表　凸极机 $E_q = E_{q0} =$ 常数计算结果表

$\delta/(^\circ)$	0	30	43.67	60	81.86	90	120	150	180
$P_{Eq} = P_{Ⅲ}$	0.000	0.738	1.000	1.218	1.323	1.309	1.050	0.570	0.000
$Q_{Ⅲ}$	0.658	0.434	0.203	−0.142	−0.656	−0.845	−1.451	−1.833	−1.960
E'_q	1.502	1.435	1.363	1.251	1.070	0.999	0.748	0.563	0.496
E'	1.502	1.446	1.385	1.288	1.127	1.061	0.809	0.591	0.496
U_G	1.351	1.293	1.230	1.129	0.959	0.888	0.602	0.304	0.045

从计算结果可以看到，在 $E_q = E_{q0} =$ 常数时，凸极机的功率极限角小于 90°。

(3) 振荡中心计算。

当 $\delta = 180°$ 时，系统仍是纯电抗联系的系统，电流中只有 I_d 分量，故仍可按 d 轴等值电路来计算。振荡中心从系统末端母线算起的电抗值为

$$X_C = \frac{U_0}{E_{q0}+U_0}X_{d\Sigma} = \frac{1}{2.009+1}\times 1.535 = 0.51 > X_T + X_L = 0.384 < X'_{d\Sigma} = 0.763$$

所以振荡中心在变压器 T-1 内部。

16-4 简单电力系统的元件参数及运行条件与题 16-1 相同，但需计及输电线路的电阻，$r_1 = 0.07\ \Omega/\text{km}$。试计算功率特性 $P_{Eq}(\delta)$，功率极限 P_{Eqm} 和 δ_{Eqm}，并确定振荡中心的位置。

解 由题 16-1 的解已知

$S_B = 220\ \text{MV}\cdot\text{A}, U_{B\mathrm{III}} = 115\ \text{kV}, U_{B\mathrm{II}} = 209.1\ \text{kV}, P_{\mathrm{III}0} = P_0 = 1.0, Q_{\mathrm{III}0} = 0.203$

$U_0 = 1.0$。现只需计算线路电阻标幺值。

$$R_L = \frac{1}{2}r_1 l\frac{S_B}{U_{B\mathrm{II}}^2} = \frac{1}{2}\times 0.07\times 250\times\frac{220}{209.1^2} = 0.044$$

$$Z_{11} = R_L + jX_{d\Sigma} = 0.044 + j2.237 = 2.237\angle 88.87°$$

$$\alpha_{11} = 90° - 88.87° = 1.13°$$

$$Z_{12} = Z_{11}, \alpha_{12} = \alpha_{11}, Z_{22} = Z_{11}, \alpha_{22} = \alpha_{11}$$

$$E_{q0} = \sqrt{\left(U_0 + \frac{P_0R_L + Q_0X_{d\Sigma}}{U_0}\right)^2 + \left(\frac{P_0X_{d\Sigma} - Q_0R_L}{U_0}\right)^2}$$

$$= \sqrt{\left(1 + \frac{1\times 0.044 + 0.203\times 2.237}{1}\right)^2 + \left(\frac{1\times 2.237 - 0.203\times 0.044}{1}\right)^2}$$

$$= \sqrt{(1.498)^2 + (2.228)^2} = 2.685$$

$$\delta_0 = \arctan\frac{2.228}{1.498} = 56.09°$$

当 $E_q = E_{q0} =$ 常数时，有

$$P_{Eq} = \frac{E_{q0}^2}{Z_{11}}\sin\alpha_{11} + \frac{E_{q0}U_0}{Z_{12}}\sin(\delta - \alpha_{12})$$

$$= \frac{2.685^2}{2.237}\sin 1.13° + \frac{2.685\times 1}{2.237}\sin(\delta - 1.13°) = 0.0636 + 1.20\sin(\delta - 1.13°)$$

$$\delta_{Eqm} = 90° + 1.13° = 91.13°, P_{Eqm} = 0.0636 + 1.20 = 1.264$$

或 $P_{Eqm} = 1.264S_B = 1.264\times 220\ \text{MW} = 278.08\ \text{MW}$

振荡中心计算。

当两电势源之间仅由阻抗沿长线均匀分布的线路连接、$\delta = 180°$ 时，电压为零的点将会落在线路上。但现在两电势间仅线路有电阻，当 $\delta = 180°$ 时，沿联络的线路上只有电压最低的点而无电压为零的点；在 δ 略大于 180° 时，在联络线路上才会有电压为零的点。因为电阻相对电抗小很多（约为电抗的 2%），故仍按 $R_L = 0$ 计算。从系统末端母线起计算的电抗值为

$$X_C = \frac{U_0}{E_{q0}+U_0}X_{d\Sigma} = \frac{1}{2.685+1}\times 2.237 = 0.607 > X_{TL} = 0.533$$，故振荡中心在发电

机内。

16-5　综合以上 4 题的计算结果，分析各种因素对振荡中心位置的影响。

解　从以上 4 题计算振荡中心的结果，以及以系统末端母线为起点的电抗计算公式

$$X_C = \frac{U_0}{E_q + U_0} X_{d\Sigma}$$

可以看出：$X_{d\Sigma}$ 增大，振荡中心向发电机方向移动，且成正比关系。相反，E_q 越大，振荡中心向系统末端方向移动，但不是正比关系。

16-6　电力系统如题 16-6 图(1) 所示，已知各元件参数的标幺值如下。发电机 G-1：$x'_{d1} = 0.25$，发电机 G-2：$x'_{d2} = 0.15$，变压器 T-1：$x_{T1} = 0.15$，变压器 T-2：$x_{T2} = 0.1$，线路 L：每回 $X_L = 0.6$，负荷阻抗：$Z_{LD} = 0.28 + j0.15$。发电机采用电抗 x'_d 及其后电势 $E' =$ 常数模型。试用矩阵消元法和网络变换法求各发电机的输入阻抗和转移阻抗。

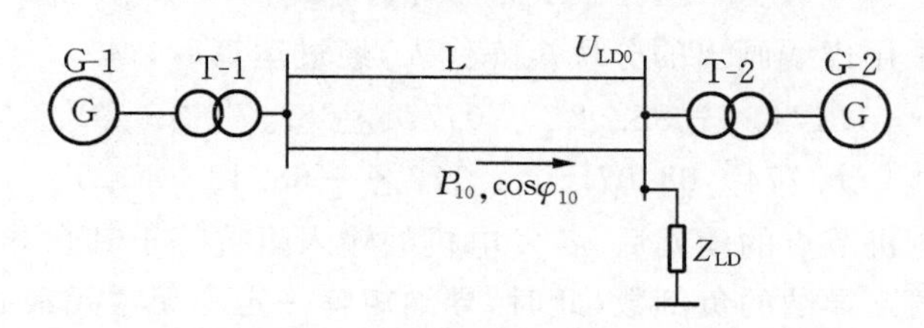

题 16-6 图(1)　系统接线图

解　根据题 16-6 图(1)，可以对节点进行编号，并作出题 16-6 图(2) 所示的等值电路。

题 16-6 图(2)　带节点编号的等值电路图

由题给知

$$Z_{13} = jx'_{d1} = j0.25, Z_{35} = jx_{T1} + j\frac{1}{2}x_L = j(0.15 + 0.3) = j0.45$$

$$Z_{45} = jx_{T2} = j0.1, Z_{24} = jx'_{d2} = j0.15$$

$$Z_{LD} = 0.28 + j0.15$$

可得支路导纳

$$Y_{13} = \frac{1}{jx'_{d1}} = \frac{1}{j0.25} = -j4, Y_{35} = \frac{1}{Z_{31}} = \frac{1}{j0.45} = -j2.22$$

$$Y_{45} = \frac{1}{Z_{45}} = \frac{1}{j0.1} = -j10, Y_{24} = \frac{1}{Z_{24}} = \frac{1}{j0.15} = -j6.67$$

$$Y_{LD} = \frac{1}{Z_{LD}} = \frac{1}{0.28 + j0.15} = 2.78 - j1.49$$

(1) 矩阵消元法。

由等值电路可以得到节点导纳矩阵为

$$
\boldsymbol{Y}=\left[\begin{array}{cc:ccc}
-\mathrm{j}4 & 0 & \mathrm{j}4 & 0 & 0\\
0 & -\mathrm{j}6.67 & 0 & \mathrm{j}6.67 & 0\\
\hdashline
\mathrm{j}4 & 0 & -\mathrm{j}6.22 & 0 & \mathrm{j}2.22\\
0 & \mathrm{j}6.67 & 0 & -\mathrm{j}16.67 & \mathrm{j}10\\
0 & 0 & \mathrm{j}2.22 & \mathrm{j}10 & 2.78-\mathrm{j}13.71
\end{array}\right]=\begin{bmatrix}\boldsymbol{Y}_{\mathrm{GG}} & \boldsymbol{Y}_{\mathrm{GN}}\\ \boldsymbol{Y}_{\mathrm{NG}} & \boldsymbol{Y}_{\mathrm{NN}}\end{bmatrix}
$$

可以算得

$$
\boldsymbol{Y}_{\mathrm{NN}}^{-1}=\begin{bmatrix}0.177\angle 87.93^{\circ} & 0.029\angle 68.11^{\circ} & 0.048\angle 68.11^{\circ}\\ 0.029\angle 68.11^{\circ} & 0.106\angle 80.26^{\circ} & 0.08\angle 68.11^{\circ}\\ 0.048\angle 68.11^{\circ} & 0.08\angle 68.11^{\circ} & 0.134\angle 68.11^{\circ}\end{bmatrix}
$$

再进行消元，形成只包含两个电势源的二阶导纳矩阵

$$
\boldsymbol{Y}_{\mathrm{G}}=\boldsymbol{Y}_{\mathrm{GG}}-\boldsymbol{Y}_{\mathrm{GN}}\boldsymbol{Y}_{\mathrm{NN}}^{-1}\boldsymbol{Y}_{\mathrm{NG}}
$$

将导纳矩阵 $\boldsymbol{Y}$ 中用虚线画出的分块矩阵代入，经过运算后，得

$$
\boldsymbol{Y}_{\mathrm{G}}=\begin{bmatrix}1.174\angle -85.02^{\circ} & 0.774\angle 68.07^{\circ}\\ 0.774\angle 68.07^{\circ} & 2.172\angle -68.42^{\circ}\end{bmatrix}=\begin{bmatrix}Y_{11} & Y_{12}\\ Y_{21} & Y_{22}\end{bmatrix}
$$

经过仅保留发电机节点的消元后，各发电机的输入阻抗等于其自导纳的倒数，发电机间的转移阻抗为相应的互导纳的负倒数（此时，导纳矩阵一定为无零元素的满阵）。

$$
Z_{11}=\frac{1}{Y_{11}}=\frac{1}{1.174\angle -85.02^{\circ}}=0.85\angle 85.02^{\circ}=0.07379+\mathrm{j}0.8468
$$

$$
\alpha_{11}=90^{\circ}-85.02^{\circ}=4.98^{\circ}
$$

$$
Z_{22}=\frac{1}{Y_{22}}=\frac{1}{2.172\angle -68.42^{\circ}}=0.46\angle 68.42^{\circ}=0.1692+\mathrm{j}0.4278
$$

$$
\alpha_{22}=90^{\circ}-68.42^{\circ}=21.58^{\circ}
$$

$$
Z_{12}=Z_{21}=-\frac{1}{Y_{12}}=-\frac{1}{0.774\angle 68.07^{\circ}}=1.29\angle 111.93^{\circ}=-0.4828+\mathrm{j}1.1967
$$

$$
\alpha_{12}=\alpha_{21}=90^{\circ}-111.98^{\circ}=-21.93^{\circ}
$$

(2) 网络变换法。

将题 16-6 图(2) 所示的等值电路合并简化成题 16-6 图(3) 所示的等值电路。

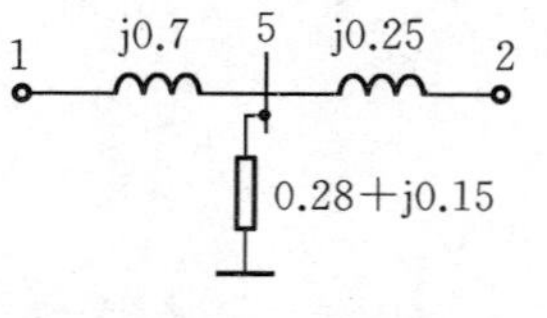

题 16-6 图(3)　简化等值电路

$$
Z_{11}=\mathrm{j}0.7+\frac{\mathrm{j}0.25\times(0.28+\mathrm{j}0.15)}{\mathrm{j}0.25+(0.28+\mathrm{j}0.15)}=0.0734+\mathrm{j}0.845=0.848\angle 85.03^{\circ}
$$

$$
\alpha_{11}=90^{\circ}-85.03^{\circ}=4.97^{\circ}
$$

$$
Z_{22}=\mathrm{j}0.25+\frac{\mathrm{j}0.7\times(0.28+\mathrm{j}0.15)}{\mathrm{j}0.7+(0.28+\mathrm{j}0.15)}=0.1713+\mathrm{j}0.4302=0.463\angle 68.29^{\circ}
$$

$$
\alpha_{22}=90^{\circ}-68.29^{\circ}=21.71^{\circ}
$$

$$
Z_{12}=Z_{21}=\mathrm{j}0.7+\mathrm{j}0.25+\frac{\mathrm{j}0.7\times \mathrm{j}0.25}{0.28+\mathrm{j}0.15}=-0.4856+\mathrm{j}1.21=1.30\angle 111.87^{\circ}
$$

$$
\alpha_{12}=\alpha_{21}=90^{\circ}-111.87^{\circ}=-21.87^{\circ}
$$

可以看到，两种方法基本一致，很小的误差是由舍入引起的。

16-7 在题16-6图(1)所示的系统中,$U_{LD0}=1.0$,发电机G-1送到负荷点的功率为$P_{10}=1.0$,$\cos\varphi_{10}=0.95$,其余部分由发电机G-2负担,求两发电机的功率特性,各发电机的固有功率及功率极限,并分析固有功率在功率极限中所占的比重。

解 $S_{LD}=\dfrac{U_{LD0}^2}{\overset{*}{Z}_{LD}}=\dfrac{1}{0.28-j0.15}=\dfrac{1}{0.3177\angle-28.18^\circ}$

$=3.1476\angle 28.18^\circ=2.775+j1.486$

$P_{G10}=1.0,\cos\varphi_{10}=0.95,\varphi_{10}=18.195^\circ$

$Q_{G10}=P_{G10}\tan\varphi_{10}=1\times\tan 18.195^\circ=0.329$

$P_{G20}=2.775-1=1.775,Q_{G20}=1.486-0.329=1.157$

$$\dot{E}'_{10}=\left(1+\frac{0.329\times 0.7}{1}\right)+j\frac{1\times 0.7}{1}=1.2303+j0.7=1.4155\angle 29.638^\circ$$

$$\dot{E}_{20}=\left(1+\frac{1.157\times 0.25}{1}\right)+j\frac{1.775\times 0.25}{1}=1.2893+j0.4438$$

$$=1.3635\angle 18.994^\circ$$

用矩阵消元法进行参数计算。

$$P_{G1}=\frac{E'^2_{10}}{Z_{11}}\sin\alpha_{11}+\frac{E'_{10}E'_{20}}{Z_{12}}\sin(\delta_{12}-\alpha_{12})$$

$$=\frac{1.4155^2}{0.85}\sin 4.98^\circ+\frac{1.4155\times 1.3635}{1.29}\sin(\delta_{12}+21.93^\circ)$$

$$=0.2046+1.496\sin(\delta_{12}+21.93^\circ)$$

$P_{G11}=0.2046,P_{G1m}=1.7006,\delta_{12m}=68.07^\circ$

$$P_{G11*}=\frac{P_{G11}}{P_{G1m}}\times 100\%=\frac{0.2046}{1.7006}\times 100\%=12.03\%$$

$$P_{G2}=\frac{E'^2_{20}}{Z_{22}}\sin\alpha_{22}+\frac{E'_{10}E'_{20}}{Z_{12}}\sin(\delta_{21}-\alpha_{21})$$

$$=\frac{1.3635^2}{0.46}\sin 21.58^\circ+\frac{1.4155\times 1.3635}{1.29}\sin(\delta_{21}+21.93^\circ)$$

$$=1.4865+1.496\sin(\delta_{21}+21.93^\circ)$$

$P_{G22}=1.4865,\delta_{21m}=68.07^\circ,P_{G2m}=2.9825$

$$P_{G22*}=\frac{P_{G22}}{P_{G2m}}\times 100\%=\frac{1.4865}{2.9825}\times 100\%=49.84\%$$

16-8 简单电力系统如题16-8图(1)所示,已知凸极发电机的电抗X_d,X'_d,X_q及外接阻抗$Z_{TL}=R_{TL}+jX_{TL}$。试导出q轴各电势E_q,E'_q和U_{Gq}之间关系的表达式。

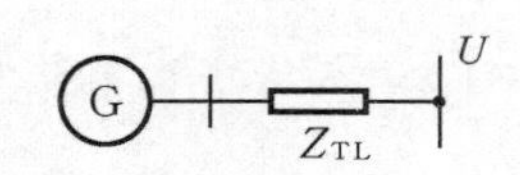

题 16-8 图(1) 简单电力系统

解 对于凸极发电机,必须用E_Q和X_q作等值电路(即全电流而不是电流分量的等值电路)与外部网络连接。

这样,在求出Z_{11}、α_{11}、Z_{22}、α_{22}、$Z_{12}=Z_{21}$、$\alpha_{12}=\alpha_{21}$后,用重叠原理有

$$\dot{I}=\dot{I}_{11}-\dot{I}_{12}=\frac{\dot{E}_Q}{Z_{11}}-\frac{\dot{U}}{Z_{12}}$$

其相量图如题16-8图(2)所示。

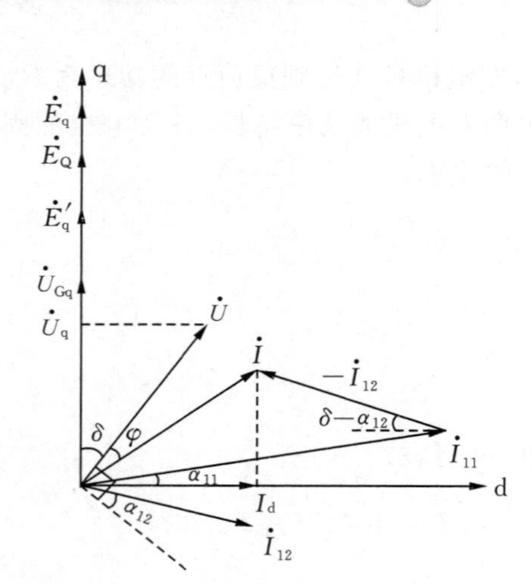

题 16-8 图(2)　相量图

由教材图 16-12 所示的相量图可得

$$E_q = E_Q + I_d(X_{d\Sigma} - X_{q\Sigma}) = E_Q + I_d(X_d - X_q) \tag{1}$$

由题 16-8 图(2) 所示的相量图可得

$$I_d = I_{11}\cos\alpha_{11} - I_{12}\cos(\delta - \alpha_{12}) = \frac{E_Q}{|Z_{11}|}\cos\alpha_{11} - \frac{U}{|Z_{12}|}\cos(\delta - \alpha_{12}) \tag{2}$$

将式(2) 代入式(1) 中得

$$E_q = E_Q\left(1 + \frac{X_d - X_q}{|Z_{11}|}\cos\alpha_{11}\right) - \frac{U(X_d - X_q)}{|Z_{12}|}\cos(\delta - \alpha_{12}) \tag{3}$$

$$E_Q = \left[E_q + \frac{U(X_d - X_q)}{|Z_{12}|}\cos(\delta - \alpha_{12})\right] \Big/ \left(1 + \frac{X_d - X_q}{|Z_{11}|}\cos\alpha_{11}\right) \tag{4}$$

同理,可以利用

$$E'_q = E_q - I_d(X_d - X'_d) = E_Q - I_d(X_q - X'_d)$$

$$U_{Gq} = E_q - I_d(X_d) = E_Q - I_d(X_q) = E'_q - I_d(X'_d)$$

以及式(2) 消去 I_d,便可得到 q 轴各电势间的关系式。

$$E'_q = E_Q\left(1 - \frac{X_q - X'_d}{|Z_{11}|}\cos\alpha_{11}\right) + \frac{U(X_q - X'_d)}{|Z_{12}|}\cos(\delta - \alpha_{12})$$

$$= \left[E_q\left(1 - \frac{X_q - X'_d}{|Z_{11}|}\cos\alpha_{11}\right) + \frac{U(X_d - X'_d)}{|Z_{12}|} \cdot \cos(\delta - \alpha_{12})\right] \Big/ \left(1 + \frac{X_d - X_q}{|Z_{11}|}\cos\alpha_{11}\right)$$

$$U_{Gq} = E_Q\left(1 - \frac{X_q}{|Z_{11}|}\cos\alpha_{11}\right) + \frac{UX_q}{|Z_{12}|}\cos(\delta - \alpha_{12})$$

$$= \left[E_q\left(1 - \frac{X_q}{|Z_{11}|}\cos\alpha_{11}\right) + \frac{UX_d}{|Z_{12}|}\cos(\delta - \alpha_{12})\right] \Big/ \left(1 + \frac{X_d - X_q}{|Z_{11}|}\cos\alpha_{11}\right)$$

第17章 电力系统暂态稳定性

17.1 复习思考题

1.引起电力系统大扰动的主要原因有哪些?哪种扰动对暂态稳定的威胁最大?

2.暂态稳定的实际计算中常采取哪些基本假设?其依据是什么?

3.在系统受到大扰动后的暂态过程中为什么可以认为电势 E'_q 能保持恒定?

4.电势 E' 与 E'_q 有什么不同?δ' 与 δ 又有什么不同?

5.何谓等面积定则?它在电力系统暂态稳定分析中有什么用处?

6.在 P-δ 平面上试分析发电机受到大扰动后的转子运动状态,特别是相对速度 $\Delta\omega$ 随功率角 δ 变化而变化的规律,理解相对速度 $\Delta\omega$ 的变化与过剩功率做功的关系。

7.试从计算精度和计算的方便性等方面对求解转子运动方程的分段计算法和改进欧拉法做一些比较分析。

8.何谓电力系统的经典模型?

9.系统采用经典模型,试写出用分段计算法求解转子运动方程的步骤和相关公式。

10.系统采用经典模型,试写出用改进欧拉法求解转子运动方程的步骤和相关公式。

11.你还知道哪些数值解法可以用来求解转子运动方程?

12.何谓极限切除角?何谓极限切除时间?

13.哪些情况下能够计算极限切除角?哪些情况下不能算出极限切除角?在后一情况下怎样确定极限切除时间?

14.复杂电力系统的暂态稳定性是怎样进行判断的?

15.在复杂系统暂态稳定计算中需要考虑发电机的凸极性时,发电机的功率是怎样计算的?

16.在暂态稳定计算中负荷可以采用哪几种模型?这些模型各有什么特点?

17.发电机失去同步后,发出的功率会有什么变化?异步功率是怎样产生的?

18.异步运行的发电机对电力系统的运行会产生什么影响?

19.有哪些措施可以促使失去同步的发电机实现再同步?

20.试用《电力系统分析》中提供的电力系统各元件数学模型,采用分段计算法或改进欧拉法,列写出暂态稳定计算一个步长的计算内容和具体步骤。

17.2 习题详解

17-1 电力系统如题17-1图所示,已知各元件参数的标幺值如下。发电机G:$x'_d=0.29$,$x_2=0.23$,$T_J=11$ s;变压器T-1:$x_{T1}=0.13$;变压器T-2:$x_{T2}=0.11$;线路L:

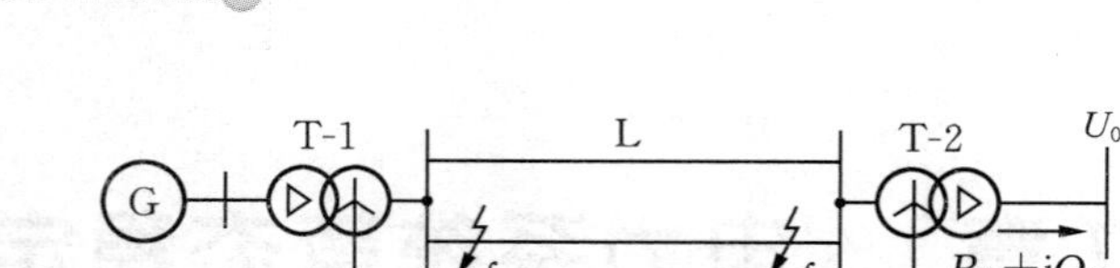

题 17-1 图　系统接线图

双回 $x_{L1}=0.29$,$x_{L0}=3x_{L1}$。运行初始状态:$U_0=1.0$,$P_0=1.0$,$Q_0=0.2$。在输电线路首端 f_1 点发生两相短路接地,试用等面积定则确定极限切除角 $\delta_{c\cdot\lim}$。

解　$X_{\mathrm{I}}=x'_d+x_{T1}+x_{L1}+x_{T2}=0.29+0.13+0.29+0.11=0.82$

$$X_{0\Sigma}=\frac{x_{T1}\times(3x_{L1}+x_{T2})}{x_{T1}+3x_{L1}+x_{T2}}=\frac{0.13\times(3\times0.29+0.11)}{0.13+3\times0.29+0.11}=0.115$$

$$X_{2\Sigma}=\frac{(x_2+x_{T1})(x_{L1}+x_{T2})}{(x_2+x_{T1})+(x_{L1}+x_{T2})}=\frac{(0.23+0.13)\times(0.29+0.11)}{(0.23+0.13)+(0.29+0.11)}=0.189$$

$$X_\Delta=\frac{X_{0\Sigma}X_{2\Sigma}}{X_{0\Sigma}+X_{2\Sigma}}=\frac{0.115\times0.189}{0.115+0.189}=0.071$$

$$X_{\mathrm{II}}=X_{\mathrm{I}}+\frac{(x'_d+x_{T1})(x_{L1}+x_{T2})}{X_\Delta}$$

$$=0.82+\frac{(0.29+0.13)\times(0.29+0.11)}{0.071}=3.186$$

$$E_0=\sqrt{\left(U_0+\frac{Q_0X_{\mathrm{I}}}{U_0}\right)^2+\left(\frac{P_0X_{\mathrm{I}}}{U_0}\right)^2}=\sqrt{(1+0.2\times0.82)^2+(0.82)^2}=1.424$$

$$\delta_0=\arctan\frac{0.82}{1+0.2\times0.82}=35.16^\circ$$

$$P_{m\mathrm{II}}=\frac{E_0U_0}{X_{\mathrm{II}}}=\frac{1.424\times1.0}{3.186}=0.447$$

$$X_{\mathrm{III}}=x'_d+x_{T1}+2\times x_{L1}+x_{T2}=0.29+0.13+2\times0.29+0.11=1.11$$

$$P_{m\mathrm{III}}=\frac{E_0U_0}{X_{\mathrm{III}}}=\frac{1.424\times1.0}{1.11}=1.283$$

$$\delta_{cr}=180^\circ-\arcsin\frac{P_0}{P_{m\mathrm{III}}}=180^\circ-\arcsin\frac{1}{1.283}=128.79^\circ$$

极限切除角

$$\delta_{c\cdot\lim}=\arccos\frac{P_0(\delta_{cr}-\delta_0)+P_{m\mathrm{III}}\cos\delta_{cr}-P_{m\mathrm{III}}\cos\delta_0}{P_{m\mathrm{III}}-P_{m\mathrm{II}}}$$

$$=\arccos\frac{\frac{\pi}{180}(128.79^\circ-35.16^\circ)+1.283\cos128.79^\circ-0.447\cos35.16^\circ}{1.283-0.447}$$

$$=56.21^\circ$$

17-2　上题系统中,如果变压器 T-1 中性点接地线异常断开,此时在 f_1 点发生单相接地短路,试问能否确定极限切除角?为什么?

解　$X_{0\Sigma}=3x_{L1}+x_{T2}=3\times0.29+0.11=0.98$

$X_\Delta=X_{2\Sigma}+X_{0\Sigma}=0.189+0.98=1.169$

$$X_{\mathrm{II}}=X_{\mathrm{I}}+\frac{0.42\times0.4}{X_{\Delta}}=0.82+\frac{0.42\times0.4}{1.169}=0.964$$

$$P_{\mathrm{mII}}=\frac{E_0U_0}{X_{\mathrm{II}}}=\frac{1.424\times1.0}{0.964}=1.477$$

$$P_{\mathrm{mIII}}=\frac{1.424}{1.11}=1.283$$

由于 $P_{\mathrm{mII}}>P_{\mathrm{mIII}}$，故无法确定极限切除角。在故障不切除时，其临界角为

$$\delta_{\mathrm{cr\cdot f}}=180^\circ-\arcsin\frac{P_0}{P_{\mathrm{mII}}}=180^\circ-\arcsin\frac{1}{1.477}=137.39^\circ$$

对应的 $\delta_{0\cdot\mathrm{f}}=90^\circ-(\delta_{\mathrm{cr\cdot f}}-90^\circ)=90^\circ-(137.39^\circ-90^\circ)=42.61^\circ$

不切除故障时的面积

$$\int_{\delta_0}^{\delta_{0\cdot\mathrm{f}}}P_{\mathrm{mII}}\sin\delta\mathrm{d}\delta+\int_{\delta_{0\cdot\mathrm{f}}}^{\delta_{\mathrm{cr\cdot f}}}P_{\mathrm{mII}}\sin\delta\mathrm{d}\delta=\int_{35.16^\circ}^{42.61^\circ}1.477\sin\delta\mathrm{d}\delta+\int_{42.61^\circ}^{137.39^\circ}1.477\sin\delta\mathrm{d}\delta$$

$$=\int_{35.16^\circ}^{137.39^\circ}1.477\sin\delta\mathrm{d}\delta=-2.295<0$$

即可能的减速面积大于可能的加速面积，系统不切除故障也能保持暂态稳定，故无法也没有必要确定极限切除角。

17-3 简单电力系统如题 17-1 图所示，在线路首端和末端分别发生三相短路，故障切除时间相同。试判断计及输电线路的电阻对哪处短路更有利于保持暂态稳定性？为什么？

解 当计及输电线路电阻时，在发电机带足够大的负荷情况下，在 f_2 点三相短路比在 f_1 点三相短路更有利于保持暂态稳定。因为在 f_1 点三相短路时，在短路未切除前，发电机输出功率为零，发电机将有最大的加速度。而在 f_2 点三相短路时，短路电流在线路电阻上产生的功率损耗将全部由发电机负担，使短路过程中，发电机的加速度有所减小，从而有利于保持暂态稳定。

17-4 按题 17-1 所给系统，现计及双回输电线路电阻 $R_{\mathrm{L}}=0.0512$。在空载情况下，即 $U_0=1.0$，$P_0=0$，$Q_0=0$，在线路末端 f_2 点发生三相短路，试用等面积定则确定极限切除角。

解 $Z_{11\mathrm{I}}=Z_{12\mathrm{I}}=0.0512+\mathrm{j}0.82=0.8216\angle86.427^\circ$

$$\alpha_{11\mathrm{I}}=\alpha_{12\mathrm{I}}=5.573^\circ$$

因为发电机空载，故 $E'_0=U_0=1.0$，$\delta_0=0$。

$$P_{\mathrm{I}}=\frac{E'^2_0}{Z_{11\mathrm{I}}}\sin\alpha_{11\mathrm{I}}+\frac{E'_0U_0}{Z_{12\mathrm{I}}}\sin(\delta-\alpha_{12\mathrm{I}})=\frac{1^2}{0.8216}\sin5.573^\circ+\frac{1\times1}{0.8216}\sin(\delta-5.573^\circ)$$

$$=0.1182+1.217\sin(\delta-5.573^\circ)$$

当 $\delta=\delta_0=0$ 时，$P_{\mathrm{I}}=0$。

由于在 f_2 点发生三相短路，故 $Z_{12\mathrm{II}}=\infty$。

$$Z_{11\mathrm{II}}=Z_{11\mathrm{I}}-\mathrm{j}x_{\mathrm{T2}}$$

$$=0.0512+\mathrm{j}(0.82-0.11)=0.0512+\mathrm{j}0.71=0.712\angle85.88^\circ$$

$$P_{\mathrm{II}}=\mathrm{Re}\left(\frac{E'^2_0}{\overset{*}{Z}_{11\mathrm{II}}}\right)=\mathrm{Re}\left(\frac{1^2}{0.712\angle-85.88^\circ}\right)$$

$$=\mathrm{Re}(1.405\angle85.88^\circ)=1.405\cos(85.88^\circ)=0.101$$

$$Z_{11\mathrm{III}}=Z_{12\mathrm{III}}=Z_{11\mathrm{I}}+R_{\mathrm{L}}+\mathrm{j}x_{\mathrm{L1}}=0.1024+\mathrm{j}1.11=1.1147\angle84.729^\circ$$

$\alpha_{11Ⅲ} = \alpha_{12Ⅲ} = 5.271°$

$$P_{Ⅲ} = \frac{E_0'^2}{Z_{11Ⅲ}}\sin\alpha_{11Ⅲ} + \frac{E_0'U_0}{Z_{12Ⅲ}}\sin(\delta - \alpha_{12Ⅲ})$$

$$= \frac{1}{1.1147}\sin 5.271° + \frac{1\times 1}{1.1147}\sin(\delta - 5.271°)$$

$$= 0.0824 + 0.8971\sin(\delta - 5.271°)$$

各种状态下的功率特性如题 17-4 图所示。

$\delta_{cr} = -180° + 2\times 5.271° = -169.458°$

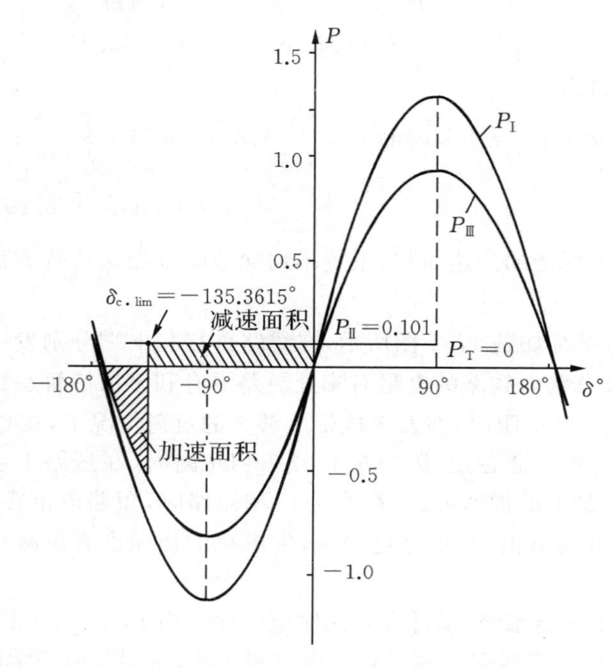

题 17-4 图　各种状态下的功率特性

按等面积定则确定极限切除角。

$$\int_{\delta_0}^{\delta_{c\cdot lim}} - P_{Ⅱ}\,d\delta - \int_{\delta_{c\cdot lim}}^{\delta_{cr}} P_{Ⅲ}\,d\delta$$

$$= \int_{0}^{\delta_{c\cdot lim}} -0.101 d\delta - \int_{\delta_{c\cdot lim}}^{\delta_{cr}} (0.0824 + 0.8971\sin(\delta - 5.271°)d\delta = 0$$

$-0.101\delta_{c\cdot lim} - 0.0824\delta_{cr} + 0.0824\delta_{c\cdot lim}$

$-0.8971\cos(\delta_{cr} - 5.271°) + 0.8971\cos(\delta_{c\cdot lim} - 5.271°) = 0$

$0.8971\cos(\delta_{c\cdot lim} - 5.271°) - 0.0186\delta_{c\cdot lim} + 0.6496 = 0$

现在用牛顿法解此方程。

$$f(\delta) = 0.8971\cos(\delta_{c\cdot lim} - 5.271°) - 0.0186\delta_{c\cdot lim} + 0.6496 = 0$$

$$f'(\delta) = -0.8971\sin(\delta_{c\cdot lim} - 5.271°) - 0.0186$$

取初值 $\delta_{c\cdot lim}^{(0)} = -120°$，计算过程如下。

迭代次数	$\delta_{c\cdot lim}$	$f(\delta)$	$f'(\delta)$	$\Delta\delta = -\frac{f(\delta)}{f'(\delta)}$
1	$-120°$	0.17053	0.7098	$-13.7654°$
2	$-133.7654°$	0.0156	0.5695	$-1.5695°$
3	$-135.3349°$	0.000256	0.55075	$-0.0266°$
4	$-135.3615°$	4.031×10^{-7}	0.55042	$-4.196°\times10^{-5}$

经过 4 次迭代求得极限切除角为 $\delta_{c\cdot lim} = -135.3615°$。

17-5 就题 17-1 所述的系统及所给条件，故障切除时间为 0.13 s，试用分段计算法计算功角变化曲线，并用极值比较法判断系统的暂态稳定。

解 由题 17-1 的解已知 $P_{II} = 0.447\sin\delta, \delta_0 = 35.16°, \delta_{c\cdot lim} = 56.21°$。

取 $\Delta t = 0.05s$，则 $K = \frac{2\pi f}{T_J}\Delta t^2 = \frac{360\times50}{11}\times0.05^2 = 4.09091$

t/s	P_e/p. u.	ΔP_a/p. u.	$\Delta\delta$/deg	δ/deg
0.00	0.2574	0.7426	1.519	35.16
0.05	0.2670	0.733	4.518	36.68
0.10	0.2944	0.706	7.406	41.198
0.15				48.604

用插值法求出切除角 δ_c，即

$$\delta_c = \frac{48.604° - 41.198°}{0.05}\times0.03 + 41.198° = 45.64° < \delta_{c\cdot lim} = 56.21°$$

故系统能保持暂态稳定。

17-6 系统及计算条件仍如题 17-1 所述，若故障切除时间为 0.15s，试用分段计算法计算发电机的摇摆曲线，并用它判断系统的暂态稳定。

解 由题 17-1 及题 17-5 的解已知

$$P_{II} = 0.447\sin\delta,\quad P_{III} = 1.283\sin\delta, K = 4.09091°$$

按题 17-5 的解继续计算，在 0.15 s 时切除故障，故在 0.15 ～ 0.20 s 时的电磁功率为 $P_e = \frac{1}{2}(0.447\sin48.604° + 1.283\sin48.604°) = 0.649$，故 $\Delta P_a = 1 - 0.649 = 0.351$。

t/s	P_e/p. u.	ΔP_a/p. u.	$\Delta\delta$/deg	δ/deg
0.00	0.2574	0.7426	1.519	35.16
0.05	0.2670	0.7330	4.518	36.68
0.10	0.2940	0.706	7.406	41.198
0.15	0.649	0.351	8.841	48.604
0.20	1.081	−0.081	8.51	57.44
0.25	1.172	−0.172	7.81	65.95
0.30	1.232	−0.232	6.86	73.76

续表

t/s	P_e/p. u.	ΔP_a/p. u.	$\Delta\delta$/deg	δ/deg
0.35	1.266	−0.266	5.77	80.62
0.40	1.280	−0.28	4.624	86.39
0.45	1.283	−0.283	3.466	91.015
0.50	1.279	−0.279	2.325	94.48
0.55	1.274	−0.274	1.204	96.80
0.60	1.271	−0.271	0.097	98.004
0.65	1.270	−0.270	−1.008	98.10
0.70				97.09

经过 0.7 s 后，功角开始减小，故系统能保持暂态稳定。

17-7 三机电力系统如题 17-7 图(1) 所示，已知各元件参数标幺值如下。发电机 G-1：$x'_d=0.1$，$x_2=0.1$，$T_J=10$ s；发电机 G-2：$x'_d=0.15$，$x_2=0.15$，$T_J=7$ s；发电机 G-3：$x'_d=0.06$，$x_2=0.06$，$T_J=15$ s。变压器电抗：$x_{T1}=0.08$，$x_{T2}=0.1$，$x_{T3}=0.04$，$x_{T4}=0.05$。线路电抗：AB 段双回 $x_{L1}=0.2$，$x_{L0}=3.5x_{L1}$；BC 段双回 $x_{L1}=0.1$，$x_{L0}=3.5x_{L1}$。系统的初始运行状态：$U_{D0}=1.0$，$S_{LD0}=5.5+j1.25$，$S_{20}=1.0+j0.5$，$S_{30}=3+j0.8$。在线路 AB 段首端 f 点发生两相短路接地，经 0.1 s 切除故障线路，试判断系统的暂态稳定性。

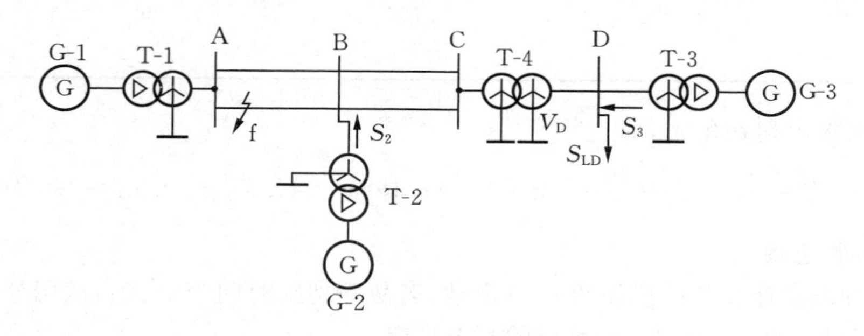

题 17-7 图(1)　三机电力系统

提示：为简化计算，负荷用恒定阻抗表示，可用网络变换法求各发电机的输入阻抗和转移阻抗，用分段计算法计算各发电机的转子摇摆曲线。

解　(1) 运行初态的计算。

正常状态下系统的等值电路如题 17-7 图(2)(a) 所示，适当简化后可得题 17-7 图(2)(b) 所示电路。图中

$$X_1=x'_{dG1}+x_{T1}=0.1+0.08=0.18$$
$$X_{1B}=X_1+x_{AB}=0.18+0.20=0.38$$
$$X_2=x'_{dG2}+x_{T2}=0.15+0.1=0.25$$
$$X_{BD}=x_{BC}+x_{T4}=0.10+0.05=0.15$$
$$X_3=x_{T3}+x'_{dG3}=0.04+0.06=0.10$$

负荷用恒定导纳（或阻抗）表示为

$$Y_{LD}=\overset{*}{S}_{LD0}/U_{D0}^2=(5.5-j1.25)/1.0^2=5.64026\angle-12.80427^\circ$$

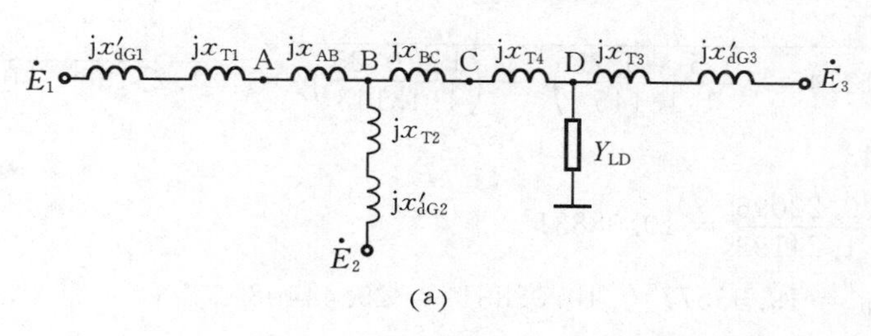

(a)

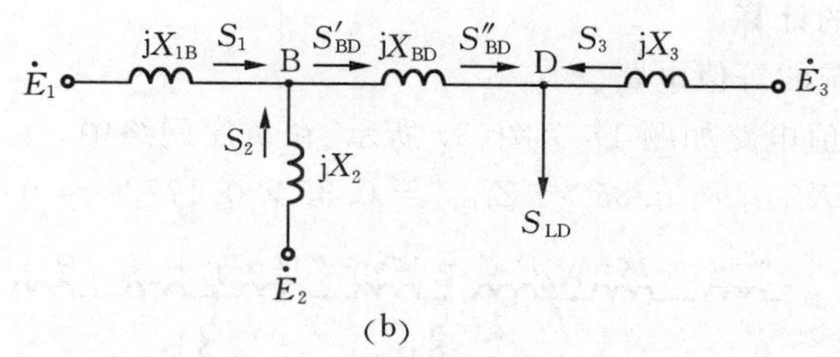

(b)

题 17-7 图(2)　系统正常状态的等值电路

$Z_{LD}=1/Y_{LD}=0.17730\angle 12.80427^\circ=0.17289+j0.03929$

根据题给条件 $S_3=3+j0.8, U_D=1.0$

$$E_3=\sqrt{\left(U_D+\frac{Q_3X_3}{U_D}\right)^2+\left(\frac{P_3X_3}{U_D}\right)^2}=\sqrt{(1+0.8\times 0.1)^2+(3\times 0.1)^2}$$

$$=\sqrt{1.08^2+0.3^2}=1.12089$$

以 U_D 的相位作为参考,则

$$\delta_3=\arctan\frac{0.3}{1.08}=15.52411^\circ$$

$$S''_{BD}=S_{LD}-S_3=5.5+j1.25-3-j0.8=2.5+j0.45$$

利用 S''_{BD},U_D 和 X_{BD} 可以计算 $\dot{U}_B$ 和 S'_{BD}。

$$U_B=\sqrt{(1+0.45\times 0.15)^2+(2.5\times 0.15)^2}=\sqrt{1.0675^2+0.375^2}=1.13145$$

$$\delta_B=\arctan\frac{0.375}{1.0675}=19.35577^\circ$$

$$S'_{BD}=2.5+j0.45+\frac{2.5^2+0.45^2}{1.0^2}\times j0.15=2.5+j1.41788$$

$$S_1=S'_{BD}-S_2=2.5+j1.41788-1-j0.5=1.5+j0.91788$$

利用 S_1,U_B 和 X_{1B} 可以计算 $\dot{E}_1$。

$$E_1=\sqrt{\left(1.13145+\frac{0.91788\times 0.38}{1.13145}\right)^2+\left(\frac{1.5\times 0.38}{1.13145}\right)^2}$$

$$=\sqrt{1.43972^2+0.50378^2}=1.52532$$

$$\delta_{1B}=\arctan\frac{0.50378}{1.43972}=19.28572^\circ$$

$$\delta_1=\delta_B+\delta_{1B}=19.35577^\circ+19.28572^\circ=38.64149^\circ$$

利用 S_2,U_B 和 X_2 可以计算 $\dot{E}_2$。

$$E_2 = \sqrt{\left(1.13145 + \frac{0.5 \times 0.25}{1.13145}\right)^2 + \left(\frac{1 \times 0.25}{1.13143}\right)^2} = \sqrt{1.24193^2 + 0.22096^2}$$

$$= 1.26143$$

$$\delta_{2B} = \arctan \frac{0.22096}{1.24193} = 10.08831^\circ$$

$$\delta_2 = \delta_B + \delta_{2B} = 19.35577^\circ + 10.08831^\circ = 29.44408^\circ$$

(2) 故障状态的计算。

(a) 短路时系统的等值电路。

系统的各序等值电路如题 17-7 图(3) 所示。在负序网络中，

$$X_{LD(2)} = 0.35 \times |Z_{LD}| = 0.35 \times 0.17730 = 0.06206$$

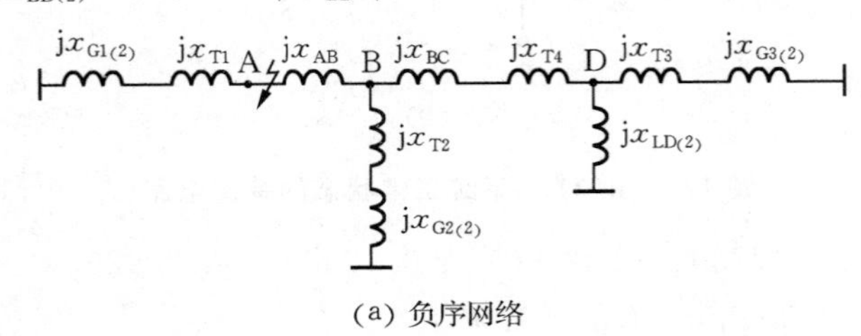

(a) 负序网络

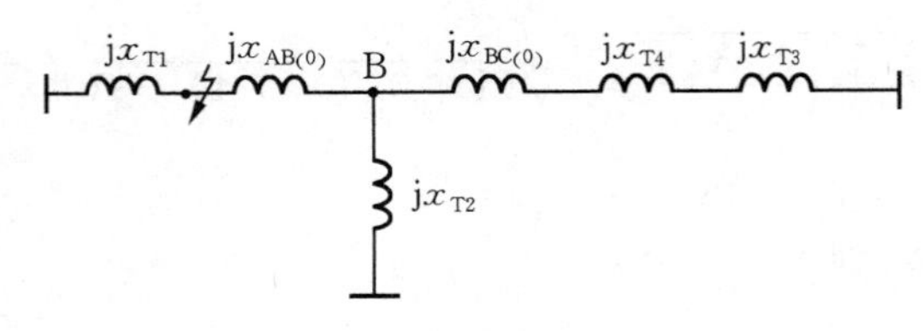

(b) 零序网络

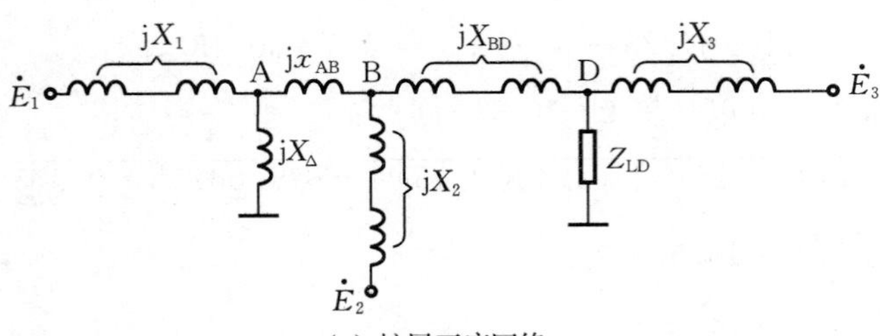

(c) 扩展正序网络

题 17-7 图(3)　系统故障状态的等值电路

下面进行短路点负荷输入阻抗的计算

$$X_D = (X_{G3(2)} + x_{T3}) // X_{LD(2)} = \frac{(0.06 + 0.04) \times 0.06206}{0.06 + 0.04 + 0.06206} = 0.03829$$

$$X_B = (X_{BD} + X_D) // (x_{G2(2)} + x_{T2}) = \frac{(0.15 + 0.03829) \times (0.15 + 0.1)}{0.15 + 0.03829 + 0.15 + 0.1}$$

$$= \frac{0.18829 \times 0.25}{0.18829 + 0.25} = 0.10740$$

$$X_{ff(2)} = (x_{AB} + X_B) // (x_{G1(2)} + x_{T1}) = \frac{(0.2 + 0.10740) \times (0.1 + 0.08)}{0.2 + 0.10740 + 0.1 + 0.08}$$

$$=\frac{0.30740\times 0.18}{0.30740+0.18}=0.11352$$

在零序网络中，

$x_{AB(0)}=3.5x_{AB}=3.5\times 0.2=0.7$

$x_{BC(0)}=3.5x_{BC}=3.5\times 0.1=0.35$

下面计算短路点零序输入阻抗。

$$X_{B(0)}=(x_{BC(0)}+x_{T4}+x_{T3})//x_{T2}=\frac{(0.35+0.05+0.04)\times 0.1}{0.35+0.05+0.04+0.1}=0.08148$$

$$X_{ff(0)}=(x_{AB(0)}+x_{B(0)})//x_{T1}=\frac{(0.7+0.08148)\times 0.08}{0.7+0.08148+0.08}=0.07257$$

短路处的附加阻抗为

$$X_{\Delta}=X_{ff(2)}//X_{ff(0)}=\frac{0.11352\times 0.07257}{0.11352+0.07257}=0.04427$$

(b) 故障状态下输入阻抗和转移阻抗的计算。

短路时系统的等值电路如题 17-7 图(4) 所示。先用单位电流法计算部分输入阻抗和转移阻抗。

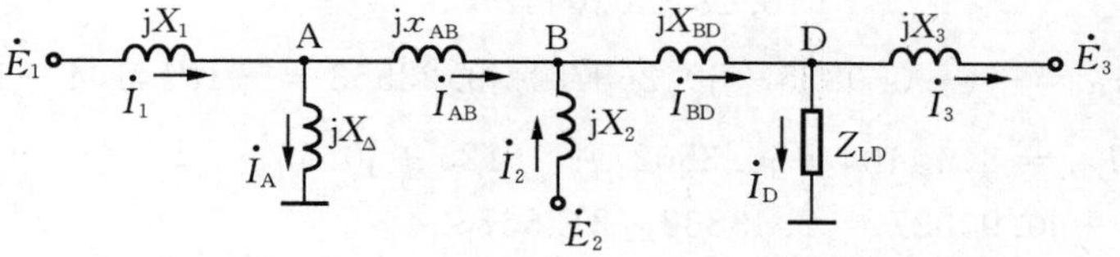

题 17-7 图(4) 短路时系统的等值电路

令 $\dot{E}_3=0,\dot{I}_3=1$，于是可得

$\dot{U}_D=jX_3\dot{I}_3=j0.1$

$\dot{I}_D=Y_{LD}\dot{U}_D=(5.5-j1.25)\times j0.1=j0.55+0.125$

$\dot{I}_{BD}=\dot{I}_3+\dot{I}_D=1+0.125+j0.55=1.125+j0.55$

$\dot{U}_B=\dot{U}_D+jx_{BD}\dot{I}_{BD}=j0.1+j0.15\times(1.125+j0.55)=-0.0825+j0.26875$

令 $\dot{E}_2=0$，则

$\dot{I}_2=(\dot{E}_2-\dot{U}_B)/jx_2=(0+0.0825-j0.26875)/j0.25=-1.075-j0.33$

$=-1.124511\angle 17.06527^{\circ}$

$\dot{I}_{AB}=-\dot{I}_2+\dot{I}_{BD}=1.075+j0.33+1.125+j0.55=2.2+j0.88$

$\dot{U}_A=\dot{U}_B+jx_{AB}\dot{I}_{AB}=-0.0825+j0.26875+j0.2\times(2.2+j0.88)$

$=-0.2585+j0.70875$

$\dot{I}_A=\dot{U}_A/jx_{\Delta}=(-0.2585+j0.70875)/j0.04427=16.00971+j5.83917$

$\dot{I}_1=\dot{I}_A+\dot{I}_{AB}=16.00971+j5.83917+2.2+j0.88$

$=18.20971+j6.71917=19.40981\angle 20.25347^{\circ}$

$$\dot{E}_1 = \dot{U}_A + jx_1\dot{I}_1 = -0.2585 + j0.70875 + j0.18 \times (18.20971 + j6.71917)$$
$$= -1.46795 + j3.9865 = 4.24818\angle 110.21524^\circ$$

由此可得

$$Z_{31} = \dot{E}_1/\dot{I}_3 = -1.46795 + j3.9865 = 4.24818\angle 110.21524^\circ$$

$$\alpha_{31} = -20.21524^\circ, Z_{13} = Z_{31}, \alpha_{13} = \alpha_{31}$$

$$Z_{21} = \dot{E}_1/(-\dot{I}_2) = \frac{4.24818\angle 110.21524^\circ}{1.12451\angle 17.06527^\circ} = 3.77781\angle 93.14997^\circ$$
$$= -0.20759 + j3.77210$$

$$\alpha_{21} = -3.14997^\circ, Z_{12} = Z_{21}, \alpha_{12} = \alpha_{21}$$

$$Z_{11} = \dot{E}_1/\dot{I}_1 = \frac{4.24818\angle 110.21524^\circ}{19.40981\angle 20.25347^\circ} = 0.21887\angle 89.96177^\circ$$

$$\alpha_{11} = 90^\circ - 89.96177^\circ = 0.03823^\circ$$

在算出节点 B 的电压$\dot{U}_B$以后，如果令 $\dot{E}_2 \neq 0, \dot{E}_1 = 0$，则从 B 点左边部分网络的总电抗为

$$X_B = x_{AB} + X_1//X_\Delta = 0.2 + \frac{0.18 \times 0.04427}{0.18 + 0.04427} = 0.23553$$

$$\dot{I}_{AB} = -\dot{U}_B/jx_B = -(-0.0825 + j0.26875)/j0.23553 = -1.14104 - j0.35027$$

$$\dot{I}_2 = -\dot{I}_{AB} + \dot{I}_{BD} = 1.14104 + j0.35027 + 1.125 + j0.55$$
$$= 2.26604 + j0.90027 = 2.43832\angle 21.66732^\circ$$

$$\dot{E}_2 = \dot{U}_B + jx_2\dot{I}_2 = -0.0825 + j0.26875 + j0.25 \times (2.26604 + j0.90027)$$
$$= -0.307568 + j0.83526 = 0.89009\angle 110.21523^\circ$$

由此可得

$$Z_{32} = \dot{E}_2/\dot{I}_3 = 0.89009\angle 110.21523^\circ$$

$$\alpha_{32} = -20.21523^\circ, Z_{23} = Z_{32}, \alpha_{23} = \alpha_{32}$$

$$Z_{22} = \dot{E}_2/\dot{I}_2 = \frac{0.89009\angle 110.21523^\circ}{2.43832\angle 21.66732^\circ} = 0.36504\angle 88.54789^\circ$$

$$\alpha_{22} = 90^\circ - 88.54789^\circ = 1.45211^\circ$$

现在再通过网络化简求取输入阻抗 Z_{33}。节点 D 左边部分网络的总电抗为

$$X_D = X_{BD} + X_2//X_B = 0.15 + \frac{0.25 \times 0.23553}{0.25 + 0.23553} = 0.27127$$

$$Z_{33} = jX_3 + jX_D//Z_{LD} = jX_3 + \frac{1}{\frac{1}{jX_D} + Y_{LD}}$$

$$= j0.1 + \frac{1}{\frac{1}{j0.27127} + 5.5 - j1.25} = j0.1 + \frac{1}{5.5 - j4.93636}$$

$$= j0.1 + 0.10070 + j0.09038 = 0.10070 + j0.19038 = 0.21537\angle 62.12375^\circ$$

$$\alpha_{33} = 90^\circ - 62.12375^\circ = 27.87625^\circ$$

(c) 故障期间的功率特性分析。

$$P_1=\frac{E_1^2}{|Z_{11}|}\sin\alpha_{11}+\frac{E_1E_2}{|Z_{12}|}\sin(\delta_{12}-\alpha_{12})+\frac{E_1E_3}{|Z_{13}|}\sin(\delta_{13}-\alpha_{13})$$

$$=\frac{1.52532^2}{0.21887}\sin 0.03823°+\frac{1.52532\times1.26143}{3.77781}\sin(\delta_{12}+3.14997°)$$

$$+\frac{1.52532\times1.12089}{4.24818}\sin(\delta_{13}+20.21524°)$$

$$=0.007093+0.509312\sin(\delta_{12}+3.14997°)+0.402458\sin(\delta_{13}+20.21524°)$$

$$P_2=\frac{E_2^2}{|Z_{22}|}\sin\alpha_{22}+\frac{E_2E_1}{|Z_{21}|}\sin(\delta_{21}-\alpha_{21})+\frac{E_2E_3}{|Z_{23}|}\sin(\delta_{23}-\alpha_{23})$$

$$=\frac{1.26143^2}{0.36504}\sin 1.45211°+0.509312\sin(\delta_{21}+3.14997°)$$

$$+\frac{1.26143\times1.12089}{0.89009}\sin(\delta_{23}+20.21523°)$$

$$=0.110463+0.509312\sin(\delta_{21}+3.14997°)+1.588518\sin(\delta_{23}+20.21523°)$$

$$P_3=\frac{E_3^2}{|Z_{33}|}\sin\alpha_{33}+\frac{E_3E_1}{|Z_{31}|}\sin(\delta_{31}-\alpha_{31})+\frac{E_3E_2}{|Z_{32}|}\sin(\delta_{32}-\alpha_{32})$$

$$=\frac{1.12089^2}{0.21537}\sin 27.87625°+0.402458\sin(\delta_{31}+20.21524°)$$

$$+1.588518\sin(\delta_{32}+20.21523°)$$

$$=2.727604+0.402458\sin(\delta_{31}+20.21524°)+1.588518\sin(\delta_{32}+20.21523°)$$

(3) 故障线路切除后系统状态的计算。

(a) 故障线路切除后系统的输入阻抗和转移阻抗的计算。

故障线路切除后系统的等值电路如题 17-7 图(5) 所示。先用单位电流法计算部分输入阻抗和转移阻抗。

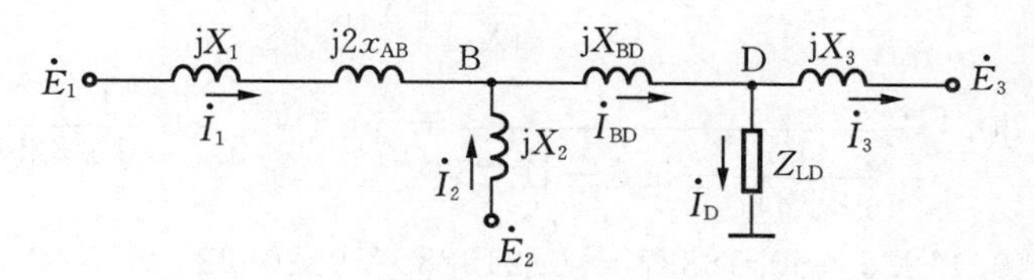

题 17-7 图(5) 故障切除后系统的等值电路

令 $\dot{E}_3=0, \dot{E}_2=0, \dot{I}_3=1$，利用前面已有的计算结果，可知

$$\dot{I}_1=\dot{I}_{AB}=2.2+j0.88=2.36947\angle 21.80141°$$

$$\dot{E}_1=\dot{U}_B+j(x_1+2x_{AB})\dot{I}_1=-0.0825+j0.26875+j(0.18+0.4)\times(2.2+j0.88)$$

$$=-0.5929+j1.54475=1.65462\angle 110.99761°$$

由此可得

$$Z_{31}=\dot{E}_1/\dot{I}_3=1.65462\angle 110.99761°$$

$\alpha_{31}=-20.99761°, Z_{13}=Z_{31}, \alpha_{13}=\alpha_{31}$

$$Z_{21}=\dot{E}_1/(-\dot{I}_2)=\frac{1.65462\angle 110.99761°}{1.12451\angle 17.06527°}=1.47141\angle 93.93234°$$

$\alpha_{21}=-3.93234°, Z_{12}=Z_{21}, \alpha_{12}=\alpha_{21}$

$Z_{11}=\dot{E}_1/\dot{I}_1=\dfrac{1.65462\angle 110.99761°}{2.36947\angle 21.80141°}=0.69831\angle 89.1962°$

$\alpha_{11}=90°-89.1962°=0.8038°$

为了计算 Z_{32} 和 Z_{22}，在算出 $\dot{U}_B$ 以后，令 $\dot{E}_2\neq 0$ 和 $\dot{E}_1=0$，可得

$\dot{I}_1=-\dot{U}_B/j(X_1+2x_{AB})=-(-0.0825+j0.26875)/j0.58$
$=-0.46336-j0.14224$

$\dot{I}_2=\dot{I}_{BD}-\dot{I}_1=1.125+j0.55+0.46336+j0.14224$
$=1.58836+j0.69224=1.73265\angle 23.54856°$

$\dot{E}_2=\dot{U}_B+jX_2\dot{I}_2=-0.0825+j0.26875+j0.25\times(1.58836+j0.69224)$
$=-0.25556+j0.66584=0.71320\angle 110.99761°$

由此可得

$$Z_{32}=\dot{E}_2/\dot{I}_3=0.71320\angle 110.99761°$$

$$\alpha_{32}=-20.99761°, Z_{23}=Z_{32}, \alpha_{23}=\alpha_{32}$$

$$Z_{22}=\dot{E}_2/\dot{I}_2=\frac{0.7132\angle 110.99761°}{1.73265\angle 23.54856°}=0.41162\angle 87.44905°$$

$$\alpha_{22}=90°-87.44905°=2.55095°$$

现在再通过网络化简求取输入阻抗 Z_{33}。节点 D 左边部分网络的总电抗为

$$X_D=X_{BD}+X_2//(X_1+2x_{AB})=0.15+\frac{0.25\times 0.58}{0.25+0.58}=0.32470$$

$$Z_{33}=jX_3+jX_D//Z_{LD}=jX_3+\frac{1}{\dfrac{1}{jX_D}+Y_{LD}}$$

$$=j0.1+\frac{1}{\dfrac{1}{j0.3247}+5.5-j1.25}=j0.1+\frac{1}{5.5-j4.32977}$$

$$=0.11225+j0.18837=0.21928\angle 59.20922°$$

$$\alpha_{33}=90°-59.20922°=30.79078°$$

(b) 故障切除后的功率特性。

$$P_1=\frac{1.52532^2}{0.69831}\sin 0.8038°+\frac{1.52532\times 1.26143}{1.47141}\sin(\delta_{12}+3.93234°)$$
$$+\frac{1.52532\times 1.12089}{1.65462}\sin(\delta_{13}+20.99761°)$$
$$=0.04674+1.307647\sin(\delta_{12}+3.93234°)+1.033298\sin(\delta_{13}+20.99761°)$$

$$P_2=\frac{1.26143^2}{0.41162}\sin 2.55095°+\frac{1.26143\times 1.52532}{1.47141}\sin(\delta_{21}+3.93234°)$$
$$+\frac{1.26143\times 1.12089}{0.71320}\sin(\delta_{23}+20.99761°)$$
$$=0.172054+1.307647\sin(\delta_{21}+3.93234°)+1.982507\sin(\delta_{23}+20.99761°)$$

$$P_3 = \frac{1.12089^2}{0.21928}\sin 30.79078° + \frac{1.12089 \times 1.52532}{1.65462}\sin(\delta_{31} + 20.99761°)$$

$$+ \frac{1.12089 \times 1.26143}{0.71320}\sin(\delta_{32} + 20.99761°)$$

$$= 2.933027 + 1.033298\sin(\delta_{31} + 20.99761°) + 1.982507\sin(\delta_{32} + 20.99761°)$$

(4) 用分段计算法计算转子摇摆曲线。

取 $\Delta t = 0.05$ s 时，有

$$K_1 = \frac{\omega_N}{T_{J1}}\Delta t^2 = \left(\frac{18000}{10} \times 0.05^2\right)° = 4.5°$$

$$K_2 = \frac{\omega_N}{T_{J2}}\Delta t^2 = \left(\frac{18000}{7} \times 0.05^2\right)° = 6.42857°$$

$$K_3 = \frac{\omega_N}{T_{J3}}\Delta t^2 = \left(\frac{18000}{15} \times 0.05^2\right)° = 3°$$

由(1) 的计算结果已知：$\delta_{1(0)} = 38.64149°$，$\delta_{2(0)} = 29.44408°$，$\delta_{3(0)} = 15.52411°$，因此

$$\delta_{12(0)} = 38.64149° - 29.44408° = 9.19741°$$

$$\delta_{13(0)} = 38.64149° - 15.52411° = 23.11738°$$

$$\delta_{23(0)} = 29.4408° - 15.52411° = 13.91997°$$

再由题给初始条件知 $P_{T1} = P_1 = 1.5$，$P_{T2} = P_2 = 1.0$，$P_{T3} = P_3 = 3.0$。

下面开始分时段求解转子运动方程。

第一时段，即短路发生后第一时段，需用短路状态下的功率特性计算发电机的功率。

$$P_{1(0)} = 0.007093 + 0.509312\sin(\delta_{12(0)} - \alpha_{12}) + 0.402458\sin(\delta_{13(0)} - \alpha_{13})$$

$$= 0.007093 + 0.509312\sin(9.19741° + 3.14997°)$$

$$+ 0.402458\sin(23.11738° + 20.21523°)$$

$$= 0.007093 + 0.108910 + 0.276180 = 0.392183$$

$$\Delta P_{1(0)} = P_{T1} - P_{1(0)} = 1.5 - 0.392183 = 1.107817$$

$$\Delta\delta_{1(1)} = \frac{1}{2}K_1\Delta P_{1(0)} = \frac{1}{2} \times 4.5° \times 1.107817 = 2.49259°$$

$$\delta_{1(1)} = \delta_{1(0)} + \Delta\delta_{1(1)} = 38.64149° + 2.49259° = 41.13408°$$

$$P_{2(0)} = 0.110463 + 0.509312\sin(\delta_{21(0)} - \alpha_{21}) + 1.588518\sin(\delta_{23(0)} - \alpha_{23})$$

$$= 0.110463 + 0.509312\sin(-9.19741° + 3.14997°)$$

$$+ 1.588518\sin(13.91997° + 20.21523°)$$

$$= 0.110463 - 0.053657 + 0.891393 = 0.948199$$

$$\Delta P_{2(0)} = P_{T2} - P_{2(0)} = 1.0 - 0.948199 = 0.051801$$

$$\Delta\delta_{2(1)} = \frac{1}{2}K_2\Delta P_{2(0)} = \frac{1}{2} \times 6.42857° \times 0.051801 = 0.16650°$$

$$\delta_{2(1)} = \delta_{2(0)} + \Delta\delta_{2(1)} = 29.44408° + 0.16650° = 29.61058°$$

$$P_{3(0)} = 2.727604 + 0.402458\sin(-23.11738 + 20.21523°)$$

$$+ 1.588518\sin(-13.91997° + 20.21523°)$$

$$= 2.727604 - 0.020377 + 0.174184 = 2.881411$$

$\Delta P_{3(0)} = P_{T3} - P_{3(0)} = 3.0 - 2.881411 = 0.118589$

$\Delta\delta_{3(1)} = \frac{1}{2}K_3\Delta P_{3(0)} = \frac{1}{2}\times 3^\circ \times 0.118589 = 0.17788^\circ$

$\delta_{3(1)} = \delta_{3(0)} + \Delta\delta_{3(1)} = 15.52411^\circ + 0.17788^\circ = 15.70199^\circ$

相对角的计算：

$\delta_{12(1)} = \delta_{1(1)} - \delta_{2(1)} = 41.13408^\circ - 29.61058^\circ = 11.52350^\circ$

$\delta_{13(1)} = \delta_{1(1)} - \delta_{3(1)} = 41.13408^\circ - 15.70199^\circ = 25.43209^\circ$

$\delta_{23(1)} = \delta_{2(1)} - \delta_{3(1)} = 29.61058^\circ - 15.70199^\circ = 13.90859^\circ$

第二时段，短路继续存在，有

$$\begin{aligned}P_{1(1)} &= 0.007093 + 0.509312\sin(11.5235^\circ + 3.14997^\circ)\\&\quad + 0.402458\sin(25.43209^\circ + 20.21523^\circ)\\&= 0.007093 + 0.129014 + 0.287778 = 0.423885\end{aligned}$$

$\Delta P_{1(1)} = P_{T1} - P_{1(1)} = 1.5 - 0.423885 = 1.076115$

$\Delta\delta_{1(2)} = \Delta\delta_{1(1)} + K_1\Delta P_{1(1)} = 2.49259^\circ + 4.5^\circ \times 1.076115 = 7.33511^\circ$

$\delta_{1(2)} = \delta_{1(1)} + \Delta\delta_{1(2)} = 41.13408^\circ + 7.33511^\circ = 48.46919^\circ$

$$\begin{aligned}P_{2(1)} &= 0.110463 + 0.509312\sin(-11.5235^\circ + 3.14997^\circ)\\&\quad + 1.588518\sin(13.90859^\circ + 20.21523^\circ)\\&= 0.110463 - 0.101745 + 0.891132 = 0.899850\end{aligned}$$

$\Delta P_{2(1)} = P_{T2} - P_{2(1)} = 1.0 - 0.899850 = 0.100150$

$\Delta\delta_{2(2)} = \Delta\delta_{2(1)} + K_2\Delta P_{2(1)} = 0.16650 + 6.42857^\circ \times 0.100150 = 0.81032^\circ$

$\delta_{2(2)} = \delta_{2(1)} + \Delta\delta_{2(2)} = 29.61058^\circ + 0.81032^\circ = 30.42090^\circ$

$$\begin{aligned}P_{3(1)} &= 2.727604 + 0.402458\sin(-25.43209^\circ + 20.21523^\circ)\\&\quad + 1.588518\sin(-13.90859 + 20.21523^\circ)\\&= 2.727604 - 0.036594 + 0.174498 = 2.865508\end{aligned}$$

$\Delta P_{3(1)} = P_{T3} - P_{3(1)} = 3.0 - 2.865508 = 0.134492$

$\Delta\delta_{3(2)} = \Delta\delta_{3(1)} + K_3\Delta P_{3(1)} = 0.17788^\circ + 3^\circ \times 0.134492 = 0.58136^\circ$

$\delta_{3(2)} = \delta_{3(1)} + \Delta\delta_{3(2)} = 15.70199^\circ + 0.58136^\circ = 16.28335^\circ$

$\delta_{12(2)} = \delta_{1(2)} - \delta_{2(2)} = 48.46919^\circ - 30.42090^\circ = 18.04829^\circ$

$\delta_{13(2)} = \delta_{1(2)} - \delta_{3(2)} = 48.46919^\circ - 16.28335^\circ = 32.18584^\circ$

$\delta_{23(2)} = \delta_{2(2)} - \delta_{3(2)} = 30.42090^\circ - 16.28335^\circ = 14.13755^\circ$

第三时段，本时段开始时故障被切除，需要分别计算切除前后瞬间各发电机的过剩功率。

故障切除前瞬间，有

$$\begin{aligned}P_{1(2)}^{-} &= 0.007093 + 0.509312\sin(18.04829^\circ + 3.14997^\circ)\\&\quad + 0.402458\sin(32.18584^\circ + 20.21523^\circ)\\&= 0.007093 + 0.184165 + 0.318868 = 0.510126\end{aligned}$$

$\Delta P_{1(2)}^{-} = P_{T1} - P_{1(2)}^{-} = 1.5 - 0.510126 = 0.989874$

$P_{2(2)}^{-} = 0.110463 + 0.509312\sin(-18.04829^\circ + 3.14997^\circ)$

$$+1.588518\sin(14.13755°+20.21523°)$$
$$=0.110463-0.130946+0.896380=0.875897$$
$$\Delta P_{2(2)}^{-}=P_{T2}-P_{2(2)}^{-}=1.0-0.875897=0.124103$$
$$P_{3(2)}^{-}=2.727604+0.402458\sin(-32.18584°+20.21523°)$$
$$+1.588518\sin(-14.13755°+20.21523°)$$
$$=2.727604-0.083474+0.168187=2.812317$$
$$\Delta P_{3(2)}^{-}=P_{T3}-P_{3(2)}^{-}=3.0-2.812317=0.187683$$

故障切除后瞬间，需用切除后的功率特性计算功率。

$$P_{1(2)}^{+}=0.04674+1.307647\sin(18.04829°+3.93234°)$$
$$+1.033298\sin(32.18584°+20.99761°)$$
$$=0.04674+0.489443+0.827215=1.363398$$
$$\Delta P_{1(2)}^{+}=P_{T1}-P_{1(2)}^{+}=1.5-1.363398=0.136602$$
$$P_{2(2)}^{+}=0.172054+1.307647\sin(-18.04829°+3.93234°)$$
$$+1.982507\sin(14.13755°+20.99761°)$$
$$=0.172054-0.318915+1.140947=0.994086$$
$$\Delta P_{2(2)}^{+}=P_{T2}-P_{2(2)}^{+}=1.0-0.994086=0.005914$$
$$P_{3(2)}^{+}=2.933207+1.033298\sin(-32.18584°+20.99761°)$$
$$+1.982507\sin(-14.13755°+20.99761°)$$
$$=2.933207-0.200494+0.236800=2.969333$$
$$\Delta P_{3(2)}^{+}=P_{T3}-P_{3(2)}^{+}=3.0-2.969333=0.030667$$
$$\Delta\delta_{1(3)}=\Delta\delta_{1(2)}+\frac{1}{2}K_1(\Delta P_{1(2)}^{-}+\Delta P_{1(2)}^{+})$$
$$=7.33511°+\frac{1}{2}\times4.5°\times(0.989874+0.136602)=9.86968°$$
$$\delta_{1(3)}=\delta_{1(2)}+\Delta\delta_{1(3)}=48.46919°+9.86968°=58.33887°$$
$$\Delta\delta_{2(3)}=\Delta\delta_{2(2)}+\frac{1}{2}K_2(\Delta P_{2(2)}^{-}+\Delta P_{2(2)}^{+})$$
$$=0.81032°+\frac{1}{2}\times6.42857°\times(0.124103+0.005914)=1.22823°$$
$$\delta_{2(3)}=\delta_{2(2)}+\Delta\delta_{2(3)}=30.42090°+1.22823°=31.64913°$$
$$\Delta\delta_{3(3)}=\Delta\delta_{3(2)}+\frac{1}{2}K_3(\Delta P_{3(2)}^{-}+\Delta P_{3(2)}^{+})$$
$$=0.58136°+\frac{1}{2}\times3°\times(0.187683+0.030667)=0.90889°$$
$$\delta_{3(3)}=\delta_{3(2)}+\Delta\delta_{3(3)}=16.28335°+0.90889°=17.19224°$$
$$\delta_{12(3)}=\delta_{1(3)}-\delta_{2(3)}=58.33887°-31.64913°=26.68974°$$
$$\delta_{13(3)}=\delta_{1(3)}-\delta_{3(3)}=58.33887°-17.19224°=41.14663°$$
$$\delta_{23(3)}=\delta_{2(3)}-\delta_{3(3)}=31.64913°-17.19224°=14.45689°$$

第四时段，继续用故障后功率特性计算。

$$P_{1(3)}=0.04674+1.307647\sin(26.68974°+3.93234°)$$
$$+1.033298\sin(41.14663°+20.99761°)$$
$$=0.04674+0.666080+0.913566=1.626386$$
$$\Delta\delta_{1(4)}=\Delta\delta_{1(3)}+K_1(P_{T1}-P_{1(3)})$$
$$=9.86968°+4.5°\times(1.5-1.626386)=9.30094°$$
$$\delta_{1(4)}=\delta_{1(3)}+\Delta\delta_{1(4)}=58.33887°+9.30094°=67.63981°$$
$$P_{2(3)}=0.172054+1.307647\sin(-26.68974°+3.93234°)$$
$$+1.982507\sin(14.45689°+20.99761°)$$
$$=0.172054-0.505837+1.149966=0.816183$$
$$\Delta\delta_{2(4)}=\Delta\delta_{2(3)}+K_2(P_{T2}-P_{2(3)})$$
$$=1.22823°+6.42857°\times(1.0-0.816183)=2.40991°$$
$$\delta_{2(4)}=\delta_{2(3)}+\Delta\delta_{2(4)}=31.64913°+2.40991°=34.05904°$$
$$P_{3(3)}=2.933027+1.033298\sin(-41.14663°+20.99761°)$$
$$+1.982507\sin(-14.45689°+20.99761°)$$
$$=2.933027-0.355933+0.225826=2.802920$$
$$\Delta\delta_{3(4)}=\Delta\delta_{3(3)}+K_3(P_{T3}-P_{3(3)})$$
$$=0.90889°+3°\times(3.0-2.80292)=1.50013°$$
$$\delta_{3(4)}=\delta_{3(3)}+\Delta\delta_{3(4)}=17.19224°+1.50013°=18.69237°$$
$$\delta_{12(4)}=\delta_{1(4)}-\delta_{2(4)}=67.63981°-34.05904°=33.58077°$$
$$\delta_{13(4)}=\delta_{1(4)}-\delta_{3(4)}=67.63981°-18.69237°=48.94744°$$
$$\delta_{23(4)}=\delta_{2(4)}-\delta_{3(4)}=34.05904°-18.69237°=15.36667°$$

从第五时段开始的后续计算将不再列出演算过程，只将计算结果记入题 17-7 表中。

题 17-7 表　发电机转子摇摆曲线计算结果

t/s	P_1/p. u.	$\Delta\delta_1$/deg	δ_1/deg	P_2/p. u.	$\Delta\delta_2$/deg	δ_2/deg
0.00	0.392183		38.64149	0.948119		29.44408
0.05	0.423885	2.49259	41.13408	0.899850	0.16665	29.61058
0.10	0.510126	7.33511	48.46919	0.875897	0.81032	30.42090
	1.363398			0.994086		
0.15	1.626386	9.86968	58.33887	0.816183	1.22823	31.64913
0.20	1.813685	9.30094	67.63981	0.700654	2.40991	34.05904
0.25	1.905119	7.88936	75.52917	0.680013	4.33428	38.39332
0.30	1.908059	6.06632	81.59549	0.748374	6.39134	44.78466
0.35	1.833835	4.23005	85.82554	0.876920	8.00894	52.79360
0.40	1.691788	2.72779	88.55333	1.024756	8.80017	61.59377
0.45	1.498388	1.86474	90.41807	1.143330	8.64102	70.23479
0.50		1.87199	92.29006		7.71961	77.95440

续表

t/s	P_1/p. u.	$\Delta\delta_1$/deg	δ_1/deg	P_2/p. u.	$\Delta\delta_2$/deg	δ_2/deg
0.00	2.881411	15.52411	9.19741	23.11738	13.91997	
0.05	2.865508	0.17788	15.70199	11.52350	25.43209	13.90859
0.10	2.812317	0.58136	16.28335	18.04829	32.18584	14.13755
	2.969333					
0.15	2.802920	0.90889	17.19224	26.68974	41.14663	14.45689
0.20	2.643246	1.50013	18.69237	33.58077	48.94744	15.36667
0.25	2.499896	2.57039	21.26276	37.13585	54.26641	17.13056
0.30	2.389953	4.07070	25.33346	36.81083	56.26203	19.45120
0.35	2.341869	5.90084	31.23430	33.03194	54.59124	21.55930
0.40	2.389399	7.87523	39.10953	26.95956	49.44380	22.48424
0.45	2.55485	9.70703	48.81656	20.18328	41.60151	21.41823
0.50		11.04248	59.85904	14.33566	32.43102	19.09536

计算结果表明，系统能保持暂态稳定。发电机转子摇摆曲线如题 17-7 图(6) 所示。

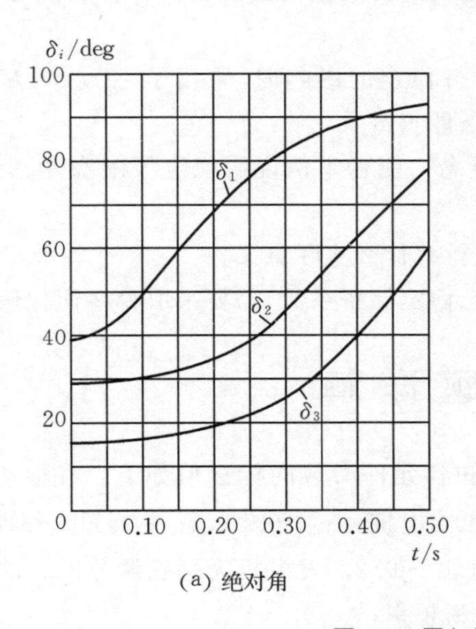

(a) 绝对角

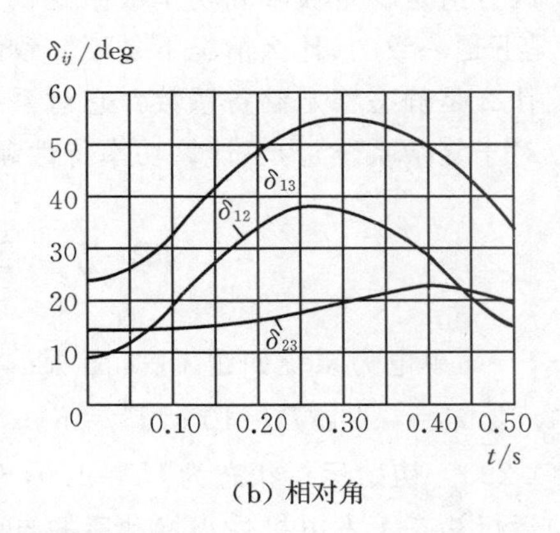

(b) 相对角

题 17-7 图(6)　转子摇摆曲线

第 18 章　电力系统静态稳定性

18.1　复习思考题

1. 什么是小扰动分析法？

2. 静态稳定问题的研究内容是什么？其数学模型是怎样建立的？

3. 试列出用小扰动法分析电力系统静态稳定的具体步骤。

4. 试从研究内容和研究方法等方面比较一下静态稳定和暂态稳定的主要区别。

5. 动力学系统线性化状态方程系数矩阵的特征值与系统的稳定性存在什么关系？

6. 有哪些不需要计算特征值也能进行稳定性判断的方法？

7. 怎样计算简单系统的自由振荡频率？它与系统的运行状态有什么关系？

8. 请在 P-δ 平面上通过面积分析说明负阻尼诱发自发振荡的现象。存在负阻尼的系统是否在任何状态下都不能稳定运行？

9. 本章在分析比例式自动励磁调节器对静态稳定的影响时，采用了 $\Delta U_{\mathrm{G}} \approx \Delta U_{\mathrm{Gq}}$ 的假设，若不用这个近似条件，你能导出相关的稳定条件吗？

10. 区分清楚稳定极限和功率极限这两个概念。能否举例说明稳定极限和功率极限在什么情况下是一致的，什么情况下是不一致的？

11. 什么是静态稳定储备系数？它对系统运行有什么实际意义？

12. 对于复杂系统，为了计算功率特性和静态稳定储备系数，需要采取哪些简化假设？

18.2　习 题 详 解

18-1　简单电力系统如题 18-1 图所示，已知各元件参数的标幺值如下。发电机 G：$x_{\mathrm{d}}=x_{\mathrm{q}}=1.62$，$x'_{\mathrm{d}}=0.24$，$T_{\mathrm{J}}=10\ \mathrm{s}$，$T'_{\mathrm{d0}}=6\ \mathrm{s}$。变压器电抗：$x_{\mathrm{T1}}=0.14$，$x_{\mathrm{T2}}=0.11$。线路 L：双回 $x_{\mathrm{L}}=0.293$。初始运行状态为 $U_0=1.0$，$S_0=1.0+\mathrm{j}0.2$。发电机无励磁调节器。试求：

(1)运行初态下发电机受小扰动后的自由振荡频率；

(2)若增加原动机功率，使运行角增加到 80°时的自由振荡频率。

解　$X_{\mathrm{d}\Sigma}=x_{\mathrm{d}}+x_{\mathrm{T1}}+x_{\mathrm{L}}+x_{\mathrm{T2}}=1.62+0.14+0.293+0.11=2.163$

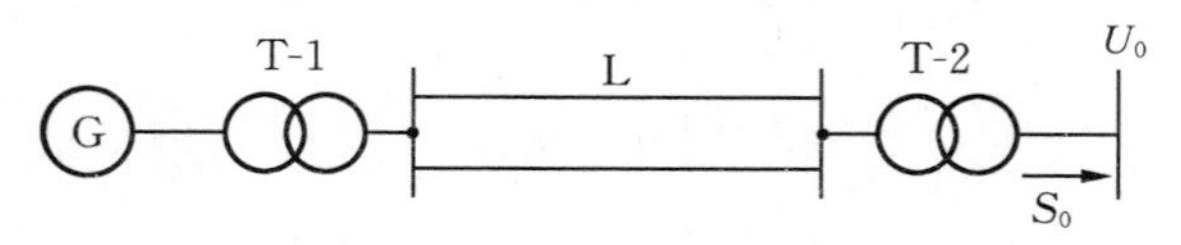

题 18-1 图　简单电力系统

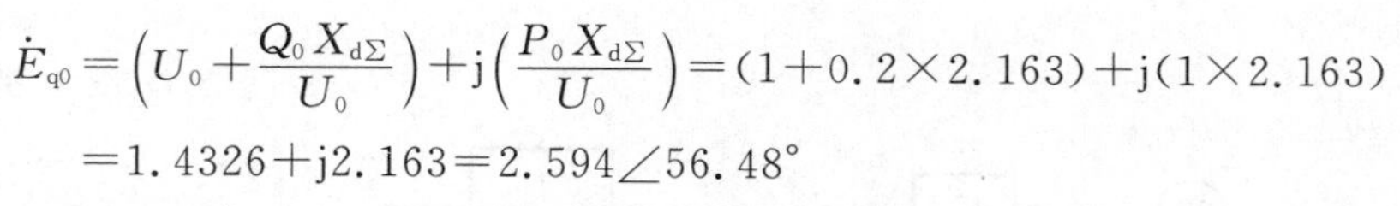

$$\dot{E}_{q0}=\left(U_0+\frac{Q_0X_{d\Sigma}}{U_0}\right)+\mathrm{j}\left(\frac{P_0X_{d\Sigma}}{U_0}\right)=(1+0.2\times2.163)+\mathrm{j}(1\times2.163)$$

$$=1.4326+\mathrm{j}2.163=2.594\angle56.48^\circ$$

$\delta_0=56.48^\circ$

(1)运行初态下的自由振荡频率计算。

$$S_{Eq}=\frac{E_{q0}}{X_{d\Sigma}}\cos\delta_0=\frac{2.594}{2.163}\cos56.48^\circ=0.66226$$

$$f_e=\frac{1}{2\pi}\sqrt{\frac{\omega_N S_{Eq}}{T_J}}=\frac{1}{2\pi}\sqrt{\frac{314\times0.66226}{10}}\ \text{Hz}=0.726\ \text{Hz}$$

(2)当运行角增到80°时的自由振荡频率计算。

$$S_{Eq}=\frac{2.594}{2.163}\cos80^\circ=0.2082$$

$$f_e=\frac{1}{2\pi}\sqrt{\frac{\omega_N S_{Eq}}{T_J}}=\frac{1}{2\pi}\sqrt{\frac{314\times0.2082}{10}}\ \text{Hz}=0.407\ \text{Hz}$$

由此可见,对于简单电力系统,随着运行角增大,自由振荡频率将减小,抵达90°时为零,超过90°时特征根为正实数,系统将非周期地失去稳定。

18-2 上题的电力系统中,若发电机的综合阻尼系数为 $D_\Sigma=0.09$,试确定:

(1)运行初态下的自由振荡频率;

(2)在什么运行角度下,系统受小扰动后将不产生振荡(即非周期地恢复到原来的运行状态)。

解 由题18-1的解已知,在 $\delta_0=56.48^\circ$ 的初态下,有

$X_{d\Sigma}=2.163, E_{q0}=2.594, P_m=\dfrac{2.594}{2.163}=1.19930, S_{Eq}=0.6623$。

(1)运行在初态下的自由振荡频率为

$$f_e=\frac{1}{2\pi}\sqrt{\left|\left(\frac{\omega_N D_\Sigma}{2T_J}\right)^2-\frac{\omega_N S_{Eq}}{T_J}\right|}=\frac{1}{2\pi}\sqrt{\left|\left(\frac{314\times0.09}{2\times10}\right)^2-\frac{314\times0.6623}{10}\right|}\ \text{Hz}$$

$$=0.69\ \text{Hz}$$

(2)要使系统受扰动后非周期地恢复到原来状态,应满足

$$\left(\frac{\omega_N D_\Sigma}{2T_J}\right)^2-\frac{\omega_N S_{Eq}}{T_J}=0$$

即

$$S_{Eq}=\frac{\omega_N D_\Sigma^2}{4T_J}=\frac{314\times0.09^2}{4\times10}=0.06359$$

$$\delta=\arccos\frac{0.06359}{1.1993}=86.96^\circ$$

18-3 电力系统及元件参数仍如题18-1所述,发电机装设有按电压偏差的比例式励磁调节器,其传递函数框如题18-3图所示。已知励磁系统参数:$T_e=0.5$ s,$K_V(=K_A x_{ad}/r_f)=8$。试确定:

(1)发电机的功率极限 P_m;

(2)发电机的静态稳定极限功率 P_{sl}。

提示:励磁调节系统的稳态方程为 $-K_V\Delta U_G=\Delta E_q$,并设 $\Delta U_G\approx\Delta U_{Gq}=U_{Gq}-U_{Gq0}$,取

$\Delta E_q = E_q - E_{q0}$。

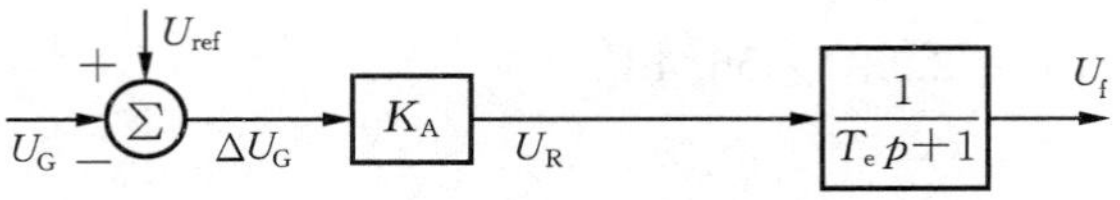

题 18-3 图　励磁系统简化框图

解　由题 18-1 的解已知

$$X_{d\Sigma} = 2.163$$

$$X_{TL} = x_{T1} + x_L + x_{T2} = 0.14 + 0.293 + 0.11 = 0.543$$

$$X'_{d\Sigma} = x'_d + X_{TL} = 0.24 + 0.543 = 0.783$$

$$\dot{E}_{q0} = 2.594\angle 56.18°, \delta_0 = 56.18°$$

令

$$A = \frac{X'_{d\Sigma}}{X_{d\Sigma}} = \frac{0.783}{2.163} = 0.362$$

$$B = \frac{X_{TL}}{X_{d\Sigma}} = \frac{0.543}{2.163} = 0.251$$

$$E'_{q0} = E_{q0}A + (1-A)U_0\cos\delta_0$$
$$= 2.594 \times 0.362 + (1-0.362) \times 1 \times \cos 56.18° = 1.291$$

$$U_{Gq0} = E_{q0}B + (1-B)U_0\cos\delta_0$$
$$= 2.594 \times 0.251 + (1-0.251) \times 1 \times \cos 56.18° = 1.065$$

(1)发电机的功率极限。

(a)公式推导：

$$-K_V\Delta U_G = \Delta E_q, \quad \Delta E_q = E_q - E_{q0}$$

令 $\Delta U_G \approx \Delta U_{Gq} = U_{Gq} - U_{Gq0}$，得 $E_q - E_{q0} = -K_V(U_{Gq} - U_{Gq0})$

或

$$E_q = -K_V U_{Gq} + E_{q0} + K_V U_{Gq0}$$

又

$$U_{Gq} = E_q B + (1-B)U\cos\delta$$

将 U_{Gq} 代入 E_q 的式中，经整理可得

$$E_q = \frac{E_{q0} + K_V U_{Gq0} - K_V(1-B)}{1 + K_V B}U\cos\delta$$

将 E_q 代入 P_{Eq} 的式中便得到功率特性表达式。

$$P_{Eq}(\delta) = \frac{E_q U}{X_{d\Sigma}}\sin\delta = \frac{E_{q0} + K_V U_{Gq0}}{(1+K_V B)X_{d\Sigma}}U\sin\delta - \frac{K_V(1-B)U^2}{(1+K_V B)X_{d\Sigma}}\sin\delta\cos\delta$$

(b)功率极限计算。

由 $\frac{dP_{Eq}(\delta)}{d\delta} = 0$，有

$$(E_{q0} + K_V U_{Gq0})U\cos\delta - K_V(1-B)U^2(\cos^2\delta - \sin^2\delta) = 0$$

或

$$(E_{q0} + K_V U_{Gq0})\cos\delta - K_V(1-B)U(2\cos^2\delta - 1) = 0$$

简化后得

$$2K_V(1-B)U\cos^2\delta - (E_{q0} + K_V U_{Gq0})\cos\delta - K_V(1-B) = 0$$

代入数值，且 $U=U_0=1.0$，得

$$2\times8\times(1-0.251)\cos^2\delta-(2.594+8\times1.065)\cos\delta-8\times(1-0.251)=0$$

$$11.984\cos^2\delta-11.114\cos\delta-5.992=0$$

$$\delta_{\mathrm{m}}=\arccos\frac{11.114\pm\sqrt{11.114^2+4\times11.984\times5.992}}{2\times11.984}$$

取负号

$$\delta_{\mathrm{m}}=\arccos(-0.381886),\delta_{\mathrm{m}}=112.45^\circ$$

代入功率表达式中得功率极限

$$P_{\mathrm{Gm}}=P_{E\mathrm{q}}(\delta_{\mathrm{m}})=\frac{E_{\mathrm{q0}}+K_{\mathrm{V}}U_{\mathrm{G0}}}{(1+K_{\mathrm{V}}B)X_{\mathrm{d\Sigma}}}U_0\sin\delta_{\mathrm{m}}-\frac{K_{\mathrm{V}}(1-B)U_0{}^2}{(1+K_{\mathrm{V}}B)X_{\mathrm{d\Sigma}}}\sin\delta_{\mathrm{m}}\cos\delta_{\mathrm{m}}$$

$$=\frac{2.594+8\times1.065}{(1+8\times0.251)\times2.163}\sin(112.45^\circ)$$

$$-\frac{8\times(1-0.251)\times1^2}{(1+8\times0.251)\times2.163}\sin(112.45^\circ)\times\cos(112.45^\circ)$$

$$=1.5787+0.325=1.9037$$

(2)计算静态稳定极限 P_{sl}。

(a)公式推导：

$$E_{\mathrm{q}}=\frac{E_{\mathrm{q0}}+K_{\mathrm{V}}U_{\mathrm{Gq0}}}{1+K_{\mathrm{V}}B}-\frac{K_{\mathrm{V}}(1-B)}{1+K_{\mathrm{V}}B}U_0\cos\delta$$

$$=\frac{2.594+8\times1.065}{1+8\times0.251}-\frac{8\times(1-0.251)}{1+8\times0.251}\cos\delta=3.6948-1.992\cos\delta$$

$$E'_{\mathrm{q}}=E_{\mathrm{q}}A+(1-A)U_0\cos\delta$$

$$=(3.6948-1.992\cos\delta)\times0.362+(1-0.362)\cos\delta=1.3375-0.0831\cos\delta$$

$$U_{\mathrm{Gq}}=E_{\mathrm{q}}B+(1-B)U_0\cos\delta$$

$$=(3.6948-1.992\cos\delta)\times0.251+(1-0.251)\cos\delta=0.9274+0.249\cos\delta$$

$$S_{E\mathrm{q}}=\frac{E_{\mathrm{q}}U_0}{X_{\mathrm{d\Sigma}}}\cos\delta=\frac{(3.6948-1.992\cos\delta)\times1}{2.163}\cos\delta=1.7082\cos\delta-0.9209\cos^2\delta$$

$$S_{E'\mathrm{q}}=\frac{E'_{\mathrm{q}}U_0}{X'_{\mathrm{d\Sigma}}}\cos\delta-\left(\frac{X_{\mathrm{d\Sigma}}-X'_{\mathrm{d\Sigma}}}{X_{\mathrm{d\Sigma}}X'_{\mathrm{d\Sigma}}}\right)(2\cos^2\delta-1)$$

$$=\frac{(1.3375-0.0831\cos\delta)\times1}{0.783}\cos\delta-\left(\frac{2.163-0.783}{2.163\times0.783}\right)\times(2\cos^2\delta-1)$$

$$=-1.73577\cos^2\delta+1.7082\cos\delta+0.81482$$

$$S_{U\mathrm{Gq}}=\frac{U_{\mathrm{Gq}}U_0}{X_{\mathrm{TL}}}\cos\delta-\left(\frac{X_{\mathrm{d\Sigma}}-X_{\mathrm{TL}}}{X_{\mathrm{d\Sigma}}X_{\mathrm{TL}}}\right)(2\cos^2\delta-1)$$

$$=\frac{(0.9274+0.249\cos\delta)}{0.543}\cos\delta-\left(\frac{2.163-0.543}{2.163\times0.543}\right)\times(2\cos^2\delta-1)$$

$$=-2.3\cos^2\delta+1.70792\cos\delta+1.3793$$

(b)确定稳定极限条件。

当不计自发振荡时，稳定条件由 $a_3>0$ 或 $a_4>0$ 确定，由极限 $a_3=0$ 或 $a_4=0$ 确定。

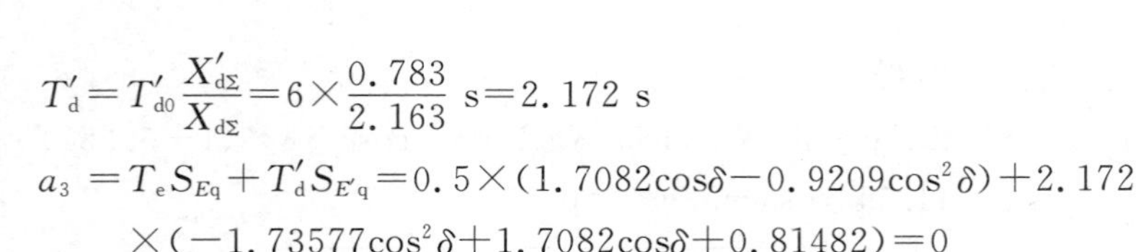

$$T'_{d}=T'_{d0}\frac{X'_{d\Sigma}}{X_{d\Sigma}}=6\times\frac{0.783}{2.163}\ \text{s}=2.172\ \text{s}$$

$$a_3=T_eS_{Eq}+T'_dS_{E'q}=0.5\times(1.7082\cos\delta-0.9209\cos^2\delta)+2.172\times(-1.73577\cos^2\delta+1.7082\cos\delta+0.81482)=0$$

由此确定稳定极限角 δ_{sl}，即

$$-4.2305\cos^2\delta+4.5643\cos\delta+1.76979=0$$

$$\delta_{sl}=\arccos\frac{-4.5643\pm\sqrt{(4.5643)^2+4\times4.2305\times1.76979}}{-2\times4.2305}$$

取正号得

$$\delta_{sl}=\arccos(-0.30278)=107.625°$$

$$a_4=S_{Eq}+K_VS_{VGq}\frac{X_{TL}}{X_{d\Sigma}}=(1.7082\cos\delta-0.9209\cos^2\delta)+8\times(-2.3\cos^2\delta+1.70792\cos\delta+1.3793)\times\frac{0.543}{2.163}=0$$

由此确定稳定极限角 δ_{sl}，即

$$-5.5393\cos^2\delta+5.1377\cos\delta+2.76963=0$$

$$\delta_{sl}=\arccos\frac{-5.1377\pm\sqrt{(5.1377)^2+4\times5.5393\times2.76963}}{-2\times5.5393}$$

$$\delta_{sl}=\arccos(-0.38186)=112.45°$$

故稳定极限角由 $a_3=0$ 确定，即 $\delta_{sl}=107.625°$。

(c)计算稳定极限功率。

$$P_{sl}=\frac{E_qU_0}{X_{d\Sigma}}\sin\delta_{sl}=\frac{1}{2.163}\times[3.6948-1.992\cos(107.625°)]\sin(107.625°)$$

$$=1.628+0.266=1.894$$

在计及自动励磁调节器的作用时，稳定极限功率值总是小于功率极限值，计算结果也证明了这一点。同时，a_4 通常称为特征方程的自由项，a_4 不满足就意味着有正实数的特征根，系统将非周期地失去稳定，这与抵达功率极限时的情况相同，所以由 $a_4=0$ 确定的 $\delta_{sl}=\delta_m=112.45°$。

18-4 欲使上题的调节器保持 $E'_q=E'_{q0}=$常数，试确定励磁调节系统综合放大系数 K_V 的值。

解 由题 18-3 的解可知

$$E_q=\frac{E_{q0}+K_VU_{Gq0}-K_V(1-B)}{1+K_VB}U_0\cos\delta$$

$$E'_q=E_qA+(1-A)U_0\cos\delta$$

将 E_q 代入 E'_q 的式中，并令 $E'_q=E'_{q0}$，经整理便得

$$\frac{E_{q0}+K_VU_{Gq0}}{1+K_VB}\times A-\frac{K_V(1-B)A}{1+K_VB}U_0\cos\delta+(1-A)U_0\cos\delta-E'_{q0}=0$$

通分后取分子为零，得

$$E_{q0}A+K_VU_{Gq0}A-K_V(1-B)AU_0\cos\delta+(1+K_VB)(1-A)U_0\cos\delta-(1+K_VB)E'_{q0}=0。$$

将与 $\cos\delta$ 无关的项分开，经适当整理便得

$$AE_{q0}-E'_{q0}+K_V(AU_{Gq0}-BE'_{q0})+[(1-A)+K_V(B-A)]U_0\cos\delta=0$$

要使上式在任何角度下成立，必须满足

$$AE_{q0}-E'_{q0}+K_V(AU_{Gq0}-BE'_{q0})=0$$

和

$$(1-A)+K_V(B-A)\cos\delta=0$$

由此两条件可分别得到

$$K_V=\frac{E'_{q0}-AE_{q0}}{AU_{Gq0}-BE'_{q0}}=\frac{1.291-0.362\times2.594}{0.362\times1.065-0.251\times1.291}=5.724$$

和

$$K_V=\frac{1-A}{B-A}=\frac{1-0.362}{0.251-0.362}=5.748$$

二者的差别是由于各个量均由计算器进行了舍入而造成的，故可以取平均值

$$K_V=\frac{5.724+5.748}{2}=5.736$$

18-5　电力系统如题 18-5 图所示，已知各元件参数标幺值如下，发电机 G：$x_d=1.2$，$x_q=0.8$，$x'_d=0.3$。变压器电抗：$x_{T1}=0.14$，$x_{T2}=0.12$。线路 L：双回 $x_L=0.35$。系统初始运行状态：$U_0=1.0$，$S_0=0.9+j0.18$。试计算下列情况下发电机的功率极限 P_m 和稳定储备系数 $K_{sm(P)}$：

(1)发电机无励磁调节，$E_q=E_{q0}=$常数；

(2)发电机有励磁调节，$E'=E'_0=$常数。

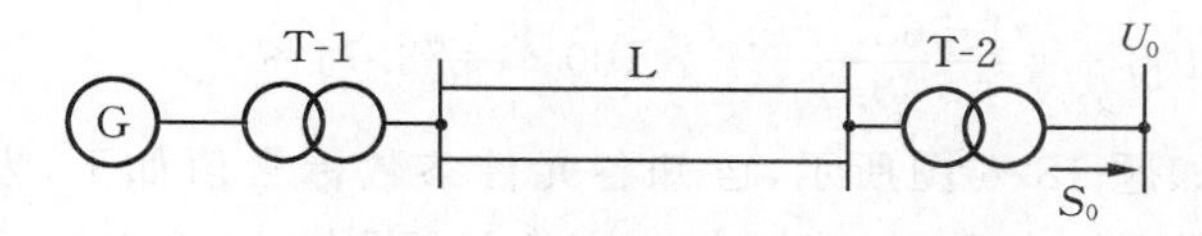

题 18-5 图　简单电力系统

解　$X_{d\Sigma}=x_d+x_{T1}+x_L+x_{T2}=1.2+0.14+0.35+0.12=1.81$

$X'_{d\Sigma}=X_{d\Sigma}-x_d+x'_d=1.81-1.2+0.3=0.91$

$X_{q\Sigma}=X_{d\Sigma}-x_d+x_q=1.81-1.2+0.8=1.41$

$$E_Q=\sqrt{\left(U_0+\frac{Q_0X_{q\Sigma}}{U_0}\right)^2+\left(\frac{P_0X_{q\Sigma}}{U_0}\right)^2}=\sqrt{(1+0.18\times1.41)^2+(0.9\times1.41)^2}$$

$$=\sqrt{(1.2538)^2+(1.269)^2}=1.7839$$

$$\delta_0=\arctan\frac{1.269}{1.2538}=45.345°$$

$$E_{q0}=E_{Q0}\frac{X_{d\Sigma}}{X_{q\Sigma}}+\left(1-\frac{X_{d\Sigma}}{X_{q\Sigma}}\right)U_0\cos\delta_0$$

$$=1.7839\times\frac{1.81}{1.41}+\left(1-\frac{1.81}{1.41}\right)\times1\times\cos(45.345°)=2.091$$

(1)发电机无励磁调节器，$E_q=E_{q0}=$常数时，有

$$P_{Eq}=\frac{E_{q0}U_0}{X_{d\Sigma}}\sin\delta+\frac{U_G}{2}\left(\frac{X_{d\Sigma}-X_{q\Sigma}}{X_{d\Sigma}X_{q\Sigma}}\right)\sin2\delta$$

$$=\frac{2.091\times1}{1.81}\sin\delta+\frac{1}{2}\left(\frac{1.81-1.41}{1.81\times1.41}\right)\sin2\delta=1.1550\sin\delta+0.0784\sin2\delta$$

$dP_{Eq}/d\delta=0$，得

$$1.1550\cos\delta+0.0784\times4\times\cos^2\delta-0.0784\times2$$
$$=0.3136\cos^2\delta+1.1550\cos\delta-0.1568=0$$

$$\delta_{Eqm}=\arccos\frac{-1.1550\pm\sqrt{(1.1550)^2+4\times0.3136\times0.1568}}{2\times0.3136}$$

取正号得

$$\delta_{Eqm}=82.467°$$

$$P_{Eqm}=1.1550\sin\delta_{Eqm}+0.0784\sin(2\delta_{Eqm})$$
$$=1.1550\sin82.467°+0.0784\times\sin(2\times82.467°)=1.1654$$

$$K_P=\frac{P_{Eqm}-P_0}{P_0}\times100\%=\frac{1.1654-0.9}{0.9}\times100\%=29.49\%$$

(2)发电机有励磁调节 $E'=E'_0=$常数时，有

$$E'_0=\sqrt{\left(U_0+\frac{Q_0X'_{d\Sigma}}{U_0}\right)^2+\left(\frac{P_0X'_{d\Sigma}}{U_0}\right)^2}=\sqrt{(1+0.18\times0.91)^2+(0.9\times0.91)^2}$$
$$=\sqrt{(1.1638)^2+(0.819)^2}=1.423$$

$$\delta'_0=\arctan\frac{0.819}{1.1638}=35.135°,P_{E'm}=\frac{E'_0U_0}{X'_{d\Sigma}}=\frac{1.423\times1}{0.91}=1.5637$$

$$K_P=\frac{P_{E'm}-P_0}{P_0}\times100\%=\frac{1.5637-0.9}{0.9}\times100\%=73.74\%$$

18-6 电力系统如题18-6图所示，已知各元件参数标幺值如下，发电机G：$x_d=x_q=1.6$，$x'_d=0.32$。变压器电抗：$x_{T1}=x_{T2}=0.1$。线路L：双回 $x_L=0.36$。系统初始运行状态：$U_0=1.0$，$S_0=1.0+j0.25$，$S_{LD0}=0.5+j0.15$。发电机无励磁调节，$E_q=E_{q0}=$常数，负荷用恒定阻抗表示。

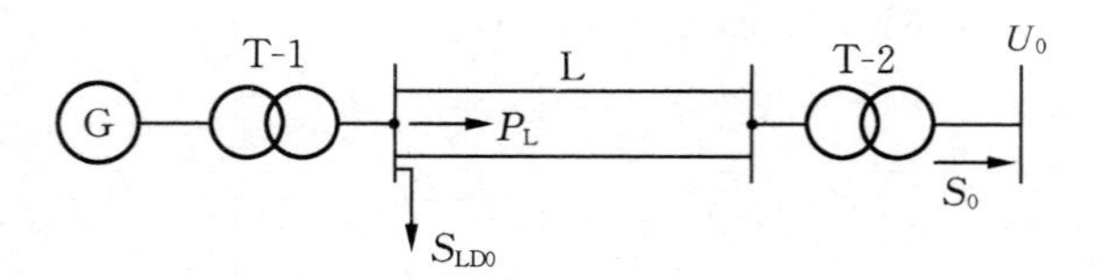

题18-6图　系统接线图

(1)计算发电机的功率极限 P_{Gm} 及稳定储备系数 $K_{sm(P)}$；

(2)取发电机功率抵达 P_{Gm} 时对应的线路功率 P_L 作为 P_{Lm}，计算 $K_{Lm(P)}=\frac{P_{Lm}-P_{L0}}{P_{L0}}\times100\%$，试对 $K_{sm(P)}$ 和 $K_{Lm(P)}$ 进行比较分析，并说明从稳定性出发应取哪个储备系数为宜；

(3)若发电机有励磁调节，$E'=E'_0=$常数，重做(1)项。

解　$X_{TL2}=x_L+x_{T2}=0.36+0.1=0.46$

$$U_{LD0}=\sqrt{\left(U_0+\frac{Q_0X_{TL2}}{U_0}\right)^2+\left(\frac{P_0X_{TL2}}{U_0}\right)^2}=\sqrt{\left(1+\frac{0.25\times0.46}{1}\right)^2+\left(\frac{1\times0.46}{1}\right)^2}$$

$$=\sqrt{(1.115)^2+(0.46)^2}=1.206$$

$$\delta_{LD0}=\arctan\frac{0.46}{1.115}=22.419^\circ$$

$$\Delta Q_{LT2}=\frac{P_0^2+Q_0^2}{U_0^2}X_{TL2}=\frac{1^2+0.25^2}{1^2}\times 0.46=0.489$$

$$S'_{T1}=(P_0+P_{LD0})+j(Q_0+Q_{LD0}+\Delta Q_{LT2})=(1+0.5)+j(0.25+0.15+0.489)$$
$$=1.5+j0.889$$

$$X_{dT1}=x_d+x_{T1}=1.6+0.1=1.7$$

$$E_{q0}=\sqrt{\left(U_{LD0}+\frac{Q'_{T1}X_{dT1}}{U_{LD0}}\right)^2+\left(\frac{P'_{T1}X_{dT1}}{U_{LD0}}\right)^2}$$
$$=\sqrt{\left(1.206+\frac{0.889\times 1.7}{1.206}\right)^2+\left(\frac{1.5\times 1.7}{1.206}\right)^2}=\sqrt{(2.459)^2+(2.114)^2}=3.243$$

$$\delta_{T1G}=\arctan\frac{2.114}{2.459}=40.686^\circ$$

$$\delta_0=\delta_{T1G}+\delta_{LD0}=40.686^\circ+22.419^\circ=63.105^\circ$$

$$X'_{dT1}=x'_d+x_{T1}=0.32+0.1=0.42$$

$$E'_0=\sqrt{\left(U_{LD0}+\frac{Q'_{T1}X'_{dT1}}{U_{LD0}}\right)^2+\left(\frac{P'_{T1}X'_{dT1}}{U_{LD0}}\right)^2}$$
$$=\sqrt{\left(1.206+\frac{0.889\times 0.42}{1.200}\right)^2+\left(\frac{1.5\times 0.42}{1.200}\right)^2}=\sqrt{(1.516)^2+(0.522)^2}=1.603$$

$$\delta'_{T1G}=\arctan\frac{0.522}{1.516}=19.0^\circ$$

$$\delta'_0=\delta'_{T1G}+\delta_{LD0}=19.0^\circ+22.419^\circ=41.419^\circ$$

负荷阻抗

$$Z_{LD}=\frac{U_{LD0}^2}{P_{LD0}^2+Q_{LD0}^2}(P_{LD0}+jQ_{LD0})=\frac{1.206^2}{0.5^2+0.15^2}(0.5+j0.15)$$
$$=2.669+j0.801=2.787\angle 16.71^\circ$$

(1)计算 $E_q=E_{q0}=$常数时发电机的功率极限及储备系数。

$$Z_{11}=jX_{dT1}+\frac{jX_{LT2}Z_{LD}}{jX_{LT2}+Z_{LD}}=j1.7+\frac{j0.46\times(2.669+j0.801)}{j0.46+2.669+j0.801}$$
$$=j1.7+0.434\angle 81.42^\circ=0.0647+j2.129=2.13\angle 88.26^\circ$$

$$\alpha_{11}=1.74^\circ$$

$$Z_{12}=jX_{dT1}+jX_{LT2}+\frac{jX_{dT1}\times jX_{LT2}}{Z_{LD}}=j1.7+j0.46+\frac{j1.7\times j0.46}{2.669+j0.801}$$
$$=-0.269+j2.2408=2.257\angle 96.85^\circ,\alpha_{12}=-6.85^\circ$$

$$P_{Gm}=\frac{E_{q0}}{|Z_{11}|}\sin\alpha_{11}+\frac{E_{q0}U_0}{|Z_{12}|}=\frac{3.243^2}{2.13}\sin 1.74^\circ+\frac{3.243\times 1}{2.257}=1.5868$$

$$K_{sm(P)}=\frac{P_{Gm}-P_{G0}}{P_{G0}}\times 100\%=\frac{1.5868-1.5}{1.5}\times 100\%=5.79\%$$

(2)计算 P_{Lm} 和 $K_{Lm(P)}$。

$$Q_{Gm}=\frac{E_{q0}^2}{Z_{11}}\cos\alpha_{11}-\frac{E_{q0}U_0}{Z_{12}}\cos(\delta-\alpha_{12})$$

当 $\delta-\alpha_{12}=90°$时，有

$$Q_{Gm}=\frac{E_{q0}^2}{Z_{11}}\cos\alpha_{11}=\frac{3.243^2}{2.13}\cos1.74°=4.935$$

$$U_{LDm}=\sqrt{\left(E_{q0}-\frac{Q_{Gm}X_{dT1}}{E_{q0}}\right)^2+\left(\frac{P_{Gm}X_{dT1}}{E_{q0}}\right)^2}$$

$$=\sqrt{\left(3.243-\frac{4.935\times1.7}{3.243}\right)^2+\left(\frac{1.5868\times1.7}{3.243}\right)^2}$$

$$=\sqrt{(0.656)^2+(0.8318)^2}=1.0594$$

$$P_{LDm}=P_{LD0}\left(\frac{U_{LDm}}{U_{LD0}}\right)^2=0.5\times\left(\frac{1.0594}{1.200}\right)^2=0.38583$$

$$P_{Lm}=P_{Gm}-P_{LDm}=1.5868-0.38583=1.20097$$

$$K_{Lm(P)}=\frac{P_{Lm}-P_{LD0}}{P_{LD0}}\times100\%=\frac{1.20097-1}{1}\times100\%=20.097\%$$

(3)按 $E'=E'_0=$常数重做(1)计算。

此时的变化为用 X'_{dT1} 代替 X_{dT1}，即

$$Z_{11}=j0.42+0.434\angle81.42°=0.8515\angle85.64°,\alpha_{11}=4.36°$$

$$Z_{12}=j0.42+j0.46+\frac{0.42\times0.46}{2.787}\angle(180°-16.71°)=0.9023\angle94.22°$$

$$\alpha_{12}=-4.22°$$

$$P_{Gm}=\frac{E'^2_0}{|Z_{11}|}\sin\alpha_{11}+\frac{E'_0U_0}{|Z_{12}|}=\frac{1.603^2}{0.8515}\sin4.36°+\frac{1.603\times1}{0.9023}=2.006$$

$$K_{sm(P)}=\frac{P_{Gm}-P_{G0}}{P_{G0}}\times100\%=\frac{2.006-1.5}{1.5}\times100\%=33.73\%$$

第19章　提高电力系统稳定性的措施

19.1　复习思考题

1. 提高系统稳定性的一般原则是什么？

2. 发电机的哪些参数对稳定性具有重要的影响？要改善这些参数会遇到什么困难？

3. 改善发电机的励磁及其调节系统对提高稳定性有什么意义？

4. 可以采取哪些措施来减少输电系统的电抗？

5. 怎样理解输电线路并联电抗补偿对提高系统稳定性的作用？

6. 输电线路采用串联电容补偿，在选择补偿度时需要考虑哪些问题？

7. 试用等面积定则在 P-δ 平面上分析下列措施对提高暂态稳定的作用：(a) 快速切除故障；(b) 自动重合闸；(c) 原动机快速调节；(d) 切除部分发电机。

8. 采用电气制动时，为什么要正确控制制动时间？过量制动可能带来什么后果？

9. 变压器中性点经小电阻接地对暂态稳定有什么好处？经小电抗接地又怎样？

10. 对于简单的两机系统，试就受端为无限大和非无限大系统两种情况安排变压器中性点经小电阻或小电抗接地。

11. 为什么切除部分负荷也能改善暂态稳定？什么情况下切除负荷？切除哪里的负荷？

12. 可以建立暂态稳定功率极限的概念吗？

13. 输电系统的接线方式对系统的稳定性有什么影响？试从改善系统稳定性的角度分析一下并联接线和分组接线的优缺点。

14. 对所知道的提高系统稳定性的各种措施分析一下，哪些措施对改善静态稳定和暂态稳定都有好处？哪些措施只对提高暂态稳定有利？

15. 系统失去稳定后，还可以采取哪些措施来减少稳定破坏带来的严重后果？

19.2　习题详解

19-1　简单系统如题19-1图所示，已知条件如下，发电机参数：$x'_d = x_2 = 0.2$，$T_J = 10$ s。变压器电抗：$x_{T1} = 0.11$，$x_{T2} = 0.10$。线路电抗：双回 $x_L = 0.42$。系统运行初态：$U_0 = 1.0$，$S_0 = 1.0 + j0.2$。在线路首端点f发生三相短路，故障切除时间为0.1 s，试判断系统的暂态稳定性。

解　(1) 先计算系统参数及各种情况下功率特性的幅值。

$X_{\mathrm{I}} = x'_d + x_{T1} + x_L + x_{T2} = 0.2 + 0.11 + 0.42 + 0.10 = 0.83$

$X_{\mathrm{III}} = X_{\mathrm{I}} + x_L = 0.83 + 0.42 = 1.25$

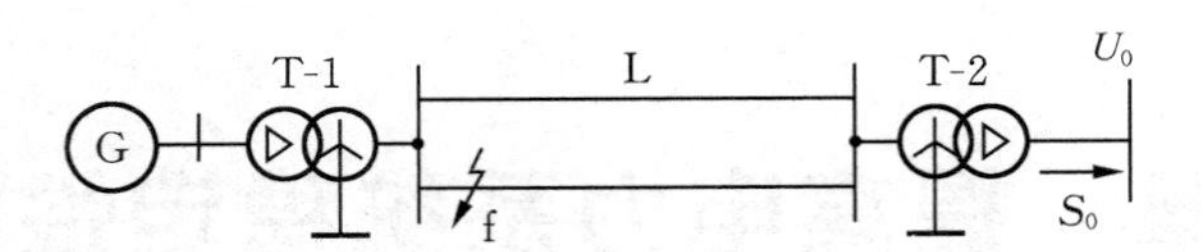

题 19-1 图　简单电力系统

$$E'_0=\sqrt{\left(U_0+\frac{Q_0X_{\mathrm{I}}}{U_0}\right)^2+\left(\frac{P_0X_{\mathrm{I}}}{U_0}\right)^2}=\sqrt{\left(1+\frac{0.2\times0.83}{1}\right)^2+\left(\frac{1\times0.83}{1}\right)^2}$$

$$=\sqrt{(1.166)^2+(0.83)^2}=1.4312$$

$$\delta_0=\arctan\frac{0.83}{1.166}=35.4446^\circ$$

$$P_{m\mathrm{I}}=\frac{E'_0U_0}{X_{\mathrm{I}}}=\frac{1.4312\times1}{0.83}=1.7243$$

$$P_{m\mathrm{III}}=\frac{E'_0U_0}{X_{\mathrm{III}}}=\frac{1.4312\times1}{1.25}=1.14496$$

因为三相短路，故 $X_{\mathrm{II}}=\infty, P_{m\mathrm{II}}=0$。

(2) 暂态稳定性判断。

因为 $P_{m\mathrm{II}}=0$，在短路切除前是等加速运动，已知切除时间为 0.1s，故切除角为

$$\delta_c=\delta_0+\frac{1}{2}\alpha t^2=35.4446^\circ+\frac{1}{2}\times\frac{18000}{10}\times0.1^2=44.4446^\circ$$

$$\delta_{cr}=180^\circ-\arcsin\frac{P_0}{P_{m\mathrm{III}}}=\arcsin\frac{1}{1.14496}=119.14465^\circ$$

(a) 面积比较法。加速面积为

$$A_{(+)}=\int_{\delta_0}^{\delta_c}\Delta P_a\mathrm{d}\delta=\int_{35.4446^\circ}^{44.4446^\circ}1\times\mathrm{d}\delta=\frac{\pi}{180^\circ}(44.4446^\circ-35.4446^\circ)=0.1571$$

可能的减速面积为

$$A_{(-)}=\int_{\delta_c}^{\delta_{cr}}(P_0-P_{m\mathrm{III}}\sin\delta)\mathrm{d}\delta=\int_{44.4446^\circ}^{119.14465^\circ}(1-1.14496\sin\delta)\mathrm{d}\delta$$

$$=\frac{\pi}{180^\circ}(119.14465^\circ-44.4446^\circ)+1.14496\times(\cos119.14465^\circ-\cos44.4446^\circ)$$

$$=-0.0713$$

可见，$A_{(+)}+A_{(-)}>0$ 或 $|A_{(+)}|>|A_{(-)}|$，系统不能保持暂态稳定。

(b) 极值比较法之角度比较，先求极限切除角。

$$\int_{\delta_0}^{\delta_{c\cdot\lim}}P_0\mathrm{d}\delta+\int_{\delta_{c\cdot\lim}}^{\delta_{cr}}(P_0-P_{m\mathrm{III}}\sin\delta)\mathrm{d}\delta=\delta_{cr}-\delta_0+P_{m\mathrm{III}}(\cos\delta_{cr}-\cos\delta_{c\cdot\lim})=0$$

$$\delta_{c\cdot\lim}=\arccos\frac{\frac{\pi}{180}(119.14465^\circ-35.4446^\circ)+1.14496\cos119.14465^\circ}{1.14496}=37.92^\circ$$

从 $\delta_c=44.4446^\circ>\delta_{c\cdot\lim}=37.92^\circ$ 可以看出，系统不能保持暂态稳定。

19-2　系统接线、参数和故障条件同上题，为保证系统暂态稳定，试确定极限切除时间 $t_{c\cdot\lim}$。

解　由题 19-1 的解已知极限切除角为 37.92°，故功角允许的增量为

$$\Delta\delta = \delta_{c\cdot\lim} - \delta_0 = 37.92° - 35.4446° = 2.4754°$$

由于 $\Delta\delta = \frac{1}{2}\alpha t^2$，故

$$t_{c\cdot\lim} = \sqrt{\frac{2\Delta\delta}{\alpha}} = \sqrt{\frac{2\times 2.4754°}{18000/10}}\ \text{s} = 0.05245\ \text{s}$$

19-3 系统接线及参数同题 19-1 所述，在点 f 发生两相短路接地，故障切除时间为 0.1 s，试判断系统的暂态稳定。若不稳定，假定重合闸能够成功，试确定保持暂态稳定的重合闸极限允许时间 $t_{t\cdot\lim}$（即重合闸必须在此之前实现）。线路的零序电抗为正序电抗的 3 倍。

解 由题 19-1 及题 19-2 的解已知

$$P_{m\text{I}} = 1.7243, \quad P_{m\text{III}} = 1.14496$$

现求 $P_{m\text{II}}$

$$X_{2\Sigma} = \frac{(x_2 + x_{T1})(x_L + x_{T2})}{x_2 + x_{T1} + x_L + x_{T2}} = \frac{(0.2+0.11)(0.42+0.1)}{0.2+0.11+0.42+0.1} = 0.1942$$

$$X_{0\Sigma} = \frac{x_{T1}(3x_L + x_{T2})}{x_{T1} + 3x_L + x_{T2}} = \frac{0.11\times(3\times 0.42+0.1)}{0.11+3\times 0.42+0.1} = 0.10177$$

$$X_{\Delta}^{(1,1)} = \frac{X_{0\Sigma}X_{2\Sigma}}{X_{0\Sigma}+X_{2\Sigma}} = \frac{0.10177\times 0.1942}{0.10177+0.1942} = 0.066776$$

$$X_{\text{II}} = X_{\text{I}} + \frac{(x'_d + x_{T1})(x_L + x_{T2})}{X_{\Delta}} = 0.83 + \frac{0.31\times 0.52}{0.066776} = 3.244$$

$$P_{m\text{II}} = \frac{E'_0 U_0}{X_{\text{II}}} = \frac{1.4312\times 1}{3.244} = 0.4412$$

(a) 先计算极限切除角。

$$\delta_{c\cdot\lim} = \arccos\frac{P_0(\delta_{cr}-\delta_0) + P_{m\text{III}}\cos\delta_{cr} - P_{m\text{II}}\cos\delta_0}{P_{m\text{III}} - P_{m\text{II}}}$$

$$= \arccos\frac{1\times\frac{\pi}{180°}(119.14465° - 35.4446°) + 1.14496\cos 119.14465° - 0.4412\cos 35.4446°}{1.14496 - 0.4412}$$

$$= 39.403°$$

(b) 用分段计算法计算切除角。

取 $\Delta t = 0.05\ \text{s}, \quad K = \frac{18000}{T_J}\times\Delta t^2 = \frac{18000}{10}\times 0.05^2 = 4.5°$

计算结果如题 19-3 表(1) 所示。

题 19-3 表(1) 功角随时间的变化

t/s	P_e/p. u.	ΔP_a/p. u.	$\Delta\delta$/(°)	δ/(°)
0.00	0.25586	0.74414	1.674	35.4446
0.05	0.2663	0.7337	4.9761	37.119
0.10	0.5317	0.4683	7.0840	42.0951

从表中可知 $\delta_c = 42.0951° > \delta_{c\cdot\lim} = 39.403°$，故系统不能保持暂态稳定。

(c) 计算重合闸极限合闸角 $\delta_{r\cdot\lim}$。

$$\delta_{cr\text{I}} = 180° - \arcsin\frac{P_0}{P_{m\text{I}}} = 180° - \arcsin\frac{1}{1.7243}$$

$$= 144.5533°\int_{\delta_0}^{\delta_c}(P_0 - P_{m\text{II}}\sin\delta)\mathrm{d}\delta$$

$$+\int_{\delta_c}^{\delta_{r\cdot\lim}}(P_0 - P_{m\text{III}}\sin\delta)\mathrm{d}\delta + \int_{\delta_{c\cdot\lim}}^{\delta_{cr\text{I}}}(P_0 - P_{m\text{I}}\sin\delta)\mathrm{d}\delta = 0$$

$$\delta_{r\cdot\lim} = \arccos\frac{\frac{\pi}{180°}(\delta_{cr\text{I}} - \delta_0) + P_{m\text{II}}\cos\delta_c - P_{m\text{II}}\cos\delta_0 + P_{m\text{I}}\cos\delta_{cr\text{I}} - P_{m\text{I}}\cos\delta_c}{P_{m\text{I}} - P_{m\text{III}}}$$

$$= \arccos\frac{\frac{\pi}{180°}(144.5533° - 35.4446°) + 0.4412\times(\cos42.0951° - \cos35.4446°)}{1.7243 - 1.14496}$$

$$+\frac{1.7243\cos144.5533° - 1.7243\cos42.0951°}{1.7243 - 1.14496} = 131.259°$$

(d) 用分段计算法计算极限重合时间，计算结果如题 19-3 表(2) 所示。

题 19-3 表(2)　转子摇摆曲线的计算结果

t/s	P_e/p.u.	ΔP_a/p.u.	$\Delta\delta$/(°)	δ/(°)
0.00	0.25586	0.74414	1.674	35.4446
0.05	0.2663	0.7337	4.9761	37.1190
0.10	0.5317	0.4683	7.0840	42.0951
0.15	0.8665	0.1335	7.6850	49.1790
0.20	0.9588	0.0412	7.87	56.864
0.25	1.035	−0.035	7.7125	64.734
0.30	1.092	−0.092	7.2985	72.447
0.35	1.127	−0.127	6.727	79.7455
0.40	1.143	−0.143	6.084	86.4725
0.45	1.144	−0.144	5.436	92.557
0.50	1.134	−0.134	4.833	97.993
0.55	1.116	−0.116	4.311	102.826
0.60	1.094	−0.094	3.888	107.137
0.65	1.069	−0.069	3.5775	111.025
0.70	1.041	−0.041	3.393	114.603
0.75	1.011	−0.011	3.3435	117.996
0.80	0.9779	0.0221	3.443	121.34
0.85	0.9404	0.0596	3.7112	124.783
0.90	0.896	0.104	4.1792	128.494
0.95				132.673

已知极限重合闸角为 131.259°，用插值法求得极限重合闸时间为

$$t_{r\cdot\lim} = 0.935\ \text{s}$$

19-4　电力系统如题 19-4 图所示，三台发电机型号相同，参数相同。三台发电机并联后的等值参数为 $x'_d = 0.25$，$T_J = 12$ s。变压器电抗为 $x_{T1} = 0.12$，$x_{T2} = 0.1$。双回线路电抗为 $x_L = 0.38$。系统运行初态为 $U_0 = 1.0$，$S_0 = 1.0 + \mathrm{j}0.2$。在线路首端 f 点发生三相短路，故障

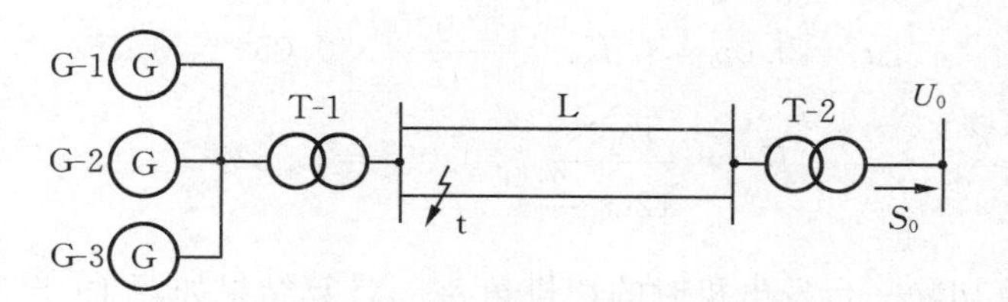

题 19-4 图 系统接线图

切除时间为 0.1 s，试判断系统的暂态稳定性。

解 $X_{\mathrm{I}} = x'_{\mathrm{d}} + x_{\mathrm{T1}} + x_{\mathrm{L}} + x_{\mathrm{T2}} = 0.25 + 0.12 + 0.38 + 0.1 = 0.85$

$$E_0 = \sqrt{\left(U_0 + \frac{Q_0 X_{\mathrm{I}}}{U_0}\right)^2 + \left(\frac{P_0 X_{\mathrm{I}}}{U_0}\right)^2} = \sqrt{\left(1 + \frac{0.2 \times 0.85}{1}\right)^2 + \left(\frac{1 \times 0.85}{1}\right)^2}$$

$$= \sqrt{1.17^2 + 0.85^2} = 1.4462$$

$$\delta_0 = \arctan\frac{0.85}{1.17} = 35.998^\circ$$

$$X_{\mathrm{III}} = X_{\mathrm{I}} + x_{\mathrm{L}} = 0.85 + 0.38 = 1.23$$

$$P_{\mathrm{mIII}} = \frac{E_0 U_0}{X_{\mathrm{III}}} = \frac{1.4462 \times 1}{1.23} = 1.17577$$

$$\delta_{\mathrm{cr}} = 180^\circ - \arcsin\frac{P_0}{P_{\mathrm{mIII}}} = 180^\circ - \arcsin\frac{1}{1.17577} = 121.733^\circ$$

求极限切除角，因为 $P_{\mathrm{mII}} = 0$，故

$$\delta_{\mathrm{c \cdot lim}} = \arccos\frac{\frac{\pi}{180^\circ}(\delta_{\mathrm{cr}} - \delta_0) + P_{\mathrm{mIII}}\cos\delta_{\mathrm{cr}}}{P_{\mathrm{mIII}}}$$

$$= \arccos\frac{\frac{\pi}{180^\circ}(121.733^\circ - 35.998^\circ) + 1.17577\cos121.733^\circ 14496\cos42.0951^\circ}{1.17577}$$

$$= 41.6946^\circ$$

因为是三相短路，因此短路过程是等加速运动，在短路切除时的切除角为

$$\delta_{\mathrm{c}} = \delta_0 + \frac{1}{2}\alpha t_{\mathrm{c}}^2 = 35.998^\circ + \frac{1}{2} \times \frac{18000}{12} \times 0.1^2 = 35.998^\circ + 7.5^\circ = 43.498^\circ$$

因为 $\delta_{\mathrm{c}} = 43.498^\circ > \delta_{\mathrm{c \cdot lim}} = 41.6946^\circ$，故系统不能保持暂态稳定。

19-5 系统及计算条件如题 19-4 所述，但在故障发生后 0.2 s 切除一台发电机，试计算并判断系统的暂态稳定性。

解 由题 19-4 的解已知

$$E_0 = 1.4462, \delta_0 = 35.998^\circ, \quad P_{\mathrm{mIII}} = 1.17577, \delta_{\mathrm{c}} = 43.498^\circ$$

切除一台发电机组后发电机电抗变为

$$X'_{\mathrm{d2}} = x'_{\mathrm{d}} \times \frac{3}{2} = 0.25 \times \frac{3}{2} = 0.375$$

$$X'_{\mathrm{III}} = X_{\mathrm{III}} - x'_{\mathrm{d}} + X'_{\mathrm{d2}} = 1.23 - 0.25 + 0.375 = 1.355$$

$$P'_{\mathrm{mIII}} = \frac{E_0 U_0}{X'_{\mathrm{III}}} = \frac{1.4462 \times 1}{1.355} = 1.0673$$

取 $$\Delta t = 0.05\ \text{s},\quad K_3 = \frac{18000}{12}\times 0.05^2 = 3.75$$

$$K_2 = \frac{18000}{12\times\frac{2}{3}}\times 0.05^2 = 5.625^\circ$$

用分段计算法计算切除一台发电机时的切机角 $\delta_{c\cdot G}$。计算结果如题 19-5 表所示。

题 19-5 表　切机角的计算结果

t/s	P_e/p.u.	ΔP_a/p.u.	$\Delta\delta$/(°)	δ/(°)
0.10	0.405	0.595	9.731	43.498
0.15	0.942	0.058	9.949	53.23
0.20	1.04928	−0.04928	9.7642	63.179

从以上计算可得到切除一台发电机瞬间的角度为

$$\delta_{c\cdot G} = 63.179^\circ$$

计算加速面积和可能减速面积之和。

切除一台发电机后，原动机功率由 P_0 变为

$$P'_0 = P_0\times\frac{2}{3} = 1\times\frac{2}{3} = \frac{2}{3}$$

$$\delta_{cr\cdot 2} = 180^\circ - \arcsin\frac{P'_0}{P_{m'Ⅲ}} = 180^\circ - \arcsin\frac{2/3}{1.0673} = 141.345^\circ$$

$$\int_{\delta_0}^{\delta_c} P_0\,d\delta + \int_{\delta_c}^{\delta_{c\cdot G}}(P_0 - P_{mⅢ}\sin\delta)\,d\delta + \int_{\delta_{c\cdot G}}^{\delta_{cr\cdot 2}}(P'_0 - P'_{mⅢ}\sin\delta)\,d\delta$$

$$= \frac{\pi}{180^\circ}[\delta_{c\cdot G}(1-0.6667) - \delta_0 + 0.6667\delta_{cr\cdot 2}] + P_{mⅢ}(\cos\delta_{c\cdot G} - \cos\delta_c) + P'_{mⅢ}(\cos\delta_{cr\cdot 2} - \cos\delta_{c\cdot G})$$

$$= \frac{\pi}{180^\circ}[63.179^\circ\times(1-0.6667) - 35.998^\circ + 0.6667\times 141.345^\circ] + 1.17577\times(\cos 63.179^\circ - \cos 43.498^\circ) + 1.0673\times(\cos 141.345^\circ - \cos 63.179^\circ) = -0.2535$$

因为加速面积比最大可能减速面积小 0.2535，故系统能保持暂态稳定。

19-6　系统及计算条件如题 19-4 所述，试确定为保持暂态稳定而切除一台发电机组的极限允许时间 $t_{cG\cdot\lim}$（从故障发生算起）。

解　由题 19-4 和题 19-5 的解已知

$$\delta_0 = 35.998^\circ,\quad \delta_{cr2} = 141.345^\circ,\quad \delta_c = 43.498^\circ$$

$$P_{mⅢ} = 1.17577,\quad P'_{mⅢ} = 1.0673$$

用等面积定则计算极限切除一台发电机的角度 $\delta_{cG\cdot\lim}$

$$\int_{\delta_0}^{\delta_c} P_0\,d\delta + \int_{\delta_c}^{\delta_{cG\cdot\lim}}(P_0 - P_{mⅢ}\sin\delta)\,d\delta + \int_{\delta_{cG\cdot\lim}}^{\delta_{cr2}}(P'_0 - P'_{mⅢ}\sin\delta)\,d\delta = 0$$

简化后得

$$(P_{mⅢ} - P'_{mⅢ})\cos\delta_{cG\cdot\lim} + \delta_{cG\cdot\lim}\left(1-\frac{2}{3}\right)\frac{\pi}{180^\circ} + \frac{\pi}{180^\circ}\left(\frac{2}{3}\delta_{cr2} - \delta_0\right) + P'_{mⅢ}\cos\delta_{cr2} - P_{mⅢ}\cos\delta_c = 0$$

$$(1.17577-1.0673)\cos\delta_{cG\cdot\lim}+0.005817764\delta_{cG\cdot\lim}-0.67=0$$

$$f(\delta)=0.10847\cos\delta_{cG\cdot\lim}+0.005517764\delta_{cG\cdot\lim}-0.67=0$$

采用试算法。计算结果如题 19-6 表(1) 所示。

题 19-6 表(1) 迭代计算过程

$\delta/(°)$	$f(\delta)$
126.16	-3.276×10^{-5}
126.164	-1.5609×10^{-5}
126.170	1.0127×10^{-5}
126.174	2.728×10^{-5}
126.180	5.30227×10^{-5}

取切除一台发电机的极限切除角为 $\delta_{cG\cdot\lim}=126.17°$。

用分段计算法求切除一台发电机的极限允许时间 $t_{cG\cdot\lim}$。

由题 19-4 解已知切除故障时间为 0.1 s，$\Delta t=0.05$ s，$K_3=3.75$，$P_{m\mathrm{III}}=1.17577$。

分段计算结果如题 19-6 表(2) 所示。

题 19-6 表(2) 功角变化的计算结果

t/s	ΔP_a/p. u.	$\Delta\delta/(°)$	$\delta/(°)$
0.20	−0.04928	9.7642	63.179
0.25	−0.124	9.30	72.9432
0.30	−0.165	8.6813	82.2432
0.35	−0.1756	8.023	90.9245
0.40	−0.161	7.4193	98.9475
0.45	−0.128	6.9393	106.3668
0.50	−0.07983	6.6399	113.3061
0.55	−0.188	6.5694	119.946
0.60			126.515

由 $\delta_{cG.\lim}=126.17°$ 用插值法得

$$t_{cG\cdot\lim}=\left[(126.17-119.946)\times\frac{0.05}{126.515-119.946}+0.55\right]\text{ s}=0.59737\text{ s}$$

19-7 系统及故障条件同题 19-3 所述，不使用重合闸，但在变压器 T-1 的中性点接入小电阻，试选一电阻值使系统能获得暂态稳定(不要求刚好能保持暂态稳定)。

解 由题 19-1 ～ 题 19-3 的解已知

$$\delta_0=35.4446°,\quad E'_0=1.4312,\quad K=4.5,\quad X_{2\Sigma}=0.10177$$

取 $r_n=0.01$，则

$$Z_{0\Sigma}=\frac{(3r_n+\mathrm{j}x_{T1})\times\mathrm{j}(3x_L+x_{T2})}{(3r_n+\mathrm{j}x_{T1})+\mathrm{j}(3x_L+x_{T2})}$$

$$=\frac{(3\times0.01+\mathrm{j}0.11)\times\mathrm{j}(3\times0.42+0.1)}{(3\times0.01+\mathrm{j}0.11)+\mathrm{j}(3\times0.42+0.1)}=0.03774+\mathrm{j}0.1504$$

$$=0.1551\angle75.914°$$

$$Z_\Delta=\frac{Z_{0\Sigma}\times\mathrm{j}X_{2\Sigma}}{Z_{0\Sigma}+\mathrm{j}X_{2\Sigma}}=\frac{0.1551\angle75.914°\times0.10177\angle90°}{0.03774+\mathrm{j}(0.1504+0.10177)}$$

$$=0.0619\angle 84.426^\circ=0.00601+j0.06161$$

$$Z_{11Ⅱ}=j(x'_d+x_{T1})+\frac{Z_\Delta\times j(x_L+x_{T2})}{Z_\Delta+j(x_L+x_{T2})}$$

$$=j(0.2+0.11)+\frac{0.0619\angle 84.426^\circ+(0.42+0.1)\angle 90^\circ}{0.00601+j(0.06161+0.42+0.1)}$$

$$=0.00481+j0.36513=0.36516\angle 89.247^\circ$$

$$\alpha_{11Ⅱ}=0.775^\circ$$

$$Z_{12Ⅱ}=jX_I+\frac{j(x'_d+x_{T1})\times j(x_L+x_{T1})}{Z_\Delta}=j0.83+\frac{0.31\times 0.52\angle 180^\circ}{0.0619\angle 84.426^\circ}$$

$$=-0.253+j2.5919=2.6042\angle 95.574^\circ$$

$$\alpha_{12Ⅱ}=-5.574^\circ$$

$$P_Ⅱ=\frac{E'^2_0}{|Z_{11Ⅱ}|}\sin\alpha_{11Ⅱ}+\frac{E'_0U_0}{|Z_{12Ⅱ}|}\sin(\delta-\alpha_{12Ⅱ})$$

$$=\frac{1.4312^2}{0.36516}\sin 0.775^\circ+\frac{1.4312\times 1.0}{2.6042}\sin(\delta+5.574^\circ)$$

$$=0.0759+0.5496\sin(\delta+5.574^\circ)=P_{11Ⅱ}+P_{12Ⅱ}\sin(\delta+5.574^\circ)$$

(a) 先用分段计算法求实际切除角 δ_c。

$$\Delta P_a=P_0-P_{11Ⅱ}-P_{12Ⅱ}\sin(\delta+5.574^\circ)=1-0.0759-0.5496\sin(\delta+5.574^\circ)$$

$$=0.9241-0.5496\sin(\delta+5.574^\circ)$$

计算结果如题 19-7 表(1) 所示。

题 19-7 表(1)　功角随时间的变化

t/s	ΔP_a/p. u.	$\Delta\delta$/(°)	δ/(°)
0.00	0.5634	1.2676	35.4446
0.05	0.5543	3.7620	36.7122
0.10			40.4742

实际切除角为 $\delta_c=40.4742^\circ$。

(b) 求极限切除角。

$$\int_{\delta_0}^{\delta_{c\cdot lim}}[P_0-P_{11Ⅱ}-P_{12Ⅱ}\sin(\delta+5.574^\circ)]d\delta+\int_{\delta_{c\cdot lim}}^{\delta_{cr}}(P-P_{mⅢ}\sin\delta)d\delta=$$

$$\frac{\pi}{180^\circ}(P_0-P_{11Ⅱ})(\delta_{c\cdot lim}-\delta_0)+P_{12Ⅱ}[\cos(\delta_{c\cdot lim}+5.574^\circ)]$$

$$+\frac{\pi}{180^\circ}\times P_0\times(\delta_{cr}-\delta_{c\cdot lim})+P_{mⅢ}(\cos\delta_{cr}-\cos\delta_{c\cdot lim})$$

将 $P_0=1.0, P_{11Ⅱ}=0.0759, P_{12Ⅱ}=0.5496, P_{mⅢ}=1.14496, \delta_{cr}=121.733^\circ$ 等代入并简化后得

$$f(\delta)=0.5361+0.5496\cos(\delta_{c\cdot lim}+5.574^\circ)-1.14496\cos\delta_{c\cdot lim}-0.001325\delta_{c\cdot lim}$$

$$f'(\delta)=-0.5496\sin(\delta_{c\cdot lim}+5.574^\circ)+1.14496\sin\delta_{c\cdot lim}-0.001325$$

给定一个初值大于实际切除角 $\delta_c=40.4742^\circ$ 的值进行计算。例如给定初值 $\delta^{(0)}_{c\cdot lim}=41^\circ$。计算结果如题 19-7 表(2) 所示。

题 19-7 表(2)　迭代计算过程

$f(\delta)$	$f'(\delta)$	$\Delta\delta=-\dfrac{f(\delta)}{f'(\delta)}$	δ
-4.533×10^{-3}	0.351	0.0129°	41.0129°
-4.471×10^{-3}	0.351	0.0127°	41.0256°

计算表明,极限切除角 $\delta_{c\cdot\lim}>41.0256°>\delta_c=40.4742°$,故系统能保持暂态稳定。

第 20 章　补充题及解答

20.1　网络数学模型与参数计算

20-1　已知某网络的节点导纳矩阵 $\boldsymbol{Y}$。网络中 i,j 节点间一条长 200 km 的 220 kV 输电线上的某点 p 经阻抗子接地(见题 20-1 图),试修改 $\boldsymbol{Y}$ 阵。

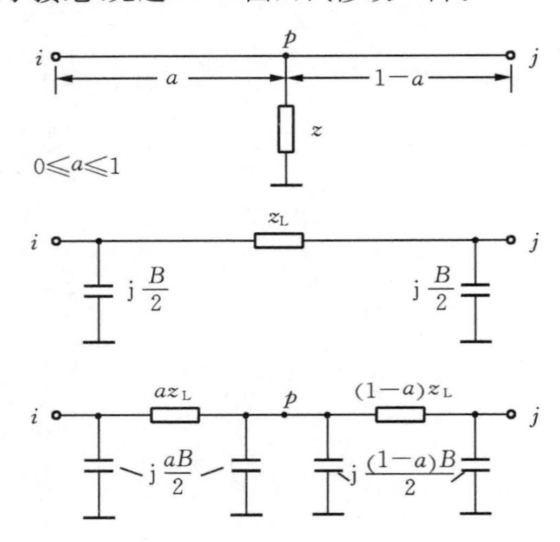

题 20-1 图　输电线路上某点经阻抗接地

解　200 km 长的 220 kV 线路一般应采用 Π 型等值电路,根据线路增设节点 p 后的等值电路(见题 20-1 图),可以对 $\boldsymbol{Y}$ 阵做出修改。

令 $y_{\mathrm{L}}=1/z_{\mathrm{L}}$,原 $\boldsymbol{Y}$ 阵中与节点 i、j 相关的元素的修改增量为

$$\Delta Y_{ii}=-y_{\mathrm{L}}-\mathrm{j}\,\frac{B}{2}+\frac{1}{a}y_{\mathrm{L}}+\mathrm{j}\,\frac{aB}{2}=\left(\frac{1}{a}-1\right)y_{\mathrm{L}}+\mathrm{j}(a-1)\frac{B}{2}$$

$$\Delta Y_{jj}=-y_{\mathrm{L}}-\mathrm{j}\,\frac{B}{2}+\frac{1}{1-a}y_{\mathrm{L}}+\mathrm{j}(1-a)\frac{B}{2}=\frac{a}{1-a}y_{\mathrm{L}}-\mathrm{j}a\,\frac{B}{2}$$

$$\Delta Y_{ij}=\Delta Y_{ji}=y_{\mathrm{L}}$$

其余元素不变。

新增加的第 p 行,p 列元素有

$$Y_{pp}=\frac{1}{a}y_{\mathrm{L}}+\frac{1}{1-a}y_{\mathrm{L}}+\frac{1}{z}+\mathrm{j}\,\frac{B}{2}=\frac{1}{a(1-a)}y_{\mathrm{L}}+\frac{1}{z}+\mathrm{j}\,\frac{B}{2}$$

$$Y_{pi}=Y_{ip}=-\frac{1}{a}y_{\mathrm{L}},\quad Y_{pj}=Y_{jp}=-\frac{1}{1-a}y_{\mathrm{L}}$$

其余元素为零。

20-2　如题 20-2 图所示，已知某网络的零序节点导纳矩阵，网络中 pq 支路和 rs 支路之间存在互感，试就下列情况修改节点导纳矩阵：

(1) pq 支路两端断开；

(2) pq 支路两端断开并挂地线进行检修。

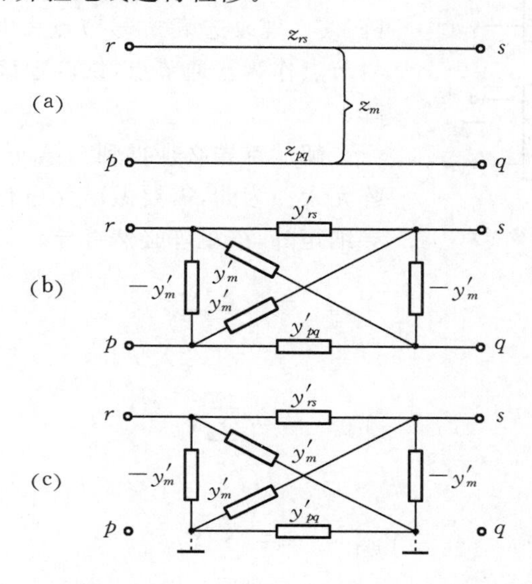

题 20-2 图　互感支路组及其等值 S 电路

解　假定零序节点导纳矩阵中与互感支路组相关的部分是依据消去互感的等值电路(见题 20-2 图(b))形成的。在消去互感的等值电路中

$$y'_{pq}=\frac{z_{rs}}{z_{rs}z_{pq}-z_m^2},\quad y'_{rs}=\frac{z_{pq}}{z_{rs}z_{pq}-z_m^2},\quad y'_m=-\frac{z_m}{z_{rs}z_{pq}-z_m^2}$$

现在就依据这个等值电路对零序导纳矩阵中的相关元素进行修改。

(1) pq 支路从两端断开时，需要修改与节点 r、s、p、q 相关的 16 个元素，这些元素的修改增量如下。

$$\Delta Y_{pr}=\Delta Y_{rp}=\Delta Y_{qs}=\Delta Y_{sq}=-y'_m$$
$$\Delta Y_{rq}=\Delta Y_{qr}=\Delta Y_{ps}=\Delta Y_{sp}=y'_m$$
$$\Delta Y_{pq}=\Delta Y_{qp}=y'_{pq},\quad \Delta Y_{pp}=\Delta Y_{qq}=-y'_{pq}$$

从等值网络及原始电路可知，接于节点 r、s 间的支路导纳将从 y'_{rs} 改变为 $1/z_{rs}$。因此，另外 4 个与节点 r、s 相关元素的修改增量为

$$\Delta Y_{rr}=\Delta Y_{ss}=-y'_{rs}+1/z_{rs}$$
$$\Delta Y_{rs}=\Delta Y_{sr}=y'_{rs}-1/z_{rs}$$

(2) pq 支路两端断开并挂地线检修时，与节点 p、q 相关的 12 个元素的修改增量同情况(1)，即

$$\Delta Y_{pr}=\Delta Y_{rp}=\Delta Y_{qs}=\Delta Y_{sq}=-y'_m$$
$$\Delta Y_{rq}=\Delta Y_{qr}=\Delta Y_{ps}=\Delta Y_{sp}=y'_m$$
$$\Delta Y_{pq}=\Delta Y_{qp}=y'_{pq},\quad \Delta Y_{pp}=\Delta Y_{qq}=-y'_{pq}$$

与节点 r、s 相关的另外 4 个元素不需要修改，即

$$\Delta Y_{rr}=\Delta Y_{ss}=\Delta Y_{rs}=\Delta Y_{sr}=0$$

20-3 如题 20-3 图所示，某网络有 $n+1$ 个节点，已知以第 $n+1$ 号节点为电位参考点的 n 阶节点导纳矩阵 $\boldsymbol{Y}_{\mathrm{N}}$。现改选第 m 号节点为电位参考点，而将第 $n+1$ 号节点作为普通节点，试确定该网络的 n 阶节点导纳矩阵 $\boldsymbol{Y}'_{\mathrm{N}}$。

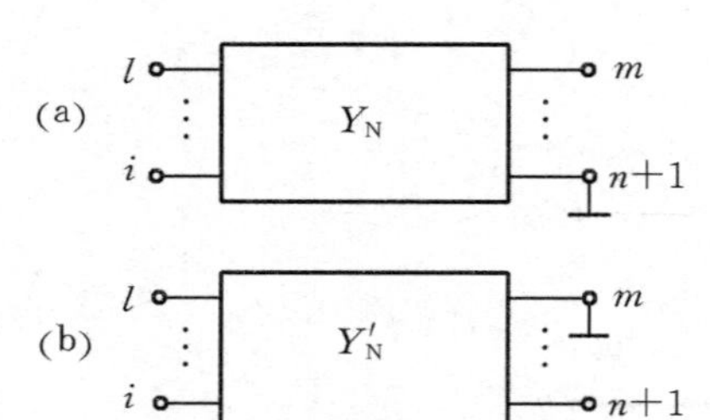

题 20-3 图　更换电位参考点

解　首先必须得到与第 $n+1$ 号节点相关的导纳矩阵元素。为此，需要做出无电位参考点的 $n+1$ 阶节点导纳矩阵，该矩阵必然奇异。其中第 $n+1$ 行元素为

$$Y_{n+1,j}=-\sum_{i=1}^{n}Y_{ij}\qquad(j=1,2,\cdots,n)$$

第 $n+1$ 列元素为

$$Y_{i,n+1}=-\sum_{j=1}^{n}Y_{ij}\qquad(i=1,2,\cdots,n)$$

对角元素为

$$Y_{n+1,n+1}=-\sum_{i=1}^{n}Y_{i,n+1}$$

矩阵的原有元素不变。

改选节点 m 为电位参考点时，只要将上述 $n+1$ 阶矩阵中的第 m 行和第 m 列删去即可。

20-4 已知某网络的节点阻抗矩阵，今在该网络的 pq 支路中增设节点 k（见题 20-4 图），试修改节点阻抗矩阵。原 pq 支路的阻抗为 z_{pq}。

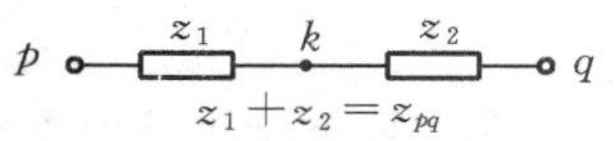

p —z_1— k —z_2— q　　$z_1+z_2=z_{pq}$

题 20-4 图　支路中增设节点

解　增设节点后，阻抗矩阵扩大一阶。阻抗矩阵的原有元素保持不变。新增一行、一列元素可根据节点阻抗矩阵元素的物理意义计算如下。

从任一节点 j（节点 k 除外）单独注入单位电流时，将在节点 p 和 q 分别产生电压 $\dot{U}_p=Z_{pj}$ 和 $\dot{U}_q=Z_{qj}$，支路 pq 将有电流

$$\dot{I}_{pq}=(\dot{U}_p-\dot{U}_q)/z_{pq}=(Z_{pj}-Z_{qj})/z_{pq}$$

于是节点 k 的电压将为

$$\dot{U}_k=\dot{U}_p-z_1\dot{I}_{pq}=\dot{U}_p-(\dot{U}_p-\dot{U}_q)z_1/z_{pq}=(\dot{U}_pz_2+\dot{U}_qz_1)/z_{pq}$$

即

$$Z_{kj}=(Z_{pj}z_2+Z_{qj}z_1)/z_{pq}\tag{1}$$

这个公式可用来计算新增第 k 行的所有非对角线元素。由节点阻抗矩阵的对称性可知

$$Z_{jk}=Z_{kj}$$

从节点 k 单独注入单位电流时，应有

$$\frac{\dot{U}_k-\dot{U}_p}{z_1}+\frac{\dot{U}_k-\dot{U}_q}{z_2}=1$$

即
$$z_{pq}\dot{U}_k = z_1 z_2 + z_2\dot{U}_p + z_1\dot{U}_q$$
于是可得
$$Z_{kk} = (z_1 z_2 + Z_{pk} z_2 + Z_{qk} z_1)/z_{pq} \tag{2}$$

利用前已导出的非对角元素计算式(1)，将下标中的 j 分别代以 p 和 q，便可得到 Z_{pk} 和 Z_{qk} 的表达式，将其代入式(2)的右端，经整理后，便得
$$Z_{kk} = z_1 z_2/z_{pq} + Z_{pp}(z_2/z_{pq})^2 + 2Z_{pq} z_1 z_2/z_{pq}^2 + Z_{qq}(z_1/z_{pq})^2$$
当 pq 支路的阻抗均匀分布时，令 $z_1 = az_{pq}$，$z_2 = (1-a)z_{pq}$，$0 \leqslant a \leqslant 1$，便得
$$Z_{kj} = (1-a)Z_{pj} + aZ_{qj}$$
$$Z_{kk} = a(1-a)z_{pq} + (1-a)^2 Z_{pp} + 2a(1-a)Z_{pq} + a^2 Z_{qq}$$

20-5 已知某网络的节点阻抗矩阵，今在该网络的 pq 支路中增设两个节点 k 和 m（见题 20-5 图），试确定这两个新增节点间的互阻抗 Z_{km}。

解 根据节点阻抗矩阵元素的物理意义，在节点 k 单独注入单位电流时，应有
$$\dot{U}_k = Z_{kk},\quad \dot{U}_m = Z_{mk},\quad \dot{U}_q = Z_{qk}$$

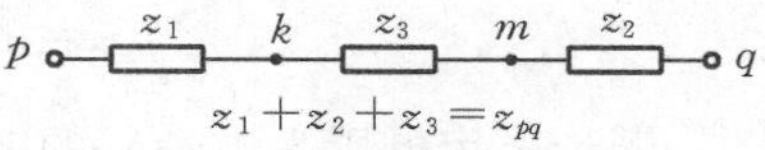

题 20-5 图 支路中增设两个节点

从题 20-5 图可知
$$\dot{U}_m = \dot{U}_k - z_3\frac{\dot{U}_k - \dot{U}_q}{z_2 + z_3} = \dot{U}_k z_2/(z_2+z_3) + \dot{U}_q z_3/(z_2+z_3)$$
所以
$$Z_{mk} = Z_{kk} z_2/(z_2+z_3) + Z_{qk} z_3/(z_2+z_3)$$
将上题导出的式(2)和式(1)用到本题，可得
$$Z_{kk} = z_1(z_2+z_3)/z_{pq} + Z_{pp}(z_2+z_3)^2/z_{pq}^2 + 2Z_{pq} z_1(z_2+z_3)/z_{pq}^2 + Z_{qq}(z_1/z_{pq})^2$$
$$Z_{qk} = Z_{pq}(z_2+z_3)/z_{pq} + Z_{qq} z_1/z_{pq}$$
将以上两式代入 Z_{mk} 的公式，经过整理后便得
$$Z_{mk} = z_1 z_2/z_{pq} + Z_{pp} z_2(z_2+z_3)/z_{pq}^2 + Z_{pq}(2z_1 z_2 + z_3 z_{pq})/z_{pq}^2 + Z_{qq} z_1(z_1+z_3)/z_{pq}^2$$

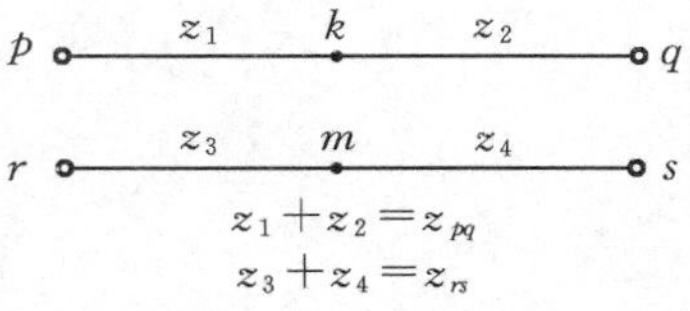

20-6 已知某网络的节点阻抗矩阵，今在该网络的 pq 支路中增设节点 k，在 rs 支路中增设节点 m（见题 20-6 图）。试确定这两个新增节点间的互阻抗 Z_{km}。

题 20-6 图 在两条支路中分别增设节点

解 除节点 k 以外的任何节点单独注入电流时，恒有
$$\dot{U}_k = \dot{U}_p z_2/z_{pq} + \dot{U}_q z_1/z_{pq}$$
今在节点 m 单独注入单位电流，便得
$$Z_{km} = Z_{pm} z_2/z_{pq} + Z_{qm} z_1/z_{pq}$$
同理，或者利用题 20-4 的式(1)，可得
$$Z_{mp} = (Z_{rp} z_4 + Z_{sp} z_3)/z_{rs},\quad Z_{mq} = (Z_{rq} z_4 + Z_{sq} z_3)/Z_{rs}$$
将以上两式代入 Z_{km} 的公式的右端，便得
$$Z_{km} = (Z_{rp} z_4 + Z_{sp} z_3) z_2/z_{rs} z_{pq} + (Z_{rq} z_4 + Z_{sq} z_3) z_1/z_{rs} z_{pq}$$

当支路阻抗均匀分布时，令 $z_1 = az_{pq}$，$z_2 = (1-a)z_{pq}$，$z_3 = bz_{rs}$，$z_4 = (1-b)z_{rs}$，$0 \leqslant a \leqslant 1$，$0 \leqslant b \leqslant 1$，便有

$$\begin{aligned}Z_{km}&=(1-a)(1-b)Z_{rp}+(1-a)bZ_{sp}+(1-b)aZ_{rq}+abZ_{sq}\\&=(1-a)[(1-b)Z_{rp}+bZ_{sp}]+a[(1-b)Z_{rq}+bZ_{sq}]\end{aligned}$$

20-7 线路上原装有一台限流电抗器，其额定参数为：$I_{N1}=150$ A，$U_{N1}=6$ kV，$x=5\%$。因其容量不够，需用额定电流为 $I_{N2}=300$ A 的电抗器来替换，今有额定电压为 $U_{N3}=6$ kV 和 $U_{N4}=10$ kV 的电抗器可供选择，欲使更换后限制短路电流的效果不变，试分别选择其额定标幺电抗。

解 欲保持限流效果不变，必须使替换电抗器的电抗欧姆值与原电抗器的相等。原电抗器的电抗有名值为

$$x_{(\Omega)}=\frac{5}{100}\times\frac{U_{N1}}{\sqrt{3}I_{N1}}=\frac{5}{100}\times\frac{6}{\sqrt{3}\times 0.15}\ \Omega=1.1547\ \Omega$$

若选额定电压为 6 kV 的电抗器，其额定标幺电抗应为

$$x=1.1547\times\frac{\sqrt{3}\times 0.3}{6}\times 100\%=10\%$$

若选额定电压为 10 kV 的电抗器，其额定标幺电抗应为

$$x=1.1547\times\frac{\sqrt{3}\times 0.3}{10}\times 100\%=6\%$$

20-8 某变电站急需一台容量为 80 MV·A，$U_S\%=10$，$k_T=220/38.5$ 的变压器，现有额定电压和变比都符合要求的下列 4 种变压器可供挑选：(a)90 MV·A，$U_S\%=12$；(b)120 MV·A，$U_S\%=15$；(c)100 MV·A，$U_S\%=12.5$；(d)75 MV·A，$U_S\%=9.37$。试选择一种最适用的，并说明理由。

解 所需变压器归算到 220 kV 的电抗有名值为

$$x=\frac{10}{100}\times\frac{220^2}{80}\ \Omega=60.5\ \Omega$$

候选变压器的电抗有名值分别为

(a) $x=\frac{12}{100}\times\frac{220^2}{90}\ \Omega=64.53\ \Omega$

(b) $x=\frac{15}{100}\times\frac{220^2}{120}\ \Omega=60.5\ \Omega$

(c) $x=\frac{12.5}{100}\times\frac{220^2}{100}\ \Omega=60.5\ \Omega$

(d) $x=\frac{9.37}{100}\times\frac{220^2}{75}\ \Omega=60.47\ \Omega$

上述 4 种变压器中，(a)电抗值过大，会产生较大的电压损耗，尽管容量比较适宜，仍不宜采用；(b)电抗值符合要求，容量过大，没有被充分利用，在有更适宜的变压器可选的情况下，亦不宜选用；(c)电抗值符合要求，容量也不超过太多，最适宜选用；(d)虽然电抗值满足要求，但容量不够，不宜选用。

20.2 故障分析和短路计算

20-9 在题 20-9 图所示电力系统中，各元件参数如下。

发电机：$S_N=37.5\ \text{MV}\cdot\text{A}, x''_d=0.15$

变压器：$S_N=40\ \text{MV}\cdot\text{A}, U_S\%=12$

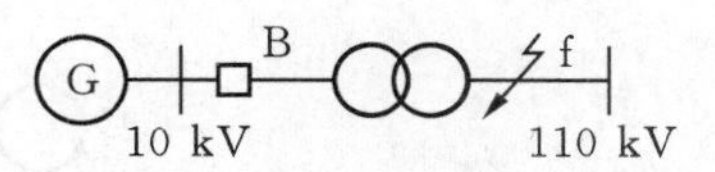

题 20-9 图　简单电力系统

短路前发电机空载，f 点发生三相短路时，试求短路处起始次暂态电流、冲击电流、短路电流最大有效值和短路功率的有名值。若断路器 B 的额定切断容量为 160 MV·A，设计是否正确？

解　取 $S_B=40\ \text{MV}\cdot\text{A}, U_B=U_{av}$，短路处电压级的基准电流为

$$I_B=\frac{40}{\sqrt{3}\times 115}\ \text{kA}=0.2008\ \text{kA}$$

归算后各元件的电抗为

$$X''_d=0.15\times\frac{40}{37.5}=0.16$$

$$X_T=0.12$$

设短路前电势 $E''=1.0$，则

$$I''=\frac{1}{0.16+0.12}I_B=\frac{0.2008}{0.28}\ \text{kA}=0.7171\ \text{kA}$$

取
$$k_{im}=1.9$$

$$i_{im}=k_{im}\sqrt{2}I''=1.9\times\sqrt{2}\times 0.7171\ \text{kA}=1.9268\ \text{kA}$$

$$I_{im}=\sqrt{1+2(k_{im}-1)^2}I''=\sqrt{1+2(1.9-1)^2}\times 0.7171\ \text{kA}=1.1607\ \text{kA}$$

短路功率

$$S_f=\frac{40}{0.16+0.12}\ \text{MV}\cdot\text{A}=142.857\ \text{MV}\cdot\text{A}$$

这个短路功率小于断路器 B 的额定切断容量，表明断路器可以切断变压器高压侧发生的短路。

由于断路器安装在 10 kV 侧，当短路发生在 10 kV 侧，短路点位于断路器与变压器之间时，短路功率为

$$S_f=\frac{1}{X''_d}S_B=\frac{40}{0.16}\ \text{MV}\cdot\text{A}=250\ \text{MV}\cdot\text{A}$$

这里的短路功率远大于断路器的额定切断容量 160 MV·A，所以断路器的设计选择是不正确的。

20-10　在题 20-10 图所示系统中，有 n 根电缆并联，欲使 f 点三相短路之冲击电流不超过 20 kA，试求 n 之最大值。

(1)系统 C 容量为无限大；

(2)110 kV 母线短路时，系统 C 提供的短路容量为 1000 MV·A。

各元件参数如下。

变压器：$S_N=15\ \text{MV}\cdot\text{A}, U_S\%=10.5, k_T=110/6.6$；

电抗器：每台 $U_N=6\ \text{kV}, I_N=0.2\ \text{kA}, x_R=4\%$；

电缆：每根 $x=0.08\ \Omega/\text{km}, l=2.5\ \text{km}$。

解　用有名值进行计算，元件参数都归算到 6 kV 侧。

(1)系统容量为无限大时，有

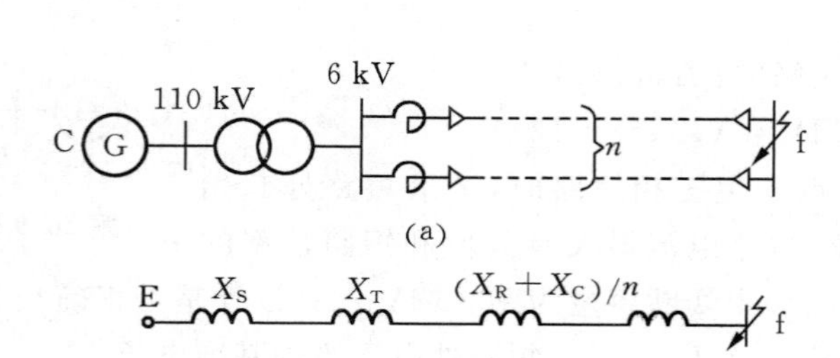

题 20-10 图　简单供电系统

系统等值电抗 $X_S=0$；

变压器电抗

$$X_T=0.105\times\frac{6.6^2}{15}\ \Omega=0.3049\ \Omega$$

电抗器电抗

$$X_R=0.04\times\frac{U_N}{\sqrt{3}I_N}=0.04\times\frac{6}{\sqrt{3}\times0.2}\ \Omega=0.6928\ \Omega$$

电缆电抗

$$X_C=0.08\times2.5\ \Omega=0.2\ \Omega$$

从电源到短路点的转移电抗为

$$\begin{aligned}X_\Sigma&=X_S+X_T+(X_R+X_C)/n=0+0.3049+(0.6928+0.2)/n\\&=(0.3049+0.8928/n)\Omega\end{aligned}$$

取冲击系数 $k_{im}=1.8$，则冲击电流

$$I_{im}=1.8\times\sqrt{2}\times\frac{6.6}{\sqrt{3}X_\Sigma}=\frac{9.7}{X_\Sigma}\ \text{kA}\leqslant20\ \text{kA}$$

由此可得

$$X_\Sigma\geqslant\frac{9.7}{20}\ \Omega=0.485\ \Omega$$

即

$$0.3049+0.8928/n\geqslant0.485$$

$$n\leqslant\frac{0.8928}{0.485-0.3049}=4.957$$

取 $n=4$。

(2)系统容量为有限大时，根据系统对 110 kV 母线提供的短路容量，有

$$X_S=\frac{6.6^2}{1000}\ \Omega=0.04356\ \Omega$$

此时

$$\begin{aligned}X_\Sigma&=0.04356+0.3049+0.8928/n\\&=(0.34846+0.8928/n)\ \Omega\end{aligned}$$

$$n\leqslant\frac{0.8928}{0.485-0.34846}=6.539$$

取 $n=6$。

20-11 故障形式如题20-11 图(a)所示。同一点发生 a 相接地短路和 b、c 两相短路，试导出对称分量形式的边界条件，并作出复合序网。

解 根据题给故障形式，故障的边界条件为

$$\dot{U}_a=0,\quad \dot{U}_b-\dot{U}_c=0$$

$$\dot{I}_b+\dot{I}_c=0$$

用对称分量表示便得

$$\dot{U}_{a(0)}+\dot{U}_{a(1)}+\dot{U}_{a(2)}=0$$

$$\dot{U}_{a(0)}+a^2\dot{U}_{a(1)}+a\dot{U}_{a(2)}$$
$$-(\dot{U}_{a(0)}+a\dot{U}_{a(1)}+a^2\dot{U}_{a(2)})=0$$

即 $$\dot{U}_{a(1)}=\dot{U}_{a(2)}$$

$$\dot{I}_{a(0)}+a^2\dot{I}_{a(1)}+a\dot{I}_{a(2)}+\dot{I}_{a(0)}+a\dot{I}_{a(1)}+a^2\dot{I}_{a(2)}=0$$

即 $$2\dot{I}_{a(0)}=-(a^2+a)(\dot{I}_{a(1)}+\dot{I}_{a(2)})=\dot{I}_{a(1)}+\dot{I}_{a(2)}$$

与上述条件相适应的复合序网如题 20-11 图(b)所示。

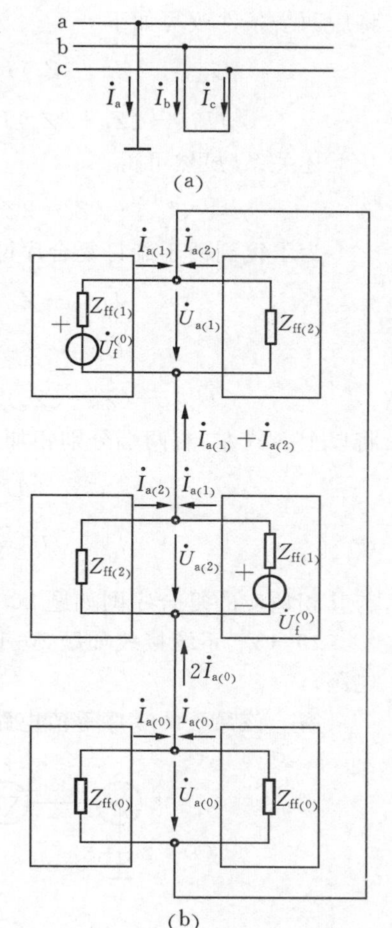

题 20-11 图 不对称故障形式及其复合序网

20-12 不对称状态如题 20-12 图(a)所示。试导出对称分量形式的边界条件并作出复合序网。

解 题给不对称状态的边界条件为

$$\dot{U}_a=Z_a\dot{I}_a+Z_g(\dot{I}_a+\dot{I}_b+\dot{I}_c),$$
$$\dot{U}_b=Z_b\dot{I}_b+Z_g(\dot{I}_a+\dot{I}_b+\dot{I}_c)$$
$$\dot{U}_c=Z_b\dot{I}_c+Z_g(\dot{I}_a+\dot{I}_b+\dot{I}_c)$$

用对称分量表示便得

$$\dot{U}_{a(0)}+\dot{U}_{a(1)}+\dot{U}_{a(2)}$$
$$=Z_a(\dot{I}_{a(0)}+\dot{I}_{a(1)}+\dot{I}_{a(2)})+3Z_g\dot{I}_{a(0)} \tag{1}$$

$$\dot{U}_{a(0)}+a^2\dot{U}_{a(1)}+a\dot{U}_{a(2)}=Z_b(\dot{I}_{a(0)}+a^2\dot{I}_{a(1)}+a\dot{I}_{a(2)})+3Z_g\dot{I}_{a(0)} \tag{2}$$

$$\dot{U}_{a(0)}+a\dot{U}_{a(1)}+a^2\dot{U}_{a(2)}=Z_b(\dot{I}_{a(0)}+a\dot{I}_{a(1)}+a^2\dot{I}_{a(2)})+3Z_g\dot{I}_{a(0)} \tag{3}$$

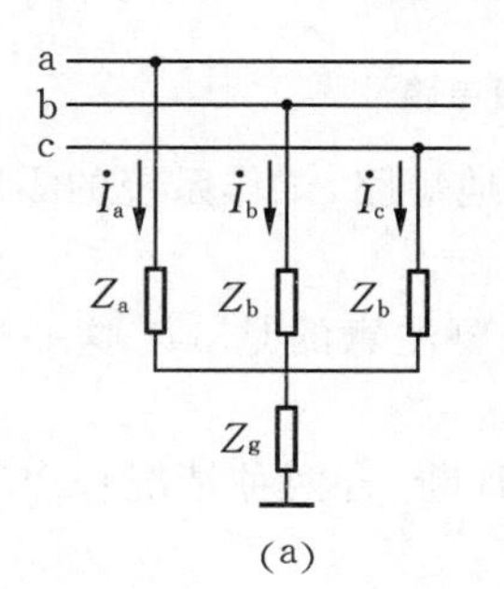

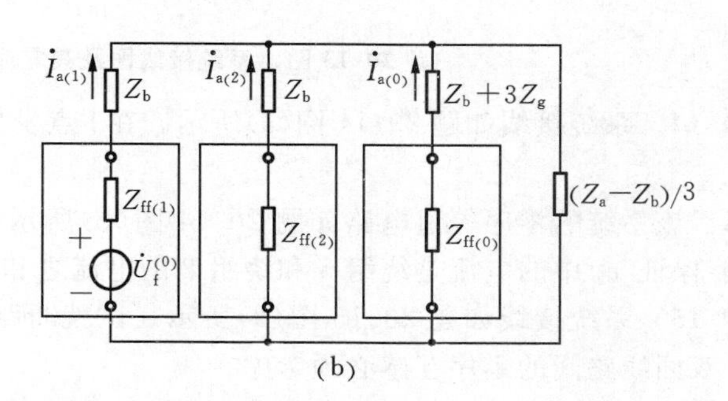

题 20-12 图 不对称状态及其复合序网

将后两个条件改写如下

$$\dot{U}_{a(0)}-(Z_b+3Z_g)\dot{I}_{a(0)}+a^2(\dot{U}_{a(1)}-Z_b\dot{I}_{a(1)})+a(\dot{U}_{a(2)}-Z_b\dot{I}_{a(2)})=0$$

$$\dot{U}_{a(0)}-(Z_b+3Z_g)\dot{I}_{a(0)}+a(\dot{U}_{a(1)}-Z_b\dot{I}_{a(1)})+a^2(\dot{U}_{a(2)}-Z_b\dot{I}_{a(2)})=0$$

从上述关系，显然可得

$$\dot{U}_{a(0)}-(Z_b+3Z_g)\dot{I}_{a(0)}=\dot{U}_{a(1)}-Z_b\dot{I}_{a(1)}=\dot{U}_{a(2)}-Z_b\dot{I}_{a(2)}=\dot{U}'$$

为了得到便于制订复合序网的边界条件，再做适当处理。

$$\dot{U}_{a(1)}-Z_b\dot{I}_{a(1)}=(\dot{U}_{a(1)}-Z_a\dot{I}_{a(1)})+(Z_a-Z_b)\dot{I}_{a(1)}$$

$$\dot{U}_{a(2)}-Z_b\dot{I}_{a(2)}=(\dot{U}_{a(2)}-Z_a\dot{I}_{a(2)})+(Z_a-Z_b)\dot{I}_{a(2)}$$

$$\dot{U}_{a(0)}-(Z_b+3Z_g)\dot{I}_{a(0)}=[\dot{U}_{a(0)}-(Z_a+3Z_g)\dot{I}_{a(0)}]+(Z_a-Z_b)\dot{I}_{a(0)}$$

将以上 3 式左、右两端分别相加，计及式(1)便得

$$3\dot{U}'=(Z_a-Z_b)(\dot{I}_{a(0)}+\dot{I}_{a(1)}+\dot{I}_{a(2)})$$

或

$$\dot{U}'=\frac{1}{3}(Z_a-Z_b)(\dot{I}_{a(0)}+\dot{I}_{a(1)}+\dot{I}_{a(2)})$$

与其相适应的复合序网如题 20-12 图(b)所示。

20-13 系统接线如题 20-13 图(a)所示。在 f 点发生接地短路时，试作系统的零序等值电路。

解 该系统的零序等值电路示于题 20-13 图(b)。

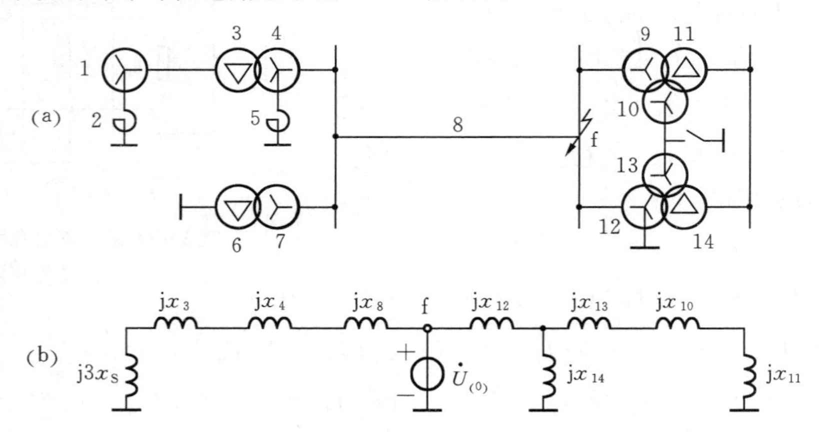

题 20-13 图　系统接线图及其零序等值电路

20-14 系统接线如题 20-14 图(a)所示。在 f 点发生接地短路，试作系统的零序等值电路。

解 该系统的零序等值电路如题 20-14 图(b)所示。需要注意的是 $3x_9$ 这一支路的处理，要能保证 x_9 中的电流是绕组 5 和绕组 8 的电流之和。

20-15 系统接线如题 20-15 图(a)所示。试就断路器 B 断、合两种情况作出零序等值电路。双回线路间的零序互感必须考虑。

解 该系统的零序等值电路如题 20-15 图(b)所示。其中 B 的断、合与原系统接线图中断路器 B 的断、合是相对应的。

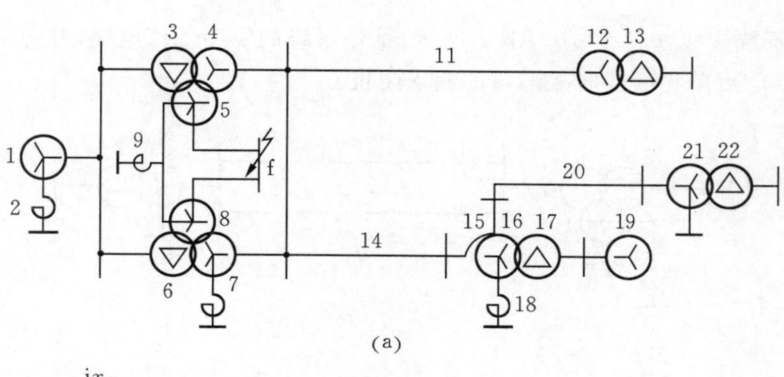

(a)

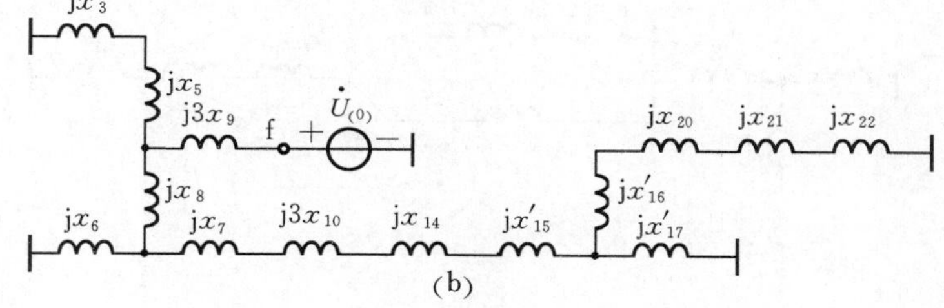

(b)

题 20-14 图　系统接线图及其零序等值电路

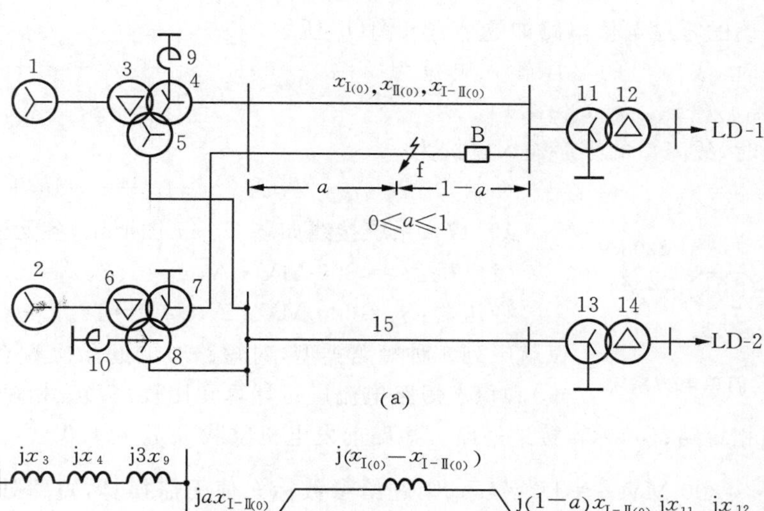

(a)

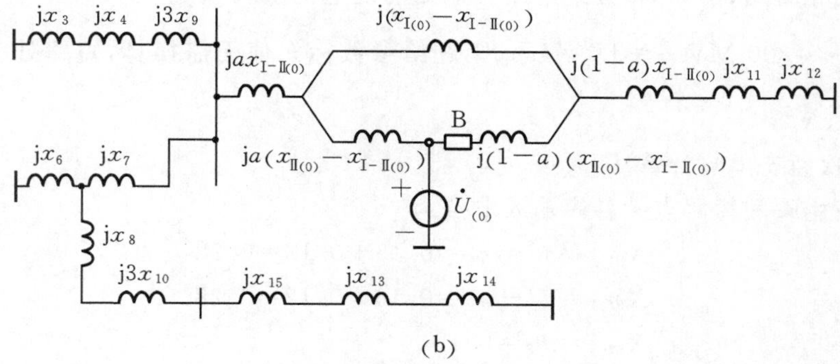

(b)

题 20-15 图　系统接线图及其零序等值电路

20-16　系统接线如题 20-16 图(a)所示，试作系统的零序等值电路，并分别写出 f_1 点单相接地短路和 f_2 点单相断线时故障口的输入阻抗。

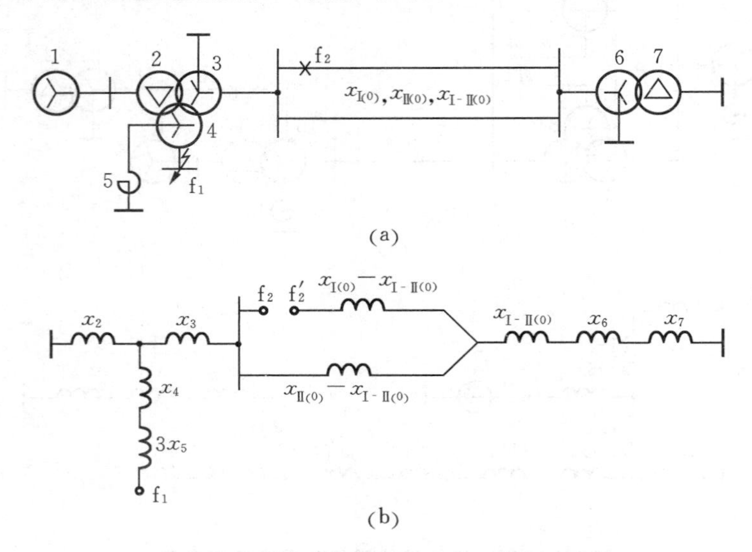

题 20-16 图　系统接线图及其零序等值电路

解　该系统的零序等值电路如题 20-16 图(b)所示。

f_1 点短路时，故障口的零序输入电抗为 $X_{FF(0)}=3x_5+x_4+[x_3+x_6+x_7+x_{Ⅰ-Ⅱ(0)}+(x_{Ⅰ(0)}-x_{Ⅰ-Ⅱ(0)})//(x_{Ⅱ(0)}-x_{Ⅰ-Ⅱ(0)})]//x_2$

f_2 点断线时，故障口的零序输入电抗为

$$X_{FF(0)}=x_{Ⅰ(0)}-x_{Ⅰ-Ⅱ(0)}+(x_{Ⅱ(0)}-x_{Ⅰ-Ⅱ(0)})//(x_{Ⅰ-Ⅱ(0)}+x_6+x_7+x_2+x_3)$$

20-17　系统接线如题 20-17 图所示，各元件参数如下。

发电机：$S_N=300$ MV·A，$x_d=1.8$，$x_d''=x_2=0.16$；

变压器：$S_N=300$ MV·A，$U_S\%=12$。

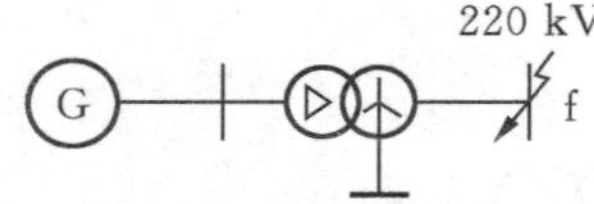

题 20-17 图　简单电力系统

试就下列 4 种短路类型，对短路时的起始次暂态电流（基频分量）和稳态短路电流进行计算和比较：(1)三相短路；(2)两相短路接地；(3)两相短路；(4)单相接地短路。短路前发电机空载，$E_{q[0]}=1.0$。

解　选 $S_B=300$ MV·A，$U_B=U_{av}$，则题给参数标幺值无需换算，短路处 $I_B=\frac{300}{\sqrt{3}\times230}$ kA$=0.7531$ kA。

(1)起始次暂态电流计算。

在短路发生瞬间短路点的各序输入电抗为

$$X_{ff(1)}=x_d''+x_T=0.16+0.12=0.28$$

$$X_{ff(2)}=x_2+x_T=0.16+0.12=0.28$$

$$X_{ff(0)}=x_T=0.12$$

三相短路时

$$I_f^{(3)}=\frac{E_{q[0]}}{X_{ff(1)}}I_B=\frac{1.0}{0.28}\times 0.7531\ \text{kA}=2.6896\ \text{kA}$$

两相短路接地时

$$X_{\Delta}^{(1,1)}=X_{ff(2)}/\!/X_{ff(0)}=\frac{0.28\times 0.12}{0.28+0.12}=0.084$$

$$m^{(1,1)}=\sqrt{3}\times\sqrt{1-\frac{X_{ff(2)}X_{ff(0)}}{(X_{ff(2)}+X_{ff(0)})^2}}=\sqrt{3}\times\sqrt{1-\frac{0.28\times 0.12}{(0.28+0.12)^2}}=1.53948$$

$$I_f^{(1,1)}=m^{(1,1)}\frac{E_{q[0]}}{X_{ff(1)}+X_{\Delta}^{(1,1)}}I_B$$

$$=1.53948\times\frac{1.0}{0.28+0.084}\times 0.7531\ \text{kA}=3.1851\ \text{kA}$$

两相短路时

$$I_f^{(2)}=\frac{\sqrt{3}E_{q[0]}}{X_{ff(1)}+X_{ff(2)}}I_B=\frac{1.732\times 1}{0.28+0.28}\times 0.7531\ \text{kA}=2.3292\ \text{kA}$$

单相接地短路时

$$I_f^{(1)}=\frac{3E_{q[0]}}{X_{ff(1)}+X_{ff(2)}+X_{ff(0)}}I_B=\frac{3\times 1}{0.28+0.28+0.12}\times 0.7531\ \text{kA}=3.3225\ \text{kA}$$

(2)稳态短路电流计算。

短路到达稳态后短路点的各序输入电抗为

$$X_{ff(1)}=x_d+x_T=1.8+0.12=1.92$$

$$X_{ff(2)}=x_2+x_T=0.16+0.12=0.28$$

$$X_{ff(0)}=x_T=0.12$$

$$E_{q\infty}=E_{q[0]}=1.0$$

三相短路时

$$I_f^{(3)}=\frac{E_{q\infty}}{X_{ff(1)}}I_B=\frac{1}{1.92}\times 0.7531\ \text{kA}=0.3922\ \text{kA}$$

两相短路接地时

$$X_{\Delta}^{(1,1)}=X_{ff(2)}/\!/X_{ff(0)}=0.28/\!/0.12=0.084$$

$$m^{(1,1)}=1.53948$$

$$I_f^{(1,1)}=\frac{1.53948\times 1}{1.92+0.084}\times 0.7531\ \text{kA}=0.5785\ \text{kA}$$

两相短路时

$$I_f^{(2)}=\frac{\sqrt{3}\times 1}{1.92+0.28}\times 0.7531\ \text{kA}=0.5929\ \text{kA}$$

单相接地短路时

$$I_f^{(1)}=\frac{3\times 1}{1.92+0.28+0.12}\times 0.7531\ \text{kA}=0.9738\ \text{kA}$$

从计算结果可知,在短路发生瞬间,有

$$I_f^{(1)}>I_f^{(1,1)}>I_f^{(3)}>I_f^{(2)}$$

短路到达稳态后

$$I_f^{(1)} > I_f^{(2)} > I_f^{(1,1)} > I_f^{(3)}$$

影响各种不同类型短路电流大小的关键是短路点各序输入电抗之间的比值。为了便于分析，以三相短路电流作为基准，并记 $k_{(2)} = X_{ff(2)}/X_{ff(1)}$ 和 $k_{(0)} = X_{ff(0)}/X_{ff(1)}$。这样，就可将各种短路电流表示为

$$I_f^{(3)} = \frac{E}{X_{ff(1)}}$$

$$I_f^{(1,1)} = K^{(1,1)} I_f^{(3)}$$

$$K^{(1,1)} = m^{(1,1)}/C^{(1,1)}$$

$$m^{(1,1)} = \sqrt{3} \times \sqrt{1 - \frac{k_{(2)}k_{(0)}}{(k_{(2)} + k_{(0)})^2}}$$

$$C^{(1,1)} = 1 + \frac{k_{(2)}k_{(0)}}{k_{(2)} + k_{(0)}}$$

$$I_f^{(2)} = K^{(2)} I_f^{(3)}$$

$$K^{(2)} = \sqrt{3}/C^{(2)}$$

$$C^{(2)} = 1 + k_{(2)}$$

$$I_f^{(1)} = K^{(1)} I_f^{(3)}$$

$$K^{(1)} = 3/C^{(1)}$$

$$C^{(1)} = 1 + k_{(2)} + k_{(0)}$$

(1)起始次暂态电流的分析。

不计负荷时，在短路发生瞬间一般可以认为 $X_{ff(1)} \approx X_{ff(2)}$，即 $k_{(2)} = 1$。以下将以此为条件对各种短路时短路电流大小的相对关系做进一步的分析。

(a)两相短路。

因为 $k_{(2)} = 1$，便有 $K^{(2)} = \sqrt{3}/2$，是一个常数，这说明两相短路电流恒小于三相短路电流。

(b)两相短路接地。

$m^{(1,1)}$ 的变化范围是比较小的。当 $k_{(0)} = 1$ 时，有最小值 $m^{(1,1)} = 1.5$；当 $k_{(0)} = 0$ 或 $k_{(0)} = \infty$ 时，有最大值 $m^{(1,1)} = \sqrt{3}$。$C^{(1,1)}$ 的变化范围也有限，当 $k_{(0)}$ 从 0 到 ∞ 变化时，$C^{(1,1)}$ 则从 1 变到 2。题 20-17 表(1)列出了相关参数值随 $k_{(0)}$ 变化而变化的情况。

题 20-17 表(1)　$m^{(1,1)}$，$C^{(1,1)}$ 和 $K^{(1,1)}$ 随 $k_{(0)}$ 变化而变化的情况

$k_{(0)} = X_{ff(0)}/X_{ff(1)}$	$m^{(1,1)}$	$C^{(1,1)}$	$K^{(1,1)}$
0～1	$\sqrt{3}$～1.5	1～1.5	$\sqrt{3}$～1
1～∞	1.5～$\sqrt{3}$	1.5～2	1～$\sqrt{3}/2$

从表中数据可见，$K^{(1,1)}$ 的最大值为 $\sqrt{3}$，最小值为 $\sqrt{3}/2$，说明两相短路接地电流恒大于两相短路电流。两相短路接地电流是否大于三相短路电流，取决于 $k_{(0)}$ 的数值，当 $k_{(0)} < 1$ 时，$K^{(1,1)} > 1$；$k_{(0)} > 1$ 时，$K^{(1,1)} < 1$。

(c)单相接地短路。

题 20-17 表(2)中列出了 $C^{(1)}$ 和 $K^{(1)}$ 随 $k_{(0)}$ 变化而变化的情况。

题 20-17 表(2) $C^{(1)}$ 和 $K^{(1)}$ 随 $k_{(0)}$ 变化而变化的情况

$k_{(0)}=X_{ff(0)}/X_{ff(1)}$	$C^{(1)}$	$K^{(1)}$
0～1	2～3	1.5～1
1～∞	3～∞	1～0

与三相短路相比，当 $k_{(0)}<1$ 时，$K^{(1)}>1$；当 $k_{(0)}>1$ 时，$K^{(1)}<1$。

与两相短路相比，当 $k_{(0)}<2(\sqrt{3}-1)$时，$K^{(1)}<K^{(2)}$；当 $k_{(0)}>2(\sqrt{3}-1)$时，$K^{(1)}>K^{(2)}$。

与两相短路接地的比较则略为复杂一些。计算表明，曲线$K^{(1)}(k_{(0)})$与 $K^{(1,1)}(k_{(0)})$存在两个交点。第一个交点，$k_{(0)}=0.2267$，$K^{(1)}=K^{(1,1)}=1.34728$；第二个交点，$k_{(0)}=1$，$K^{(1)}=K^{(1,1)}=1$。当 $k_{(0)}>1$ 和 $k_{(0)}<0.2267$ 时，$K^{(1)}<K^{(1,1)}$；当$0.2267<k_{(0)}<1$ 时，$K^{(1)}>K^{(1,1)}$。

(2)稳态短路电流的分析。

短路到达稳态后，发电机电抗应采用同步电抗，其值远大于负序电抗。各种短路时，短路电流的相对大小与短路点的远近有关。短路发生在近处时，发电机电抗起了主要的限制作用，三相短路电流最小，单相短路电流最大，两相短路接地和两相短路电流则介乎其间。短路发生在远处时，零序电抗的限流作用会有所增强，其影响程度要根据具体情况经计算后才可确定。本题的情况是，短路发生在近处，短路点零序输入电抗远小于正序输入电抗，故单相短路电流比三相短路电流大许多。

20-18 在题 20-18 图所示电力系统中，变压器参数为 $S_N=60\ \text{MV}\cdot\text{A}$，$U_S\%=10$。已知在 f_1 点发生单相短路时，10 kV 侧的电流等于在 f_2 点三相短路电流的一半。试求系统等值电抗的有名值。假定系统的负序电抗与正序电抗相等。

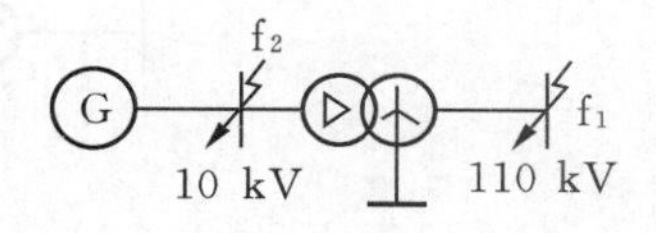

题 20-18 图 简单电力系统

解 设系统电抗为 x_S，变压器电抗为 x_T，电源电势为 jE。在 f_1 点发生单相短路时，短路点各序输入电抗为

$$X_{ff(1)}=X_{ff(2)}=x_S+x_T,\quad X_{ff(0)}=x_T$$

故短路处的各序电流为

$$\dot{I}_{f(1)}=\dot{I}_{f(2)}=\dot{I}_{f(0)}=\frac{jE}{j(3x_T+2x_S)}=\frac{E}{3x_T+2x_S}$$

在 10 kV 侧的各相电流为

$$\dot{I}_a=\dot{I}_{f(1)}e^{j30^\circ}+\dot{I}_{f(2)}e^{-j30^\circ}=\frac{\sqrt{3}E}{3x_T+2x_S}$$

$$\dot{I}_b=0$$

$$\dot{I}_c=\dot{I}_{f(1)}e^{j150^\circ}+\dot{I}_{f(2)}e^{j210^\circ}=-\dot{I}_a$$

在 f_2 点发生三相短路时，短路电流$\dot{I}_f=\frac{jE}{jx_S}=\frac{E}{x_S}$。

令 $I_a=\frac{1}{2}I_f$，便得

$$\frac{\sqrt{3}E}{3x_T+2x_S}=\frac{E}{2x_S}$$

由此可解出

$$x_S=\frac{3x_T}{2\times(\sqrt{3}-1)}$$

变压器电抗的有名值为

$$x_T=0.1\times\frac{10.5^2}{60}\ \Omega=0.18375\ \Omega$$

故
$$x_S=\frac{3\times 0.18375}{2\times(\sqrt{3}-1)}\ \Omega=0.3765\ \Omega$$

20-19 在题20-19图所示系统中，各元件归算到统一基准值的标幺参数存在下列关系，$\dot{E}_{G1}=E''_{G2}$，$X''_{d(G1)}=X''_{d(G2)}$，$X_{2(G1)}=X_{2(G2)}$，$X_{T1}=X_{T2}=2X_{T3}$。所有变压器均为Y，d11接法。在线路中点发生单相接地短路时，已求得短路电流的标幺值为3.6。试求：

(1)变压器T-1，T-2及T-3高、低压侧各相电流的标幺值；

(2)如果变压器T-1低压侧开关B断开运行，上述短路时系统零序网络及入地电流是否有变化？为什么？

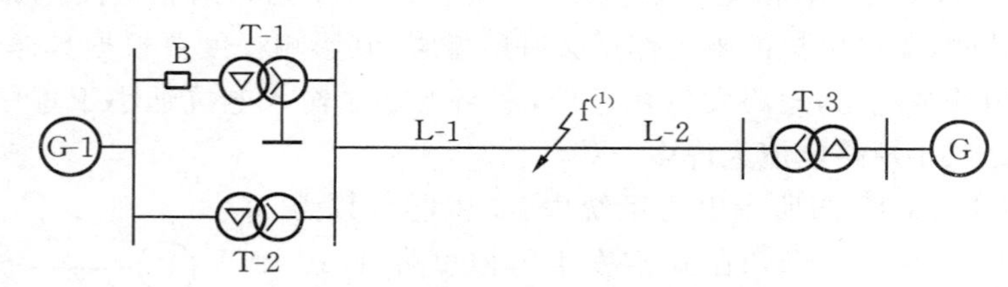

题 20-19 图　系统接线图

解　从本题的系统接线、各元件参数及短路点位置可知，系统的正序(负序)等值电路都对于短路点两侧对称，因此，短路电流的正(负)序分量将在两侧平均分流。由于变压器T-2和T-3中性点不接地，短路电流的零序分量将全部通过变压器T-1的接地中性点，经左侧线路返回短路点。

由短路边界条件可知，短路处各序电流的标幺值为

$$\dot{I}_{f(1)}=\dot{I}_{f(2)}=\dot{I}_{f(0)}=3.6/3=1.2$$

短路点左侧线路的各序电流为

$$\dot{I}_{L1(1)}=\dot{I}_{L1(2)}=\dot{I}_{f(1)}/2=0.6,\quad \dot{I}_{L1(0)}=\dot{I}_{f(0)}=1.2$$

变压器T-1高压侧，即Y侧各相电流为

$$\dot{I}^{Y}_{T1a}=\frac{1}{2}\dot{I}_{L1(1)}+\frac{1}{2}\dot{I}_{L1(2)}+\dot{I}_{L1(0)}=0.3+0.3+1.2=1.8$$

$$\dot{I}^{Y}_{T1b}=\frac{1}{2}a^2\dot{I}_{L1(1)}+\frac{1}{2}a\dot{I}_{L1(2)}+\dot{I}_{L1(0)}=0.3a^2+0.3a+1.2=0.9$$

$$\dot{I}^{Y}_{T1c}=\frac{1}{2}a\dot{I}_{L1(1)}+\frac{1}{2}a^2\dot{I}_{L1(2)}+\dot{I}_{L1(0)}=0.3a+0.3a^2+1.2=0.9$$

变压器T-1低压侧，即d侧各相电流为

$$\dot{I}^{d}_{T1a}=\frac{1}{2}\dot{I}_{L1(1)}e^{j30^\circ}+\frac{1}{2}\dot{I}_{L1(2)}e^{-j30^\circ}=0.3e^{j30^\circ}+0.3e^{-j30^\circ}=0.5196$$

$$\dot{I}_{T1b}^{d}=\frac{1}{2}\dot{I}_{L1(1)}e^{j270^\circ}+\frac{1}{2}\dot{I}_{L1(2)}e^{j90^\circ}=0.3e^{j270^\circ}+0.3e^{j90^\circ}=0$$

$$\dot{I}_{T1c}^{d}=\frac{1}{2}\dot{I}_{L1(1)}e^{j150^\circ}+\frac{1}{2}\dot{I}_{L1(2)}e^{j210^\circ}=0.3e^{j150^\circ}+0.3e^{j210^\circ}=-0.5196$$

变压器 T-2 高压侧(Y 侧)各相电流为

$$\dot{I}_{T2a}^{Y}=\frac{1}{2}\dot{I}_{L1(1)}+\frac{1}{2}\dot{I}_{L1(2)}=0.3+0.3=0.6$$

$$\dot{I}_{T2b}^{Y}=\frac{1}{2}a^2\dot{I}_{L1(1)}+\frac{1}{2}a\dot{I}_{L1(2)}=0.3a^2+0.3a=-0.3$$

$$\dot{I}_{T2c}^{Y}=\frac{1}{2}a\dot{I}_{L1(1)}+\frac{1}{2}a^2\dot{I}_{L1(2)}=0.3a+0.3a^2=-0.3$$

变压器 T-2 低压侧各相电流与变压器 T-1 低压侧的各相电流相同。

短路点右侧线路的各序电流为

$$\dot{I}_{L2(1)}=\dot{I}_{L2(2)}=0.6,\quad \dot{I}_{L2(0)}=0$$

变压器 T-3 的各相电流应为变压器 T-2 各相电流的两倍,即

高压侧: $\dot{I}_{T3a}^{Y}=1.2,\quad \dot{I}_{T3b}^{Y}=-0.6,\quad \dot{I}_{T3c}^{Y}=-0.6$

低压侧: $\dot{I}_{T3a}^{d}=1.0392,\quad \dot{I}_{T3b}^{d}=0,\quad \dot{I}_{T3c}^{d}=-1.0392$

开关 B 断开后,零序等值阻抗不变,但正(负)序阻抗略有增大,短路电流会有所减小,相应地变压器 T-1 的入地电流也会有所减小。

20-20 在题 20-20 图(a)所示电力系统中,各元件参数如下。

发电机:$S_N=50$ MV·A,$x_d''=0.25$,$x_2=0.3$;

变压器:T-1 $S_N=60$ MV·A,$U_S\%=10.5$,Y,d 11接法;

T-2:$S_N=60$ MV·A,$U_S\%=10.5$,Y,d 11接法;

接地电抗:$x_n=10\ \Omega$;

f 点发生两相短路接地。

(1)试求变压器 T-2 高压侧各相电流及低压侧各相电压的有名值;

(2)作出变压器 T-2 的三线圈,标明高、低压绕组电流的大小及实际方向。

解 (1)变压器 T-2 的电流和电压计算。

先做标幺参数计算,选 $S_B=60$ MV·A, $U_B=U_{av}$

$$X_d''=0.25\times\frac{60}{50}=0.3,\quad X_2=0.3\times\frac{60}{50}=0.36$$

$$x_{T1}=x_{T2}=0.105,\quad X_n=10\times\frac{60}{115^2}=0.045$$

短路点的各序输入电抗为

$$X_{ff(1)}=X_d''+x_{T1}=0.3+0.105=0.405$$
$$X_{ff(2)}=X_2+x_{T1}=0.36+0.105=0.465$$
$$X_{ff(0)}=x_{T2}+3X_n=0.105+3\times0.045=0.24$$

短路点各序电流计算,取$\dot{E}=j1.05$。

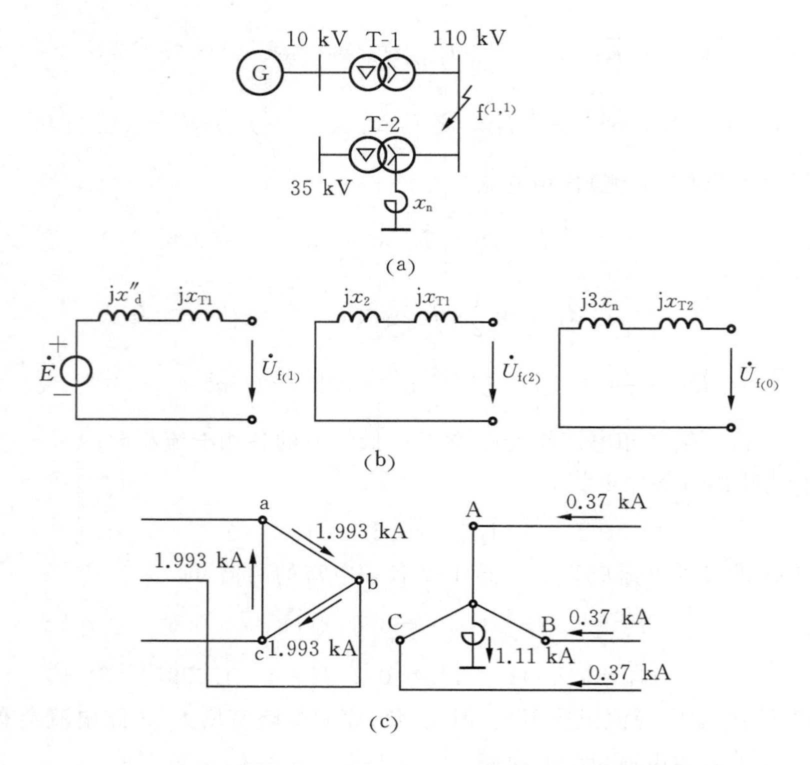

题 20-20 图　系统接线图、各序网络及 T-2 中的电流分布

$$\dot{I}_{f(1)}=\frac{j1.05}{j(X_{ff(1)}+X_{ff(2)}/\!/X_{ff(0)})}=\frac{j1.05}{j\left(0.405+\dfrac{0.465\times0.24}{0.465+0.24}\right)}=1.864$$

$$\dot{I}_{f(2)}=-\frac{X_{ff(0)}}{X_{ff(2)}+X_{ff(0)}}\dot{I}_{f(1)}=-\frac{0.24}{0.465+0.24}\times1.864=-0.635$$

$$\dot{I}_{f(0)}=-\frac{X_{ff(2)}}{X_{ff(2)}+X_{ff(0)}}\dot{I}_{f(1)}=-\frac{0.465}{0.465+0.24}\times1.864=-1.229$$

变压器 T-2 的电流仅有零序电流，故高压绕组的各相电流为

$$\dot{I}_A=\dot{I}_B=\dot{I}_C=\dot{I}_{f(0)}=-1.229\times\frac{60}{\sqrt{3}\times115}\ \text{kA}=-0.37\ \text{kA}$$

变压器低压侧出口各相电流为零，低压绕组内各相绕组电流相等，其值为

$$I_{ca}=I_{ab}=I_{bc}=1.229\times\sqrt{3}\times\frac{60}{\sqrt{3}\times37}\ \text{kA}=1.993\ \text{kA}$$

短路点的各序电压为

$$\dot{U}_{f(1)}=j(X_{ff(2)}/\!/X_{ff(0)})\dot{I}_{f(1)}=\frac{j0.465\times0.24}{0.465+0.24}\times1.864=j0.295$$

$$\dot{U}_{f(2)}=\dot{U}_{f(0)}=\dot{U}_{f(1)}=j0.295$$

变压器 T-2 没有正、负序电流，因此不产生电压降，低压侧也没有零序电压。若故障特殊相为 A 相，则变压器低压侧的各相电压为

$$\dot{U}_{a}=\dot{U}_{f(1)}e^{j30^{\circ}}+\dot{U}_{f(2)}e^{-j30^{\circ}}=j0.295(e^{j30^{\circ}}+e^{-j30^{\circ}})\times\frac{37}{\sqrt{3}}\ \text{kV}=j10.915\ \text{kV}$$

$$\dot{U}_{b}=\dot{U}_{f(1)}e^{j270^{\circ}}+\dot{U}_{f(2)}e^{j90^{\circ}}=j0.295(e^{j270^{\circ}}+e^{j90^{\circ}})\times\frac{37}{\sqrt{3}}\ \text{kV}=0$$

$$\dot{U}_{c}=\dot{U}_{f(1)}e^{j150^{\circ}}+\dot{U}_{f(2)}e^{j210^{\circ}}=j0.295(e^{j150^{\circ}}+e^{j210^{\circ}})\times\frac{37}{\sqrt{3}}\ \text{kV}=-j10.915\ \text{kV}$$

(2)变压器 T-2 的各相电流分布如题 20-20 图(c)所示。

20-21　在题 20-21 图(a)所示电力系统中，以 $S_B=100\ \text{MV}\cdot\text{A}$，$U_B=U_{av}$时，各元件参数标幺值如下。

发电机：$E''=1.0$，$x''_d=x_{(2)}=0.13$；

变压器：$x_{T1}=x_{T2}=0.12$；

线路：全长 $x_{(1)}=0.3$，$x_{(0)}=1.2$。

线路末端空载，在输电线路上某处发生单相接地短路。试问短路发生在何处短路电流数值最小，其值为多少千安？

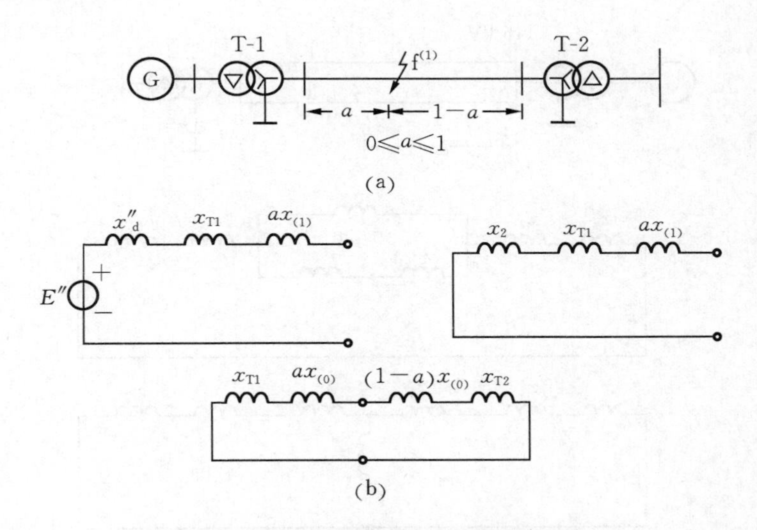

题 20-21 图　系统接线图及各序等值电路

解　系统的各序等值电路如题 20-21 图(b)所示。短路点各序输入电抗为

$$X_{ff(1)}=x''_d+x_{T1}+ax_{L(1)}=0.13+0.12+0.3a=0.25+0.3a$$

$$X_{ff(2)}=x_{G(2)}+x_{T1}+ax_{L(1)}=0.13+0.12+0.3a=0.25+0.3a$$

$$X_{ff(0)}=(x_{T1}+ax_{L(0)})/\!/[(1-a)x_{L(0)}+x_{T2}]$$

$$=\frac{(0.12+1.2a)(1.2-1.2a+0.12)}{0.12+1.2a+1.2-1.2a+0.12}=0.11+a-a^2$$

单相短路时，限制短路电流的总电抗为

$$X_{\Sigma}=X_{ff(1)}+X_{ff(2)}+X_{ff(0)}=0.25+0.3a+0.25+0.3a+0.11+a-a^2$$

$$=0.61+1.6a-a^2$$

$$\frac{\mathrm{d}X_{\Sigma}}{\mathrm{d}a}=1.6-2a=0$$

得 $a=0.8$，因此，X_{Σ} 的最大值为

$$X_{\Sigma.\max}=0.61+1.6\times0.8-0.8^{2}=1.25$$

相应的短路电流为

$$I_{\mathrm{f.min}}^{(1)}=\frac{3E''}{X_{\Sigma.\max}}\times\frac{S_{\mathrm{B}}}{\sqrt{3}U_{\mathrm{av}}}=\frac{3\times1}{1.25}\times\frac{100}{\sqrt{3}\times115}\ \mathrm{kA}=1.205\ \mathrm{kA}$$

20-22 系统接线如题 20-22 图(a)所示。各元件参数如下。

发电机：$S_{\mathrm{N}}=60\ \mathrm{MV\cdot A}$，$x_{\mathrm{d}}''=0.125$，$x_{\mathrm{G(2)}}=0.125$；

变压器 T-1 及 T-2：$S_{\mathrm{N}}=60\ \mathrm{MV\cdot A}$，$U_{\mathrm{S}}\%=10.5$，$x_{\mathrm{n}}=5\ \Omega$；

线路：每回长 50 km，$x_{\mathrm{I(1)}}=x_{\mathrm{II(1)}}=0.4\ \Omega/\mathrm{km}$，$x_{\mathrm{I(0)}}=x_{\mathrm{II(0)}}=1.4\ \Omega/\mathrm{km}$，$x_{\mathrm{I\text{-}II(0)}}=0.4\ \Omega/\mathrm{km}$。

在线路Ⅱ上距首端 l_1 千米处发生两相短路接地时，流过变压器 T-1 及 T-2 中性点之电流恰好相等。试确定 l_1。

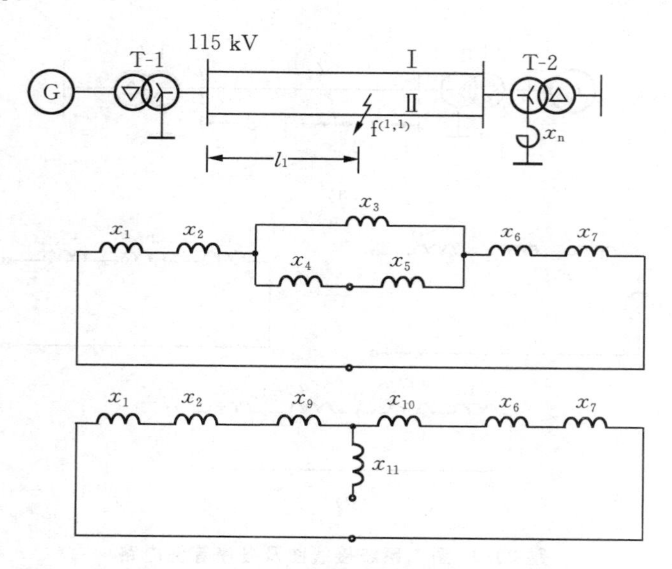

题 20-22 图　系统接线图及其零序等值电路

解　变压器中性点入地电流属于零序电流，其分布情况只涉及零序网络的参数。作系统的零序等值电路如题 20-22 图(b)所示。

本题按有名值计算比较简便。变压器的电抗为

$$X_{\mathrm{T1}}=X_{\mathrm{T2}}=0.105\times\frac{115^{2}}{60}\ \Omega=23.144\ \Omega$$

设 $a=l_1/50$，则 $l_1=50a$。零序等值电路中的各电抗为

$X_1=X_{\mathrm{T1}}=23.144\ \Omega$

$X_2=50ax_{\mathrm{I\text{-}II(0)}}=50a\times0.4\ \Omega=20a\ \Omega$

$X_3=50(x_{\mathrm{I(0)}}-x_{\mathrm{I\text{-}II(0)}})=50(1.4-0.4)\ \Omega=50\ \Omega$

$X_4=50a(x_{\text{Ⅱ}(0)}-x_{\text{Ⅰ-Ⅱ}(0)})=50a(1.4-0.4)\ \Omega=50a\ \Omega$

$X_5=50(1-a)(x_{\text{Ⅱ}(0)}-x_{\text{Ⅰ-Ⅱ}(0)})=50(1-a)(1.4-0.4)\ \Omega=50(1-a)\ \Omega$

$X_6=50(1-a)x_{\text{Ⅰ-Ⅱ}(0)}=50(1-a)\times0.4\ \Omega=20(1-a)\ \Omega$

$X_7=x_{\text{T2}}+3x_{\text{n}}=23.144+3\times5\ \Omega=38.144\ \Omega$

现将由 X_3,X_4 和 X_5 构成的三角形电路变换为由 X_9,X_{10}和 X_{11}构成的星形电路。

$$X_9=\frac{X_3X_4}{X_3+X_4+X_5}=\frac{50\times50a}{50+50a+50(1-a)}=25a$$

$$X_{10}=\frac{X_3X_5}{X_3+X_4+X_5}=\frac{50\times50(1-a)}{100}=25(1-a)$$

两变压器中性点入地电流相等的条件是

$$X_1+X_2+X_9=X_{10}+X_6+X_7$$

即

$$23.144+20a+25a=25(1-a)+20(1-a)+38.144$$

由此解出

$$a=2/3,l_1=50\times\frac{2}{3}\ \text{km}=33.33\ \text{km}$$

20.3　电力系统稳态计算

20-23　电力系统如题 20-23 图所示。变压器 T-1 和 T-2 为升压变压器,T-3 为降压变压器。

(1)若所有变压器均工作于主抽头上,试确定循环功率的方向;

(2)欲使循环功率方向与(1)的相反,应如何调整变压器的抽头。

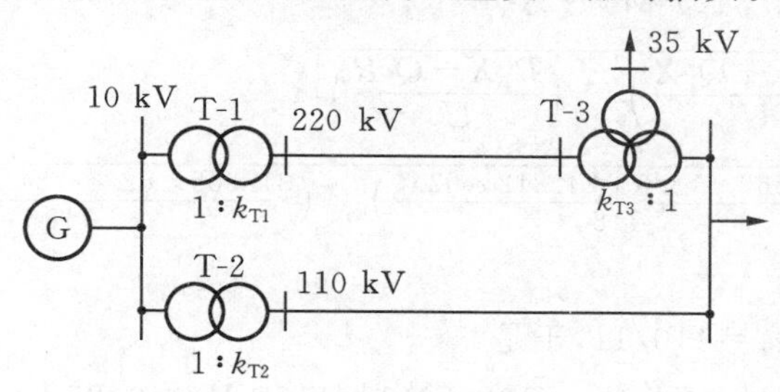

题 20-23 图　三级电压环网

解　(1)各变压器工作于主抽头时,有

$$k_{\text{T1}}=\frac{242}{10.5}=23.0476,k_{\text{T2}}=\frac{121}{10.5}=11.5238$$

$$k_{\text{T3}}=\frac{220}{121}=1.8182$$

如果选顺时针方向作为循环功率的假定正向,则沿环网绕行一周的总变比为

$$k_{\Sigma}=\frac{k_{\text{T1}}}{k_{\text{T2}}k_{\text{T3}}}=\frac{23.0476}{11.5238\times1.8182}=1.1>1$$

表明所选循环功率方向正确。

(2)调高 T-2 和 T-3 的抽头或降低 T-1 的抽头，都可以减小 k_Σ，如果能将 k_Σ 减到小于 1，便可使循环功率反向。可能的一个方案是将 T-2 和 T-3 的抽头都提高 5%，T-1 的抽头降低 2.5%。此时

$$k_\Sigma=\frac{0.975k_{T1}}{(1.05k_{T2})(1.05k_{T3})}=0.9728<1$$

20-24 简单供电系统如题 20-24 图(a)所示。归算到 110 kV 的网络元件参数为：$Z_L=(12+j32.4)\Omega$，$Z_T=(1.5+j32)\Omega$。$U_S=118$ kV，$S_{LD}=(30+j18)$ MV·A。试作：

(1)变压器取主抽头，计算 U_2；

(2)选取适当分接头(110±2×2.5%)，使 $U_2>10.25$ kV；

(3)变压器取主抽头，计算补偿容量 Q_C，使 $U_2>10.25$ kV。

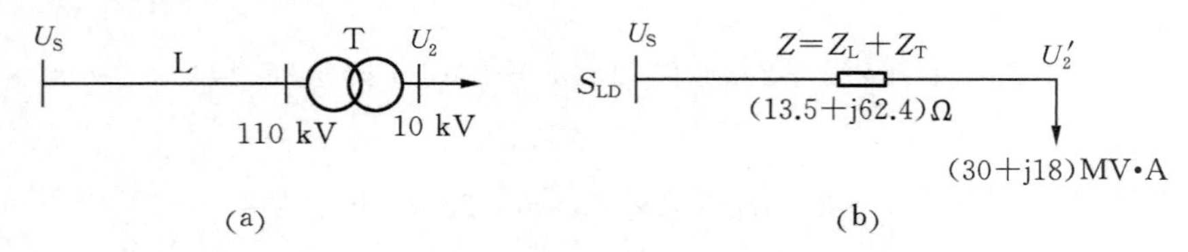

题 20-24 图　简单供电系统及其等值电路

解　(1)变压器取主抽头，计算 U_2。

先按额定电压计算网络功率损耗。

$$\Delta S=\frac{P_{LD}^2+Q_{LD}^2}{U_N^2}(R+jx)=\frac{30^2+18^2}{110^2}(13.5+j62.4)=(1.366+j6.312)\ \text{MV·A}$$

$$S_1=S_{LD}+\Delta S=(30+j18+1.366+j6.312)\ \text{MV·A}$$
$$=(31.366+j24.312)\ \text{MV·A}$$

$$U_2'=\sqrt{\left(U_S-\frac{P_1R+Q_1X}{U_S}\right)^2+\left(\frac{P_1X-Q_1R}{U_S}\right)^2}$$
$$=\sqrt{\left(118-\frac{31.366\times13.5+24.312\times62.4}{118}\right)^2+\left(\frac{31.366\times62.4-24.312\times13.5}{118}\right)^2}\ \text{kV}$$
$$=102.5\ \text{kV}$$

变压器取主抽时，$k_T=110/11$，于是

$$U_2=U_2'/k_T=102.5\times11/110\ \text{kV}=10.25\ \text{kV}$$

由于计算所得 U_2' 与网络额定电压 110 kV 偏差较大，现再做一轮计算，用 U_2' 计算网络损耗，即

$$\Delta S=\frac{30^2+18^2}{102.5^2}\times(13.5+j62.4)\ \text{MV·A}=(1.573+j7.27)\ \text{MV·A}$$

$$S_1=S_{LD}+\Delta S=(30+j18+1.573+j7.27)\ \text{MV·A}=(31.573+j25.27)\ \text{MV·A}$$

$$U_2'=\sqrt{\left(118-\frac{31.573\times13.5+25.27\times62.4}{118}\right)^2+\left(\frac{31.573\times62.4-25.27\times13.5}{118}\right)^2}\ \text{kV}$$
$$=101.969\ \text{kV}$$

由此可得

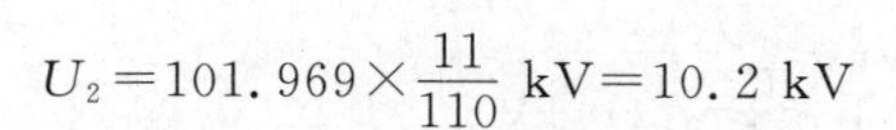

$$U_2=101.969\times\frac{11}{110}\ \text{kV}=10.2\ \text{kV}$$

(2)选适当分接头,使 $U_2>10.25$ kV。

如选-2.5%的分接头,可得

$$U_2=101.969\times\frac{11}{0.975\times110}\ \text{kV}=10.462\ \text{kV}>10.25\ \text{kV}$$

能满足调压要求。

(3)变压器取主抽头,确定所需的补偿容量。

补偿后的期望电压为

$$U'_{2C}\geqslant10.25\times\frac{110}{11}\ \text{kV}=102.5\ \text{kV}$$

需要由无功补偿提升的电压增量为

$$\Delta U'_C\geqslant(102.5-101.969)\ \text{kV}=0.531\ \text{kV}$$

假定电压增量全由无功补偿所减少的电压降落的纵向分量提供,则有

$$Q_C\geqslant\frac{110\times\Delta U'_C}{X}=\frac{110\times0.531}{62.4}\ \text{Mvar}=0.936\ \text{Mvar}$$

现选 $Q_C=1$ Mvar 进行电压验算。直接取 $U'_2=102.5$ kV,计算网络功率损耗,即

$$\Delta S=\frac{30^2+(18-1)^2}{102.5^2}\times(13.5+\text{j}62.4)\ \text{MV}\cdot\text{A}=(1.528+\text{j}7.062)\ \text{MV}\cdot\text{A}$$

$$S_1=S_{LD}-\text{j}Q_C+\Delta S=(30+\text{j}17+1.528+\text{j}7.062)\ \text{MV}\cdot\text{A}$$
$$=(31.528+\text{j}24.062)\ \text{MV}\cdot\text{A}$$

$$U'_2=\sqrt{\left(118-\frac{31.528\times13.5+24.062\times62.4}{118}\right)^2+\left(\frac{31.528\times62.4-24.062\times13.5}{118}\right)^2}\ \text{kV}$$
$$=102.62\ \text{kV}$$

$$U_2=U'_2\times\frac{11}{110}=102.62\times\frac{11}{110}\ \text{kV}=10.262\ \text{kV}>10.25\ \text{kV}$$

可以满足调压要求。

20-25 电力系统如题 20-25 图所示。网络元件归算到 110 kV 级的参数值为:$Z_{T1}=Z_{T2}=(2+\text{j}20)\ \Omega$,$Z_{L1}=(8+\text{j}40)\ \Omega$,$Z_{L2}=(6+\text{j}36)\ \Omega$,$Z_{L3}=(4+\text{j}20)\ \Omega$。负荷:$S_1=(40+\text{j}20)\ \text{MV}\cdot\text{A}$,$S_2=(30+\text{j}15)\ \text{MV}\cdot\text{A}$。当发电机端电压维持10.5 kV 时,有

(1)计算所有变压器均工作于额定抽头时负荷点 1 和 2 的电压;

(2)为使负荷点 1 的电压偏移最小,试选择变压器的分接头(T-1 和 T-2 均有±2×2.5%的抽头)。

解 先计算等值电路中的参数。

$$Z_1=Z_{T1}+Z_{L1}=(2+\text{j}20+8+\text{j}40)\Omega=(10+\text{j}60)\Omega$$

$$Z_2=Z_{T2}+Z_{L2}=(2+\text{j}20+6+\text{j}36)\Omega=(8+\text{j}56)\Omega$$

$$Z_3=Z_{L3}=(4+\text{j}20)\Omega$$

$$Z_\Sigma=Z_1+Z_2+Z_3=(10+\text{j}60+8+\text{j}56+4+\text{j}20)\Omega=(22+\text{j}136)\Omega$$

(1)两台变压器均工作于额定抽头时,$\dot{U}_A=\dot{U}_{A'}$,不计网络功率损耗的功率分布为

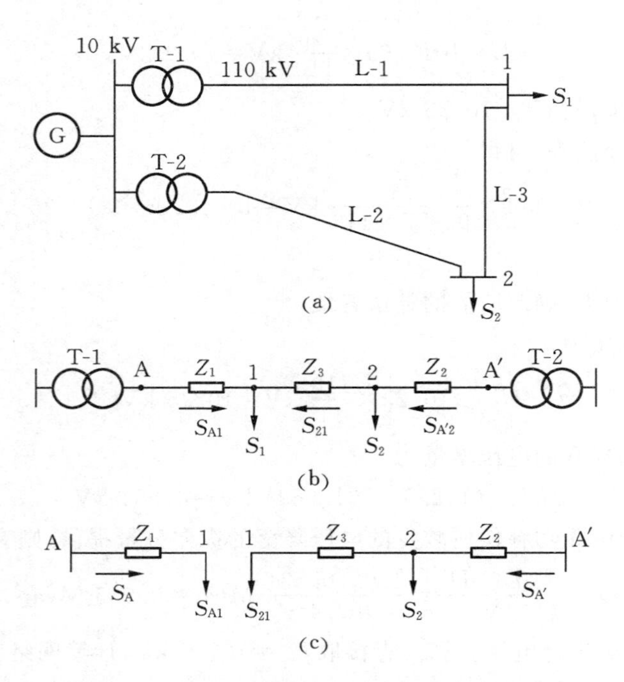

题 20-25 图　电力系统接线图及其等值电路

$$S_{A1}=\frac{(\overset{*}{Z}_2+\overset{*}{Z}_3)S_1+\overset{*}{Z}_2S_2}{\overset{*}{Z}_\Sigma}$$

$$=\frac{(8-j56+4-j20)(40+j20)+(8-j56)(30+j15)}{22-j136}\ \text{MV}\cdot\text{A}$$

$$=(34.810+j17.016)\ \text{MV}\cdot\text{A}$$

$$S_{A'2}=\frac{\overset{*}{Z}_1S_1+(\overset{*}{Z}_1+\overset{*}{Z}_3)S_2}{\overset{*}{Z}_\Sigma}$$

$$=\frac{(10-j60)(40+j20)+(10-j60+4-j20)(30+j15)}{22-j136}\ \text{MV}\cdot\text{A}$$

$$=(35.190+j17.984)\ \text{MV}\cdot\text{A}$$

$$S_{21}=S_{A'2}-S_2=(35.19+j17.984-30-j15)\ \text{MV}\cdot\text{A}=(5.19+j2.984)\ \text{MV}\cdot\text{A}$$

可见功率分点在节点 1，网络可从节点 1 分开成两个开式网络，功率分布见题 20-25 图(c)。

下面计算节点 1 的电压，先按额定电压计算阻抗 Z_1 上的功率损耗。

$$\Delta S_1=\frac{34.81^2+17.016^2}{110^2}\times(10+j60)\ \text{MV}\cdot\text{A}=(1.241+j7.444)\ \text{MV}\cdot\text{A}$$

$$S_A=(34.81+j17.016+1.241+j7.444)\ \text{MV}\cdot\text{A}$$

$$=(36.051+j24.46)\ \text{MV}\cdot\text{A}$$

$$U_A=10.5\times\frac{121}{10.5}\ \text{kV}=121\ \text{kV}$$

因此

$$U_1=\sqrt{\left(121-\frac{36.051\times10+24.46\times10}{121}\right)^2+\left(\frac{36.051\times60-24.46\times10}{121}\right)^2}\ \text{kV}$$
$$=107.07\ \text{kV}$$

节点 1 电压对于额定电压的偏移为

$$\Delta U_1=U_1-U_N=(107.07-110)\ \text{kV}=-2.93\ \text{kV}$$

再来计算节点 2 的电压，先算功率损耗，阻抗 Z_3 上的功率损耗为

$$\Delta S_3=\frac{5.19^2+2.984^2}{110^2}\times(4+\text{j}20)\ \text{MV}\cdot\text{A}=(0.012+\text{j}0.059)\ \text{MV}\cdot\text{A}$$

在阻抗 Z_2 上的功率损耗为

$$\Delta S_2=\frac{(30+5.19+0.012)^2+(15+2.984+0.059)^2}{110^2}\times(8+\text{j}56)\ \text{MV}\cdot\text{A}$$
$$=\frac{35.202^2+18.043^2}{110^2}(8+\text{j}56)\ \text{MV}\cdot\text{A}=(1.035+\text{j}7.242)\ \text{MV}\cdot\text{A}$$

因此

$$S_{A'}=(35.202+\text{j}18.043+1.035+\text{j}7.242)\ \text{MV}\cdot\text{A}$$
$$=(36.237+\text{j}25.285)\ \text{MV}\cdot\text{A}$$
$$U_{A'}=10.5\times\frac{121}{10.5}\ \text{kV}=121\ \text{kV}$$
$$U_2=\sqrt{\left(121-\frac{36.237\times8+25.285\times56}{121}\right)^2+\left(\frac{36.237\times56-25.285\times8}{121}\right)^2}\ \text{kV}$$
$$=\sqrt{106.902^2+15.099^2}\ \text{kV}=107.963\ \text{kV}$$

(2)欲减小节点 1 的电压偏移，应提升节点 1 的电压，可能采取的措施有：(a)两个变压器的抽头同时提高 2.5%；(b)只调高变压器 T-1 的抽头+2.5%；(c)只调高变压器 T-2 的抽头+5%。现分别计算如下。

(a)同时调高两变压器抽头+2.5%。

这种情况不会改变(1)所求得的功率分布，由于分接头提高+2.5%，节点 A 的电压有所提高。

$$U_A=121\times1.025\ \text{kV}=124.025\ \text{kV}$$
$$U_1=\sqrt{\left(124.025-\frac{36.051\times10+24.46\times60}{124.025}\right)^2+\left(\frac{36.051\times60-24.46\times10}{124.025}\right)^2}\ \text{kV}$$
$$=\sqrt{109.285^2+15.468^2}\ \text{kV}=110.374\ \text{kV}$$

(b)将变压器 T-1 的抽头调高+2.5%。

这种情况下，两供电点 A 和 A′的电压将不相等，$\Delta U=U_A-U_{A'}=(1.025-1)\times121\ \text{kV}=3.025\ \text{kV}$，由此产生的循环功率为

$$S_{cir}\approx\frac{\Delta UU_N}{\overset{*}{Z}_\Sigma}=\frac{3.025\times110}{22-\text{j}136}\ \text{MV}\cdot\text{A}=(0.386+\text{j}2.384)\ \text{MV}\cdot\text{A}$$

循环功率的方向为从 A 流向 A′。不考虑功率损耗时，功率分布为

$$S_{A1}=(34.81+\text{j}17.016+0.386+\text{j}2.384)\ \text{MV}\cdot\text{A}=(35.196+\text{j}19.4)\ \text{MV}\cdot\text{A}$$
$$S_{A'2}=(35.19+\text{j}17.984-0.386-\text{j}2.384)\ \text{MV}\cdot\text{A}=(34.804+\text{j}15.6)\ \text{MV}\cdot\text{A}$$

功率分点还在节点1。

现在计算阻抗 Z_1 上的功率损耗，即

$$\Delta S_1=\frac{35.196^2+19.4^2}{110^2}\times(10+\mathrm{j}60)\ \mathrm{MV\cdot A}=(1.335+\mathrm{j}8.009)\ \mathrm{MV\cdot A}$$

$$S_A=S_{A1}+\Delta S_1=(35.196+\mathrm{j}19.4+1.335+\mathrm{j}8.009)\ \mathrm{MV\cdot A}$$
$$=(36.531+\mathrm{j}27.409)\ \mathrm{MV\cdot A}$$

$$U_A=124.025\ \mathrm{kV}$$

$$U_1=\sqrt{\left(124.025-\frac{36.531\times10+27.409\times60}{124.025}\right)^2+\left(\frac{36.531\times60-27.409\times10}{124.025}\right)^2}\ \mathrm{kV}$$
$$=\sqrt{107.82^2+15.463^2}\ \mathrm{kV}=108.923\ \mathrm{kV}$$

$$\Delta U_1=U_1-U_N=(108.923-110)\ \mathrm{kV}=-1.077\ \mathrm{kV}$$

如果将变压器T-1的抽头再提高+2.5%，则循环功率将为

$$S_{cir}\approx\frac{(1.05-1)\times121\times110}{22-\mathrm{j}136}\ \mathrm{MV\cdot A}=(0.771+\mathrm{j}4.769)\ \mathrm{MV\cdot A}$$

不计功率损耗时

$$S_{A1}=(34.81+\mathrm{j}17.016+0.771+\mathrm{j}4.769)\ \mathrm{MV\cdot A}=(35.581+\mathrm{j}21.785)\ \mathrm{MV\cdot A}$$

$$\Delta S_1=\frac{35.581^2+21.785^2}{110^2}\times(10+\mathrm{j}60)\ \mathrm{MV\cdot A}=(1.439+\mathrm{j}8.631)\ \mathrm{MV\cdot A}$$

$$S_A=S_{A1}+\Delta S_1=(35.581+21.785+1.439+\mathrm{j}8.631)\ \mathrm{MV\cdot A}$$
$$=(37.02+\mathrm{j}30.416)\ \mathrm{MV\cdot A}$$

$$U_A=1.05\times121\ \mathrm{kV}=127.05\ \mathrm{kV}$$

$$U_1=\sqrt{\left(127.05-\frac{37.02\times10+30.416\times60}{127.05}\right)^2+\left(\frac{37.02\times60-30.416\times10}{127.05}\right)^2}\ \mathrm{kV}$$
$$=\sqrt{109.772^2+15.089^2}\ \mathrm{kV}=110.804\ \mathrm{kV}$$

$$\Delta U_1=(110.804-110)\ \mathrm{kV}=0.804\ \mathrm{kV}$$

(c)将变压器T-2的抽头调高+5%。

这种情况下产生的循环功率为

$$S_{cir}\approx\frac{(1-1.05)\times121\times110}{22-\mathrm{j}136}\ \mathrm{MV\cdot A}=-(0.771+\mathrm{j}4.769)\ \mathrm{MV\cdot A}$$

其方向与(b)的相反，由于改变了循环功率的方向，因而减小了通过T-1和L-1的传输功率，也可以减小阻抗 Z_1 上的电压损耗，从而提高节点1的电压 U_1。

$$S_{A1}=(34.81+\mathrm{j}17.016-0.771-\mathrm{j}4.769)\ \mathrm{MV\cdot A}=(34.039+\mathrm{j}12.247)\ \mathrm{MV\cdot A}$$

$$\Delta S_1=\frac{34.039^2+12.247^2}{110^2}(10+\mathrm{j}60)\ \mathrm{MV\cdot A}=(1.082+\mathrm{j}6.489)\ \mathrm{MV\cdot A}$$

$$S_A=S_{A1}+\Delta S_1=(34.039+\mathrm{j}12.247+1.082+\mathrm{j}6.489)\ \mathrm{MV\cdot A}$$
$$=(35.121+\mathrm{j}18.736)\ \mathrm{MV\cdot A}$$

$$U_A=121\ \mathrm{kV}$$

因此

$$U_1 = \sqrt{\left(121-\frac{35.121\times10+18.736\times60}{121}\right)^2+\left(\frac{35.121\times60-18.736\times10}{121}\right)^2}\ \text{kV}$$

$$=\sqrt{108.807^2+15.867^2}\ \text{kV}=109.958\ \text{kV}$$

$$\Delta U_1=(109.958-110)\ \text{kV}=-0.042\ \text{kV}$$

上述计算结果汇总于题 20-25 表中。

题 20-25 表　电压计算结果

分接头位置		U_1/kV	ΔU_1/kV
T-1	T-2		
主抽头	主抽头	107.07	−2.93
+2.5%	+2.5%	110.374	+0.374
+2.5%	主抽头	108.923	−1.077
+5.0%	主抽头	110.804	+0.804
主抽头	+5.0%	109.958	−0.042

20-26　简单供电网如题20-26图所示。如果给定：$\dot{U}_1=1.0\angle0°$，$x=0.5$，$P_2+\mathrm{j}Q_2=0.8+\mathrm{j}0.2$。试判断潮流是否有解？如果无解，应如何改变有关节点的给定变量才能使潮流有解？可供调整的变量分别是 U_1，P_2 和 Q_2。

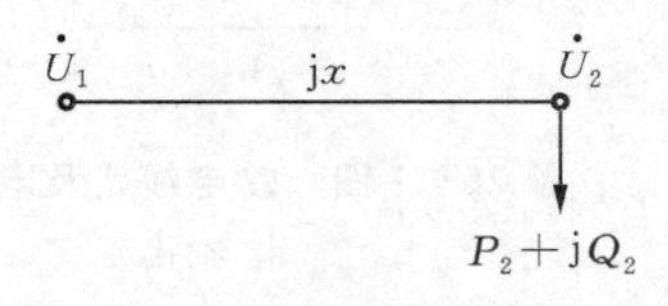

题 20-26 图　简单供电网

解　记 $\dot{U}_1=e_1+\mathrm{j}f_1$，$\dot{U}_2=e_2+\mathrm{j}f_2$，则

$$P_2+\mathrm{j}Q_2=\frac{\dot{U}_2(\overset{*}{U}_1-\overset{*}{U}_2)}{-\mathrm{j}x}=\frac{(e_2+\mathrm{j}f_2)[(e_1-e_2)-\mathrm{j}(f_1-f_2)]}{-\mathrm{j}x}$$

展开后可得

$$P_2=-[f_2(e_1-e_2)-e_2(f_1-f_2)]/x=-(e_1f_2-e_2f_1)/x$$

$$Q_2=[e_2(e_1-e_2)+f_2(f_1-f_2)]/x$$

将 $f_1=0$ 和 $x=0.5$ 代入，便得

$$P_2=-2e_1f_2,\quad Q_2=2(e_1e_2-e_2^2-f_2^2)$$

将 $f_2=-P_2/2e_1$ 代入 Q_2 的公式，便得

$$e_2^2-e_1e_2+\frac{P_2^2}{4e_1^2}+\frac{Q_2}{2}=0$$

当给定 e_1，P_2 和 Q_2 时，要使 e_2 有实数解，必须满足

$$e_1^2-\left(\frac{P_2}{e_1}\right)^2-2Q_2>0$$

如果将给定参数 $e_1=1$，$P_2=0.8$ 和 $Q_2=0.2$ 代入，上式不能成立，因此潮流无解。

为了使潮流有解，逐个调整以下对有关的变量。

(a)给定 $P_2=0.8$，$Q_2=0.2$ 时，应有

$$e_1^2-\frac{0.64}{e_1^2}-0.4>0$$

由此可得

$$e_1>1.0123$$

(b)给定 $e_1=1.0$，$P_2=0.8$ 时，应有

$$1-0.64-2Q_2>0$$

由此可得

$$Q_2<0.18$$

(c)给定 $e_1=1.0, Q_2=0.2$ 时,应有

$$1-P_2^2-0.4>0$$

由此可得

$$P_2<0.7746$$

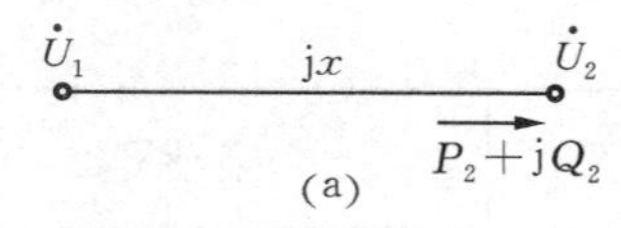

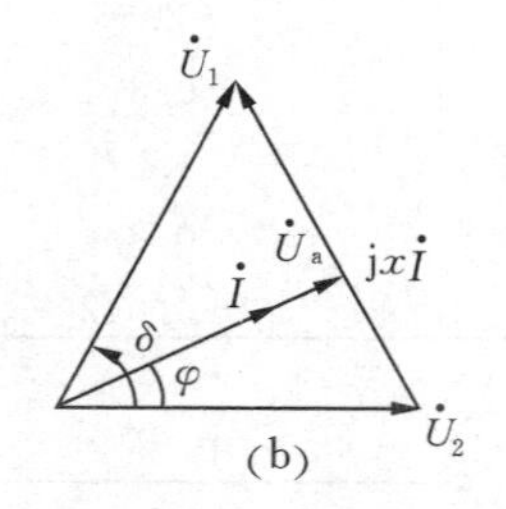

题 20-27 图　输电线路及电压电流相量图

20-27　一段线路如题 20-27 图所示,不计其电阻和电容。已知 $U_2=1.0, U_1=1.1, x=0.8$。

(1)试求送达末端的无功功率 $Q_2=0$ 时,所输送的有功功率;

(2)若输送的有功功率离功率极限仍留有 20% 的裕度,末端的无功功率为多少?

(3)根据(2)之结果,判断线路上电压最低点落于何处,其值为多少?

解　(1)线路末端的功率为

$$P_2=\frac{U_1U_2}{x}\sin\delta,\quad Q_2=-\frac{U_2^2}{x}+\frac{U_1U_2}{x}\cos\delta$$

令 $Q_2=0$,可得 $U_2=U_1\cos\delta$,故

$$\delta=\arccos\frac{U_2}{U_1}=\arccos\frac{1.0}{1.1}=24.62°$$

$$P_2=\frac{1.1\times1.0}{0.8}\sin24.62°=0.5728$$

(2)线路功率极限为

$$P_m=\frac{U_1U_2}{x}=\frac{1.1\times1.0}{0.8}=1.375$$

留有 20% 裕度时

$$P_2=\frac{P_m}{1.2}=\frac{1.375}{1.2}=1.1458$$

$$\delta=\arcsin\frac{P_2}{P_m}=\arcsin\frac{1}{1.2}=56.44°$$

$$Q_2=-\frac{1}{0.8}+\frac{1.1\times1}{0.8}\cos56.44°=-0.49$$

(3)从上述结果可见,Q_2 有负值,表明无功功率也从线路末端回流线路。因此,电压最低点必然落在线路中间某处,设该点为 a,距节点 2 的距离为 x_a。

作电流、电压相量图,从 O 点向电压降相量($\dot{U}_1-\dot{U}_2=jx\dot{I}$)作垂线,该垂线便代表最低电压相量,其方向恰与线路电流相量重叠。

$$\varphi=\arctan\frac{Q_2}{P_2}=\arctan\frac{-0.49}{1.1458}=-23.154°$$

$$U_a=U_2\cos\varphi=1\times\cos(-23.154°)=0.9195$$

由相量图可知

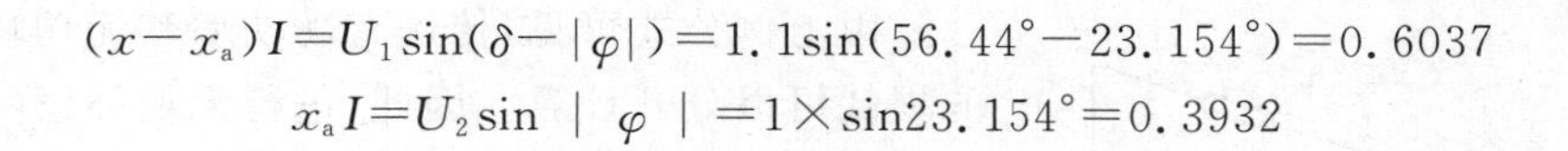

$$(x-x_a)I=U_1\sin(\delta-|\varphi|)=1.1\sin(56.44°-23.154°)=0.6037$$

$$x_aI=U_2\sin\ |\ \varphi\ |=1\times\sin23.154°=0.3932$$

于是可得

$$\frac{x-x_a}{x_a}=\frac{0.6037}{0.3932}=1.5354$$

由此解出 $x_a=0.3155$。

20-28　两端供电系统如题 20-28 图所示。有关参数的标幺值如下，$Z_1=0.05+j0.2$，$Z_2=0.05+j0.1$，$S_{LD}=1+j0$，$\dot{U}_3=1.0$。试计算

(1)系统有功功率损失最小的功率分布；

(2)当 $\dot{U}_1=\dot{U}_2$ 时的自然功率分布；

(3)欲实现(1)之功率分布所需的两端电压差 $\Delta\dot{U}=\dot{U}_1-\dot{U}_2$。

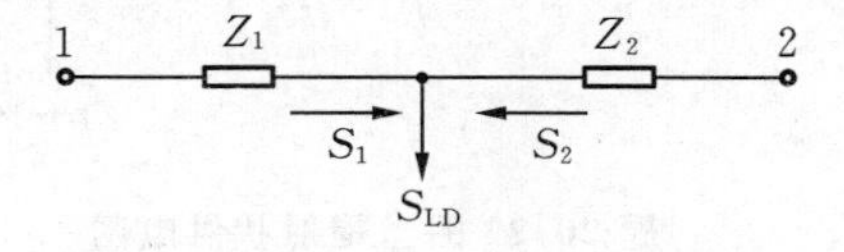

题 20-28 图　两端供电系统

解　(1)网络中功率按与电阻成反比分布时，有功功率损失最小，因两段线路的电阻相等，故有

$$S_{1e}=S_{2e}=\frac{1}{2}S_{LD}=0.5+j0$$

(2)当两端电压相等时，功率按与阻抗成反比分布

$$S_1=\frac{\overset{*}{Z}_2}{\overset{*}{Z}_1+\overset{*}{Z}_2}S_{LD}=\frac{(0.05-j0.1)(1+j0)}{0.05-j0.2+0.05-j0.1}=\frac{0.05-j0.1}{0.1-j0.3}=0.35+j0.05$$

$$S_2=\frac{\overset{*}{Z}_1}{\overset{*}{Z}_1+\overset{*}{Z}_2}S_{LD}=\frac{(0.05-j0.2)(1+j0)}{0.1-j0.3}=0.65-j0.05$$

(3)设循环功率 S_{cir} 的方向为从节点 1 流向节点 2，则有

$$S_{cir}=S_{1e}-S_1=0.5+j0-(0.35+j0.05)=0.15-j0.05$$

$$S_{cir}=\frac{(\overset{*}{U}_1-\overset{*}{U}_2)U_N}{\overset{*}{Z}_\Sigma}=\frac{\Delta\overset{*}{U}U_N}{\overset{*}{Z}_\Sigma}$$

或

$$\Delta\dot{U}=Z_\Sigma\overset{*}{S}_{cir}/U_N$$

设 $U_N=1$，便有

$$\Delta\dot{U}=(0.1+j0.3)\times(0.15+j0.05)=j0.05$$

20-29　110 kV 辐射状供电网络如题 20-29 图所示。已知各线段线路的电阻及各负荷点的无功功率：$R_1=10\ \Omega$，$R_2=14\ \Omega$，$R_3=12\ \Omega$，$R_4=16\ \Omega$，$Q_1=10$ Mvar，$Q_2=6$ Mvar，$Q_3=8$ Mvar，$Q_4=5$ Mvar。今有无功功率补偿容量 16 Mvar，试确定补偿容量在各负荷点的分配，使网络的有功功率损耗达到最小。

解　不计无功网损的影响，也不考虑调压的限制。网络中任一线路段 k 的功率损耗可表示为

$$\Delta P_k=\frac{P_k^2+Q_k^2}{U^2}R_k$$

式中，P_k 和 Q_k 为通过该段线路某点的功率；U 为该点的电压。

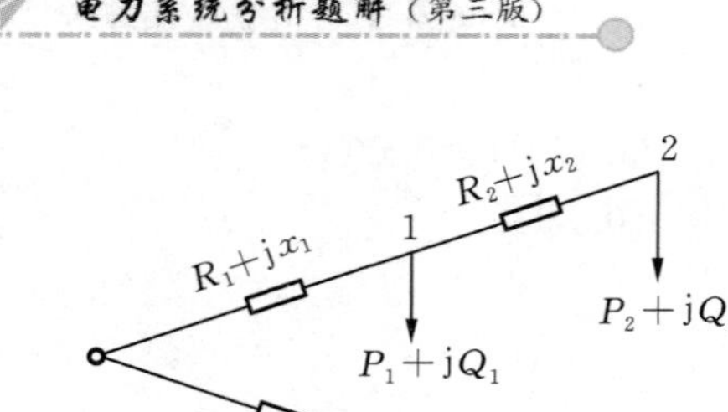

题 20-29 图　辐射状供电网

由上例公式可见，传送有功功率和无功功率所产生的损耗可以分开计算。因此，进行无功补偿的优化分配时，可以只考虑由无功功率传送所产生的有功网损。

设节点 1 和节点 2 分配的补偿容量分别为 Q_{C1} 和 Q_{C2}，则在线段 1 中由传送无功功率所产生的有功功率损耗为

$$\Delta P_{1(Q)}=\frac{(Q_1-Q_{C1}+Q_2-Q_{C2}{}^2)}{U^2}R_1$$

$$=\frac{[Q_1+Q_2-(Q_{C1}+Q_{C2})]^2}{U^2}R_1$$

由上式可见，$\Delta P_{1(Q)}$ 只与节点 1 和节点 2 的补偿总量 $Q_{C1}+Q_{C2}$ 有关，而与这一总量在两节点的分配方式无关。对线段 3 也有类似的情况。因此，就本题的具体情况而言，问题可归结为，确定无功功率补偿容量在由供电点接出的各分支线的分配，使各分支线路首段的有功功率损耗之和为最小。

设第一条分支线路（含节点 1 和节点 2）分配的补偿容量为 Q_C，则另一分支线路（含节点 3 和节点 4）分配的补偿容量为 $16-Q_C$。两分支线路首段有功功率损耗之和为

$$\Delta P_{L(Q)}=\frac{(Q_1+Q_2-Q_C)^2}{U^2}R_1+\frac{(Q_3+Q_4-16+Q_C)^2}{U^2}R_3$$

$$=\frac{(16-Q_C)^2}{U^2}\times10+\frac{(13-16+Q_C)^2}{U^2}\times12$$

令 $\dfrac{\partial\Delta P_{L(Q)}}{\partial Q_C}=0$，即

$$\frac{-2(16-Q_C)\times10}{U^2}+\frac{2(-3+Q_C)\times12}{U^2}=0$$

或

$$-10(16-Q_C)+12(-3+Q_C)=0$$

由此解出

$$Q_C=8.909\ \text{Mvar}$$

$$Q_{C3}+Q_{C4}=16-Q_C=(16-8.909)\ \text{Mvar}=7.091\ \text{Mvar}$$

将补偿容量在节点 1 和节点 2 之间分配时，只需令线路段 2 的有功损失最小，即为最优分配。显然，对节点 2 应进行全额补偿，即 $Q_{C2}=6$ Mvar，$Q_{C1}=8.909-Q_{C2}=2.909$ Mvar。同理，$Q_{C4}=5$ Mvar，$Q_{C3}=2.091$ Mvar。

20-30　某电力系统有 3 台汽轮发电机组，每台额定功率为 300 MW，调差系数 $\delta_T=4\%$，有 2 台水轮发电机组，每台额定功率为 750 MW，调差系数为 $\delta_H=3\%$。当系统总负荷为 1800 MW 时，运行频率为 50 Hz，$K_{D*}=2$。

（1）负荷增加 400 MW，所有机组均参加一、二次调频，要使系统频率为 49.9 Hz，试求二次调频所承担的功率增量；

（2）负荷增加 600 MW，所有机组仅参加一次调频，试求系统频率及各机组所承担的功率增量；

（3）同（2），但所有机组均参加一、二次调频。

解　先计算系统的单位调节功率。

汽轮发电机组的单位调节功率

$$K_{GT}=\frac{1}{\delta_T}\times\frac{P_{GTN}}{f_N}=\frac{100}{4}\times\frac{3\times300}{50}\ \text{MW/Hz}=450\ \text{MW/Hz}$$

水轮发电机组的单位调节功率

$$K_{HT}=\frac{1}{\delta_H}\times\frac{P_{GHN}}{f_N}=\frac{100}{3}\times\frac{2\times750}{50}\ \text{MW/Hz}=1000\ \text{MW/Hz}$$

负荷的频率调节效应

$$K_D=K_{D*}\cdot\frac{P_{DN}}{f_N}=2\times\frac{1800}{50}\ \text{MW/Hz}=72\ \text{MW/Hz}$$

系统的单位调节功率

$$K=K_{GT}+K_{GH}+K_D=(450+1000+72)\text{MW/Hz}=1522\ \text{MW/Hz}$$

(1)系统频率由 50 Hz 降到 49.9 Hz 时，频率增量为

$$\Delta f=(49.9-50)\ \text{Hz}=-0.1\ \text{Hz}$$

仅靠一次调频容许的负荷增量应为

$$\Delta P_{D(1)}=-K\Delta f=-1522\times(-0.1)\ \text{MW}=152.2\ \text{MW}$$

因此，由二次调频承担的功率增量将为

$$\Delta P_{D(2)}=\Delta P_D-\Delta P_{D(1)}=(400-152.2)\ \text{MW}=247.8\ \text{MW}$$

(2)负荷增量为 600 MW，仅有一次调频时，频率增量为

$$\Delta f=-\Delta P_D/K=-600/1522\ \text{Hz}=-0.3942\ \text{Hz}$$

系统频率将降低到

$$f=f_N+\Delta f=(50-0.3942)\ \text{Hz}=49.6058\ \text{Hz}$$

发电机组调频所承担的功率增量为

$$\Delta P_G=-(K_{GT}+K_{GH})\Delta f=-(450+1000)\times(-0.3942)\ \text{MW}=571.59\ \text{MW}$$

其中汽轮发电机组承担

$$\Delta P_{GT}=-450\times(-0.3942)\ \text{MW}=177.39\ \text{MW}$$

水轮发电机组承担

$$\Delta P_{GH}=-1000\times(-0.3942)\ \text{MW}=394.2\ \text{MW}$$

(3)系统总发电容量有

$$3\times300+2\times750\ \text{MW}=2400\ \text{MW}$$

能够满足负荷增加 600 MW 的需求。当所有机组均参加一、二次调频时，应能维持系统频率为额定值 50 Hz。

20-31 电力系统 A 总容量为 2400 MW，机组调速器的调差系数为 4%，负荷的频率调节效应系数为 60 MW/Hz。当负荷功率增加 200 MW 时，试分别计算下列情况下系统频率的变化：

(1)全部机组的调速器正常运行；

(2)全部机组已达最大负荷；

(3)有一半机组已达最大负荷。

解 先计算系统的单位调节功率，即

$$K=K_G+K_D=\frac{1}{\delta}\times\frac{P_{GN}}{f_N}+K_D=\left(\frac{100}{4}\times\frac{2400}{50}+60\right)\ \text{MW/Hz}=1260\ \text{MW/Hz}$$

（1）全部机组的调速器正常运行

$$\Delta f=-\Delta P_D/K=-200/1260\ \text{Hz}=-0.1587\ \text{Hz}$$

$$f=f_N+\Delta f=(50-0.1587)\ \text{Hz}=49.8413\ \text{Hz}$$

（2）全部机组已达最大负荷时，$K_G=0, K=K_D=60$ MW/Hz

$$\Delta f=-\Delta P_D/K=-200/60\ \text{Hz}=-3.3333\ \text{Hz}$$

$$f=(50-3.3333)\ \text{Hz}=46.6667\ \text{Hz}$$

（3）一半机组已达最大负荷时

$$K_G=\frac{100}{4}\times\frac{1200}{50}\ \text{MW/Hz}=600\ \text{MW/Hz}$$

$$K=K_G+K_D=(600+60)\ \text{MW/Hz}=660\ \text{MW/Hz}$$

$$\Delta f=-200/660\ \text{Hz}=-0.30303\ \text{Hz}$$

$$f=50-0.30303\ \text{Hz}=49.69697\ \text{Hz}$$

20-32　题20-31所述的系统A经联络线与系统B互联，系统B的总容量为5000 MW，机组调速器的调差系数为5%。负荷的频率调节效应系数为140 MW/Hz。当系统A负荷功率增加200 MW时，试就下列情况计算系统频率及联络线功率的变化。

（1）全部调速器正常运行；

（2）全部机组已达最大负荷；

（3）两系统各有一半机组已达最大负荷；

（4）系统A的机组已达最大负荷，系统B的调速器正常运行。

解　（1）全部调速器正常运行时，有

$$K_A=K_{GA}+K_{DA}=(1200+60)\ \text{MW/Hz}=1260\ \text{MW/Hz}$$

$$K_B=K_{GB}+K_{DB}=\left(\frac{100}{5}\times\frac{5000}{50}+140\right)\ \text{MW/Hz}=2140\ \text{MW/Hz}$$

$$K=K_A+K_B=(1260+2140)\ \text{MW/Hz}=3400\ \text{MW/Hz}$$

负荷增加200 MW时

$$\Delta f=-200/3400\ \text{Hz}=-0.05882\ \text{Hz}$$

$$f=f_N+\Delta f=(50-0.05882)\ \text{Hz}=49.94118\ \text{Hz}$$

系统A承担的功率增量为

$$\Delta P_A=-K_A\Delta f=-1260\times(-0.05882)\ \text{MW}=74.1132\ \text{MW}$$

因此，系统B承担的功率增量为

$$\Delta P_B=200-\Delta P_A=(200-74.1132)\ \text{MW}=125.8868\ \text{MW}$$

这部分功率将通过联络线从系统B送往系统A，引起联络线功率的变化。

（2）全部机组已达最大负荷时，有

$$K_{GA}=0,\quad K_{GB}=0$$

$$K=K_{DA}+K_{DB}=(60+140)\ \text{MW/Hz}=200\ \text{MW/Hz}$$

此时，系统的频率调节完全依靠负荷本身的调节效应

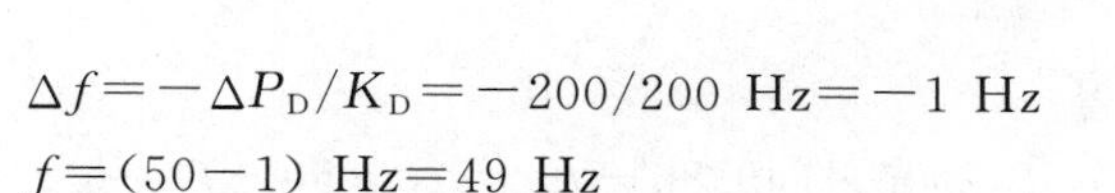

$$\Delta f=-\Delta P_D/K_D=-200/200\ \text{Hz}=-1\ \text{Hz}$$

$$f=(50-1)\ \text{Hz}=49\ \text{Hz}$$

系统 A 承担的功率增量为

$$\Delta P_A=60\times1\ \text{MW}=60\ \text{MW}$$

于是，系统 B 承担的功率增量为

$$\Delta P_B=200-\Delta P_A=(200-60)\ \text{MW}=140\ \text{MW}$$

系统 B 的功率增量将通过联络线送往系统 A。

(3)两系统各有一半机组已达最大负荷。

由于两系统各有一半机组不具有调节能力，故

$$K_{GA}=600\ \text{MW/Hz},\quad K_{GB}=1000\ \text{MW/Hz}$$

$$K_A=(600+60)\ \text{MW/Hz}=660\ \text{MW/Hz}$$

$$K_B=(1000+140)\ \text{MW/Hz}=1140\ \text{MW/Hz}$$

$$K=K_A+K_B=(660+1140)\ \text{MW/Hz}=1800\ \text{MW/Hz}$$

$$\Delta f=-\Delta P_D/K=-200/1800\ \text{Hz}=-0.1111\ \text{Hz}$$

$$f=(50-0.1111)\ \text{Hz}=49.8889\ \text{Hz}$$

系统 A 承担的功率增量为

$$\Delta P_A=-K_A\Delta f=-660\times(0.1111)\ \text{MW}=73.326\ \text{MW}$$

系统 B 承担的功率增量为

$$\Delta P_B=200-\Delta P_A=(200-73.326)\ \text{MW}=126.674\ \text{MW}$$

这就是联络线的功率增量，由系统 B 送往系统 A。

(4)系统 A 的机组已达最大负荷，系统 B 的调速器正常运行，即

$$K=K_{DA}+K_{GB}+K_{DB}=(60+2000+140)\ \text{MW/Hz}=2200\ \text{MW/Hz}$$

$$\Delta f=-\Delta P_D/K=-200/2200\ \text{Hz}=-0.09091\ \text{Hz}$$

$$f=(50-0.09091)\ \text{Hz}=49.90909\ \text{Hz}$$

系统 A 承担的功率增量为

$$\Delta P_A=-K_D\Delta f=-60\times(0.09091)\ \text{MW}=-5.4546\ \text{MW}$$

系统 B 承担的功率增量为

$$\Delta P_B=200-\Delta P_A=(200-5.4546)\ \text{MW}=194.5454\ \text{MW}$$

这就是联络线的功率增量，从系统 B 送往系统 A。

20-33 电力系统 A 和 B。孤立运行时，系统 A 的频率为49.86 Hz，系统的单位调节功率为 2000 MW/Hz；系统 B 的频率为 50 Hz，系统的单位调节功率为 3200 MW/Hz。现用联络线将两系统连接，若不计联络线的功率损耗，试计算联络线的功率和互联系统的频率。

解 记两系统互联前的频率为 f_A 和 f_B，互联后系统应有统一的频率 f。由于不计联络线的功率损耗，由频率变化引起的两系统的功率增量应互相平衡。

系统 A 的功率增量为

$$\Delta P_A=K_A(f_A-f)=2000\times(49.86-f)$$

系统 B 的功率增量为

$$\Delta P_B=K_B(f_B-f)=3200(50-f)$$

由 $\Delta P_A+\Delta P_B=0$，可得

$$2000\times(49.86-f)+3200(50-f)=0$$

$$f=\frac{3200\times 50+2000\times 49.86}{3200+2000}\ \text{Hz}=49.94615\ \text{Hz}$$

因此，系统 A 的功率增量为

$$\Delta P_A=2000\times(49.86-49.94615)\ \text{MW}$$
$$=2000\times(-0.08615)\ \text{MW}=-172.3\ \text{MW}$$

功率增量有负值，表明系统 A 因频率提升将出现功率缺额。系统 B 的功率增量为

$$\Delta P_B=3200(50-49.94615)\ \text{MW}=3200\times 0.05385\ \text{MW}=172.3\ \text{MW}$$

正好通过联络线送往系统 A，以平衡其功率缺额。

20-34 某系统有 3 台额定容量为 100 MW 的发电机组，其调差系数分别为 $\delta_1=2\%$，$\delta_2=4\%$和 $\delta_3=5\%$。运行初态各发电机的出力分别为 $P_{G1}=60$ MW，$P_{G2}=80$ MW，$P_{G3}=100$ MW。各机组仅实行一次调频，负荷的频率调节效应可忽略不计。

(1)当系统负荷增加 50 MW 时，系统的频率下降了多少？各机组承担的负荷增量为多少？

(2)如果负荷增量为 60 MW，系统的频率下降多少？各机组承担的负荷增量为多少？

解 先计算发电机的单位调节功率，即

$$K_{G1}=\frac{1}{\delta_1}\times\frac{P_{G1N}}{f_N}=\frac{100}{2}\times\frac{100}{50}\ \text{MW/Hz}=100\ \text{MW/Hz}$$

$$K_{G2}=\frac{1}{\delta_2}\times\frac{P_{G2N}}{f_N}=\frac{100}{4}\times\frac{100}{50}\ \text{MW/Hz}=50\ \text{MW/Hz}$$

3 号发电机已经满负荷运行，不具有调节能力，$K_{G3}=0$。

$$K=K_{G1}+K_{G2}=(100+50)\ \text{MW/Hz}=150\ \text{MW/Hz}$$

(1)负荷功率增加 50 MW，有

$$\Delta f=-\Delta P_D/K=-50/150\ \text{Hz}=-0.3333\ \text{Hz}$$

发电机组 1 承担的功率增量为

$$\Delta P_{G1}=-K_{G1}\Delta f=-100(-0.3333)\ \text{MW}=33.33\ \text{MW}$$

发电机组 2 承担的功率增量为

$$\Delta P_{G2}=-K_{G2}\Delta f=-50(-0.3333)\ \text{MW}=16.67\ \text{MW}$$

(2)负荷功率增加 60 MW，有

$$\Delta f=-60/150\ \text{Hz}=-0.4\ \text{Hz}$$

发电机组 1 承担功率增量为

$$\Delta P_{G1}=-100(-0.4)\ \text{MW}=40\ \text{MW}$$
$$\Delta P_{G2}=-50(-0.4)\ \text{MW}=20\ \text{MW}$$

20-35 有几台机组共同承担负荷 P_D，各机组的成本特性为

$$F_i(P_{Gi})=a_iP_{Gi}^2+b_iP_{Gi}+c_i$$

已知各机组的相关系数 a_i，b_i 和 c_i 及系统的总负荷 P_D。欲求负荷在各机组间的经济分配，使总发电成本最小。试设计一种直接解法，并说明计算步骤。

解　(1)计算公式的推导。

令各机组的成本微增率都相等,并等于λ

$$\lambda=\frac{dF_i}{dP_{Gi}}=2a_iP_{Gi}+b_i$$

则

$$P_{Gi}=(\lambda-b_i)/2a_i \tag{1}$$

所有发电机的功率之和应满足负荷的需求,即

$$P_D=\sum_{i=1}^{n}P_{Gi}=\lambda\sum_{i=1}^{n}\frac{1}{2a_i}-\sum_{i=1}^{n}\frac{b_i}{2a_i}$$

于是

$$\lambda=\left(P_D+\sum_{i=1}^{n}\frac{b_i}{2a_i}\right)/\sum_{i=1}^{n}\frac{1}{2a_i} \tag{2}$$

如果不考虑发电机组的出力限制,根据给定的P_D及相关系数,即可由式(2)算出成本微增率λ,再代入式(1)求得各发电机组的出力。

(2)考虑机组出力限制时的计算步骤。

实际上每台发电机组均有发电功率的限制,即发电机功率应满足

$$P_{Gi.\min}\leqslant P_{Gi}\leqslant P_{Gi.\max}$$

对于功率越限的机组,只能按限值运行,不再参加按等微增率原则的负荷分配。在利用上述公式时,必须经过多次计算,才能得出结果。计算步骤如下。

(ⅰ)初值计算。置迭代计数$k=0$,$A^{(0)}=\sum_{i=1}^{n}\frac{1}{2a_i}$,$B^{(0)}=\sum_{i=1}^{n}\frac{b_i}{2a_i}$,$P_D^{(0)}=P_D$。

(ⅱ)计算　$\lambda=(P_D^{(k)}+B^{(k)})/A^{(k)}$。

(ⅲ)计算　$P_{Gi}=(\lambda-b_i)/2a_i$。

(ⅳ)越限检查。若无机组功率越限,计算即可结束。否则,找出功率越限绝对值最大的机组,设为第m号机组。

(ⅴ)将第m号机组的功率取为限值,越上限时$P_{Gm}=P_{Gm.\max}$,越下限时$P_{Gm}=P_{Gm.\min}$。

(ⅵ)修改相关参数。

$$P_D^{(k+1)}=P_D^{(k)}-P_{Gm},A^{(k+1)}=A^{(k)}-\frac{1}{a_m},B^{(k+1)}=B^{(k)}-\frac{b_m}{2a_m}$$

(ⅶ)迭代计数加1,返回步骤(ⅱ)。

20-36　3个火电厂并联运行,当总负荷为400 MW和700 MW时,试利用题20-35的计算公式和步骤分别确定各发电厂间功率的经济分配。各电厂的燃料耗量特性及功率约束条件如下。

$$F_1=(4+0.3P_{G1}+0.0007P_{G1}^2)\ \text{t/h}$$
$$F_2=(3+0.32P_{G2}+0.0004P_{G2}^2)\ \text{t/h}$$
$$F_3=(3.5+0.3P_{G3}+0.00045P_{G3}^2)\ \text{t/h}$$
$$100\ \text{MW}\leqslant P_{G1}\leqslant 200\ \text{MW}$$
$$120\ \text{MW}\leqslant P_{G2}\leqslant 250\ \text{MW}$$
$$150\ \text{MW}\leqslant P_{G3}\leqslant 300\ \text{MW}$$

解　(1)初值计算。

$$A^{(0)}=\sum_{i=1}^{3}\frac{1}{2a_i}=\frac{1}{2}\left(\frac{1}{0.0007}+\frac{1}{0.0004}+\frac{1}{0.00045}\right)=3075.3968$$

$$B^{(0)}=\sum_{i=1}^{3}\frac{b_i}{2a_i}=\frac{1}{2}\left(\frac{0.3}{0.0007}+\frac{0.32}{0.0004}+\frac{0.3}{0.00045}\right)=947.6190$$

(2) $P_D=400$ MW。

(a)第一轮计算。

$\lambda=(P_D+B^{(0)})/A^{(0)}=(400+947.619)/3075.3968=0.4382$

各发电厂的功率为

$P_{G1}=(\lambda-b_1)/2a_1=(0.4382-0.3)/(2\times0.0007)\ \text{MW}=98.714\ \text{MW}$

$P_{G2}=(\lambda-b_2)/2a_2=(0.4382-0.32)/(2\times0.0004)\ \text{MW}=147.75\ \text{MW}$

$P_{G3}=(\lambda-b_3)/2a_3=(0.4382-0.3)/(2\times0.00045)\ \text{MW}=153.555\ \text{MW}$

越限检查发现，P_{G1}越下限，因此取$P_{G1}=100$ MW，并将电厂1退出负荷经济分配。

修改相关参数如下：

$$P_D^{(1)}=P_D^{(0)}-P_{G1}=(400-100)\ \text{MW}=300\ \text{MW}$$

$$A^{(1)}=A^{(0)}-\frac{1}{2a_1}=3075.3968-\frac{1}{2\times0.0007}=2361.1111$$

$$B^{(1)}=B^{(0)}-\frac{b_1}{2a_1}=947.619-\frac{0.3}{2\times0.0007}=733.3333$$

(b)第二轮计算。

$$\lambda=(P_D^{(1)}+B^{(1)})/A^{(1)}=(300+733.3333)/2361.1111=0.4376$$

$$P_{G2}=(0.4376-0.32)/(2\times0.0004)\ \text{MW}=147\ \text{MW}$$

$$P_{G3}=(0.4376-0.3)/(2\times0.00045)\ \text{MW}=152.889\ \text{MW}$$

两个电厂的功率都不越限，计算结束。

(3) $P_D=700$ MW。

(a)第一轮计算。

$$\lambda=(700+947.619)/3075.3968=0.5357$$

各发电厂功率分别为

$$P_{G1}=(0.5357-0.3)/(2\times0.0007)\ \text{MW}=168.357\ \text{MW}$$

$$P_{G2}=(0.5357-0.32)/(2\times0.0004)\ \text{MW}=269.625\ \text{MW}$$

$$P_{G3}=(0.5357-0.3)/(2\times0.00045)\ \text{MW}=261.889\ \text{MW}$$

发电厂2的功率已越出上限，应取为上限值，取$P_{G2}=250$ MW，并将其退出负荷经济分配。

修改相关参数如下：

$$P_D^{(1)}=P_D-P_{G2}=(700-250)\ \text{MW}=450\ \text{MW}$$

$$A^{(1)}=3075.3968-\frac{1}{2\times0.0004}=1825.3968$$

$$B^{(1)}=947.619-\frac{0.32}{2\times0.0004}=547.619$$

(b)第二轮计算。

$$\lambda=(P_D^{(1)}+B^{(1)})/A^{(1)}=(450+547.619)/1825.3968=0.5465$$

$$P_{G1}=(0.5465-0.3)/(2\times0.0007)\ \text{MW}=176.071\ \text{MW}$$

$$P_{G3}=(0.5465-0.3)/(2\times0.00045)\ \text{MW}=273.889\ \text{MW}$$

结果表明，不再有电厂功率越限，计算到此结束。

20-37 一个火电厂和一个水电厂并联运行。火电厂的发电成本特性为

$$F=(120+20P_T+0.03P_T^2)\text{元/h}$$

水电厂的耗水量特性为

$$W=(3+1.2P_H+0.002P_H^2)\ \text{m}^3/\text{s}$$

P_T和P_H的单位为 MW。水电厂日用水量 $W_\Sigma=1.8\times10^7\ \text{m}^3$。日负荷曲线：0～8 h 时为 400 MW；8～16 h 时为 700 MW；16～24 h 时为 560 MW。火电厂容量为 600 MW，水电厂容量为 450 MW。试比较分析下列两种情况下火电厂的发电总费用：

(1)水电厂按平均流量发电；

(2)按经济运行原则分配负荷。

解 (1)水电厂按平均流量发电。

平均流量

$$W_{av}=W_\Sigma/(24\times3600)=1.8\times10^7/86400\ \text{m}^3/\text{s}=208.333\ \text{m}^3/\text{s}$$

根据耗水量特性

$$3+1.2P_H+0.002P_H^2=208.333$$

可得
$$P_H=\frac{-1.2+\sqrt{1.2^2+4\times0.002\times208.333}}{2\times0.002}\ \text{MW}=140.643\ \text{MW}$$

$$\lambda_H=1.2+0.04P_H=1.76257$$

确定了水电厂的功率以后，各时段的火电厂的负荷、发电费用和λ_T值便可计算如下。

0～8 h 时： $P_T=(400-140.643)\ \text{MW}=259.357\ \text{MW}$

$F=(120+20\times259.357+0.03\times259.357^2)\times8\ \text{元}=58600.97\ \text{元}$

$\lambda_T=20+0.06\times259.357=35.5614$

8～16 h 时： $P_T=(700-140.643)\text{MW}=559.357\text{MW}$

$F=(120+20\times559.357+0.03\times559.357)\times8\ \text{元}=165548.38\ \text{元}$

$\lambda_T=20+0.06\times559.357=53.5614$

16～24h 时： $P_T=(560-140.643)\ \text{MW}=419.357\ \text{MW}$

$F=(120+20\times419.357+0.03\times419.357^2)\times8\ \text{元}=110263.59\ \text{元}$

$\lambda_T=20+0.06\times419.357=45.1614$

火电厂全天发电总费用为

$$F_\Sigma=(58600.97+165548.38+110263.59)\text{元}=334412.94\ \text{元}$$

各时段的水煤换算系数分别为

0～8 h 时： $\gamma=\lambda_T/\lambda_H=35.5614/1.76257=20.18$

8～16 h 时： $\gamma=53.5614/1.76257=30.39$

16～24 h 时： $\gamma=45.1614/1.76257=25.62$

水煤换算系数的含义是，如果将 1 m^3/s 流量的水用于发电，每小时便可节省火电厂发

电费用γ元。三个时段的γ值各不相同，0～8 h时γ值最低，8～16h时γ值最高。显而易见，减少0～8 h时的用水量、加大8～16 h时的用水量，一定能够降低火电厂的发电费用。

(2)按等微增率准则分配负荷。

根据已知的水电厂、火电厂耗量特性可得协调方程

$$20+0.06P_{\mathrm{T}}=\gamma(1.2+0.004P_{\mathrm{H}})$$

对于每一时段还应满足功率平衡条件　$P_{\mathrm{T}}+P_{\mathrm{H}}=P_{\mathrm{D}}$

由此可解出
$$P_{\mathrm{H}}=\frac{20-1.2\gamma+0.06P_{\mathrm{D}}}{0.004\gamma+0.06},\quad P_{\mathrm{T}}=P_{\mathrm{D}}-P_{\mathrm{H}}$$

现在开始迭代计算，选不同的γ值，计算水电厂的日耗水量，使其符合给定值。

第一轮计算，选$\gamma^{(0)}=25$，按各时段的负荷值可以算出相应时段水电厂功率分别为

$$P_{\mathrm{H1}}^{(0)}=87.5\ \mathrm{MW},\quad P_{\mathrm{H2}}^{(0)}=200\ \mathrm{MW},\quad P_{\mathrm{H3}}^{(0)}=147.5\ \mathrm{MW}$$

全日总用水量为

$$\begin{aligned}W_{\mathrm{I}}^{(0)}&=[(3+1.2\times87.5+0.002\times87.5^2)+(3+1.2\times200+0.002\times200^2)\\&\quad+(3+1.2\times147.5+0.002\times147.5^2)]\times8\times3600\ \mathrm{m^3}\\&=1.929096\times10^7\ \mathrm{m^3}\end{aligned}$$

结果是$W_{\Sigma}^{(0)}>W_{\Sigma}$，说明$\gamma^{(0)}$取值偏小，现取$\gamma^{(1)}=26$。做新一轮的计算。

第二轮计算，由$\gamma^{(1)}=26$可得水电厂各时段的功率分别为

$$P_{\mathrm{H1}}^{(1)}=78.049\ \mathrm{MW},\quad P_{\mathrm{H2}}^{(1)}=187.805\ \mathrm{MW},\quad P_{\mathrm{H3}}^{(1)}=136.585\ \mathrm{MW}$$

$$\begin{aligned}W_{\Sigma}^{(1)}&=[(3+1.2\times78.049+0.002\times78.049^2)\\&\quad+(3+1.2\times187.805+0.002\times187.805^2)\\&\quad+(3+1.2\times136.585+0.002\times136.585^2)]\times8\times3600\ \mathrm{m^3}\\&=1.7581056\times10^7\ \mathrm{m^3}\end{aligned}$$

由于$W_{\Sigma}^{(1)}$略小于W_{Σ}，下轮的γ值应略小于$\gamma^{(1)}$。

第三轮计算，取$\gamma^{(2)}=25.755$可得各时段水电厂功率及日用水量如下。

$$P_{\mathrm{H1}}^{(2)}=80.321\ \mathrm{MW},\quad P_{\mathrm{H2}}^{(2)}=190.737\ \mathrm{MW},\quad P_{\mathrm{H3}}^{(2)}=139.210\ \mathrm{MW}$$

$$W_{\Sigma}^{(2)}=1.8021444\times10^7\ \mathrm{m^3}$$

第四轮计算，取$\gamma^{(3)}=25.768$，结果如下。

$$P_{\mathrm{H1}}=80.2\ \mathrm{MW},\quad P_{\mathrm{H2}}=190.58\ \mathrm{MW},\quad P_{\mathrm{H3}}=139.07\ \mathrm{MW}$$

$$W_{\Sigma}=1.8000187\times10^7\ \mathrm{m^3}$$

虽然日用水总量与给定值仍有一些差别，但进一步的计算对水电厂各时段功率的调整量非常微小。现在取第四轮的计算结果进行火电厂功率的计算。

0～8 h时：　$P_{\mathrm{T1}}=400-P_{\mathrm{H1}}=(400-80.2)\ \mathrm{MW}=319.8\ \mathrm{MW}$

8～16 h时：　$P_{\mathrm{T2}}=700-P_{\mathrm{H2}}=(700-190.58)\ \mathrm{MW}=509.42\ \mathrm{MW}$

16～24 h时：　$P_{\mathrm{T3}}=560-P_{\mathrm{H3}}=(560-139.07)\ \mathrm{MW}=420.93\ \mathrm{MW}$

火电厂的日发电费用为

$$\begin{aligned}F_{\Sigma}&=[(120+20\times319.8+0.03\times319.8^2)+(120+20\times509.42\\&\quad+0.03\times509.42^2)+(120+20\times420.93+0.03\times420.93^2)]\times8\ 元\\&=332255.08\ 元\end{aligned}$$

两种负荷分配方式相比，后一种方式能节省火电厂发电费用

$$\Delta F=(334412.94-332255.08)\text{元}=2157.86\text{元}$$

20.4　电力系统稳定性计算

20-38　简单电力系统，发电机采用经典模型。正常运行时 $\delta_0=30°$，转移电抗为 X_I；当线路发生某种故障时，转移电抗变为 $10X_\text{I}$；当 $\delta_0=60°$时，切除故障线路，转移电抗变为 $1.5X_\text{I}$；当 $\delta_0=120°$时，线路重合闸成功，转移电抗恢复为 X_I。试判断该系统的暂态稳定性。

解　设正常运行时功率特性幅值为 $P_{m\text{I}}$，则运行初态的功率为 $P_0=P_{m\text{I}}\sin\delta_0=P_{m\text{I}}\sin30°=0.5P_{m\text{I}}$，$P_\text{T}=P_0=0.5P_{m\text{I}}$。

故障时和故障切除后的功率特性幅值分别为 $P_{m\text{II}}=0.1P_{m\text{I}}$ 和 $P_{m\text{III}}=\dfrac{1}{1.5}P_{m\text{I}}=0.6667P_{m\text{I}}$，重合闸成功后功率特性恢复正常，临界角 $\delta_{cr}=180°-\delta_0=150°$。

过剩功率所做的功可用面积表示，现在进行总面积计算。

$$A=\int_{30°}^{60°}(P_\text{T}-P_{m\text{II}}\sin\delta)\text{d}\delta+\int_{60°}^{120°}(P_\text{T}-P_{m\text{III}}\sin\delta)\text{d}\delta+\int_{120°}^{150°}(P_\text{T}-P_{m\text{I}}\sin\delta)\text{d}\delta$$

将有关各量代入，可得

$$\begin{aligned}A&=P_{m\text{I}}\left[\int_{30°}^{60°}(0.5-0.1\sin\delta)\text{d}\delta+\int_{60°}^{120°}(0.5-0.6667\sin\delta)\text{d}\delta+\int_{120°}^{150°}(0.5-\sin\delta)\text{d}\delta\right]\\&=P_{m\text{I}}[0.5\times(150°-30°)/57.3°\\&\quad+0.1(\cos60°-\cos30°)+0.6667(\cos120°-\cos60°)+\cos150°-\cos120°]\\&=P_{m\text{I}}[1.0471+0.1(0.5-0.866)+0.6667(-0.5-0.5)-0.866+0.5]\\&=-0.0222P_{m\text{I}}<0\end{aligned}$$

由计算结果可知，总面积负值表明最大可能的减速面积超过了加速面积，系统能够保持暂态稳定性。

20-39　简单电力系统如题 20-39 图(1)所示。归算后的各元件标幺参数如下：$x'_\text{d}=0.4$，$x_{\text{T1}}=0.18$，$x_{\text{T2}}=0.20$，$x_\text{L}=0.58$，$T_\text{J}=8$ s。初始运行状态为：$P_0=1.0$。$\delta_0=40°$，$U_0=1.0$。一回线路末端三相短路，断路器 B_2 在短路发生后 0.1 s 断开，再过 0.05 s，断路器 B_1 断开。试判断系统的暂态稳定性。

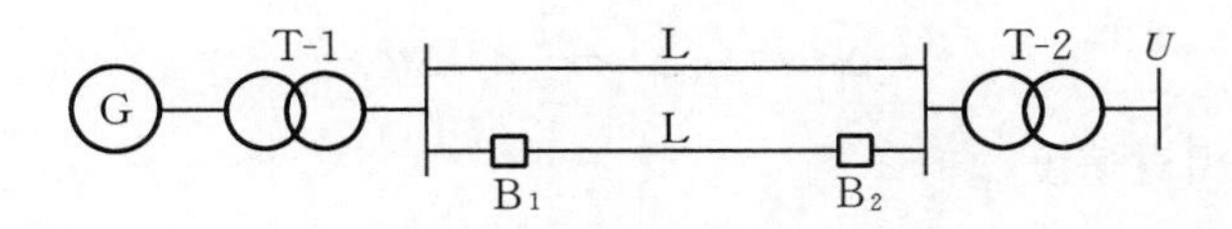

题 20-39 图(1)　系统接线图

解　(1)各种运行状态下系统转移电抗及功率特性幅值计算。

系统在各种状态下的等值电路示于题 20-39 图(2)。

正常状态为

$$X_\text{I}=x'_\text{d}+x_{\text{T1}}+\frac{1}{2}x_\text{L}+x_{\text{T2}}=0.4+0.18+\frac{1}{2}\times0.58+0.2=1.07$$

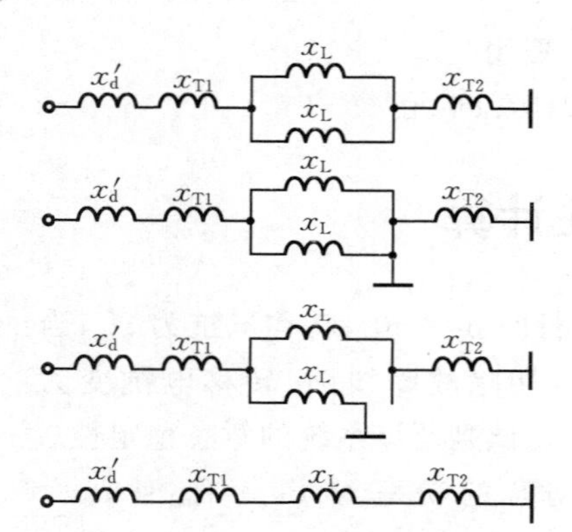

题 20-39 图(2)　各种状态下系统的等值电路

短路状态为

$$X_{Ⅱ}=\infty$$

线路末端断路器 B_2 断开，短路继续存在，即

$$X_{Ⅲ}=x_d'+x_{T1}+x_L+x_{T2}+\frac{(x_d'+x_{T1})(x_L+x_{T2})}{x_L}$$

$$=0.4+0.18+0.58+0.2+\frac{(0.4+0.18)(0.58+0.2)}{0.58}$$

$$=2.14$$

线路首端断路器 B_1 也断开后，即

$$X_{Ⅳ}=x_d'+x_{T1}+x_L+x_{T2}$$

$$=0.4+0.18+0.58+0.2=1.36$$

根据运行初始功角 $\delta_0=40°$，功率 $P_0=1$，可知

$$P_{mⅠ}=\frac{P_0}{\sin\delta_0}=\frac{1}{\sin 40°}=1.556$$

短路期间

$$P_{mⅡ}=0$$

线路末端开断后

$$P_{mⅢ}=P_{mⅠ}\times\frac{X_Ⅰ}{X_Ⅲ}=1.556\times\frac{1.07}{2.14}=0.778$$

线路首端也开断后

$$P_{mⅣ}=P_{mⅠ}\times\frac{X_Ⅰ}{X_Ⅳ}=1.556\times\frac{1.07}{1.36}=1.224$$

(2)用分段计算法计算转子摇摆曲线。

从短路开始到 0.1 s 断路器 B_1 开断，转子都做等加速运动，故第 1 时段可取 0.1 s 作为步长计算功角增量

$$\Delta\delta_1=\frac{1}{2}\times\frac{18000}{T_J}(P_0-P_Ⅱ)\Delta t_1^2=\frac{1}{2}\times\frac{18000}{8}(1-0)\times 0.1^2=11.25°$$

$$\delta_1=\delta_0+\Delta\delta_1=40°+11.25°=51.25°$$

从 0.1 s 开始，由于 0.15 s 又有操作，只能选 0.05 s 作为步长。由于步长不同，不便利用上一步长的角度增量，因此本步长的角度增量应按以下公式算出。

$$\Delta\delta_2=\omega_1\Delta t+\frac{1}{2}a_1^+\Delta t^2$$

式中，ω_1 为 0.1 s 的相对速度。

$$\omega_1=a_0\Delta t_1=\frac{18000}{T_J}(P_0-P_Ⅱ)\Delta t_1=\frac{18000}{8}\times(1-0)\times 0.1=225$$

a_1^+ 应由受端断路器断开后的过剩功率确定，即

$$a_1^+=\frac{18000}{T_J}(P_0-P_{mⅢ}\sin\delta_1)=\frac{18000}{8}\times(1-0.778\sin 51.25°)=884.8122$$

于是

$$\Delta\delta_2=225\times 0.05+\frac{1}{2}\times 884.8122\times 0.05^2=11.25°+1.106°=12.356°$$

$$\delta_2=\delta_1+\Delta\delta_2=51.25°+12.356°=63.606°$$

$t=0.15$ s 又发生一次操作，线路首端断路器断开，因此

$$\begin{aligned}\Delta\delta_3&=\Delta\delta_2+\frac{1}{2}\times\frac{18000}{T_J}\times(0.05)^2[(P_0-P_{m\text{III}}\sin\delta_2)+(P_0-P_{m\text{III}}\sin\delta_2)]\\&=12.356°+\frac{1}{2}\times5.625\times[(1-0.778\sin63.606°)+(1-1.224\sin63.606°)]\\&=12.937°\end{aligned}$$

$$\delta_3=\delta_2+\Delta\delta_3=63.606°+12.937°=76.543°$$

第四时段

$$\Delta\delta_4=\Delta\delta_3+5.625\times(1-1.224\sin76.543°)=11.866°$$

后续计算结果列于题 20-39 表。

题 20-39 表　转子摇摆曲线计算结果

t/s	0	0.1	0.15	0.20	0.25	0.30	0.35	0.40	0.45
$\Delta\delta$/deg	0	11.25	12.356	12.937	11.866	10.609	9.434	8.528	8.017
δ/deg	40	51.25	63.606	76.543	88.409	99.018	108.452	116.980	124.997

按线路两端切除后的功率特性可知，临界角 $\delta_{cr}=180°-\arcsin\dfrac{P_0}{P_{m\text{IV}}}=180°-\arcsin\dfrac{1}{1.224}=125.215°$，算至 0.45 s 时，角度仍然继续增加，下一时段必然越过临界角，系统将失去暂态稳定。

(3)本题还可用混合法判断暂态稳定，即用分段计算法算出最后一次操作(或网络变更)时的功角，只要此后的功率特性 $P(\delta)$ 已知，便可改用面积计算来判断稳定。

从故障开始，到功角抵达临界角 δ_{cr}，过剩功率所做的功可用面积表示为

$$\begin{aligned}A&=\int_{\delta_0}^{\delta_1}(P_0-0)\mathrm{d}\delta+\int_{\delta_1}^{\delta_2}(P_0-P_{m\text{III}}\sin\delta)\mathrm{d}\delta+\int_{\delta_2}^{\delta_{cr}}(P_0-P_{m\text{IV}}\sin\delta)\mathrm{d}\delta\\&=\int_{40°}^{51.25°}\mathrm{d}\delta+\int_{51.25°}^{63.606°}(1-0.778\sin\delta)\mathrm{d}\delta+\int_{63.606°}^{125.215°}(1-1.224\sin\delta)\mathrm{d}\delta\\&=(125.215°-40°)/57.3°+0.778(\cos63.606°-\cos51.25°)\\&\quad+1.224(\cos125.215°-\cos63.606°)=0.0962>0\end{aligned}$$

$A>0$ 说明加速面积超过了最大可能的减速面积，系统将失去暂态稳定。

(4)再做两项补充计算。

(a)若 0.1 s 两端同时切除故障线路，试判断暂态稳定性。

$$\begin{aligned}A=\int_{\delta_0}^{\delta_1}P_0\mathrm{d}\delta+\int_{\delta_1}^{\delta_{cr}}(P_0-P_{m\text{IV}}\sin\delta)\mathrm{d}\delta=(125.215°-40°)/57.3°\\+1.224(\cos125.215°-\cos51.25°)=0.0153>0\end{aligned}$$

还是 $A>0$，系统不能保持稳定。

(b)若两端能同时切除，试求极限切除时间。

先计算极限切除角，设为 δ_c，则应有

$$A=\int_{\delta_0}^{\delta_c}P_0\mathrm{d}\delta+\int_{\delta_c}^{\delta_{cr}}(P_0-P_{m\text{IV}}\sin\delta)\mathrm{d}\delta=0$$

即 $(\delta_{cr}-\delta_c)/57.3^\circ + P_{m\text{IV}}(\cos\delta_{cr}-\cos\delta_c)$

$= (125.215^\circ - 40^\circ)/57.3^\circ + 1.224(\cos125.215^\circ - \cos\delta_c) = 0$

$$\cos\delta_c = \frac{1}{1.224}\times[1.4872 + 1.224\times(-0.57665)] = 0.63839$$

$\delta_c = 50.328^\circ$

极限切除时间为

$$t_c=\sqrt{\frac{2\times8\times(50.328^\circ-40^\circ)}{18000^\circ}}\ \text{s}=0.0958\ \text{s}$$

20-40 在实验室进行简单电力系统的稳定试验，系统接线如题 20-40 图(1)所示。各元件参数已按统一选定的基准值进行归算，数值如下。

发电机：$x'_d=0.3$，$T_J=6$ s；变压器：$x_{T1}=0.1$，$x_{T2}=0.1$；线路：$Z_L=0.1+j0.5$。受端为无限大系统，$U=1.0$，短路前输电系统空载。f 点发生三相短路，持续 0.9s 后由开关 B 切除。试判断系统的暂态稳定。

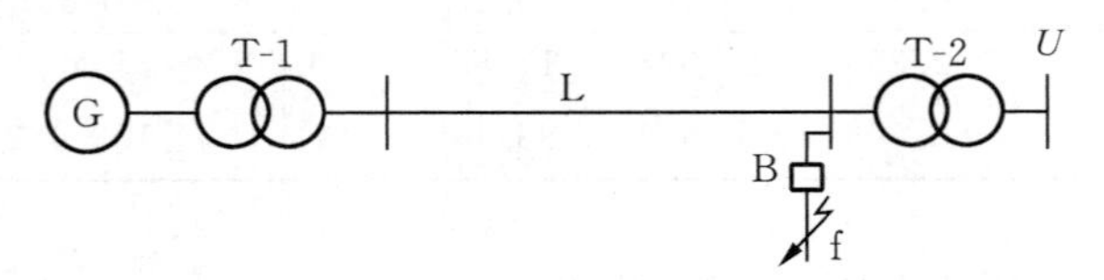

题 20-40 图(1) 系统接线图

解 (1)功率特性及运行初态计算。

短路发生前

$$Z_{11}=Z_{12}=jx'_d+jx_{T1}+Z_L+jx_{T2}=j0.3+j0.1+0.1+j0.5+j0.1$$
$$=0.1+j1.0=1.005\angle84.29^\circ$$
$$\alpha_{11}=\alpha_{12}=90^\circ-84.29^\circ=5.71^\circ$$

功率特性为

$$P_\text{I}=\frac{E^2}{|Z_{11}|}\sin\alpha_{11}+\frac{EU}{|Z_{12}|}\sin(\delta-\alpha_{12})$$

已知 $U=1.0$，$E=1.0$，故

$$P_\text{I}=\frac{1^2}{1.005}\sin5.71^\circ+\frac{1\times1}{1.005}\sin(\delta-5.71^\circ)=0.099+0.995\sin(\delta-5.71^\circ)$$

初始状态下，$P_0=0$，$\delta_0=0^\circ$。

短路状态下

$$Z_{11}=Z_{12}=jx'_d+jx_{T1}+Z_L=j0.3+j0.1+0.1+j0.5$$
$$=0.1+j0.9=0.9055\angle83.66^\circ$$
$$\alpha_{11}=\alpha_{12}=90^\circ-83.66^\circ=6.34^\circ$$
$$P_\text{II}=\frac{E^2}{|Z_{11}|}\sin\alpha_{11}=\frac{1^2}{0.9055}\sin6.34^\circ=0.122$$

故障切除后，系统恢复正常，$P_\text{III}=P_\text{I}$。

(2)利用面积定则确定极限切除角。

先计算临界角 δ_{cr}，由 $P_{Ⅲ}=P_{Ⅰ}=0$，可得

$$\sin(\delta-5.71°)=-0.099/0.995=-0.0995$$

即 $\delta-5.71°=\arcsin(-0.0995)=-5.71°$ 或 $185.71°$

故有 $\delta_0=5.71°$ 及 $\delta_{cr}=185.71°+5.71°=191.42°$

本题中由于 $P_0<P_{Ⅱ}$，故障状态下发电机受到制动，转子的相对角并不增大，而是减小，即往负方向增大。因此，在转子运动过程中，实际上最先抵达的临界角并非 191.42°，而是 $191.42°-360°=-168.58°$。

设极限切除角为 $\delta_{c\cdot\lim}$，根据面积定则应有

$$\int_{\delta_0}^{\delta_{c\cdot\lim}}(P_0-P_{Ⅱ})d\delta+\int_{\delta_{c\cdot\lim}}^{\delta_{cr}}(P_0-P_{Ⅲ})d\delta=0$$

即

$$\begin{aligned}&\int_{\delta_0}^{\delta_{c\cdot\lim}}(0-0.122)d\delta+\int_{\delta_{c\cdot\lim}}^{-168.58°}[0-0.099-0.995\sin(\delta-5.71°)]d\delta\\&=0-0.122\delta_{c\cdot\lim}/57.3°-0.099(-168.58°-\delta_{c\cdot\lim})/57.3°\\&\quad+0.995[\cos(-168.58°-5.71°)-0.995\cos(\delta_{c\cdot\lim}-5.71°)]=0\end{aligned}$$

整理后可得

$$-0.0004014\delta_{c\cdot\lim}-0.699-0.995\cos(\delta_{c\cdot\lim}-5.71°)=0$$

这个方程无法直接求解，可将其写成迭代计算的格式。

$$\cos(\delta_{c\cdot\lim}^{(k+1)}-5.71°)=-(0.0004014\delta_{c\cdot\lim}^{(k)}+0.699)/0.995$$

选初值 $\delta_{c\cdot\lim}^{(0)}=-120°$

$\cos(\delta_{c\cdot\lim}^{(1)}-5.71°)=-[0.0004014\times(-120)+0.699]/0.995=-0.6541$

$\delta_{c\cdot\lim}^{(1)}=\arccos(-0.6541)+5.71°=-130.85°+5.71°=-125.14°$

$\cos(\delta_{c\cdot\lim}^{(2)}-5.71°)=-[0.0004014\times(-125.14)+0.699]/0.995=-0.6520$

$\delta_{c\cdot\lim}^{(2)}=\arccos(-0.6520)+5.71°=-130.69°+5.71°=-124.98°$

$\cos(\delta_{c\cdot\lim}^{(3)}-5.71°)=-[0.0004014\times(-124.98)+0.699]/0.995=-0.6521$

$\delta_{c\cdot\lim}^{(3)}=\arccos(-0.6521)+5.71°=-130.70°+5.71°=-124.99°$

迭代到此结束，求得极限切除角 $\delta_{c\cdot\lim}=-124.99°$。面积分析如题 20-40 图(2)所示。

(3)稳定性判断。

可以用两种方法进行稳定判断，第一种方法是计算短路实际切除时刻，即 $t_c=0.9$ s 的功角，与极限切除角进行比较。

$$\begin{aligned}\delta_c&=\delta_0+\frac{1}{2}\times\frac{P_0-P_{Ⅱ}}{T_J}\times18000\times t_c^2\\&=0-\frac{0.122}{2\times6}\times18000\times0.9^2=-148.23°\end{aligned}$$

由于短路期间，转子受到制动，$\delta_c<\delta_{c\cdot\lim}$ 表明转子已经越过了极限切除角，发电机将向减速的方向失去暂态稳定。

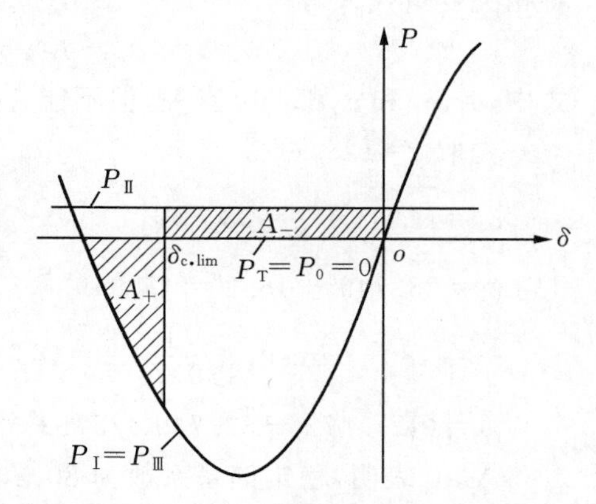

题 20-40 图(2) 暂态稳定的面积分析

第二种方法是计算极限切除时间，与实际切除时间比较。

$$t_{c\cdot\lim}=\sqrt{\frac{2T_J(\delta_{c\cdot\lim}-\delta_0)}{(P_0-P_{\text{II}})\times18000}}=\sqrt{\frac{2\times6\times(-124.99-0)}{-0.122\times18000}}\text{s}=0.8264\text{s}$$

实际切除时间 t_c 大于极限切除时间 $t_{c\cdot\lim}$，系统将失去暂态稳定。

20-41 简单电力系统如题 20-39 图(1)所示。发电机装有自动励磁调节器，可保持电势 E' 恒定。运行初态 $P_0=1$。一条线路的首端发生三相短路，经 0.12 s 两端同时切除。已知故障切除后系统的功率特性幅值降低到正常状态的 70%，即 $P_{m\text{III}}=0.7P_{m\text{I}}$。发电机惯性时间常数 $T_J=8$ s。试问，欲保持暂态稳定性，系统正常运行状态的静态稳定储备系数至少应为多少？

解 设所需的静态稳定储备系数为 k_p，令 $c=1+k_p$，则正常状态的功率特性幅值为 $P_{m\text{I}}=cP_0$，三相短路时 $P_{m\text{II}}=0$，短路切除后 $P_{m\text{III}}=0.7cP_0$。

初始运行功角

$$\delta_0=\arcsin\frac{P_0}{P_{m\text{I}}}=\arcsin\frac{1}{c}$$

短路期间转子做等加速运动，获得功角增量

$$\Delta\delta=\frac{1}{2}\times\frac{P_0}{T_J}\times18000\times t_c^2=\frac{1}{2}\times\frac{1}{8}\times18000\times0.12^2=16.2^\circ$$

切除角

$$\delta_c=\delta_0+\Delta\delta=\arcsin\frac{1}{c}+16.2^\circ$$

临界角

$$\delta_{cr}=180^\circ-\arcsin\frac{P_0}{P_{m\text{III}}}=180^\circ-\arcsin\frac{1}{0.7c}$$

欲保持暂态稳定性，应使过剩功率在转子摇摆过程中所做的功满足条件

$$A=\int_{\delta_0}^{\delta_c}(P_0-P_{\text{II}})\mathrm{d}\delta+\int_{\delta_c}^{\delta_{cr}}(P_0-P_{m\text{III}}\sin\delta)\mathrm{d}\delta\leqslant0$$

将相关变量代入可得

$$A=(\delta_{cr}-\delta_0)/57.3+0.7c(\cos\delta_{cr}-\cos\delta_c)\leqslant0$$

式中，δ_0、δ_c 和 δ_{cr} 都与 c 有关，但不能直接求解，可以用试探法进行计算。

先取 $c=1.8$，可得

$\delta_0=\arcsin\dfrac{1}{1.8}=33.749^\circ$

$\delta_c=33.749^\circ+16.2^\circ=49.949^\circ$

$\delta_{cr}=180^\circ-\arcsin\dfrac{1}{1.8\times0.7}=180^\circ-52.528^\circ=127.472^\circ$

$A=(127.472^\circ-33.749^\circ)/57.3^\circ+0.7\times1.8(\cos127.472^\circ-\cos49.949^\circ)=0.05833$

$A>0$ 表明，稳定储备系数为 80% 时，不能保持暂态稳定，必须取更大的储备系数。

再取 $c=1.86$，可得

$\delta_0=\arcsin\dfrac{1}{1.86}=32.52^\circ$

$\delta_c=32.52^\circ+16.2^\circ=48.72^\circ$

$\delta_{cr}=180°-\arcsin\dfrac{1}{0.7\times1.86}=180°-50.18°=129.82°$

$A=(129.82°-32.52°)/57.3°+0.7\times1.86(\cos129.82°-\cos48.72°)$
$\quad=0.00538\times10^{-2}$

表明系统仍然不能保持暂态稳定，再取 $c=1.87$，可得

$\delta_0=\arcsin\dfrac{1}{1.87}=32.328°$

$\delta_c=32.328°+16.2°=48.528°$

$\delta_{cr}=180°-\arcsin\dfrac{1}{0.7\times1.87}=180°-49.813°=130.187°$

$A=(130.187°-32.328°)/57.3°+0.7\times1.87(\cos130.187°-\cos48.528°)$
$\quad=-0.00372\times10^{-2}$

若取 $c=1.866$，则得 $\delta_0=32.405°$，$\delta_{cr}=130.041°$，$A=-0.000101\times10^{-3}$。最终结果是静态稳定储备系数达到 86.6%时，可以保持暂态稳定。

如果能将故障线路的切除时间缩短到 0.1 s，用同样的方法可以算出，所要求的静态稳定储备系数可以降到 77.4%。

20-42 简单电力系统如题 20-42 图所示。已知发电机参数 $x_2=x'_d$。正常运行时，由于发电机装设有自动励磁调节器，按 E' 恒定算得静态稳定储备系数 $k_r=50\%$。运行中线路首端开关有一相误断开后，随即重新合上。在一相断开期间电势 $\dot{E}'$ 与系统电压 $\dot{U}$ 之间的相角 δ' 变化了 30°，整个过程中 E' 幅值保持不变，试判断系统的暂态稳定性。

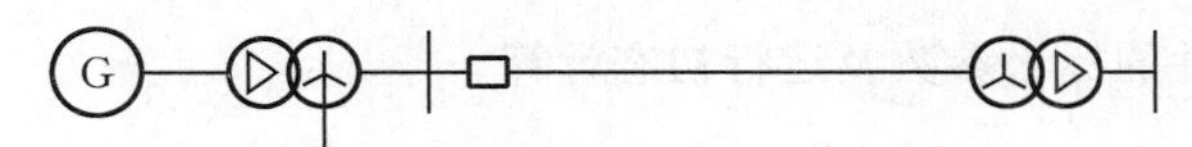

题 20-42 图 简单电力系统

解 首先计算功率特性。正常状态下的功率特性为

$$P_{\mathrm{I}}=\frac{EU}{X_{\mathrm{I}}}\sin\delta=P_{m\mathrm{I}}\sin\delta$$

若运行初态功率为 P_0，按已知的静态稳定储备系数，可得 $P_{m\mathrm{I}}=1.5P_0$，因此

$$\delta_0=\arcsin\frac{P_0}{P_{m\mathrm{I}}}=\arcsin\frac{1}{1.5}=41.81°$$

$$\delta_{cr}=180°-\delta_0=138.19°$$

开关断开一相后，系统的转移电抗变为 X_{II}，根据一相断开的边界条件可知

$$X_{\mathrm{II}}=X_{FF(1)}+X_{FF(2)}\,/\!/\,X_{FF(0)}$$

由于系统接线不能形成零序电流通路，故有

$$X_{\mathrm{II}}=X_{FF(1)}+X_{FF(2)}=2X_{FF(1)}=2X_{\mathrm{I}}$$

于是故障状态的功率特性为

$$P_{\mathrm{II}}=\frac{EU}{X_{\mathrm{II}}}\sin\delta=0.5P_{m\mathrm{I}}\sin\delta=0.75P_0\sin\delta$$

现在计算暂态过程中过剩功率所做的功

$$
\begin{aligned}
A &= \int_{\delta_0}^{\delta_0+30^\circ}(P_0 - P_{\text{II}})\mathrm{d}\delta + \int_{\delta_0+30^\circ}^{\delta_{\text{cr}}}(P_0 - P_{\text{I}})\mathrm{d}\delta \\
&= \int_{41.81^\circ}^{71.81^\circ}(P_0 - 0.75P_0\sin\delta)\mathrm{d}\delta + \int_{71.81^\circ}^{138.19^\circ}(P_0 - 1.5P_0\sin\delta)\mathrm{d}\delta \\
&= P_0[(138.19^\circ - 41.81^\circ)/57.3^\circ + 0.75(\cos 71.81^\circ \\
&\quad - \cos 41.81^\circ) + 1.5(\cos 138.19^\circ - \cos 71.81^\circ)] \\
&= P_0(1.6820 - 0.3249 - 1.5863) = -0.2292P_0 < 0
\end{aligned}
$$

计算结果说明，最大可能的减速面积大于加速面积，系统能够保持暂态稳定。

20-43 简单电力系统如题 20-43 图所示。各元件参数及运行初态如下。

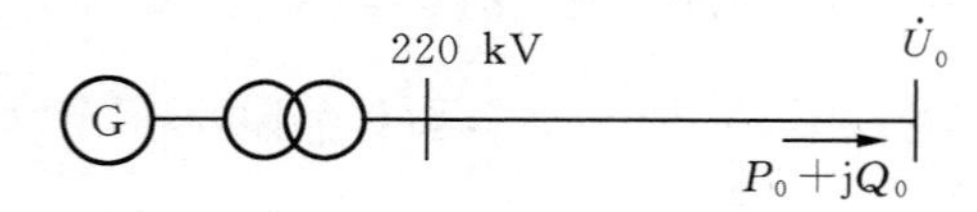

题 20-43 图 简单电力系统

发电机：$S_N=353$ MV·A，$U_N=10.5$ kV，$\cos\varphi_N=0.85$，$x_d=x_q=1.8$，$x'_d=0.3$；

变压器：$S_N=360$ MV·A，$U_S\%=15$，$k=242/10.5$；

线路：$l=200$ km，$x=0.36$ Ω/km；

运行初态：$U_0=209$ kV，$P_0+\mathrm{j}Q_0=(200+\mathrm{j}40)$ MV·A。

对于下列两种情况：(1)励磁调节器退出运行；(2)励磁调节器能保持 E' 恒定。分别回答：发电机能否发出额定有功功率？如果要保持有 20% 的静态稳定储备系数，发电机的有功功率能发多少？

解 (1)系统元件的标幺参数及运行初态计算。

选 $S_B=200$ MV·A，$U_B=209$ kV，则发电机侧基准电压为 $U_{B(G)}=209\times\dfrac{10.5}{242}$ kV$=$9.068 kV。经归算后的各元件标幺参数如下。

发电机阻抗

$$X_d = X_q = 1.8\times\frac{200}{353}\times\frac{10.5^2}{9.068^2} = 1.3674$$

$$X'_d = 0.3\times\frac{200}{353}\times\frac{10.5^2}{9.068^2} = 0.2279$$

变压器阻抗

$$X_T = \frac{15}{100}\times\frac{200}{360}\times\frac{242^2}{209^2} = 0.1117$$

输电线路阻抗

$$X_L = 0.36\times 200\times\frac{200}{209^2} = 0.3297$$

输电系统转移电抗

$$X_{d\Sigma} = 1.3674 + 0.1117 + 0.3297 = 1.8088$$

$$X'_{d\Sigma} = 0.2279 + 0.1117 + 0.3297 = 0.6693$$

系统的运行初态

$$U_0=\frac{209}{209}=1.0$$

$$P_0+jQ_0=\frac{200+j40}{200}=1+j0.2$$

$$E_{q0}=\sqrt{\left(U_0+\frac{Q_0X_{d\Sigma}}{U_0}\right)^2+\left(\frac{P_0X'_{d\Sigma}}{U_0}\right)^2}=\sqrt{(1+0.2\times1.8088)^2+(1\times1.8088)^2}=2.2641$$

$$\delta_0=\arctan\frac{1.8088}{1+0.2\times1.8088}=53.03°$$

$$E'_0=\sqrt{\left(U_0+\frac{Q_0X'_{d\Sigma}}{U_0}\right)^2+\left(\frac{P_0X'_{d\Sigma}}{U_0}\right)^2}=\sqrt{(1+0.2\times0.6693)^2+(1\times0.6693)^2}$$
$$=1.3167$$

$$\delta'_0=\arctan\frac{0.6693}{1+0.2\times0.6693}=30.55°$$

(2)输送功率计算。

(a)励磁调节器退出运行时，$E_q=E_{q0}$保持不变，有

$$P_m=\frac{E_qU}{X_{d\Sigma}}=\frac{2.2641\times1}{1.8088}=1.2517$$

折算到有名值，可得

$$P_m=1.2517\times200\ \text{MW}=250.34\ \text{MW}$$

发电机的额定功率为

$$P_N=S_N\cos\varphi_N=353\times0.85\ \text{MW}=300\ \text{MW}$$

可见发电机无法送出额定功率。若要保持有 20%的储备系数，则发电机的输出功率只能达到

$$P=\frac{P_m}{1.2}=\frac{250.34}{1.2}\ \text{MW}=208.617\ \text{MW}$$

(b)励磁调节器能保持 E'恒定时，有

$$P_m=\frac{E'U}{X'_{d\Sigma}}=\frac{1.3167\times1}{0.6693}=1.9673$$

折算到有名值，可得

$$P_m=1.9673\times200\ \text{MW}=393.46\ \text{MW}$$

再留出 20%储备时，发电机输出功率可达到

$$P=\frac{393.46}{1.2}\ \text{MW}=327.88\ \text{MW}$$

仍然超过了发电机的额定有功功率。

当发电机输出额定有功功率为 300 MW 时，其稳定储备系数为

$$k_p=\frac{393.46-300}{300}\times100\%=31.153\%$$

20-44 简单电力系统如题 20-44 图所示。归算后的元件参数和运行初态如下。

发电机：$x_d=1.8$，$x'_d=0.28$；变压器：$x_{T1}=0.13$，$x_{T2}=0.12$；线路：$\frac{1}{2}x_L=0.24$；运行初

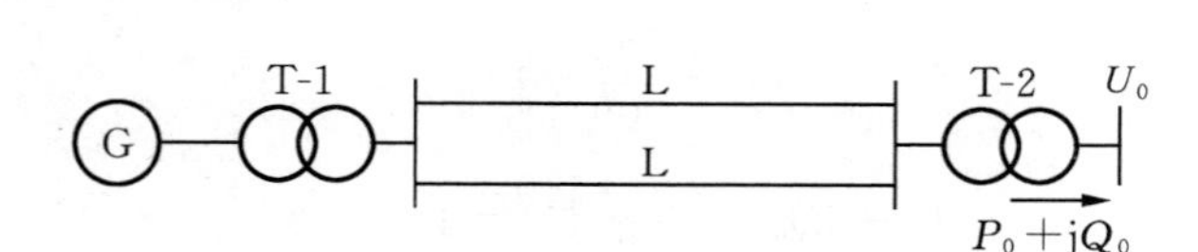

题 20-44 图　简单电力系统

态:$U_0=1.0, P_0+jQ_0=1.0+j0.2$。

试计算系统的功率极限及储备系数:(1)不进行励磁调节;(2)手动调节励磁,保持机端电压幅值不变;(3)将初始传输功率调整为 $P_0+jQ_0=1.2+j0.24$,重做(1)、(2)两项计算,并进行比较。

解　(1)系统参数及运行初态计算。

$$X_{TL}=x_{T1}+\frac{1}{2}x_L+x_{T2}=0.13+0.24+0.12=0.49$$

$$X_{d\Sigma}=x_d+X_{TL}=1.8+0.49=2.29$$

$$U_{G0}=\sqrt{\left(U_0+\frac{Q_0X_{TL}}{U_0}\right)^2+\left(\frac{P_0X_{TL}}{U_0}\right)^2}=\sqrt{(1+0.2\times0.49)^2+(1\times0.49)^2}=1.204$$

$$\delta_G=\arctan\frac{0.49}{1+0.2\times0.49}=24.05°$$

$$E_{q0}=\sqrt{\left(U_0+\frac{Q_0X_{d\Sigma}}{U_0}\right)^2+\left(\frac{P_0X_{d\Sigma}}{U_0}\right)^2}=\sqrt{(1+0.2\times2.29)^2+(1\times2.29)^2}=2.715$$

$$\delta=\arctan\frac{2.29}{1+0.2\times2.29}=57.516°$$

(2)功率极限及储备系数计算。

(a)不调节励磁时 $E_q=E_{q0}$ 保持不变时,有

$$P_m=\frac{E_qU}{X_{d\Sigma}}=\frac{2.715\times1}{2.29}=1.1856$$

$$k_p=18.56\%$$

(b)手动调节励磁时,可保持 $U_G=U_{G0}$ 不变,但只可能运行到电势 E_q 的相角,即 δ 达到 90°为止。

设 $\delta=90°$ 时的发电机电势为 E_m,送到受端的功率为 P_m+jQ_m,则有

$$E_m^2=\left(U_0+\frac{Q_mX_{d\Sigma}}{U_0}\right)^2+\left(\frac{P_mX_{d\Sigma}}{U_0}\right)^2$$

因为 $\delta=90°$,必有

$$U_0+\frac{Q_mX_{d\Sigma}}{U_0}=0$$

于是

$$Q_m=-\frac{U_0^2}{X_{d\Sigma}},\quad P_m=\frac{E_mU_0}{X_{d\Sigma}}$$

此时机端电压 U_G 仍维持初值不变,故有

$$\left(U_0+\frac{Q_mX_{TL}}{U_0}\right)^2+\left(\frac{P_mX_{TL}}{U_0}\right)^2=U_{G0}^2=1.204^2$$

将 P_m 和 Q_m 代入，便得

$$U_0^2\left(1-\frac{X_{TL}}{X_{d\Sigma}}\right)^2+E_m^2\left(\frac{X_{TL}}{X_{d\Sigma}}\right)^2=1.204^2$$

代入相关参数可得

$$0.6178+0.0458E_m^2=1.4496$$

由此解出 $E_m=4.26$，因此

$$P_m=\frac{4.26\times1}{2.29}=1.86$$

$$k_p=86\%$$

(3)初始功率调整为

$$P_0+jQ_0=1.2+j0.24$$

$$U_{G0}=\sqrt{(1+0.24\times0.49)^2+(1.2\times0.49)^2}=1.2628$$

$$E_{q0}=\sqrt{(1+0.24\times2.29)^2+(1.2\times2.29)^2}=3.1548$$

(a)不调节励磁时

$$P_m=\frac{3.1548\times1}{2.29}=1.3776$$

$$k_p=\frac{1.3776-1.2}{1.2}\times100\%=14.8\%$$

储备系数比前一情况降低了

$$\frac{18.56-14.8}{18.56}\times100\%=20.26\%$$

(b)手动调节励磁保持 $U_G=U_{G0}=1.2628$ 时，利用前面导出的关系式

$$0.6178+0.0458E_m^2=1.2628^2$$

可解出

$$E_m=4.6183$$

$$P_m=\frac{4.6183\times1}{2.29}=2.0167$$

$$k_p=\frac{2.0167-1.2}{1.2}\times100\%=68.06\%$$

储备系数比前一情况降低了

$$\frac{86-68.06}{86}\times100\%=20.86\%$$

由此可见，初态功率增加的相对幅度与稳定储备系数下降的相对幅度基本相当。

20-45 简单电力系统，不计元件电阻，不考虑调速器、励磁调节器和阻尼绕组的作用。选状态变量为 $\boldsymbol{X}=[\delta\omega E_q']^T$，试导出小扰动线性化状态方程 $\Delta\dot{\boldsymbol{X}}=\boldsymbol{A}\Delta\boldsymbol{X}$，并写出矩阵 $\boldsymbol{A}$ 的全部元素。

解 首先列写转子运动方程

$$\frac{d\delta}{dt}=\omega-\omega_0$$

$$\frac{d\omega}{dt}=\frac{\omega_N}{T_J}(P_T-P)$$

再列写励磁绕组暂态过程方程

$$\frac{dE_q'}{dt}=\frac{1}{T_{d0}'}(E_{qe}-E_q)$$

将上列方程线性化，便得

$$\frac{d\Delta\delta}{dt}=\Delta\omega$$

$$\frac{d\Delta\omega}{dt}=-\frac{\omega_N}{T_J}\Delta P$$

$$\frac{d\Delta E_q'}{dt}=-\frac{1}{T_{d0}'}\Delta E_q$$

上列方程中 P 和 E_q 都不是状态变量，但 P 和 E_q 都可以通过 E_q' 和 δ 来表示，即

$$P=\frac{E_q'U}{X_{d\Sigma}'}\sin\delta+\frac{U^2}{2}\frac{X_{d\Sigma}'-X_{q\Sigma}}{X_{d\Sigma}'X_{q\Sigma}}\sin2\delta$$

$$E_q=\frac{X_{d\Sigma}}{X_{d\Sigma}'}E_q'+\left(1-\frac{X_{d\Sigma}}{X_{d\Sigma}'}\right)U\cos\delta$$

其线性化方程为

$$\Delta P=\frac{\partial P}{\partial E_q'}\Delta E_q'+\frac{\partial P}{\partial\delta}\Delta\delta$$

$$\Delta E_q=\frac{\partial E_q}{\partial E_q'}\Delta E_q'+\frac{\partial E_q}{\partial\delta}\Delta\delta$$

代入状态方程中便得

$$\frac{d}{dt}\begin{bmatrix}\Delta\delta\\ \Delta\omega\\ \Delta E_q'\end{bmatrix}=\begin{bmatrix}0 & 1 & 0\\ -\frac{\omega_N}{T_J}\frac{\partial P}{\partial\delta} & 0 & -\frac{\omega_N}{T_J}\frac{\partial P}{\partial E_q'}\\ -\frac{1}{T_{d0}'}\frac{\partial E_q}{\partial\delta} & 0 & -\frac{1}{T_{d0}'}\frac{\partial E_q}{\partial E_q'}\end{bmatrix}\begin{bmatrix}\Delta\delta\\ \Delta\omega\\ \Delta E_q'\end{bmatrix}$$

其中的偏导数为

$$\frac{\partial P}{\partial\delta}=\frac{E_q'U}{X_{d\Sigma}'}\cos\delta+\frac{U^2(X_{d\Sigma}'-X_{q\Sigma})}{X_{d\Sigma}'X_{q\Sigma}}\cos2\delta$$

$$\frac{\partial P}{\partial E_q'}=\frac{U}{X_{d\Sigma}'}\sin\delta$$

$$\frac{\partial E_q}{\partial\delta}=-\left(1-\frac{X_{d\Sigma}}{X_{d\Sigma}'}\right)U\sin\delta$$

$$\frac{\partial E_q}{\partial E_q'}=\frac{X_{d\Sigma}}{X_{d\Sigma}'}$$

20-46 简单电力系统如题 20-44 图所示。发电机装设有按电压偏差调节的比例式自动励磁调节器（见题 20-46 图）。已知归算后的元件标幺参数及运行初态如下。

发电机：$x_d=x_q=1.62$，$x_d'=0.24$，$T_{d0}'=6s$，$T_J=8s$；

变压器：$x_{T1}=0.14$，$x_{T2}=0.11$；线路：$x_L=0.58$；

励磁调节器：$T_e=0.5s$，$K_V=K_A x_{ad}/r_f=4$；

运行初态：$U_0=1.0$，$P_0+jQ_0=1+j0.2$。

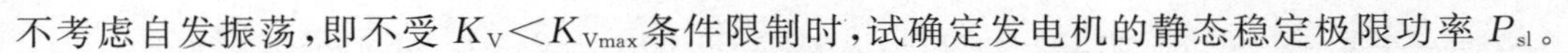

不考虑自发振荡，即不受 $K_V < K_{V\max}$ 条件限制时，试确定发电机的静态稳定极限功率 P_{sl}。

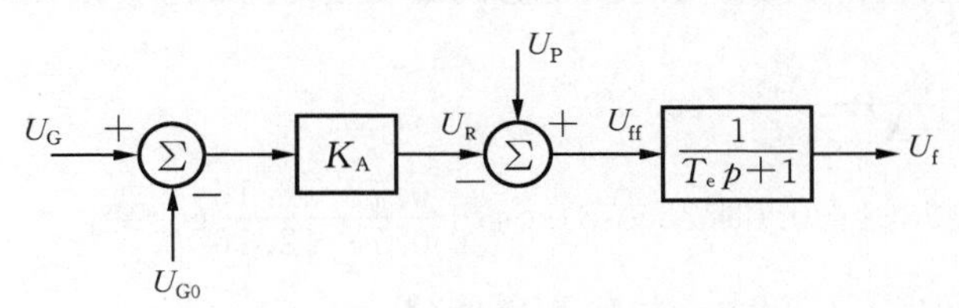

题 20-46 图　励磁系统简化框图

解　(1)系统参数及运行初态计算

$X_{TL}=x_{T_1}+\frac{1}{2}x_L+x_{T_2}=0.14+\frac{1}{2}\times 0.58+0.11=0.54$

$X'_{d\Sigma}=x'_d+X_{TL}=0.24+0.54=0.78$

$X_{d\Sigma}=x_d+X_{TL}=1.62+0.54=2.16, X_{q\Sigma}=X_{d\Sigma}=2.16$

$T'_d=T'_{d0}\cdot\frac{X'_{d\Sigma}}{X_{d\Sigma}}=6\times\frac{0.78}{2.16}\ \text{s}=2.1667\ \text{s}$

$$E_{q0}=\sqrt{\left(U_0+\frac{Q_0X_{d\Sigma}}{U_0}\right)^2+\left(\frac{P_0X_{d\Sigma}}{U_0}\right)^2}=\sqrt{(1+0.2\times 2.16)^2+(1\times 2.16)^2}=2.5916$$

$\delta_0=\arctan\frac{2.16}{1+0.2\times 2.16}=56.547°$

$$E'_q=\frac{X'_{d\Sigma}}{X_{d\Sigma}}E_q+\left(1-\frac{X'_{d\Sigma}}{X_{d\Sigma}}\right)U\cos\delta=\frac{0.78}{2.16}E_q+\left(1-\frac{0.78}{2.16}\right)U\cos\delta$$
$$=0.3611E_q+0.6389U\cos\delta$$

$$E'_{q0}=0.3611E_{q0}+0.6389U_0\cos\delta_0$$
$$=0.3611\times 2.5916+0.6389\times 1\times\cos 56.457°=1.2889$$

$$U_{Gq}=\frac{X_{TL}}{X_{d\Sigma}}E_q+\left(1-\frac{X_{TL}}{X_{d\Sigma}}\right)U\cos\delta=\frac{0.54}{2.16}E_q+\left(1-\frac{0.54}{2.16}\right)U\cos\delta$$
$$=0.25E_q+0.75U\cos\delta$$

$$U_{Gq0}=0.25E_{q0}+0.75U_0\cos\delta_0=0.25\times 2.5916+0.75\times 1\times\cos 56.547°$$
$$=1.0613$$

(2)按给定的 K_V 值确定电势 E_q, E'_q, U_{Gq} 和偏导数 $S_{Eq}, S_{E'q}, S_{UGq}$ 与功角 δ 的关系。

近似取 $\Delta U_G\approx\Delta U_{Gq}$，按调节系统的静态特性有

$$E_q-E_{q0}=-K_V(U_{Gq}-U_{Gq0})$$

或

$$E_q=-K_V(U_{Gq}-U_{Gq0})+E_{q0}$$

将相关的公式和计算值代入，便得

$$E_q=-4(0.25E_q+0.75U\cos\delta-1.0613)+2.5916$$

整理后可得

$E_q=3.4184-1.5\cos\delta$

$E'_q=0.3611\times(3.4184-1.5\cos\delta)+0.6389\cos\delta=1.2344+0.09725\cos\delta$

$U_{Gq}=0.25(3.4184-1.5\cos\delta)+0.75\cos\delta=0.8546+0.375\cos\delta$

$$S_{Eq}=\frac{E_qU}{X_{d\Sigma}}=\frac{1}{2.16}\times(3.4184-1.5U\cos\delta)\cos\delta=1.5826\cos\delta-0.6944\cos^2\delta$$

$$S_{E'q}=\frac{E'_qU}{X'_{d\Sigma}}\cos\delta+\frac{X'_{d\Sigma}-X_{q\Sigma}}{X'_{d\Sigma}X_{q\Sigma}}U^2\cos2\delta$$

$$=\frac{1}{0.78}\times(1.2344+0.09725\cos\delta)\cos\delta+\frac{0.78-2.16}{0.78\times2.16}\cos2\delta$$

$$=1.5826\cos\delta+0.1247\cos^2\delta-0.819\cos2\delta$$

$$=1.5826\cos\delta-1.5133\cos^2\delta+0.819$$

$$S_{UGq}=\frac{U_{Gq}U}{X_{TL}}\cos\delta+\frac{X_{TL}-X_{q\Sigma}}{X_{TL}X_{q\Sigma}}U^2\cos2\delta$$

$$=\frac{1}{0.54}\times(0.8546+0.375\cos\delta)\cos\delta+\frac{0.54-2.16}{0.54\times2.16}\cos2\delta$$

$$=1.5826\cos\delta+0.6944\cos^2\delta-1.3889\cos2\delta$$

$$=1.5826\cos\delta-2.0834\cos^2\delta+1.3889$$

(3)稳定极限计算。

(a)先按 $a_3=T_eS_{Eq}+T'_dS_{E'q}=0$ 求稳定极限角 δ_{sl}。

$$0.5(1.5826\cos\delta-0.6944\cos^2\delta)+2.1667(1.5826\cos\delta-1.5133\cos^2\delta+0.819)=0$$

即

$$-3.6261\cos^2\delta+4.2203\cos\delta+1.7745=0$$

$$\cos\delta=\frac{-4.2203+\sqrt{4.2203^2+4\times3.6261\times1.7745}}{-2\times3.6261}=-0.328$$

于是

$$\delta_{sl}=\arccos(-0.328)=109.1474^\circ$$

(b)验算 $a_4>0$。

$$a_4=S_{Eq}+K_VS_{UGq}\frac{X_{TL}}{X_{d\Sigma}}=1.5826\cos\delta-0.6944\cos^2\delta+4(1.5826\cos\delta$$

$$-2.0834\cos^2\delta+1.3889)\times\frac{0.54}{2.16}=3.1652\cos\delta-2.7778\cos^2\delta+1.3889$$

$$=3.1652\cos109.1474^\circ-2.7778(\cos109.1474^\circ)^2+1.3889$$

$$=0.05187>0$$

由于不考虑自发振荡，不再按 $K_V<K_{Vmax}$ 条件校验。按 $\delta_{sl}=109.1474^\circ$ 计算稳定极限功率，有

$$E_q=3.4184-1.5\cos109.1474^\circ=3.9104$$

$$P_{sl}=\frac{3.9104\times1}{2.16}\sin109.1474^\circ=1.71022$$

(4)做一项补充计算，求取功率特曲线上的最大功率及其所对应的功角，有

$$P_{Eq}=\frac{E_qU}{X_{d\Sigma}}\sin\delta=\frac{(3.4184-1.5\cos\delta)U}{2.16}\sin\delta=1.5826\sin\delta-0.6944\cos\delta\sin\delta$$

$$\frac{dP_{Eq}}{d\delta}=1.5826\cos\delta-0.6944(\cos^2\delta-\sin^2\delta)$$

$$=1.5826\cos\delta-0.6944(2\cos^2\delta-1)=0$$

即

$$-1.3888\cos^2\delta+1.5826\cos\delta+0.6944=0$$

$$\delta_{\max}=\arccos\left[\frac{-1.5826+\sqrt{(1.5826)^2+4\times1.3888\times0.6944}}{-2\times1.3888}\right]$$

$$=\arccos(-0.3383)=109.773°$$

$P_{Eq\max}=1.5826\sin109.773°-0.6944\cos109.773°\sin109.773°=1.71035$

从计算结果可见，无论是功角还是功率值都同稳定极限非常接近。

20-47 简单电力系统如题 20-39 图(1)所示。归算后的元件标幺参数和运行初态如下。

发电机：$x_d=x_q=1.8$，$x'_d=0.45$，$T'_d=1.5$ s，$T_J=8$ s；变压器：$x_{T_1}=0.14$，$x_{T_2}=0.15$；线路：$\frac{1}{2}x_L=0.32$。

运行初态：$U_0=1.0$，$P_0=0.8$，$\cos\varphi_0=0.90$。

发电机装有按角度偏差调节的比例式励磁调节器。试求：(1) $T_e=0$ s；(2) $T_e=5$ s，确定放大系数 K_δ 的限制条件及所能达到的稳定极限功率。

解 (1)稳定条件的导出。

先列写相关的小扰动状态方程：

转子运动方程

$$\frac{\mathrm{d}\Delta\delta}{\mathrm{d}t}=\Delta\omega$$

$$\frac{\mathrm{d}\Delta\omega}{\mathrm{d}t}=-\frac{\omega_N}{T_J}\Delta P_e$$

励磁绕组暂态过程方程

$$\frac{\mathrm{d}E'_q}{\mathrm{d}t}=\frac{1}{T'_{d0}}(\Delta E_{qe}-\Delta E_q)$$

励磁系统及调节器方程

$$\frac{\mathrm{d}\Delta E_{qe}}{\mathrm{d}t}=\frac{1}{T_e}(K_\delta\Delta\delta-\Delta E_{qe})$$

再利用以下两个关系式

$$\Delta P_e=S_{Eq}\Delta\delta+R_{Eq}\Delta E_q$$
$$\Delta P_e=S_{E'q}\Delta\delta+R_{E'q}\Delta E'_q$$

消去状态方程中的非状态变量 ΔP_e 和 ΔE_q，最终可得

$$\frac{\mathrm{d}}{\mathrm{d}t}\begin{bmatrix}\Delta\delta\\ \Delta\omega\\ \Delta E'_q\\ \Delta E_{qe}\end{bmatrix}=\begin{bmatrix}0 & 1 & 0 & 0\\ -\frac{\omega_N}{T_J}S_{E'q} & 0 & -\frac{\omega_N}{T_J}R_{E'q} & 0\\ -\frac{S_{E'q}-S_{Eq}}{T'_{d0}R_{Eq}} & 0 & -\frac{R_{E'q}}{T'_{d0}R_{Eq}} & \frac{1}{T'_{d0}}\\ \frac{1}{T_e}K_\delta & 0 & 0 & -\frac{1}{T_e}\end{bmatrix}\begin{bmatrix}\Delta\delta\\ \Delta\omega\\ \Delta E'_q\\ \Delta E_{qe}\end{bmatrix}$$

上述状态方程的特征方程为

$$a_0p^4+a_1p^3+a_2p^2+a_3p+a_4=0$$

注意到$\frac{R_{Eq}}{R_{E'q}}T'_{d0}=T'_d$，特征方程中各系数的展开式如下。

$$a_0=1$$

$$a_1=\frac{1}{T'_d}+\frac{1}{T_e}$$

$$a_2=\frac{1}{T'_dT_e}+\frac{\omega_N}{T_J}S_{E'q}$$

$$a_3=\frac{\omega_N}{T_J}\left(\frac{S_{E'q}}{T_e}+\frac{S_{Eq}}{T'_d}\right)$$

$$a_4=\frac{\omega_N}{T_JT_eT'_d}(S_{Eq}+K_\delta R_{Eq})$$

根据胡尔维茨判别法，保持稳定的条件如下。

（ⅰ）特征方程所有系数均大于零，即

$$a_0>0,\quad a_1>0,\quad a_2>0,\quad a_3>0,\quad a_4>0$$

（ⅱ）胡尔维茨行列式及其主子式的值均大于零，即

$$\Delta_4=\begin{vmatrix}a_1 & a_3 & 0 & 0\\ a_0 & a_2 & a_4 & 0\\ 0 & a_1 & a_3 & 0\\ 0 & a_0 & a_2 & a_4\end{vmatrix}>0;\quad \Delta_3=\begin{vmatrix}a_1 & a_3 & 0\\ a_0 & a_2 & a_4\\ 0 & a_1 & a_3\end{vmatrix}>0$$

$$\Delta_2=\begin{vmatrix}a_1 & a_3\\ a_0 & a_2\end{vmatrix}>0$$

在条件（ⅰ）中，a_0 和 a_1 恒为正，只要 $a_3>0$ 必有 $a_2>0$，因此可得稳定条件为

$$a_3=\frac{\omega_N}{T_J}\left(\frac{S_{E'q}}{T_e}+\frac{S_{Eq}}{T'_d}\right)>0$$

$$a_4=\frac{\omega_N}{T_JT_eT'_d}(S_{Eq}+K_\delta R_{Eq})>0$$

从条件（ⅱ）可知，$\Delta_3=a_3\Delta_2-a_1^2a_4>0$，$\Delta_4=a_4\Delta_3$，当所有系数均大于零时，只要 $\Delta_3>0$，必有 $\Delta_2>0$ 和 $\Delta_4>0$，因此可得稳定条件为

$$\Delta_3=a_1a_2a_3-a_0a_3^2-a_1^2a_4>0$$

由此可解出

$$K_\delta<\frac{T'_d}{R_{Eq}}\times\frac{S_{E'q}-S_{Eq}}{T'_d+T_e}\left(1+\frac{\omega_NT_e^2}{T_J}\times\frac{T_eS_{Eq}+T'_dS_{E'q}}{T'_d+T_e}\right)=K_{\delta\max}$$

如果 $T_e=0$，则状态方程降低一阶，稳定条件变为

$$S_{E'q}>0$$

$$S_{Eq}+K_\delta R_{Eq}>0$$

$$K_\delta<\frac{1}{R_{Eq}}(S_{E'q}-S_{Eq})=K_{\delta\max}$$

（2）系统参数及运行初态的计算。

$$X_{TL}=x_{T_1}+x_{T_2}+\frac{1}{2}x_L=0.14+0.15+0.32=0.61$$

$$X_{d\Sigma}=x_d+X_{TL}=1.8+0.61=2.41,\quad X_{q\Sigma}=X_{d\Sigma}=2.41$$

$$X'_{d\Sigma}=x'_d+X_{TL}=0.45+0.61=1.06$$

$$Q_0=P_0\tan\varphi_0=0.8\times\tan25.84°=0.3875$$

$$E_{q0}=\sqrt{\left(U_0+\frac{Q_0X_{d\Sigma}}{U_0}\right)^2+\left(\frac{P_0X_{d\Sigma}}{U_0}\right)^2}$$

$$=\sqrt{(1+0.3875\times2.41)^2+(0.8\times2.41)^2}=2.7307$$

$$\delta_0=\arctan\frac{0.8\times2.41}{1+0.3875\times2.41}=44.913°$$

(3)放大系数的选择。

根据调节器的静态特性

$$E_q-E_{q0}=K_\delta(\delta-\delta_0)\quad 或\quad \Delta E_q=K_\delta\Delta\delta$$

$$E'_q=\frac{X'_{d\Sigma}}{X_{d\Sigma}}E_q+\left(1-\frac{X'_{d\Sigma}}{X_{d\Sigma}}\right)U\cos\delta$$

$$=\frac{X'_{d\Sigma}}{X_{d\Sigma}}(E_{q0}+K_\delta\Delta\delta)+\left(1-\frac{X'_{d\Sigma}}{X_{d\Sigma}}\right)U\cos(\delta_0+\Delta\delta)$$

$$=\frac{X'_{d\Sigma}}{X_{d\Sigma}}(E_{q0}+K_\delta\Delta\delta)+\left(1-\frac{X'_{d\Sigma}}{X_{d\Sigma}}\right)U(\cos\delta_0\cos\Delta\delta-\sin\delta_0\sin\Delta\delta)$$

近似地认为 $\cos\Delta\delta\approx1,\sin\Delta\delta\approx\Delta\delta$,则上式变为

$$E'_q\approx E'_{q0}+\left[\frac{X'_{d\Sigma}}{X_{d\Sigma}}K_\delta-\left(1-\frac{X'_{d\Sigma}}{X_{d\Sigma}}\right)U\sin\delta_0\right]\Delta\delta$$

由上式可见,欲保持 E'_q 恒定,必须满足

$$\frac{X'_{d\Sigma}}{X_{d\Sigma}}K_\delta-\left(1-\frac{X'_{d\Sigma}}{X_{d\Sigma}}\right)U\sin\delta_0=0$$

即

$$K_\delta=\left(\frac{X_{d\Sigma}}{X'_{d\Sigma}}-1\right)U\sin\delta_0=\left(\frac{2.41}{1.06}-1\right)\sin44.913°=0.899$$

现选取 $K_\delta=1$,并将有关参数表示如下:

$$E_q=E_{q0}-K_\delta\delta_0+K_\delta\delta=2.7307-\frac{44.913}{57.3}+\delta=1.9469+\delta$$

$$E'_q=\frac{1.06}{2.41}E_q+\left(1-\frac{1.06}{2.41}\right)U\cos\delta=0.4398(1.9469+\delta)+0.5602\cos\delta$$

$$=0.8562+0.4398\delta+0.5602\cos\delta$$

$$S_{E'_q}=\frac{E'_qU}{X'_{d\Sigma}}\cos\delta+\frac{X'_{d\Sigma}-X_{q\Sigma}}{X'_{d\Sigma}X_{q\Sigma}}U^2\cos2\delta$$

$$=\frac{1}{1.06}\times(0.8562+0.4398\delta+0.5602\cos\delta)\cos\delta+\frac{1.06-2.41}{1.06\times2.41}\cos2\delta$$

$$=(0.8077+0.4149\delta)\cos\delta-0.5285\cos^2\delta+0.5285$$

(4)$T_e=0$ 时的稳定性校验。

(a)$a_3>0$,即 $S_{E'q}>0$。

用试算法求解，先取 $\delta=109°$，即有

$$S_{E'_q}=\left(0.8077+0.4149\times\frac{109}{57.3}\right)\cos109°-0.5285(\cos109°)^2+0.5285=-0.0474$$

需要减小 δ 值，取 $\delta=108°$ 时，得 $S_{E'_q}=-0.0132$，再次减小 δ 值，取 $\delta=107.6°$ 时，可算得 $S_{E'_q}=0.0012\times10^{-3}>0$。由此确定能满足 $a_3>0$ 的功角为 $\delta_{a_3}=107.6°$。

(b) $a_4>0$，$a_4=S_{Eq}+K_\delta R_{Eq}=\dfrac{E_qU}{X_{d\Sigma}}\cos\delta+K_\delta\dfrac{U}{X_{d\Sigma}}\sin\delta$

还是用试算法，取 $\delta=107.6°$，则 $E_q=1.9469+\dfrac{107.6}{57.3}=3.8247$。

$$a_4=\frac{3.8247}{2.41}\cos107.6°+\frac{1}{2.41}\sin107.6°=-0.0844$$

需要减小 δ 值，经过几轮试算，取 $\delta=104.8°$ 时，有

$$a_4=\frac{3.7759}{2.41}\cos104.8°+\frac{1}{2.41}\sin104.8°=0.0010>0$$

于是得到由 $a_4>0$ 所确定的极限功角为 $\delta_{a_4}=104.8°$。

(c) $K_\delta<K_{\delta\max}$。

先取 $\delta=104.8°$，则 $E_q=1.9469+\delta=3.7759$。

$$S_{Eq}=\frac{3.7759}{2.41}\cos104.8°=-0.4002$$

$$S_{E'_q}=\left(0.8077+0.4194\times\frac{104.8}{57.3}\right)\cos104.8°-0.5285(\cos104.8°)^2+0.5285=0.0917$$

$$R_{Eq}=\frac{1}{2.41}\sin104.8°=0.4012$$

$$K_{\delta\max}=\frac{1}{R_{Eq}}(S_{E'_q}-S_{Eq})=\frac{1}{0.4012}\times[0.0917-(-0.4002)]=1.2261>1$$

由此可见，$\delta_{sl}=104.8°$ 可以同时满足稳定性的 3 个条件。与此对应的稳定极限功率为

$$P_{sl}=\frac{E_qU}{X_{d\Sigma}}\sin\delta_{sl}=\frac{3.7759}{2.41}\times\sin104.8°=1.5148$$

如果按 $S_{E'_q}=0$ 来确定功率极限，应取 $\delta_m=107.6°$，此时

$$E_q=3.8247,\quad P_m=\frac{3.8247}{2.41}\sin107.6°=1.5127$$

可见 P_m 与 P_{sl} 的差别很小。

(5) $T_e=2s$ 时的稳定校验。

(a) $a_3>0$，即 $T_eS_{Eq}+T'_dS_{E'_q}=2S_{Eq}+1.5S_{E'_q}>0$

$$S_{Eq}=\frac{E_qU}{X_{d\Sigma}}\cos\delta,\quad S_{E'_q}=(0.8077+0.4149\delta)\cos\delta-0.5285\cos^2\delta+0.5285$$

采用逐点计算法，给定 δ 值，算出相关变量列表如题 20-47 表所示。

由题 20-47 表可见，满足 $a_3>0$ 的极限功角为 $\delta_{a_3}=98.3°$。

(b) $a_4>0$，取 $\delta=98.3°$。

$$a_4=S_{Eq}+K_\delta R_{Eq}=S_{Eq}+K_\delta\frac{U}{X_{d\Sigma}}\sin\delta=-0.21937+\frac{1}{2.41}\times\sin98.3°=0.19122>0$$

题 20-47 表　极限功角计算结果

δ	97°	98°	98.2°	98.3°	98.4°
E_q	3.6397	3.6572	3.6607	3.6624	3.6642
S_{Eq}	−0.18405	−0.21120	−0.21665	−0.21937	−0.22211
$S_{E'q}$	0.33662	0.30710	0.30113	0.29815	0.29515
$2S_{Eq}+1.5S_{E'q}$	0.13683	0.03825	0.01840	0.00849	−0.0015

(c)按 $K_\delta<K_{\delta\max}$ 校验。

$$K_{\delta\max}=\frac{T'_d}{R_{Eq}}\times\frac{S_{E'q}-S_{Eq}}{T'_d+T_e}\times\left(1+\frac{\omega_N T_e^2}{T_J}\times\frac{T_e S_{Eq}+T'_d S_{E'q}}{T_e+T'_d}\right)$$

先取 $\delta=98.3°$，利用题 20-47 表中部分数据 $S_{E'q}=0.29815$，$S_{Eq}=-0.21937$，$T_e S_{Eq}+T'_d S_{E'q}=0.00849$，$R_{Eq}=\frac{1}{2.41}\times\sin 98.3°=0.41059$。

$$K_{\delta\max}=\frac{1.5}{0.41059}\times\frac{0.29815-(-0.21937)}{1.5+2}\times\left(1+\frac{314\times 2^2}{8}\times\frac{0.00849}{2+1.5}\right)$$
$$=0.7459<1$$

条件不能满足，需减小 δ 值，取 $\delta=98.2°$，$R_{Eq}=\frac{1}{2.41}\times\sin 98.2°=0.41070$，从题 20-47 表中取用 $S_{E'q}=0.30113$，$S_{Eq}=-0.21665$，$T_e S_{Eq}+T'_d S_{E'q}=0.0184$，可算得 $K_{\delta\max}=0.9863$，仍不满足稳定条件。

再取 $\delta=98.1°$，可得 $R_{Eq}=0.4108$，$S_{Eq}=-0.21392$，$S_{E'q}=0.30412$，$T_e S_{Eq}+T'_d S_{E'q}=0.02834$，$K_{\delta\max}=1.2275>1$。

因此，应取 $\delta_{sl}=98.1°$ 作为稳定极限功角。此时 $E_q=3.6589$，相应的稳定极限功率为

$$P_{sl}=\frac{3.6589}{2.41}\times\sin 98.1°=1.50307$$